U0201290

沈自才 (1980.03—)

男,博士,高级工程师,祖籍山东省临沂市临沭县。先后于中国科学院研究生院和中国科学院上海光学精密机械研究所获得材料学硕士学位和光学工程博士学位。现在中国空间技术研究院北京卫星环境工程工程研究所从事航天器空间环境效应及深空探测技术研究工作。先后承担或主持国家自然科学基金、国防基础科研、国防技术基础、863、973 等国家重大课题。对空间环境下卫星长寿命评估与保障技术、空间辐射环境与效应地面模拟试验技术、航天器加速实验与寿命预示技术等进行了研究。参与多颗型号卫星的关键技术、研制保障条件的系统论证工作,主持多项型号用关键材料与器件的地面模拟试验评价与鉴定工作,参与深空探测等多项国家航天发展规划的编写工作。出版学术专著 2 部,主持编写航天行业标准 2 项。发表期刊论文和会议论文 100 余篇,其中 SCI、EI 收录 50 余篇。

欧阳晓平 (1961.01—)

中国工程院院士,湘潭大学材料学院院长,西北核技术研究所,研究员,辐射探测科学研究中心主任,首席专家。国家 863 计划先进能源领域主题专家,中国核学会常务理事,中国辐射防护学会副理事长,中国辐射物理学会副理事长,中国空间仪器学会副理事长。主要从事脉冲辐射探测与诊断技术研究,在辐射探测方法、探测技术和器件研发方面取得系统性创新成果,累计获国家发明奖,进步奖 5 项,部委级一、二等奖 10 项,发明专利 30 余项,论文、报告 200 余篇,出版专著 1 部。先后获中国青年科技奖、中国科协求是杰出青年奖、何梁何利科学与技术进步奖、全国优秀博士论文、全国优秀博士后、全国优秀科技工作者等荣誉。

高鸿(1980.10—)

高级工程师,祖籍吉林省敦化市。于吉林大学高分子化学与物理专业获得化学博士学位。2008 年作为访问学者就职于日本东京工业大学。现于中国空间技术研究院从事航天器材料选用、材料国产化需求研究、材料质量及可靠性评价技术研究工作。先后参研总装"十二五"可靠性课题、科技部 973、863 等国家重大课题。对航天器材料选用技术、航天器材料在地面工艺环境、贮存环境、在轨服役环境以及寿命预估、可靠性分析等方面开展了系列的研究工作。参与以载人空间站为代表的多个型号用材料选用与可靠性评价工作,制定了航天器材料选用目录和选用标准。主持多项型号用新材料、关键材料性能验证和可靠性验证试验。参与航天器材料发展等多项宇航材料发展规划的编写工作。发表期刊和会议论文 50 余篇,其中 SCI、EI 收录 20 余篇。

韩然(1980.02—)

女,博士,高级工程师,祖籍山东省菏泽市曹县。2008 年毕业于北京大学物理学院,获粒子物理与核物理专业博士学位,曾先后在法国里昂核物理研究所、美国布鲁克海文实验室和日本理化研究所工作和学习。现在北京卫星环境工程研究所从事核辐射探测、空间辐射环境及地球中微子物理研究。曾先后主持和参加国家 973、863、国家自然科学基金等重大课题 10 余项。目前主要参与高能环形正负电子对撞机(CEPC)大型国际合作项目和江门地下中微子实验。先后出版著作 2 部,发表学术论文 20 余篇。

国防科技图书出版基金

航天材料工程学
Aerospace Material Engineering

沈自才　欧阳晓平　高　鸿　韩　然　编著

国防工业出版社
·北京·

图书在版编目（CIP）数据

航天材料工程学/沈自才等编著 . —北京:国防工业
出版社,2016.8
ISBN 978 – 7 – 118 – 10778 – 4

Ⅰ.①航…　Ⅱ.①沈…　Ⅲ.①航天材料　Ⅳ.①V25

中国版本图书馆 CIP 数据核字(2016)第 165532 号

※

国防工业出版社出版发行

(北京市海淀区紫竹院南路 23 号　邮政编码 100048)
腾飞印务有限公司印刷
新华书店经售

＊

开本 710×1000　1/16　插页 1　印张 27¾　字数 526 千字
2016 年 8 月第 1 版第 1 次印刷　印数 1—3000 册　定价 168.00 元

(本书如有印装错误,我社负责调换)

国防书店:(010)88540777　　　发行邮购:(010)88540776
发行传真:(010)88540755　　　发行业务:(010)88540717

致 读 者

本书由国防科技图书出版基金资助出版。

国防科技图书出版工作是国防科技事业的一个重要方面。优秀的国防科技图书既是国防科技成果的一部分,又是国防科技水平的重要标志。为了促进国防科技和武器装备建设事业的发展,加强社会主义物质文明和精神文明建设,培养优秀科技人才,确保国防科技优秀图书的出版,原国防科工委于1988年初决定每年拨出专款,设立国防科技图书出版基金,成立评审委员会,扶持、审定出版国防科技优秀图书。

国防科技图书出版基金资助的对象是:

1. 在国防科学技术领域中,学术水平高,内容有创见,在学科上居领先地位的基础科学理论图书;在工程技术理论方面有突破的应用科学专著。

2. 学术思想新颖,内容具体、实用,对国防科技和武器装备发展具有较大推动作用的专著;密切结合国防现代化和武器装备现代化需要的高新技术内容的专著。

3. 有重要发展前景和有重大开拓使用价值,密切结合国防现代化和武器装备现代化需要的新工艺、新材料内容的专著。

4. 填补目前我国科技领域空白并具有军事应用前景的薄弱学科和边缘学科的科技图书。

国防科技图书出版基金评审委员会在总装备部的领导下开展工作,负责掌握出版基金的使用方向,评审受理的图书选题,决定资助的图书选题和资助金额,以及决定中断或取消资助等。经评审给予资助的图书,由总装备部国防工业出版社列选出版。

国防科技事业已经取得了举世瞩目的成就。国防科技图书承担着记载和弘扬这些成就,积累和传播科技知识的使命。在改革开放的新形势下,原国防科工委率先设立出版基金,扶持出版科技图书,这是一项具有深远意义的创举。此举势必促使国防科技图书的出版随着国防科技事业的发展更加兴旺。

设立出版基金是一件新生事物，是对出版工作的一项改革。因而，评审工作需要不断地摸索、认真地总结和及时地改进，这样，才能使有限的基金发挥出巨大的效能。评审工作更需要国防科技和武器装备建设战线广大科技工作者、专家、教授，以及社会各界朋友的热情支持。

让我们携起手来，为祖国昌盛、科技腾飞、出版繁荣而共同奋斗！

国防科技图书出版基金
评审委员会

国防科技图书出版基金
第七届评审委员会组成人员

主 任 委 员　潘银喜

副主任委员　吴有生　　傅兴男　　赵伯桥

秘　书　长　赵伯桥

副秘书长　邢海鹰　　谢晓阳

委　　　员　才鸿年　马伟明　王小谟　王群书

（按姓氏笔画排序）　甘茂治　甘晓华　卢秉恒　巩水利

刘泽金　孙秀冬　芮筱亭　李言荣

李德仁　李德毅　杨　伟　肖志力

吴宏鑫　张文栋　张信威　陆　军

陈良惠　房建成　赵万生　赵凤起

郭云飞　唐志共　陶西平　韩祖南

傅惠民　魏炳波

Ⅴ

PREFACE | 前言

自人类第一颗人造卫星上天开始,以美国、苏联/俄罗斯、欧洲航天局为代表的航天大国或机构就非常重视航天材料及航天材料工程工作,一直把航天材料作为国家的基础技术和关键技术大力发展,安排了一系列计划支持相关研究,开展了大量的航天材料空间环境效应地面模拟试验、航天材料在轨飞行试验和空间材料科学试验,积累了丰富的第一手数据,建立了一系列航天材料评价标准、规范,构建了航天材料及性能的数据库并定期召开研讨会。以美国为代表的航天强国的航天材料及应用技术体系已经相对成熟,材料性能和质量稳定性达到了很高水平,轻质、高强、高韧的结构材料和功能材料已成功应用于航天任务中,并对纳米材料、智能材料、超材料以及 3D/4D 打印等新材料新技术在航天领域的应用开展了系统研究。

我国航天材料研制自 20 世纪 50 年代末至今,已经过近 60 年的发展,我国在航天材料研制方面取得了可喜的成绩,初步形成了相对系统的材料应用体系。但我国航天材料大多是在地面应用材料的基础上发展而来的,与国际先进水平和航天技术发展需求相比,无论是基础研究还是应用研究,仍然存在较大差距。我国新一代航天背景型号的研发对航天材料技术提出了迫切的要求。航天器长寿命、高可靠的需求,新型空间基础设施的环境适应性,新的轨道环境及其效应,以及人的长期在轨驻留等,对我国航天材料提出了高性能、多功能、智能化、低成本和复合化等多方面的进一步要求。在开展航天材料研制、选用和评价的过程中,相关科技人员缺乏航天材料工程相关论著作为参考和指导。

作者在多年从事航天材料空间环境适应性相关的预先研究、航天材料鉴定与评价及参与相关规划制定的基础上,对航天材料领域的国内外现状进行系统梳理、分析和总结,并结合个人的研究成果,着眼于我国航天科技发展的趋势和挑战编写了本书。本书首先对航天材料及航天材料工程学的内涵,航天对材料的基本要求和需求,航天材料的发展历程、分类,国内外的现状和我国的差距、发展趋势等进行阐述;接着对航天结构机构材料和功能材料的分类、现状和性能进行了较为系统的介绍;然后从航天器的发射、在轨运行、再入返回等不同阶段对航天材料的空间环境及效应进行分析;进而对航天材料的空间环境适应性评价、航天材料在轨飞行试验技术和空间材料科学试验进行论述;之后对与航天器研制密切相关的航天材料保证的内容、方法和原则给出建议;最后对纳米材料、智能材料、超材料、3D/4D打印等新材料新技术在航天上的应用给予了论述和展望。

本书在编写的过程中,得到了刘宇明博士、姜海富博士、李蔓博士、武博涵博士、丁义刚高级工程师、徐坤博工程师、牟永强工程师、赵春晴工程师等同事的帮助,奚日升研究员为本书提供了部分关于空间材料试验炉的资料,李蔓博士为本书提供了部分月尘环境及其效应的资料,徐坤博工程师为本书提供了部分空间碎片和功能梯度材料的资料,刘宇明博士为本书提供了部分石墨烯与碳纳米管的相关资料。本书的部分研究成果得到了国家自然科学基金(41174166)的支持。作者参阅了大量国内外科技论著、文献并努力在书中规范引用,在此,对所引用论著文献的作者表示感谢;如有引用不周之处,请予谅解并指正。本书在出版过程中,得到了中国空间技术研究院副院长兼科技委主任李明研究员、"实践"十号卫星总指挥邱家稳研究员、北京卫星环境工程研究所所长刘国青研究员、科技委主任向树红研究员、科技委副主任童靖宇研究员、《航天器环境工程》杂志主编龚自正研究员、《航天器环境工程》编辑部闫德葵主任的支持和帮助,"神舟"飞船总设计师戚发轫院士、航天复合材料专家李仲平院士给予了大量宝贵的意见和建议,在此,一并表示衷心感谢!

航天材料工程学是一门多学科交叉的系统性工程科学,涉及材料科学、光学、电磁学、力学、热学、空间环境工程学、微生物学等多个学科与领域。随着新型航天器、新一代探测平台、新的运行轨道、新材料和新技术的开发与应用,航天材料和航天材料工程学在理论认识、研究方法和应用领域上将不断深化、拓展。由于作者水平有限,书中不尽完善之处在所难免,恳请广大同行批评指正。

作 者

2016 年 1 月于北京航天城

CONTENTS | **目录**

CONTENTS

Chapter 3　Aerospace functional materials ······················· 040

第1章
概　论

1.1　概述

1.1.1　航天材料工程学

材料是人类社会文明程度的重要标志,人类社会的发展史可以所使用的典型材料来划分。到目前为止,人类社会发展史大体上可分为石器时代、青铜器时代、铁器时代和当前的硅时代。随着以纳米金刚石膜、富勒烯、碳纳米管、石墨烯为代表的新一代材料的逐步应用,有人将下一个时代称为碳时代。材料科学是一个国家经济社会发展的重要保证,世界上的发达国家,一定也是材料科学研究的先进国家,如美国、日本等。

随着航天科技的发展和人类空间探索的不断推进,与航天活动密切相关的航天材料科学越来越受重视。一方面,各类航天器的研制需要加强对材料科学的研究;另一方面,利用独特的空间活动和空间平台,可以获得受地面环境影响而难以实现的新材料。

航天材料是指构成航天器结构机构及实现其在轨寿命期间完成特定任务功能的各类材料。可以分为结构机构材料和功能材料。

航天材料学是指研究可用于航天器的材料设计、性能测试与制备方法的材料科学。

航天材料工程学是指与航天器工程相关的材料研究、制备、试(实)验、选用、性能评价及保证,进而实现航天器在轨任务,并保障其可靠性和安全性的工程科学。

空间材料科学是指研究空间环境条件下材料的加工及生产工艺过程的物理规律,从而获得新性能材料的科学。

航天材料飞行试验是指借助于暴露试验装置,获得材料在空间真实环境下的性能变化数据的在轨试验。

航天材料是航天材料工程学的研究对象,空间材料科学和航天材料飞行试验是航天材料工程学的重要组成部分。

1.1.2　航天发展趋势与挑战

从第一颗卫星"东方红"一号发射成功至今,我国已经成功研制并发射了包括返回式遥感卫星、广播通信卫星、气象卫星、科学探测卫星、地球资源卫星、导航卫星和载人飞船等一系列航天器近 200 颗(艘),涵盖低地球轨道(Low Earth Orbit,LEO)、中地球轨道(Medium Earth Orbit,MEO)、高地球轨道(High Earth Orbit,HEO)或地球同步轨道(Geosynchronous Earth Orbit,GEO)以及深空轨道或深空星体表面,如图 1 - 1 所示,广泛应用于国民经济各个领域,取得了显著的社会效益和经济效益。在未来一段时期,我国将围绕国家安全和科技、经济、社会发展的战略需求,加快完成一系列国家科技重大任务,进一步建设和完善长期、稳定、可靠运行的空间基础设施。同时,将加快推进实施载人登月、深空探测、重型运载火箭等国家科技重大专项论证和实施,实现从航天大国向航天强国迈进的宏伟目标。

图 1 - 1　我国系列航天器在轨示意图
(引自《航天器工程》期刊 2014 年第 1 期封一)

未来,中国航天发展的主要趋势主要包括以下几个方面:

(1)建设体系完善、功能完备、技术先进、长期稳定运行的空间基础设施。

(2)拓展探索、认识宇宙空间及利用宇宙资源。

(3)新材料、新器件等大量高新科技成果在航天上的应用。

(4)加强基础研究和应用基础研究,提升中国航天原始创新的能力。

新型探测器、新的探测任务、新的运载平台等的研制和开发,使得我国航天任务将面临新的挑战:

1)航天器长寿命高可靠的要求

随着航天活动的深入,要求航天器具有更长的在轨寿命,低地球轨道航天器将由传统的 3～5 年寿命延长到 8～10 年,高地球轨道航天器寿命要求能够达到 15～20 年,而深空探测器则可能要求达到 20 年以上。航天器的长期在轨运行,将给航天材料及其构成的器件带来严峻考验,尤其是深空探测器可能遇到极端温度和强辐射环境等恶劣环境要素。

2) 新型空间设施的环境适应性

新的空间设施可能需要特殊的航天器结构机构,如充气结构、大型展开式结构、机械臂等,同时微小型卫星和高度集成一体化结构机构(如空间服务与维护装置、月球采样装置等)的发展要求航天材料具有极高的可靠性。

3) 新的轨道环境及效应

除传统的近地轨道之外,航天任务将向深空和临近空间两个维度延伸,带来的新型轨道环境如行星际及深空探测下的极端低温、月面的月尘、金星表面的酸性大气、火星尘暴、木星强磁场与强辐射带等,临近空间及亚轨道环境如臭氧、中高层大气、风场、低气压、冰晶、蓝色闪电等,这些环境将给航天材料带来新的考验,需要对其新的空间环境效应、评价方法、性能变化机理及预示等进行研究。

4) 人的长期在轨驻留

对我国的航天任务来说,由无人探测到有人短暂驻留再到长期在轨生存,航天员所带来的环境要素可能对航天材料产生新的效应,如水汽的循环、CO_2 的循环以及微生物等,可能对航天器舱内材料带来微生物腐蚀、霉变等效应,造成其力学性能下降、光学成像模糊等一系列问题。

而这些挑战均与航天材料的在轨可靠性与安全性密切相关。

1.1.3　航天材料的特殊性

航天材料是航天器设计的最基本单元,是实现航天器功能、提升航天器性能的重要保证,也是保证航天器长寿命、高可靠运行的技术基础。

与地面应用材料不同,航天材料所面临的空间环境是航天器设计的重要约束条件之一,是对航天材料的严峻考验,也是诱发航天器异常和故障并影响其在轨长寿命、高可靠运行的重要因素。

对航天活动具有较大影响的空间环境要素包括太阳电磁辐射、中性大气、地球电离层、空间等离子体、地球磁场、空间带电粒子辐射、空间碎片与微流星、污染等。这些空间环境要素单独地或共同地与运行在地球轨道上的航天器发生相互作用,对航天材料和电子元器件产生各种空间环境效应,进而对航天器的长期可靠运行产生负面影响。随着人类空间活动的日益频繁,新技术、新材料以及新型元器件在航天器上广泛使用,空间环境效应研究的重要性也日益突出。

表 1-1 系统总结了部分空间环境效应对航天器系统的影响以及与其对应的空间环境要素[1]。从表 1-1 中可以看出空间环境效应对卫星系统的影响是多方面的。

表 1 - 1 部分空间环境效应对航天器系统的影响以及与其对应的空间环境要素

空间环境效应种类	对航天器系统的影响	对应的空间环境因素
电离总剂量	性能衰退,功能失效,任务失败	辐射带和太阳事件质子,辐射带电子
移位损伤	光学元件和太阳电池性能下降,卫星寿命缩短	辐射带和太阳事件质子,辐射带电子,中子
材料损伤	表面暴露材料的热、光、电、机性能改变	紫外辐射,原子氧,粒子辐射,微流星,污染
单粒子效应	数据改变,成像仪噪声,服务中断,任务失败	银河宇宙线重离子,太阳事件质子和重离子,辐射带高能质子
表面带电	仪器读数干扰,功率泄漏,物理损伤	稠密的冷、热等离子
深层介质带电	静电放电引起物理损伤	高能电子
撞击	结构损伤和解体	微流星,空间碎片
轨道曳力	转矩、轨道衰变	中性大气

目前,我国航天材料大多来源于材料研制和生产单位的一般商用材料,有些来自航空工业材料。国内外航天器研制经验表明,航天材料的空间应用必须考虑航天产品在空间特殊环境作用下的性能要求。为此,需要对拟采用的材料进行空间环境适应性评价,或者根据航天的任务需求研发新材料。

空间环境与航天器相互作用效应,特别是材料及元器件在轨性能退化是引起航天器性能退化和故障的主要因素,保障航天材料空间应用的可靠性并完善其空间环境适应性评价试验技术是确保长寿命航天器在轨可靠性的关键基础技术。

航天器在轨故障分析表明,尽管航天器故障表现形式多种多样,但除设计缺陷外,大多是由于所使用的材料或元器件的材料在空间环境作用下发生性能退化或变化而诱发的,因此航天材料的空间应用首先应满足航天产品在空间特殊环境作用下的使用要求。

空间环境与航天材料的相互作用将产生多种影响材料使用性能和寿命的效应,对诸如热控涂层、光学材料、太阳能电池、结构材料、摩擦润滑材料、胶接密封材料的热学特性、光学特性、电学特性、力学特性及真空特性等造成不良影响,降低其使用性能和寿命。

这将在第 4 章中进行重点介绍。

1.2 航天器及其组成[1]

1.2.1 航天器的分类

人类空间活动主要是利用航天器轨道的高度资源,进行天文观测和对地观测(如侦察、导航、气象、海洋、资源、减灾等卫星);作为无线电波的中转平台实现全球信息传输(广播、电视、电话、数据中继等卫星);利用空间环境资源,造福人类(太空育种、制药、材料制备、太阳能发电、太空旅游、月球及其他星球的资源勘探利用、在空间建立人类新的家园等)。

目前,人类空间活动的范围主要在太阳系,按照轨道分类可以分为临近空间飞行器、LEO航天器、MEO航天器、GEO航天器以及深空探测器(如月球探测器、火星探测器、土星探测器等)。

按照飞行任务需要可将航天器分成以下几类,如图1-2所示[1]。

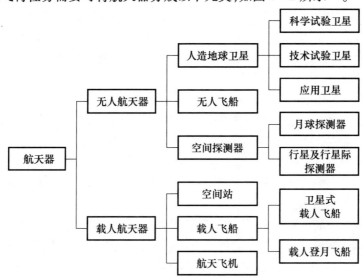

图1-2 航天器的分类

航天器分为无人航天器和载人航天器。无人航天器可以分为人造地球卫星、无人飞船和空间探测器;载人航天器则可以分为空间站、载人飞船和航天飞机。

1)人造地球卫星

人造地球卫星是数量最多的航天器,约占航天器总数的90%。它按用途可分为科学试验卫星、应用卫星和技术试验卫星。

科学试验卫星用于科学探测和研究,包括空间物理探测卫星和天文卫星等。应用卫星是直接为国民经济和军事服务的人造卫星,按用途可以分为通信卫星、气象卫星、侦察卫星、导航卫星、测地卫星、地球资源卫星、截击卫星和多用途卫星等,也可以按照是否专门用于军事而分为军用卫星和民用卫星。

卫星结构虽然多种多样,但从功能上看大都由承力部件、外壳、安装部件、天线、太阳电池阵结构、防热结构、分离连接装置组成。为了达到多用途和提高经济效益的目的,后又发展出公用舱结构。

2)空间探测器

按探测目标,可以将空间探测器分为月球探测器、行星及行星际探测器。各种行星及行星际探测器分别用于探测火星、水星、木星、土星和行星际空间。空间探测器的形式多样:具有与卫星相同的部分,如承力部件、天线、太阳电池阵结构等;也有一些特殊形式的结构,如探测臂和着陆装置。

3) 载人航天器

按飞行和工作方式可以将载人航天器分为载人飞船、空间站和航天飞机。

载人飞船包括卫星式载人飞船和载人登月飞船。

航天飞机既是航天器,又是可重复使用的航天运载器。载人飞船与卫星和空间探测器的结构形式有较大区别。早期发射的航天飞船大多是截锥加上圆柱段,最外面都有防热结构。例如"阿波罗"号飞船的结构由救生塔、指挥舱、服务舱、登月舱等几大部分组成。救生塔是一个桁架式的塔形结构。它的功能是在发射过程出现紧急情况时,使飞船逃离危险区。登月舱是一个极其复杂的特殊结构,供载人登月之用。指挥舱的外形呈圆锥形,是需要返回地面的部分。它的外部由烧蚀材料层和不锈钢蜂窝夹层组成防热外壳。内部是铝蜂窝夹层结构的密封舱体,用多根锻铝纵梁加强。密封舱体为航天员提供可靠的工作环境。服务舱的外壳是一个铝蜂窝夹层的圆柱壳体。舱内有铝合金的径向壁板,用以安装主发动机、燃料和氧化剂箱等设备。载人飞船和返回式卫星在重返大气层时会遇到极高的温度,必须采用特殊的防热结构。

航天飞机一般由助推器、外储箱和轨道器三部分组成。助推器实际上是 2 枚固体火箭。外储箱与火箭储箱类似。轨道器是返回部分,它是一个类似于飞机的薄壁结构,但增加了特殊的表面防热结构。约 70% 的表面上覆以陶瓷防热瓦,它与烧蚀防热结构不同,可以多次重复使用。

1.2.2 航天器的组成

航天器的功能和用途不同,其组成也不一样。一般来讲,航天器可由如下分系统组成:结构、机构、热控、能源、姿/轨控、有效载荷、天线、回收、其他(如星务等)。

结构分系统是指为航天器提供总体构型,为航天器上的设备提供支撑,并承受和传递载荷的零部件的总称。其主要功能是承受载荷、安装设备、提供构型以及密封、防热等。

机构分系统是指使航天器或者某个部分完成规定运动,并且使它们处于要求的工作状态或者工作位置的机械组件。其功能包括连接、释放、展开、分离、指向、缓冲、承载等。

热控分系统是指为航天器设备和结构提供温度控制,以保护其有效载荷正常工作的的控温材料、器件与结构的系统。

能源分系统是指为航天器提供能源供应,为航天器的能源存储、传输和分配的系统。其功能主要包括发电、存储和分配等。

姿/轨控分系统是指由敏感姿态和姿态控制两大类部件及其相应的测控线路

构成,为航天器在轨姿态提供控制的系统。

有效载荷分系统是指为完成航天器在轨任务,由机、电、磁、光、热等多种设备组成的组合体。主要可以分为广播通信类和遥感传输类。

天线分系统是指实现航天器在轨遥测遥控和信号传输而进行信号接收与发射的系统。按照功能可以分为测控天线、数传天线、全球定位系统(GPS)天线、通信天线、雷达跟踪天线、定向天线、信标天线等。

回收分系统是实现航天器安全返回而由降落伞、结构、火工装置、程序控制装置以及信标装置等组成的系统统称。

1.3 航天器对材料的基本要求

材料是构成航天器的基元,一方面,材料是航天器结构的组成部分;另一方面,材料又是实现航天器在轨功能的保障。为此,应根据组成航天器的材料所起的功用来选择材料。航天器在轨故障分析表明,尽管航天器故障表现形式多种多样,但除设计缺陷外,大多是由于所使用材料、元器件在空间环境作用下发生性能退化而诱发的。

航天材料的选择是一个综合分析的过程,要综合考虑各方面的因素,既要实现航天器本身所需的机、电、热、光等基本功能,还要满足航天的特殊要求,即具有较好的空间环境适应性,满足在轨长期工作的特殊要求。此外,由于航天器造价较高,同时亦受到发射重量的限制,航天器往往结构复杂,具有高度集成性,因此,对材料的重量、可加工性和经济性也有一定的要求。

航天器对材料的要求主要包括性能要求、工艺要求以及其他要求,下面将详细介绍[2]。

1.3.1 性能要求

航天材料的性能要求主要包括轻质化要求,力学性能要求、物理性能要求及空间环境适应性等。

1)轻质化要求

选用轻质材料,提高有效载荷质量,是航天器结构设计的一个基本要求。通过减轻部件的结构质量,可以有效地提高有效载荷质量,从而提高航天器的整体性能,降低发射成本,确保航天器进入规定的空间轨道。

航天器的质量,特别是航天器结构的质量有严格限制,必须采用密度尽量低的材料。因此,一般不选用密度较大的材料如不锈钢、玻璃钢等作为主要结构材料。

2)力学性能要求

选用高弹性模量和强度高、延展性好的材料,这是结构需要承受载荷的特征所要求的。

高弹性模量。大多数航天器结构要求具有较高的刚度,而提高航天器结构刚度的最直接和最有效的途径是提高结构材料的弹性模量。

高强度。为了更好地承受载荷,对航天器舱体结构和主要机构部件,需要采用强度高的材料。

高韧性。在满足一定的高强度的前提下,较高的韧性也可以提高航天器抗冲击的能力,避免过大的应力集中,并改善制造工艺条件。

根据高弹性模量、高强度的要求与上述低密度要求相结合,需要采用比模量(材料弹性模量与密度之比)高和比强度(材料强度与密度之比)高的材料。其中,高比模量的要求是航天器结构材料的重要特征。

3) 物理性能要求

对于有特殊功能要求的部件,应选用满足规定物理性能要求的材料。例如,热稳定性、导热性、导电性、绝热性、绝缘性、透波性、密封性等要求。

热膨胀系数。如果需要在空间温度变化条件下保持尺寸稳定的结构(如天线结构),希望材料具有较小的热膨胀系数。或者相近结构材料的热膨胀系数差较小,以防止过高的温度应力或温度应变。

比热容。一般要求结构材料具有较高的比热容以减少结构上的温度变化,而对于返回式航天器外层隔热结构,则要求具有更优良的比热容以起到有效隔热降温的作用。

热导率。较好的热导率可以使温度分布比较均匀,从而避免过高的温度应力或变形。但对于热控或防热需要,要求结构兼有隔热作用,则应采用热导率低的材料。

电导率。对特殊结构材料或部位要求采用具有特定电导率要求的材料。如太阳电池阵结构粘贴太阳电池的一面则要求为绝缘材料,而天线反射器的反射表面则为导电材料。

4) 空间环境适应性

航天器用材料除了要具备基本的功能之外,还要具有良好的空间环境适应性。能够在空间环境如真空、高低温、粒子辐射、紫外辐射、原子氧等环境下仍然能够满足正常运行的性能指标,同时也要避免对航天器其他部件带来不良影响。如航天材料应该具有良好的真空出气性能,避免出气污染对周围敏感材料与器件带来影响。一般规定为:材料的总质量损失(TML)不得大于1%,收集到的可凝挥发物(CVCM)不得大于0.1%。

1.3.2 工艺要求

航天器结构材料要通过各种制造工艺手段才能形成结构和机构产品,特别是对于复合材料制品来说,制造过程也就是材料形成的过程。因此,材料的制造工艺性能非常重要,制造工艺性能的好坏将直接影响到材料性能的发挥程度,甚至可能决定材料的实际使用价值。

具有良好的可加工性能也是航天材料选用的重要原则。航天材料根据其使用位置和所要求的功能,往往具有复杂的结构,因此要求其应该具备比较容易地实现结构设计需要的工艺,如切削、成形、焊接、胶接等。

1.3.3 其他要求

航天材料的选择除了需要具备所要求的性能和可加工性之外,还必须考虑与材料使用有关的实际条件,如合适的成本、可靠的质量、稳定的供货等。

因此,航天材料的选择应综合考虑材料在航天器上所用的位置、构型、工艺性和成本等要求与条件后,再最终确定。

1.4 航天材料的发展历程

经过几十年的发展,我国目前已经形成了相对系统的材料体系,但也应该看到,随着航天科技的发展,航天器的功能越来越高,平台越来越大,性能越来越先进。同时,性能优良的新材料和新工艺也不断在发展。

目前,航天材料的选择在满足基本性能要求的前提下,向着高性能、轻质量、低成本方向发展。因此,在材料选用中,应根据航天器对材料性能的各种要求,结合各类产品的设计要求和各种材料的性能特点,来选择合适的材料。

随着航天科技的进步和航天型号任务的增加,我国航天材料的发展大致可划分为以下四个发展时期[3]:

1)航天材料体系框架形成时期(20 世纪 50 年代末至 70 年代末)

航天材料研究以金属材料和橡胶密封材料为主,复合材料开始得到少量应用。

代表性材料有:发动机内/外壁用 1Cr18Ni9Ti 不锈钢和 1Cr21Ni5Ti 双相钢,固体火箭发动机壳体用 D406A 钢,液氢/液氧发动机内/外壁用锆铜合金和 F150 双相钢,发动机涡轮用 GH4169 高温合金,发动机喉衬用钨渗铜白发汗材料、特种密封和低温密封材料、防热用碳/石英材料和高硅氧/酚醛材料、高硅氧布增强氟四天线防热透波材料、储箱共底和整流罩大型蜂窝夹层结构材料等。

2)航天材料体系初步形成时期(20 世纪 70 年代末至 80 年代末)

航天材料及工艺预先研究工作得到广泛开展,材料品种大量增加,材料性能水平有较大的提高。

代表性成果有:非金属防热等功能复合材料以及碳/环氧等结构复合材料得到深入研究和正式应用,如细编正交三向碳/碳复合材料、斜缠高硅氧/酚醛防热材料,大型固体火箭发动机玻璃纤维/环氧壳体及有机纤维/环氧壳体材料,整体毡碳/碳喉衬材料等在再入飞行器和固体火箭发动机上获得应用或具备应用条件。碳/环氧复合材料在运载火箭有效载荷支架、再入飞行器仪器舱、卫星主承力筒、发射筒等结构件上得到越来越多的应用。先进复合材料的应用使卫星结构质量约占卫星总质量的20%。

3）航天材料体系完善时期（20世纪80年代末至90年代末）

在新型运载火箭和载人航天等重大工程牵引下，不同种类或性能的先进结构复合材料和新型结构、功能材料得到深入研究和应用，部分材料的性能达到国际先进水平。

代表性的成果有：小型化再入飞行器用细编穿刺碳/碳材料、外形稳定先进碳/碳复合材料、防热/结构多功能复合材料、斜缠碳/酚醛复合材料、陶瓷基耐热透波复合材料，大型固体火箭发动机用多向编织整体碳/碳喉衬材料，防热/隐身多功能复合材料、陶瓷基防热/透波/承载多功能复合材料、飞船返回舱低密度防热材料、火箭结构件用碳纤维增强结构复合材料等在航天器上得到应用。特种橡胶密封和阻尼材料形成系列，多种不同性能的防热涂层、热控涂层、隐身涂层等得到应用，卫星结构大量采用了先进复合材料，使结构质量降到卫星总质量的10%左右，铝锂合金成功应用于航天运载器的轻质化结构。

4）航天材料体系创新发展时期（21世纪初至今）

随着长寿命、高可靠、集成化航天器的开发，航天材料由单一性能向多种性能发展，由被动应用向主动设计方向发展。

伴随着机动式飞行器和高超声速飞行器的发展，传统的烧蚀防热材料不能满足其大气层内长时间机动飞行要求，1000～3000℃不同温区不同力学、热物理性能要求的"零"烧蚀和微烧蚀非金属热结构材料，500～2000℃不同耐温等级、不同力学性能要求的高效隔热材料，长时间低烧蚀防热/隔热复合材料等新型航天材料以及高温合金和高温钛合金轻质耐热结构等得到重点研究，即将形成新的材料系列。

1.5 航天材料分类

航天材料根据其使用的功能，可以将其分为结构与机构材料和功能材料两大类。其中，结构与机构材料又可以分为金属材料和复合材料，功能材料则可以分为热控材料、光学及光学膜材料、电学膜材料、密封材料、润滑材料、胶接材料等。

1.5.1 结构与机构材料

1）金属材料

在金属材料中，轻合金和超高强度钢是航天器用的主要结构材料，其主要特点是比强度高，综合性能好，特别适合作为航天器结构用材料。

（1）铝合金。

铝合金具有密度低、比强度和比模量高、工艺性能好、导热和导电性能好、抗腐蚀性能高、成本低等优点。因此,铝合金一直被大量用于航天器结构制造。铝合金一般按其生产和加工方法分为变形铝合金和铸造铝合金两大类。在航天工业中主要应用的铝合金有 2A12、2A14、2219、6A02、7A04、7A09、5A03、5A06 等。

20 世纪 80 年代开发的铝锂合金,比模量增加约 10%,替代常规铝合金如 2219、2024、7075 等,重量减轻 10%～20%,具有很好的应用前景。目前铝锂合金已经进入实际应用阶段,并有部分牌号已实现商业化生产。

（2）钛合金。

钛合金具有密度低、强度极高、比强度值很高、温度适应性强,可在 −273～+500℃温度范围工作。抗腐蚀性能高,是金属材料抗腐蚀性最好的材料。抗疲劳性能高。热导率低,可作隔热材料。热膨胀系数低,适合尺寸稳定性要求高的结构机构。缺点是弹性模量和比模量较低、耐磨性较差、制造工艺复杂、成本高。主要用于制造运载火箭的各种压力容器、部分卫星结构零件等。目前在航天器上使用的钛合金主要有 TC4、TB3、TA1 等。

（3）镁合金。

镁合金的密度比铝合金和钛合金的密度低,是目前实用金属材料中密度最低、比强度和比模量均比较高的材料。阻尼减振性能好、可承受较大冲击载荷。制造工艺性能好,具有良好的机械加工、铸造和锻造性能,导热性能和导电性能好。缺点是抗腐蚀能力差。镁合金主要分变形镁合金和铸造镁合金两种。随着合金生产技术和性能的改进,镁合金在航天上的应用有上升趋势。

（4）钢。

钢,尤其是超高强度的钢,具有强度较高,塑性和韧性、硬度和耐磨性、抗疲劳性能良好,制造工艺性能成熟的优点。但其缺点是密度大、弹性模量较低。可应用于航天结构的重要承力件、高强度零部件和紧固件。

（5）铍。

铍的密度低、模量高,具有和高模量复合材料性能相当的比模量。强度高,比强度等于甚至超过钛合金。屈服强度高、弹性范围线性好。抗疲劳性好,性能超过铝合金、钛合金。熔点高,可达 1250℃,高温力学性能好,可使用到 590℃。比热容大、导热性好、热膨胀系数小。缺点是材料蒸汽、粉尘及化合物有一定毒性。加工工艺复杂、加工成本高。抗冲击能力低,缺陷处应力敏感性高。

2）复合材料

复合材料主要由纤维和基体构成,纤维影响复合材料的主要性能,如密度、强度、刚度、热膨胀系数等。基体起着支撑纤维、保护纤维、保持复合材料形状等作用,并影响复合材料的延展性、导电、导热、吸湿、抗空间环境等性能。目前航天器采用的复合材料主要有碳纤维/环氧树脂和凯芙拉纤维/环氧树脂两种。

（1）碳纤维/环氧树脂复合材料。

碳纤维/环氧树脂复合材料是航天器中应用最广泛的复合材料。具有密度低、模量高、强度高、热稳定性好、热导率低、良好的疲劳强度和振动阻尼性能良好、抗腐蚀性和耐磨性好等优点。缺点是抗冲击性能低、材料各向异性严重、吸湿性大、机械加工性能差、成本较高。

（2）凯芙拉纤维/环氧树脂复合材料。

凯芙拉纤维/环氧树脂复合材料优点是很高的比强度，较高的抗冲击、抗疲劳性能，良好的热稳定性、绝热性能、阻尼性能、绝缘性能和射频透波性能，材料工艺性好，可制成复杂结构。缺点是压缩强度较低、模量较低、各向异性严重、有吸湿性、机械加工性能差。

（3）复合材料的发展。

目前，大部分复合材料以环氧树脂作为基底材料。环氧树脂存在许多不足之处，如韧性低、抗冲击性能差、耐热和耐湿性差、不宜在室温下长期储存等。近年来，对树脂基底材料进行了大量改进研究。如采用热固性树脂或热塑性树脂作为基底材料，但工程应用上还不成熟。

金属基底复合材料也是发展方向之一。如硼/铝复合材料具有较高比强度、比模量和尺寸稳定性好等优点。碳/铝复合材料膨胀系数低，适合尺寸稳定性要求高的航天器。碳化硅颗粒/铝复合材料具有耐磨、耐热、高强度、高模量等优点，可以替代铝合金。

1.5.2　功能材料

功能材料主要包括热控材料、光学及光学膜材料、电学膜材料、密封材料、润滑材料、胶接材料等。

1）热控材料

热控材料主要制作热控涂层和多层隔热组件。

热控涂层是具有特定热辐射性质，用以调节物体辐射热交换的表面层。一般通过抛光、电镀、阳极氧化、喷涂、真空镀膜等工艺形成表面层。热控涂层的特性由太阳吸收比和半球发射率描述，通过设计热控涂层的太阳吸收比和半球发射率，调节进出航天器的热流，达到控制表面温度的目的。热控涂层按照制备工艺分抛光型、阳极氧化型、电镀型、化学转换型、涂料型、二次表面镜型等。

多层隔热组件由若干反射屏和间隔层交错相迭制成。反射屏通常为镀铝聚酯膜，间隔层为涤纶网。多层隔热组件性能用当量导热系数、有效发射率或有效传热系数表示。

2）光学及光学膜材料

光学器件主要有超低膨胀玻璃、零膨胀微晶玻璃、铍镜材料、耐辐射光学玻璃（锗玻璃）、无色冕牌玻璃等。

光学及光学膜材料用于操作机构摄像、照相及光学敏感器表面的增透膜、反射膜、消杂光膜和带通滤光片等,可以提高分辨率和清晰度,获得或提高光学器件的光学性能。

3）电学膜材料

电学膜材料主要有导电膜、导电涂层等,防止空间操作机构表面静电积累。

4）密封材料

密封材料主要用于制备密封圈来密封真空、汽、液管路对接口等处。密封材料通常有碳氟化合物人造橡胶、碳氢化合物橡胶和硅树脂橡胶。

5）润滑材料

润滑材料分固体润滑和液体润滑两类。航天上常用的固体润滑剂有二硫化物(如二硫化钼)和聚合物薄膜(如聚四氟乙烯衍生出来的薄膜)。液体润滑包括润滑油和润滑脂。润滑脂与润滑油的区别在于,润滑脂是在润滑油内添加了增稠剂,所以用润滑脂润滑时不需要密封或专门的润滑剂储槽。

6）胶接材料

胶接材料用来连接部件各部分。胶接材料的性能有机械性能(抗拉、抗振、分散载荷应力性能)、电性能(导电胶可以提供低电阻通路)、热性能(导热胶提供热传导路径)等。航天用胶接材料主要有环氧、硅树脂、聚亚胺酯和丙烯酸等。

1.6 航天材料的需求

中国航天发展的新趋势和新挑战对航天材料提出了新的要求。新一代运载火箭以"系列化、通用化、组合化"的设计思想为指导,高标准、高起点,按照"无毒、无污染、低成本、高可靠、适应性强、安全性好"的原则,形成"一个系列、两种发动机、三个模块";先进上面级以新一代运载火箭为基础级,具备多星发射能力、轨道机动和深空探测飞行能力,长时间在轨工作。可重复使用天地往返运载器是我国未来航天运输系统发展的方向。"载人航天"工程要实现飞船长期地面储存、长期在轨工作,需要满足高低温交变、紫外线照射、带电粒子及原子氧侵蚀的复杂空间环境要求[3,4]。未来深空探测将遭遇极端温度、尘暴、强磁场、强辐射等极端环境的考验。

因此,要求航天材料向高性能、多功能、复合化、智能化、整体化、低维化、低成本化等方向发展。

（1）高性能。

高性能是指发展具有高性能和优异综合性能的先进材料,具有轻质、高强度、高模量、高韧性、耐高温、耐低温、抗氧化、耐腐蚀等性能,满足武器装备新技术发展的需求,逐步实现材料在航天产品上应用的更新换代。

(2) 多功能。

多功能是指发展兼具声、光、电、磁、热、阻尼等功能或多功能一体化的材料,适应高速飞行、长程机动、突防和信息化的发展需求。

(3) 复合化。

复合化是指实现先进复合材料技术自主保障,不断扩大复合材料在航天产品上的应用领域,满足武器装备和运载器结构的轻量化发展要求。

(4) 智能化。

智能化是指通过智能复合材料将复合材料技术与现代传感技术、信息处理技术和功能驱动技术集成于一体,通过埋置在复合材料内部不同部位的传感器感知内外环境和受力状态的变化,并将感知到的变化信号通过微处理器进行处理并做出判断,进而使构件适应有关变化而获得理想的性能。

(5) 整体化。

整体化是指在关键结构机构或器件制造中尽可能地减少机械装配件数量。整体化制造既可节约材料和工时,又可减少因装配失误埋下的事故隐患。

(6) 低维化。

低维化是指加大低维材料(维数小于3)的应用,以获得其特殊的性能和功能。如准零维(纳米颗粒)、一维(碳纳米管)、二维(石墨烯)等。尤其是碳纳米管在航天中的应用,如碳纳米管增强复合纤维材料等得到了广泛的研究。

(7) 低成本化。

低成本化是指大力发展材料的低成本制造技术,降低结构制造成本,提高生产效率,不断提高武器装备经济可承受性。将低成本的理念贯穿材料、结构设计、制造、检测评价以及维护维修等全过程。

1.7 航天材料的发展方向

美国"阿波罗"号飞船、"挑战者"号航天飞机及"哥伦比亚"号航天飞机的重大灾难为人类敲响了航天材料安全的警钟,而哈勃太空望远镜的多次航天员出舱维修也说明了高性能、高可靠航天材料的重要性。面对我国航天材料的现状和需求,亟须加强我国航天材料的基础研究和应用研究。

下面将从基础研究和应用研究两个维度,对航天材料的发展趋势和方向进行分析[3,4]:

1) 加强航天材料基础研究,由型号牵引向技术进步转变

虽然我国初步建立了航天材料体系,但在高性能材料基础研究和材料性能数据库等方面存在许多差距,在关键的机理研究方面仍然需要加大工作力度。具体

表现为所采用的部分型号材料，暴露出工艺不稳定、性能离散性大的问题。

航天材料基础研究的重大研究方向包括材料模拟表征、热透波机理与热透波材料、非烧蚀防热机理、高性能烧蚀防热材料、高效隔热机理与隔热材料、智能控制材料、超材料、纳米材料、新型碳材料、记忆材料等。上述领域的基础研究将重点突破材料设计、微观结构与控制、性能模拟与演化规律等基础问题。进一步实现材料由摸索式研究向设计材料的转变。

2）加强航天材料的应用研究，研制新型高性能航天材料

面对航天器长寿命、高可靠的要求和新的探测任务，针对航天材料的特殊性和应用环境的严酷考验，在应用研究方面，结合纳米材料、新型碳材料、智能材料、超材料等新型功能材料的开发和应用，将加强以下方向的研究工作。

（1）功能复合材料。

加强非烧蚀防热材料技术研究，重点开展1800～3000℃高温长时"零"/微烧蚀热结构材料、500～2000℃高效隔热材料研究以及防隔热一体化材料与结构研究；完善烧蚀防热复合材料系列，针对不同应用环境要求，重点突破高温、宽频隐身/结构一体化材料技术，防热/隐身/承载、抗高能辐射等多种功能的复合材料技术；围绕耐热、宽频、承载、隔热等多功能要求，突破高性能热透波材料及制备、长时间高温透波/隔热/承载材料与结构设计与制造关键技术。

（2）树脂基结构复合材料。

围绕结构进一步轻质化要求，突破高强高韧结构复合材料制备技术和结构复合材料低成本制造技术，发展结构/功能一体化材料技术，实现从追求材料"高性能"向"高效能"转变，提高经济可承受性，扩大应用范围，逐步实现结构复合材料的升级换代。

（3）密封与阻尼减振材料。

围绕长寿命、宽温域、耐特种介质、空间环境等要求，研制新型密封材料与结构，完善航天密封材料体系；重点发展高性能宽温域阻尼减振材料、阻尼结构一体化材料与结构，并向智能材料和自适应阻尼减振结构方向发展。

（4）隐身、伪装材料及防护材料。

围绕耐高温、宽频带、强吸收的特点，重点突破防热隐身一体化涂料、轻质宽带吸波涂料、柔性隐身材料、飞行器多频谱隐身材料、抗激光材料等关键材料技术。

（5）高性能金属结构材料。

针对大型航天器、载人飞船和空间实验室面临的结构减重问题，需要突破高温钛合金、金属间化合物等复杂构件成形技术，发展大型和薄壁复杂构件精密旋压、超塑成形/扩散连接、精密铸造等整体精密成形技术，特种焊接技术，满足高温金属结构材料及构件轻质化、高精度、低成本及快速制造的高要求。开发适合焊接要求的铝锂合金厚、薄板材及适合焊接用的焊丝；开发生产钛紧固件的高强钛丝提高航天器可靠性；开发高强、耐高温的轻质耐热铝合金或铝基复合材料；提升铸造镁合

金航天应用工艺及镁基复合材料航天应用。

（6）新型光学遥感器材料。

为适应空间光学遥感器的光、机、电、热一体化设计的发展，迫切需要研制新型光学遥感器材料。

（7）先进推进技术关键材料。

目前发达国家大容量、长寿命、高可靠卫星已经采用电推进技术。为此，迫切需要国内研制电推进技术必需的关键材料，如空心阴极关键材料、多功能阀门磁致伸缩材料等。

（8）高性能天线及微波材料。

高性能微波材料一直是国外对我禁运的重点对象，目前我国新型航天器中使用的高频介质板、微波电路用陶瓷材料、吸波材料主要依靠进口，亟须国内解决。

大型可展开天线成为我国新型航天器型号中重要的关键载荷，涉及金属网、Kevlar 纤维等关键材料，使用需求量大，但是国外封锁，国内研制水平有待提高。

（9）长寿命、高可靠空间导热材料。

国内现有材料性能达不到应用要求，迫切需要研制长寿命、高可靠空间导热材料，要求导热能力超过 1200W/m・℃。为满足真空传导散热的需要，除提高导热绝缘环氧树脂、导热硅橡胶、灌封用高温环氧树脂的性能外，还需要研制具有柔韧性、可裁减的导热铺层替代进口。

（10）多功能高性能智能材料。

研究不同机理的智能热控涂层，实现航天器的在轨温度智能控制，尤其是对微/纳/皮卫星的热控管理提供支持；进一步发展记忆合金材料，实现其在轨的智能化应用。

1.8 航天材料工程的现状

航天材料技术是航天产品研制的基础技术、先导技术和关键技术，是决定航天产品性能、质量、可靠性和成本的重要因素，贯穿于航天产品的设计、研制、加工、生产、试验及使用维护的全寿命周期，其性能与水平是衡量航天技术发展水平的重要标志之一。

下面将对航天材料工程的国内外现状进行分析[3]。

1.8.1 国外航天材料工程的现状

欧美等航天大国和机构一直把航天材料及航天材料工程作为国家的基础技术和关键技术进行大力发展，制订了长期的发展规划，形成了比较完备的航天材料体系，建立了完善的航天材料数据库。

（1）重视航天材料的系统规划。

长期以来，欧美航天大国开展了一系列航天材料研究计划，包括美国军方的推进材料计划，隐身材料、工艺及维修性计划，金属经济可承受性计划，被动式防热端头技术计划（PANT），美国陆军弹头防热材料研制计划，高级拦截器材料工艺研制计划，美国海军实施的载人飞行器材料技术计划（REV-MAT），美法等国海陆空三军联合制定的运载火箭材料计划，欧盟的低成本轻质结构计划等。通过航天材料长期规划的实施，增强了其在航天材料研究与生产方面的技术优势。

（2）航天材料及应用技术已经相对成熟，材料性能与质量达到了较高水平。

高性能碳/碳和碳/酚醛防热复合材料等防热材料已经在弹头和固体火箭发动机上获得广泛应用；复合材料的应用使卫星结构质量减轻到仅占卫星总质量的4%~5%；在大型运载火箭、航天飞机推进剂贮箱、有效载荷舱、弹体等部件上大量采用高性能的结构材料，如 Mg-Li 合金、Al-Li 合金、Al-Sc 合金等，有效地降低了结构质量；耐热钛合金、Ti_3Al 及 TiAl 金属间化合物在弹体结构和火箭发动机上的应用显著提高了武器装备的性能。美国研制成功的姿控发动机铼铱燃烧室投入使用后，可使卫星和飞船的有效载荷质量增加 20~100kg。随着新一代武器系统和航天飞行器的材料技术研究，航天材料技术进入新的发展阶段。

（3）开展了系统的航天材料飞行试验和空间材料科学试验。

以美国国家航空航天局（NASA）为代表的航天大国或机构，对航天材料在空间环境下的性能变化进行了系统的空间飞行试验研究，开展了以长期暴露试验装置（LDEF）、国际空间站材料试验（MISSE）系列为代表的大量飞行试验，获得了上千种（类）航天材料性能变化的在轨数据。利用手套箱或飞行试验机柜开展了以晶体生长、胶体物理、金属合金及亚稳态为代表的系列空间材料科学试验。

（4）建立了相对完善的航天材料空间环境适应性评价体系。

以 NASA 和欧洲航天局（ESA）为代表的航天机构建立了国际标准化组织（ISO）、欧洲空间标准化组织（ECSS），国外航天大国非常重视航天材料空间环境适应性评价工作，搭建了一系列空间环境及效应地面模拟试验装置，形成了美国（美军标（MIL）、NASA 标准、NASA 技术报告、美国航空航天学会（AIAA）标准等）、欧洲（ECSS 标准、ESA 标准、ESCC 标准等）、ISO、俄罗斯等一系列的标准、模型规范、技术报告等，指导航天材料的地面评价工作。

（5）建立了相对完善的航天材料性能变化数据库。

通过实施一系列航天材料性能在轨飞行试验技术和开展大量地面模拟试验评价，获得了大量的航天材料空间环境效应数据，并定期召开一系列航天材料应用研讨会，建立了完善的航天材料性能变化数据库。

1.8.2　我国航天材料工程的现状

我国航天材料经过近 60 年的发展,取得了可喜的成绩,也存在诸多问题,主要表现在以下几方面:

(1) 初步建成了我国的航天材料体系。

经过多年的发展,我国航天材料从无到有,自主研发能力不断增强,初步形成了 20 多类、1000 多个牌号的航天主干材料体系,突破了航天产品研制中的关键材料技术,在航天产品(弹、箭、星、船)上得到应用,基本实现了航天产品关键材料的系统配套和自主保障,初步建成了航天材料体系。

(2) 航天器部分关键材料难于满足要求,航天材料应用与评价体系有待完善。

由于欧美航天大国对华高技术禁运,致使很多航天器研制必需的高性能材料进口受阻,例如超薄、大面积、高性能聚合物薄膜材料,而在某些方面由于国内基础薄弱、设备老化、人员变动等为材料持续保障带来困难。随着航天器高可靠、长寿命的要求,我国航天材料研究面临新的机遇和挑战。

从应用水平角度考虑,主要表现为已成熟应用的材料性能数据不全、航天材料的标准规范体系尚不完善、航天材料评价手段尚不健全、材料的应用工艺及加工技术有待提高。

(3) 尚未系统开展航天材料飞行试验和空间材料科学试验。

我国虽然利用"实践"系列卫星、"神舟"飞船等开展了一些航天材料的空间飞行试验和空间材料科学试验,但与欧美航天大国相比,缺乏系统规划。同时,对航天材料开展的飞行试验和科学试验数量较少,不成体系。

(4) 航天材料空间环境适应性评价体系有待完善。

经过多年的发展,我国已经开展了大量的航天材料空间环境适应性评价工作,主要航天机构如中国空间技术研究院等也建立了一些航天材料空间环境适应性评价规范或标准,但航天材料评价技术基础仍然薄弱,尚未建立系统化的国家标准(GB)、国家军用标准(GJB)或航天工业行业标准(QJ)体系。

(5) 尚未建立系统化的航天材料性能变化数据库。

由于对航天材料缺乏系统的空间环境适应性地面模拟试验评价和航天材料飞行试验评价,因此,积累的航天材料空间环境效应数据仍然较少,尚未建立系统化的航天材料性能变化数据库。

1.8.3　我国航天材料工程的差距

与国外航天强国,尤其是美国相比,我国航天材料工程仍存在一定的差距。概括起来,主要表现为以下几点:

(1) 材料研究基础薄弱,原创性不足。

与欧美航天强国相比,我国航天材料研究起步较晚,航天材料研究仍然较少。

针对航天型号特定部位的选材方案或多或少借鉴了国外成熟的经验,然后开展相应材料攻关及应用研究。有些关键材料或高性能材料有待进一步研究。

（2）材料研究依赖于型号牵引,技术推动力度有待进一步加强。

"一代材料,一代装备"。与国外"技术推动、型号促进"不同,我国主要依赖于"型号牵引"。因此,相较而言,我国的航天材料研究基础较弱,范围较窄。例如,美国先发明了碳/碳复合材料,根据其特殊性能,发展应用到导弹端头和固体火箭发动机喉衬等部位。而我国针对某特定型号特定位置的应用,亟须某功能的材料,然后组织攻关,才出现某高性能的材料研制成功。这极大地限制了航天材料的系统发展。

（3）高性能航天材料与国外差距较大。

在航天材料应用研究方面,与国外差距较大,主要表现为:在金属材料方面,高性能合金材料起步较晚,应用有待进一步加强。在非金属材料方面,国外航天型号上主要采用约束阻尼层技术减振,已研制出系列氟、氟硅、氟醚等特种橡胶及密封剂材料,国内主要以阻尼器应用为主,约束阻尼层的应用有待加强。在功能复合材料方面,国外可实现碳/碳复合材料在2000℃有氧环境下工作1h以上不破坏,我国目前还主要是以短时超高温烧蚀型防热复合材料为主。在结构复合材料方面,国内以环氧树脂基复合材料应用为主,低成本复合材料技术和结构隐身复合材料应用关键技术有待进一步研究和开发。

（4）航天材料的空间环境适应性评价与试（实）验缺乏系统规划。

航天材料与航空材料或其他地面材料应用的最大不同,是其工作的特殊的空间环境。一方面,空间环境将对航天材料的性能带来较大的变化;另一方面,可以利用独特的空间特殊环境开展试验或试验研究,获得高性能材料,研究其科学机理。随着我国空间站建设序幕的拉开,亟须加强航天材料空间飞行试验、空间材料科学试验和航天材料空间环境适应性评价的系统规划。

参考文献

[1] 闵桂荣. 卫星工程概论[M]. 北京:宇航出版社,2003.

[2] 王立,邢焰. 航天材料的空间应用及其保障技术[J]. 航天器环境工程,2010,27(1):35-40.

[3] 唐见茂. 航空航天材料发展现状及前景[J]. 航天器环境工程,2013,30(2):115-121.

[4] 宋力昕. 航天材料发展趋势分析:中国空间科学学会第七次学术年会论文集[C]. 大连:中国空间科学学会,2009:47-52.

[5] 郭玉明. 航天材料发展与展望:复合材料技术与应用可持续发展工程科技论坛[C]. 北京:中国复合材料学会,2006.

第 2 章
航天结构与机构材料

    航天器结构是指在各种复杂工作环境下，可以为航天器提供支撑骨架和外形，为仪器设备提供固定安装边界，承受和传递载荷，并保持一定刚度、精度和尺寸稳定性的部件和附件的总称。附件是指在空间伸展的航天器本体之外的大型结构件（如太阳翼、天线）或航天器体内大型设备的主承力部分（如相机支架、镜筒）等。航天器结构的功能主要是承受载荷、安装设备和提供构型[1-3]。

    航天器机构是航天器及其部件或附件完成规定动作或运动的机械组件。这里需要注意的是，并不是所有的机构均属于结构或机构分系统，在航天器热控、推进、返回着陆等分系统中也包括很多机构，如动量轮、热控百页窗、缓冲机构等。航天器机构的功能主要是连接、释放、展开、分离、指向、承载等。

    航天器结构承受的环境载荷主要包括：地面操作和运输过程中产生的载荷；发射过程中产生的加速度、振动、冲击、噪声等载荷；在轨运行时真空、温度交变、粒子辐照等载荷；再入地球大气层或进入目标星体大气层过程中产生的气动力、气动热、加速度、振动、冲击等载荷。

    航天器结构形式主要分为四类：一是壳体结构，包括光筒壳、加筋壳、波纹壳、蜂窝夹层壳；二是板结构，包括普通蜂窝夹层板、网格蜂窝夹层板、抛物面蜂窝夹层板；三是承力支架，包括工字形梁系结构、杆系构架、大尺寸薄壁铸件支架；四是防热结构，包括中、低密度烧蚀防热结构等。

    航天器结构材料主要指用于为航天器提供刚度、强度、安装边界、结构外形的材料。随着航天器技术的发展，目前和今后的航天器中也包括了各种产生运动的机构，机构采用的主要材料基本上与结构材料相同。因此，书中所述的航天器结构材料也包含了航天器机构材料，或更确切地说，航天器结构材料是指航天器机械部分所采用的材料。目前，大量使用的主要是复合材料和金属材料。

    航天器结构和机构的性能，特别是航天器结构的性能在很大程度上取决于材料的性能。因此，在航天器结构和机构的研制中，材料的选择和应用是一个特别重要的问题，需要进行专门研究分析。

    针对不同的使用环境载荷和不同的结构形式，航天器结构用材料可以分为结构材料和功能材料两大类。

2.1 金属材料

在航天器研制过程中,金属材料由于具有可以焊接的特点,常用于密封壳体结构中,同时由于其成本相对较低、使用方便等优点,在非密封的航天器中也常用在接头、支架等承力结构件上。这些航天器上应用的金属材料以高比强度的铝合金为主,根据不同场合的需求,也经常采用钛合金、镁合金等其他高强度或低密度的合金材料。

2.1.1 铝合金

铝合金一直是航天器上最主要的结构材料之一,其主要特点是:密度低,有较高的比模量和比强度值;导热性和导电性良好;抗腐蚀性能好;制造工艺性能良好;在所有轻金属材料中成本最低。铝合金的工作温度一般为 200~300℃,其低温性能很好,随着温度下降,强度和塑性还有所增加。

由于上述铝合金材料的一系列长处,在过去和现在一直是航天器的主要结构材料之一。特别是由于铝合金蜂窝夹层结构的应用,大大提高了航天器结构的刚度,降低了质量,因而使铝合金在航天器结构和机构上得到了广泛的应用。例如,大量应用于航天器舱体结构、各种承载壁板结构、各种仪器安装板、连接法兰和密封容器等。

比强度高是铝合金应用于航天结构的首要条件。因此在航天工业中主要应用的铝合金有 2A12、2A14、2219、6A02、7A04、7A09,以及 5000 系的 5A03、5A06 等合金。航天器主结构中常用的铝合金有 5A06、2A12、2A16、2A14 等牌号。低密度铝合金在航天器主结构中也有一定的应用。我国航天常用铝及铝合金的性能比较见表 2-1[1]。

表 2-1 我国航天常用铝及铝合金的性能比较

牌号 性能	铝合金					纯铝
	5A02	5A06	2A12	7A04	2A14	
熔点/℃	627~652	—	502~638	477~638	510~638	643~657
线膨胀系数/($10^{-6} \cdot$ ℃$^{-1}$)	24.9	24.7	23.8	24.1	23.6	24.7
热导率/(W·m^{-1}·k^{-1})	155.4	117.6	121.8	155.4	159.6	226.8
比热容/(kJ·kg^{-1}·k^{-1})	0.96	0.92	0.92	—	0.84	0.92
电导率/(10^6S/m)	21.0	14.0	13.7	23.8	23.2	—
密度 ρ/(g·cm^{-3})	2.68	2.64	2.78	2.85	2.80	2.71
断裂强度 σ_b/MPa	225.6	313.9	407.1	490.5	451.3	107.9
拉伸模量 E/GPa	69.6	66.7	70.6	70.6	70.6	69.6
伸长率/%	16	15	13	6	14	28
σ_b/ρ/(10^3m^3·Pa·kg^{-1})	84.2	118.9	146.4	172.1	161.2	39.8
E/ρ/(10^6m^3·Pa·kg^{-1})	25.97	25.26	25.47	24.77	25.21	25.68

随着材料工业的发展,航天器用铝合金材料向着高强度、高韧性方向发展。其中,高强度铝合金的研究一直是各国材料研究领域的热点,发展比较快,研究和应用较多的有美国的 7075、7475 和 7055 等七系铝合金。受限于材料制备技术的发展,高强铝合金在我国的应用较少,但是其性能较常规铝合金有较大幅度的提升,是航天器轻量化设计值得关注的一个方向。

近年来,随着科学技术的发展,新一代的含锂铝合金——铝锂合金(Al－Li 合金)具有低的密度、高的比强度和比刚度,用其取代常规铝合金(如 2219、2024、7075 等),能使构件的质量减少 10%～20%,刚度提高 15%～20%,被认为是 21 世纪航天器的主要结构材料。铝锂合金的性能参考数据见表 2－2[1]。

表 2－2　铝锂合金的性能参考数据

牌号　　性能	美国 2090	超硬铝合金 7A04
密度 $\rho/(g \cdot cm^{-3})$	2.59	2.8
断裂强度 σ_b/MPa	569	540
拉伸模量 E/GPa	78.6	71.0
伸长率/%	7.9	8.0
$\sigma_b/\rho/(10^3 m^3 \cdot Pa \cdot kg^{-1})$	219.7	192.9
$E/\rho/(10^6 m^3 \cdot Pa \cdot kg^{-1})$	30.3	25.4

据美国宇航局预测,今后航天器结构中,铝锂合金将取代 65%～75% 常规铝合金的用量。近年来,国外针对铝锂合金在应用过程中存在问题进行了大量改进工作,提高了其韧性,解决了板材各向异性问题,并通过用超塑成形技术降低了其构件制造成本,目前国外的铝锂合金已经进入实际应用阶段,并有部分牌号已实现商业化生产。而国内铝锂合金在航天工业上只有少量的应用。

2.1.2　镁合金

镁合金主要特点是:密度低,有较好的比模量和比强度值;导热性和导电性良好;减振能力好,可承受较大的冲击载荷;制造工艺性能良好。但镁合金具有在大气环境下不耐腐蚀的缺陷。一般说,镁合金的长期工作温度不超过 150℃。在航天器结构上应用的镁合金多为铸造镁合金,主要用于重量敏感的部位。但是铸造镁合金的强度偏低($\sigma_{P0.2}$ 约 150MPa),铸造大型结构件时的成品率也比较低,阻碍了其应用范围的进一步扩大。近年来出现的高强镁合金能将镁合金的抗拉强度提高到 590MPa,比强度的优势更加明显,但是目前还没有在航天器工程上应用。我国航天常用镁及镁合金的性能比较见表 2－3[1]。

表 2-3　我国航天常用镁及镁合金的性能比较

牌号\性能	镁合金					纯镁
	MB1	MB2	MB8	ZM5	ZM6	
熔点/℃	—	604～632	645～650	430～600	550～640	651
线膨胀系数/$(10^{-6} \cdot ℃^{-1})$	26.0	26.0	23.7	26.8	36.1	26.1
热导率/$(W \cdot m^{-1} \cdot k^{-1})$	130.2	100.8	134.4	77.7	75.6	159.6
比热容/$(kJ \cdot kg^{-1} \cdot k^{-1})$	1.00	1.13	—	1.05	1.04	1.02
电导率/$(10^6 S \cdot m^{-1})$	16.3	18.8	19.6	6.67	11.9	—
密度 ρ/$(g \cdot cm^{-3})$	1.76	1.78	1.78	1.81	1.81	1.74
断裂强度 σ_b/MPa	186.4	235.4	225.6	225.4	261.0	196.2
拉伸模量 E/GPa	—	42.2	40.2	41.2	41.2	43.8
伸长率/%	5.0	5.0	12.0	5.0	1.6	11.5
σ_b/ρ/$(10^3 m^3 \cdot Pa \cdot kg^{-1})$	104.9	132.2	126.7	124.5	144.2	112.8
E/ρ/$(10^6 m^3 \cdot Pa \cdot kg^{-1})$	—	23.7	22.6	22.8	22.8	25.2

　　镁合金在航天器结构中也有一定的应用价值,特别是可做成形状复杂的大型铸件,如国内航天器舱体的底板、支撑大梁等。但是,由于镁合金的抗腐蚀能力差,在产品设计、制造、使用、储存等方面均有诸多不便。而且总的性能与铝合金相比并无特别的优越之处。因此目前镁合金在国外较铝合金材料要少。

2.1.3　钛合金

　　与铝、镁、钢等金属材料相比,钛合金具有比强度值很高、抗腐蚀性能良好、抗疲劳性能良好、热导率很小、线膨胀系数较小、高低温机械性能很好等优点,一般说可在 350～450℃长期使用,低温可使用到 -196℃。但也存在一些缺点,如比模量值较低,耐磨性较差,制造工艺较复杂,材料成本较高。由于其价格昂贵,钛合金常用于承载力大的关键部位,例如国际空间站的机柜接头等。航天器结构上常用的 TC4 钛合金具有较好的综合机械性能,其抗拉强度 $\sigma_b \geqslant 890MPa$,屈服强度 $\sigma_{P0.2} \geqslant 825MPa$,塑性 δ_5 约 10%,TC4 在高温下的性能也很好,400℃时其抗拉强度 $\sigma_b \geqslant 590MPa$,持久强度 $\sigma_{100} \geqslant 540MPa^{[3]}$。我国航天常用钛及钛合金的性能比较见表 2-4[1]。

表 2-4　我国航天常用钛及钛合金的性能比较

牌号\性能	钛合金			纯钛
	TC4	TA7	TB2	
熔点/℃	1538～1650	1538～1650	—	1650～1670
线膨胀系数/$(10^{-6} \cdot ℃^{-1})$	8.8	8.9	8.5	9.0
热导率/$(W \cdot m^{-1} \cdot k^{-1})$	7.56	8.82	12.10	17.20

性能＼牌号	钛合金			纯钛
	TC4	TA7	TB2	
比热容/$(kJ \cdot kg^{-1} \cdot k^{-1})$	0.56	0.54	0.54	0.52
电导率/$(10^6 S \cdot m^{-1})$	0.58	0.72	0.70	1.40~2.40
密度 ρ/$(g \cdot cm^{-3})$	4.51	4.46	4.43	4.85
断裂强度 σ_b/MPa	390	850	900	1300
拉伸模量 E/GPa	103	109	110	102
伸长率/%	40	15	10	8
σ_b/ρ/$(10^3 m^3 \cdot Pa \cdot kg^{-1})$	86.5	190.0	203.0	268.0
E/ρ/$(10^6 m^3 \cdot Pa \cdot kg^{-1})$	22.8	24.4	24.8	21.0

随着材料技术的发展,钛合金向着更高的韧性、更好的高低温性能、更好的工艺性等方向发展。近年来出现的钛基复合材料,采用颗粒增强或者纤维增强的方法,使钛合金的强度更高,同时能改善加工工艺性。目前新型钛合金材料价格相对昂贵,工程应用的范围还比较小。

钛合金具有很高的比强度,并且在高温和低温下仍能保持其优良的性能。因此,对于需承受较高载荷和应力的零部件,对于航天器结构的连接件和航天器机构的零部件,钛合金已成为必不可少的材料。此外,某些有隔热特殊要求的航天器结构部件,有时也需采用钛合金。但是,由于材料的比模量值不高,制造工艺又比铝、镁合金复杂,因此钛合金在某些结构部件中,只作为航天器的主要结构材料。

在航天工业中,钛合金主要用于制造运载火箭的各种压力容器、部分卫星结构零部件,以及战术导弹弹体中要求强度高及热强性好的部位,如空气舵舵体等构件。

钛合金一般分为三大类:α 型合金,α + β 型合金,β 型合金。一般来说:α 型合金热强性好、可焊,但热加工困难;β 型合金室温强度高,成形容易,可热处理;而α + β 型合金介于两者之间,可以通过热加工和热处理较大范围地调整其显微组织与性能。目前在航天器上使用的钛合金主要有 TC4、TB3、TA1 等。

以镍钛合金(Ni 的含量为50%~55%)为主的形状记忆合金目前引起了广泛的重视,这种镍钛合金的主要特点是:在材料的马氏体逆转变的开始温度以下,由该材料所做的构件可在一定外力下做任意的变形(其极限应变可达 6%~8%);然后,当加热到马氏体逆转变终了温度时,由于热弹性马氏体相变原理,可自动恢复到构件原有的形状,就好像材料具有"记忆"自身形状的特殊功能。所以,这种记忆合金是一种有很大实用价值的功能材料。例如,国内外已采用记忆合金构件替代航天器上火工品释放器,提高了航天器释放机构的可靠性和安全性。因此,记忆合金是一种具有很大发展潜力的航天器金属材料。

2.1.4 超高强度钢

超高强度钢具有极高的比强度和良好的韧性，是航天用的关键结构材料，主要用于航天结构的重要承力件。随着结构钢的发展，成为超高强度钢的强度级别会逐步提高。一般将最低屈服强度超过 1380MPa（200ksi）的结构钢称为超高强度钢。超高强度钢可以按合金元素含量分为三大类：低合金超高强度钢（合金元素含量小于 5%），中合金超高强度钢（合金元素含量 5% ~ 10%），高合金超高强度钢（合金元素含量大于 10%）。目前已有的工业生产的超高强度钢中，AerMet100 具有最佳的综合性能，在航天工业中将会得到越来越多的应用。

2.1.5 难熔金属材料[4,5]

难熔金属是指熔点在 2000℃ 以上的钨（W）、钼（Mo）、钽（Ta）、铌（Nb）、铼（Re）和钒（V）等金属材料，其特点是熔点高，高温强度高，导电、导热性能好，抗液态金属腐蚀性能好，热中子吸收截面小等。难熔金属及其合金的使用温度由低到高的依次顺序为：Nb 合金 < Mo 合金 < Ta 合金 < W 合金 < Re 金属，目前使用最多的合金是 Nb 合金和 Mo 合金。

1）钽合金

钽合金熔点高，蒸汽压低，膨胀系数小，抗热振性能好，具有高温强度较高、抗热振性好、蠕变强度高和塑韧性优异等特点，可用作高温结构件和空间结构件，在 500℃ 以上需在其表面涂抗氧化涂层进行抗氧化保护。为满足高温强度和高温蠕变性能要求：美国先后研发了 Ta – 10W、Ta – 12W、T – 111、T – 222、ASTAR – 811C 合金；苏联除开发了上述合金外，增加了 Ta – 3Nb – 7.5V、Ta – 15W、Ta – 20W、Ta – 10Hf – 5W 合金。Ta – 10W 合金已用于"阿吉娜"宇宙飞船的燃烧室和导弹的鼻锥（使用温度在 2500℃ 左右）、火箭发动机喷管的燃气扰流片、"阿波罗"的燃烧室；Ta – 10W – 2.5Hf 合金用于液体火箭喷管的喷嘴，T – 111 用作空间用包裹热力发动机热源的强化结构材料，T – 222 是为冥王星探测器发电装置研发的材料[6-8]。我国研制了系列 Ta – W 合金，Ta – 7.5、Ta – 10、Ta – 12W 与 Ta – 8W – 0.5Hf 合金得到了应用[4]。钽合金的化学成分和力学性能见表 2 – 5。

表 2 – 5　钽合金的化学成分和力学性能

牌号	成分	塑脆转变温度/℃	试验温度/℃	σ_b/MPa	$\sigma_{0.2}$/MPa	δ/%
Ta – 10W	10W	– 196	20	562	471	25
			1315	281	246	
T – 111	8W2Hf	– 196	20	630	576	29
			1315	260	169	
T – 222	10W2.5Hf	– 196	20	774	703	30
			1315	373	267	

牌号	成分	塑脆转变温度/℃	试验温度/℃	σ_b/MPa	$\sigma_{0.2}$/MPa	δ/%
ASTAR	8W1Re1 HF0.25C	-196	20	738	598	25
Ta-3Nb-7.5V	3Nb7.5V	—	1200	425	334	—
			1430	251	156	—
Ta-15W	15W	—	1200	332	227	—
Ta-20W	20W	—	1200	347	316	—
Ta-10HF-5W	10HF5W	—	1200	445	—	—
			1430	259	175	—

2）铌合金

铌合金是难熔金属中密度最小的材料,具有较高的强度、耐液态金属腐蚀性能好、焊接性能好、室温塑性好等优点,能制成薄板和外形复杂的零件,可作为高超声速飞机、航天飞行器、卫星、导弹和超声速低空火箭的热防护材料和结构材料。

美国和苏联研发的铌合金自成体系,分别研发了20种铌合金,美国的铌合金以W、Mo、Hf为主要强化元素,俄罗斯以W、Mo、Zr为主要添加元素,铌合金的第二相强化都以碳化物强化为主。铌合金按合金强度不同分为低强、中强、高强铌合金,按照比重不同,分为低密度和高密度铌合金。铌合金主要用作高比冲、能多次启动、推力可调节的双组元液体火箭发动机[9-11]。

为满足航天工业的需求,我国研发了8种火箭发动机用结构材料,如Nb-752、SCb-291、D-43、c-103、C-129Y、Nb521、Nb52lc、低密度铌合金等,其中使用最多的是C-103和Nb521合金,为满足航天发动机减重的要求,我国研发了密度小于6g/cm³、可在1100℃以下使用的低密度铌合金。我国研发的铌合金牌号和化学成分见表2-6[4]。

表2-6 我国研发的铌合金牌号和化学成分

牌号	化学成分	熔点/℃	密度/(g·cm⁻³)	再结晶温度/℃
Nb-752	Nb-10W-2.5Zr	2427	9.03	1024~1371
SCb-291	Nb-10W-10Ta	2599	9.61	1316~1399
D-43	Nb-10W-1Zr-0.1C	2593	9.03	1316~1370
C-103	Nb-10Hf-1Ti	2349	8.86	1039~1316
C-129Y	Nb-10W-10Hf-0.2Y	2399	9.50	1039~1316
Nb521	Nb-5W-2Mo-1Zr	2420	8.87	1250~1400
Nb521C	Nb-5W-2Mo-1Zr-0.07C	2420	8.87	1250~1400
低密度	NbTiAlV	—	6	950~1050

3）钼合金

钼的熔点温度比钨和钽低,但它的密度小(10.2g/cm³)、弹性模量高(320kPa),膨胀系数小,蒸汽压低,具有优越的抗腐蚀性能和高温力学性能,钼合金可以进行焊接,且焊缝强度和塑性都满足要求,工艺性能比钨的好;缺点是低温脆化和高温氧化严重。俄罗斯研发的钼合金种类较多,除主要添加 Ti、Zr、C、Re 元素外,还添加了微量的 Ni、B、Nb 等对材料改性,合金牌号按合金元素(主要是 Ti、Zr)含量划分很细,将钼合金分为 14 种。美国开发的钼合金种类较少,有 TZM、Mo-30W、TZC、HCM、Mo-41~50Re 系列合金[12-15]。奥地利普兰西公司开发了 TZM、Mo-30W、Mo-3Ta、Mo-3Nb、Mo-30Cu、Mo-47Re 6 种主要合金。俄罗斯多采用真空自耗电弧熔炼和压力加工方法制备钼合金材,美国和奥地利多采用粉末冶和压力加工方法。TZM 是早已广泛使用的高温结构材料,已用于固体燃料火箭发动机的喷管、火箭鼻锥、飞行器的前缘、方向舵等。HCM 是近年获得航天应用的高强钼合金,在 1315℃下,抗拉强度可达 455MPa,比 TZM 高出约 140MPa。钼铜合金具有较好的耐热性能和较高的高温强度,已被用作固体火箭发动机的喉衬材料[16-18]。空间深空探测的发展为钼合金新的应用提供了广阔的空间,如钼合金单晶用于空间动力系统。

4）钨合金

钨是原子间键结合强度最大的、最耐热的金属,钨的密度大(19.3g/cm³),它的强度和弹性模量高,膨胀系数小,蒸汽压低,缺点是低温脆性和高温氧化严重。合金元素能够显著提高钨合金的耐磨性和耐蚀性。在宇航工业中,钨及其合金可制作不用冷却的火箭喷管,离子火箭发动机的离子环,固体火箭发动机的进口套管、喉管套管(W-Cu)、喷漆叶片和定位环、热燃气反射器和燃气舵。如美国北极星 A-3 导弹的喷嘴是采用渗有 10%~15% 银的耐高温钨管做的,"阿波罗"宇宙飞船上的火箭喷嘴也是用钨制造的,高超声速飞行器除头锥以外的表面覆盖了约 400kg 的钨[19-21]。

在钨合金中添加铼可改善钨的高温性能和室温延性,塑-脆转变温度降低,苏联研发的大部分钨合金都加入了 Re,如 W-20~28Re、W-25Re-30Mo、W-3Re-0.1Hfc、W-5Re-3.8ThO₂、W-24Re-3.8ThO₂。钨铼合金比纯钨更坚硬,其室温抗拉强度高达 3260MPa,耐磨性和焊接性能好。W-25Re 在 2400℃下的抗拉强度为 70MPa,曾是空间站核反应堆材料;钨铌合金单晶用于空间深空探测用热离子电源的发射极。

5）铼

铼的熔点为 3180℃,没有脆性临界转变温度,在高温和极冷极热条件下均有很好的抗蠕变性能,适于超高温和强热振工作环境。铼对于除氧气以外的大部分燃气有较好的化学惰性。铼的室温抗拉强度为 1172MPa,到 2200℃时仍有 48MPa 的强度。在 2200℃下,铼制造的发动机喷管能承受 100000 次热疲劳循环。铼及其合金成形件主要用于航天元件、各种固体推进热敏元件、抗氧化涂层等。我国制备的铼箔已成功用于回收卫星、洲际导弹。Re – Mo 合金到 2000℃ 仍有高的机械强度,可用作超声速飞机及导弹的高温部件[22]。

2.1.6　金属材料的未来需求

航天器结构目前正面向大型化、轻量化方向发展,如空间站大型密封舱结构,其直径将超过 4m,长度在 10m 以上,为了进一步减轻重量,提高结构效率,迫切希望采用性能更好的材料,具体来说,存在以下需求:

(1) 开发适应航天器焊接密封结构用的铝 – 镁 – 钪合金,代替现有的 5A06 铝合金,提高密封结构材料的强度等级,减轻密封壳体的结构质量。

(2) 开发高强度铝合金材料,用于制造更轻的大型承力件。

(3) 提高铸造镁合金的强度和成品率,拓宽镁合金在航天器主结构上的应用。

(4) 开发可焊接的铝锂合金,其代替 5A06 铝合金用于密封结构的壳体、桁条和隔框,以提高结构效率。

(5) 开发轻质耐热铝合金代替用于高温环境的钛合金。

(6) 拓宽铍合金在航天器中的应用领域。铍合金的密度小,比模量可与高模量碳纤维复合材料相媲美,比强度甚至比钛合金还大,如果克服其现有缺陷,将是一种非常好的航天器主结构材料。

2.2　复合材料

作为航天器结构应用的复合材料主要是纤维增强复合材料。纤维材料主要有以下几种:玻璃纤维、碳纤维、凯芙拉纤维(Kevlar 纤维)、硼纤维,其基本性能见表 2 – 7[1]。

表 2 – 7　不同纤维材料基本性能

材料	品种	密度 ρ/ $(g \cdot cm^{-3})$	断裂强度 σ_b/MPa	拉伸模量/ GPa	伸长率/ %	线膨胀系数/ $(10^{-6} \cdot ℃^{-1})$	热导率/ $(W \cdot m^{-1} \cdot k^{-1})$
玻璃纤维	E	2.54	3430	70	4.8	5.00	1.08
	S	2.48	4600	85	5.7	5.00	3.03
	M	2.89	3620	116	—	—	—
碳纤维	T300	1.76	3530	230	1.5	− 0.55	83.70
	M40	1.81	2740	392	0.7	− 0.85	—
	M55J	1.91	4020	540	0.8	− 1.03	—
	M60J	1.94	3920	588	0.7	—	—

材料	品种	密度 ρ/ $(g \cdot cm^{-3})$	断裂强度 σ_b/MPa	拉伸模量/ GPa	伸长率/ %	线膨胀系数/ $(10^{-6} \cdot ℃^{-1})$	热导率/ $(W \cdot m^{-1} \cdot k^{-1})$
凯芙拉 纤维	Kevlar-49	1.44	2890	114	2.5	-2.00	—
	Kevlar-149	1.47	2340	145	1.5	—	—
硼纤维		2.60	3500	402	0.6	5.00	3.17

基体材料目前绝大多数采用热固性的环氧树脂材料，其主要性能如下：

密度：$1.1 \sim 1.3 g/cm^3$。

断裂强度：$62 \sim 96 MPa$。

弯曲强度：$95 \sim 115 MPa$。

拉伸模量：$3.1 \sim 5.1 GPa$。

泊松比：$0.30 \sim 0.39$。

线膨胀系数：$(40 \sim 50) \times 10^{-6}/℃$。

热导率：$0.21 W/(m \cdot K)$。

电导率：$\times 10^{-16} S/m$。

最高工作温度：$150 \sim 170℃$。

当今在国内航天器结构中应用的碳/环氧单向复合材料力学性能见表 2-8。

表 2-8　碳/环氧单向复合材料力学性能[1]

性能名称	高强度	高模量	极高模量
纵向弹性模量 E_1/GPa	$120 \sim 180$	$200 \sim 290$	$290 \sim 350$
横向弹性模量 E_2/GPa	$7.0 \sim 9.0$	$6.0 \sim 7.5$	$6.0 \sim 6.8$
弯曲弹性模量/GPa	$125 \sim 140$	$180 \sim 220$	$255 \sim 280$
剪切模量 G_{12}/GPa	$4.0 \sim 6.0$	$5.0 \sim 5.5$	$4.5 \sim 5.0$
泊松比 V_{12}	$0.23 \sim 0.35$	$0.30 \sim 0.35$	$0.40 \sim 0.46$
纵向拉伸强度 σ_{1T}/MPa	$1230 \sim 1520$	$900 \sim 1020$	$800 \sim 1000$
横向拉伸强度 σ_{2T}/MPa	$11 \sim 53$	$14 \sim 50$	$17 \sim 28$
纵向压缩强度 σ_{1c}/MPa	$610 \sim 1000$	$460 \sim 950$	$410 \sim 670$
横向压缩强度 σ_{2c}/MPa	$110 \sim 200$	$100 \sim 200$	$100 \sim 180$
弯曲强度/MPa	$1180 \sim 1780$	$750 \sim 1030$	$790 \sim 800$
层内剪切强度 τ_B/MPa	$60 \sim 80$	$30 \sim 50$	$30 \sim 50$
层间剪切强度/MPa	$55 \sim 100$	$55 \sim 65$	$52 \sim 63$
伸长率/%	$0.78 \sim 0.88$	$0.30 \sim 0.42$	$0.20 \sim 0.40$
密度 $\rho/(g \cdot cm^{-3})$	1.54	1.61	1.63
$E_1/\rho/(10^6 m^3 \cdot Pa \cdot kg^{-1})$	$78 \sim 117$	$124 \sim 180$	$178 \sim 215$
$\sigma_{1T}/\rho/(10^3 m^3 \cdot Pa \cdot kg^{-1})$	$798 \sim 987$	$559 \sim 633$	$490 \sim 613$

性能名称	高强度	高模量	极高模量
纵向线膨胀系数/$(10^{-6} \cdot ℃^{-1})$	$-1.0 \sim 0.3$	$-0.5 \sim 0.3$	-1.2
横向线膨胀系数/$(10^{-6} \cdot ℃^{-1})$	$7 \sim 5$	$13 \sim 50$	30
纵向热导率/$(W \cdot m^{-1} \cdot k^{-1})$	$10.05 \sim 16.74$	$15.91 \sim 79.55$	—
横向热导率/$(W \cdot m^{-1} \cdot k^{-1})$	$0.63 \sim 1.00$	$0.63 \sim 0.71$	—
比热容/$(kJ \cdot kg^{-1} \cdot k^{-1})$	0.84	0.84	0.84
纵向电导率/$(S \cdot m^{-1})$	$32000 \sim 40000$	$20000 \sim 42000$	78000
横向电导率/$(S \cdot m^{-1})$	$5 \sim 13$	5	5

凯芙拉/环氧单向复合材料力学性能见表2-9。

表2-9 凯芙拉/环氧单向复合材料力学性能[1]

性能名称	数值
纵向弹性模量 E_1/GPa	76
横向弹性模量 E_2/GPa	5.5
剪切模量 G_{12}/GPa	2.06
泊松比 V_{12}	0.4
纵向拉伸强度 σ_{1T}/MPa	1382
横向拉伸强度 σ_{2T}/MPa	27.5
纵向压缩强度 σ_{1c}/MPa	275
横向压缩强度 σ_{2c}/MPa	131
层间剪切强度/MPa	48
伸长率/%	1.8
密度 ρ/$(g \cdot cm^{-3})$	1.36
E_1/ρ/$(10^6 m^3 \cdot Pa \cdot kg^{-1})$	55.9
σ_{1T}/ρ/$(10^3 m^3 \cdot Pa \cdot kg^{-1})$	1016

复合材料是指由两种或两种以上单一材料,用物理或化学的方法,经人工复合而成的一种多相固体材料。复合材料可保留组分材料的主要优点,克服或减少组分材料的缺点,还可以产生组分材料所没有的一些优异性能。

目前,航天器结构用复合材料基本采用碳纤维(常用的牌号有M60、M55J、M40J、T700、T300等)、玻璃纤维、芳纶纤维作为增强体材料,采用环氧树脂作为基体材料。这种材料具有良好的力学性能,有较高的热稳定性,制造工艺成熟,但也有韧性低、抗冲击差、耐湿热性能差等缺点。

航天器结构采用的复合材料,其已占整个结构材料的较大比例。

复合材料结构研制过程中不可避免的问题包括:固化成形后产品存在残余应

力,有可能导致产品在温度交变环境下受损;纤维层间强度低,将导致产品(特别是接头)无法承受复杂应力;抗剥离能力较差,导致产品无法承受复杂应力;产品变形,最终将影响产品的精度。

2.2.1 玻璃/环氧复合材料

玻璃/环氧复合材料是发展最早的复合材料之一,由于它的强度高、韧性好、工艺性好、成本低廉,在民用工业中有着广泛的应用,也曾是早期航天器上应用的结构材料。但由于其弹性模量太低,密度较高,逐渐不适合作为航天器的主要结构材料。目前,除了隔热或电绝缘的特殊需要以外,已由其他先进复合材料代替。

2.2.2 硼/环氧复合材料

硼/环氧复合材料具有较高的强度和模量,优良的抗氧化、抗腐蚀、抗疲劳、抗蠕变、抗湿性等性能,在国外航天器上曾得到应用,主要是作为杆件、壳体和金属结构的增强材料。但由于硼纤维制备成本太高,纤维较粗且硬,不适于制造薄壁或形状较复杂的构件,成形工艺也很困难。因而限制了它的实际应用。

2.2.3 碳/环氧复合材料

碳/环氧复合材料具有密度小,模量高,强度高,良好的热稳定性(线膨胀系数小和纵向线膨胀系数为负值),热导率低,良好的疲劳强度、振动阻尼性能、抗腐蚀性和耐磨性等优点。但同时也具有材料脆性大,抗冲击性能低,材料的各向异性严重,横向性能比纵向性能差得多,吸湿性、机加工性能差,材料成本贵等缺点。

碳/环氧复合材料的综合性能在各种纤维增强复合材料中有较大优势,特别是它具有很高的比模量值很符合航天器结构材料的需求,所以,目前在航天器结构中得到日益广泛的应用。可以制成各种杆件、构架、加筋板壳、夹层板壳等主要或次要的承力构件。综上所述,碳/环氧复合材料(主要是指高模量的碳/环氧复合材料)是目前在航天器中应用最广泛的复合材料,特别是以碳/环氧复合材料为面板的铝蜂窝夹层结构已得到了广泛的应用。例如,用于航天器结构的中心承力筒、各种管件和接头组成的桁架结构、太阳电池阵的基板、天线反射面结构等。

2.2.4 凯芙拉/环氧复合材料

凯芙拉/环氧复合材料具有很高的比强度,较高的抗冲击、抗疲劳性能,良好的热稳定性(线膨胀系数很小并且纵向线膨胀系数为负值)、隔热性能、阻尼性能、绝缘性能和射频透过性能。材料的工艺性能较好,可以编织和成形较复杂形状的构件。但材料的压缩强度较低,弹性模量也不高,各向异性严重,有吸湿性,机加工性能差。

凯芙拉/环氧复合材料是继碳/环氧复合材料之后新开发的一种复合材料,是原有玻璃钢制品的替换材料。由于它还具有极低的线膨胀系数以及良好的抗冲击性能、抗疲劳性能、振动阻尼性能、电磁波透过性能、隔热性能等,在航天器上也得到了一定的应用,如用于天线结构、隔热结构等。

2.2.5　C/C、C/SiC 陶瓷基复合材料

C/C、C/SiC 陶瓷基复合材料具有质量轻、硬度高、热膨胀系数低、热导率高、高温力学性能好、抗气流冲刷以及非脆性断裂等一系列优点,在航天领域具有广阔的应用前景,并且已经在部分结构和耐热部件上获得成功应用。

C/C 复合材料在高温热处理后,其化学成分中碳元素高于99%,具有耐酸、碱和盐的化学稳定性,比热容大,热导率随石墨化程度的提高而增大,线膨胀系数随石墨化程度的提高而降低;密度小(小于 $2.0g/cm^3$),仅为镍基高温合金的1/4、陶瓷材料的1/2。C/C 复合材料的高强高模性能主要与碳纤维相关,C/C 复合材料的拉伸强度通常大于270MPa,单向高强度 C/C 复合材料可达 700MPa 以上。C/C复合材料导热性能好、热膨胀系数低,因而热冲击能力很强,不仅可用于高温环境,而且适合温度急剧变化的场合。C/C 复合材料是一种升华辐射型烧蚀材料,烧蚀性能良好,且烧蚀均匀,通过表层材料的烧蚀带走大量的热,可阻止热流传入飞行器内部,因此该材料在航天工业中火箭发动机喷管、喉衬等方面具有无与伦比的优越性。由于其碳纤维的微观组织为乱层石墨结构,C/C 复合材料的摩擦系数比石墨高,尤其是在高温 1000℃以上时,其摩擦性能仍然保持平稳。

从理论上来说,C/C 复合材料具有更高的使用温度,而 C/SiC 复合材料抗氧化性能更好。由于航天器不同部位温度条件、气流冲刷条件、氧化环境、高温力学性能要求等各不相同,不同部位对材料的性能要求也各不相同。尽管在无氧环境下,这两种材料都具有很好的抗高温性能,但是,作为发动机燃烧室或尾喷管,特别是临近空间飞行器鼻锥、机翼前缘等高温部件使用,还需要进行更多的验证性试验。将陶瓷基复合材料代替金属材料作为火箭发动机尾喷管使用,不仅可以使喷管本身重量减轻,而且可以避免金属喷管必需的复杂冷却系统,进一步提高发动机的工作可靠性。此外,C/SiC 复合材料用于空间高分辨相机系统,作为 SiC 反射镜支撑座、镜筒等使用,不仅可以有效地减轻相机的重量,而且由于与 SiC 反射镜的热膨胀系数相匹配,可以显著地提高光学质量。

2.2.6　金属基复合材料

金属基复合材料是通过在金属基体中掺入一定量的纤维、颗粒、金属丝和晶须等,经人工复合得到的具有特殊性能的材料。基体材料主要为铝、镁、金属间化合物等,增强材料主要有硼纤维、石墨纤维、SiC 纤维、SiC 颗粒等。金属基复合材料具有高比强和比模量、导热和导电性能良好、热膨胀系数可设计、尺寸稳定性好、良好的高温性能、耐磨性好、良好的疲劳性和断裂韧性、不吸潮、不老化、不放气、气敏

性好、韧性和塑性低等特点。部分金属基复合材料的性能见表 2-10[1]。

表 2-10　部分金属基复合材料的性能

材料＼性能	密度 $\rho/(\mathrm{g \cdot cm^{-3}})$	断裂强度/MPa	拉伸模量/GPa
硼/铝	2.6	1200~1500	200~220
碳/铝	2.4	500~800	100~150
碳化硅晶须/铝	2.8	500~620	96~138
碳化硅颗粒/铝	2.8	400~510	约100

金属基复合材料一般按增强体的形式分类,可分为连续纤维增强、非连续增强(短纤维增强、晶须增强或颗粒增强)等。其制备方法包括搅拌铸造法、粉末冶金法、挤压铸造法、真空压力浸渍法、无压浸渍法、共喷射法、机械合金化法、原位反应复合法等。其中:搅拌铸造法和粉末冶金法相对比较成熟,已具备批量生产的条件;挤压铸造法、真空压力浸渍法和无压浸渍法不但可以制备高体积分数颗粒增强复合材料,还可以用于制备连续纤维增强复合材料;原位反应复合法是一种新开发的制备技术,此工艺方法克服了传统外加法的一些缺点,如界面反应、润湿性等问题,并且工艺简单,成本较低,但仍需要进一步研究。

金属基复合材料在国外航天器中已经得到了大量应用,如:美国亚力桑那大学光学科学研究中心采用 SiC 颗粒增强铝基复合材料制备超轻望远镜的二次反射镜面[10];法国宇航研究中心采用碳纤维增强镁基复合材料和铝基复合材料制备光学结构件,满足空间光学结构件对材料轻质和高尺寸稳定性的要求;美国玛丁·玛丽埃塔航天研究中心采用石墨纤维增强镁基复合材料来制造大尺寸反射镜;美国金属基铸造复合材料公司(LLC)研究了采用石墨纤维增强镁基复合材料代替 Be 制作镜面;美国航天飞机采用了连续纤维增强铝基复合材料管,比用铝合金降低了145kg,相当于降低质量44%;"哈勃"望远镜结构中采用 P100/6061Al 复合材料制备天线支架,使支架具有理想的刚度和低的热膨胀系数,保证了"哈勃"卫星运行过程中天线的位置精度。

2.2.7　复合材料的未来需求

针对复合材料结构中所存在的问题,并考虑高分辨率对地观测、激光通信等卫星平台对结构高精度和高稳定性的要求,未来结构用复合材料的研制方向是:使结构产品从单一保证自身强度、刚度性能逐步过渡到同时保证强度、刚度、阻尼、精度、尺寸稳定性等综合性能发展。具体来说,对复合材料的需求表现在以下几方面[3]:

1) 纤维材料方面

(1) 高弹性模量、高强度纤维。在目前比模量、比强度指标相对较高的基础上,进一步提高这方面的性能,特别是高弹性模量,可以有效减小结构质量。另外,在重点考虑高弹性模量因素的同时,对高强度特别是高压缩强度有更加迫切的需求。

(2)高热导率纤维。高热导率纤维主要应用于暴露在星体外的大型结构件,目的是使部件整体温度处在相对均匀的状态,以利于提高尺寸稳定性,降低局部热应力。目前,有高导热要求的结构件一般采用铝合金材料,必要时还需要粘贴热管。遇到的问题是质量大,而且由于热膨胀系数大而导致整体热变形大。

2)树脂体系方面

目前大多数复合材料均采用环氧树脂作为基体材料,但环氧树脂材料存在不少不足之处,如韧性低、抗冲击性差、耐热和耐湿性差等,因此,急需在以下方面取得突破:

(1)提高树脂的剪切强度和剥离强度,以便通过材料自身的强度提高复合材料层间强度、抗剥离能力和复合材料结构件抗复杂应力的能力。树脂的剪切强度要从目前的 30 ~ 40MPa 提高到 70 ~ 100MPa。

(2)降低树脂的固化温度,达到减小结构件残余应力和变形的目的。

(3)提高树脂的使用温度范围,根据目前的要求,树脂应在 $-200 \sim +180℃$ 范围内能够使用,高温工况下的强度不低于 5MPa。

(4)降低树脂的密度,利于减重。

(5)开发、使用在低温下不会产生微裂纹的树脂,可以提高产品的尺寸稳定性,特别是可以保持微波传输设备(天线)的性能。

3)金属基复合材料方面

树脂基复合材料与金属材料相比存在不少不足之处,除了由于复合材料本身特点引起的缺陷外,在很大程度上与采用树脂基体材料有关。因此,利用金属基体材料的优势来弥补现有环氧树脂基复合材料性能的不足,可以把复合材料性能提高到一个新的水平,例如可将材料的使用温度从 160℃ 提高到 400℃ 以上,横向剪切强度和模量以及压缩强度大幅提高,能承受更严酷的空间综合辐照、高低温交变环境条件,获得极低的真空出气率、良好的耐湿性能和密封性能。因此,未来对金属基复合材料的需求将进一步增加,基本性能指标为:密度小于 $2.3g/cm^3$,拉伸强度大于 800MPa,拉伸模量大于 150MPa。

4)其他方面

高分辨率遥感卫星需要更高的对地观测精度,结构微振动是影响精确观测的主要原因。因此迫切要求航天器结构自身具有一定的减振抑振功能。约束阻尼结构是目前国外航天器上应用相对普遍的形式,国内在未来 3 ~ 5 年内对此类特殊的复合材料结构存在需求。

随着复合材料性能的稳定和提高,成形工艺的不断完善,质量控制方法的不断改进,制造成本的相应降低,复合材料必然会逐渐取代各种金属材料,成为航天器结构的主要材料。

2.3 薄膜材料

随着人类航天活动的持续深入,航天探索的目标逐渐向地球以外的其他星体延伸。在继地球应用卫星和载人航天之后,深空探测是航天技术的必然选择,也是人类进一步了解宇宙、认识太阳系、探索地球与生命的起源和演化、获取更多科学认识的必需手段。同时,随着航天事业的不断发展,航天器的结构越来越大、质量越来越大。由于受到运载工具有效空间和运载质量等因素的限制,传统空间结构在研制和发射方面都遇到了巨大的困难。因此,如何在有限的运载能力条件下,充分提高航天器的效能,是航天器研制工作的一个重要发展方向[23]。

大型薄膜展开式结构[24-26],具有成本低廉、存储体积小、质量小、可靠性高等优点,具备传统结构很难达到的性能,成为空间研究和开发的热点,其在各类航天器上的应用将是今后航天事业的发展方向和技术发展的必然趋势。

轻质展开式结构是在人类航天活动逐步深入的过程中所采用的一种全新的设计概念,它是采用轻质柔性薄膜材料及其复合材料制作而成,并以折叠发射的方式送入太空,到达预定轨道后再充气展开为所设计的几何构型。与传统航天器的设计结构相比,它具有质量小、体积小、成本低和可靠性高等优点,可用于构建航天器的结构部件和功能部件,如大面积天线、高功率太阳能电池板、太阳聚光器、太阳遮光罩和月球基地的充气展开式建筑等,如图2-1、图2-2[27]所示。

 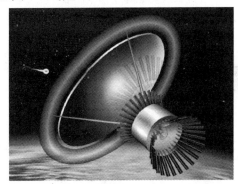

图2-1 NGST太阳遮光罩　　　　图2-2 高功率、低质量的太阳聚光器示意图

太阳帆是目前为止应用薄膜材料作为结构的最典型的一类航天器。目前,世界各航天大国均非常关注太阳帆的研制,如"宇宙"一号、"纳帆"、"光帆"-1号、L. Garde太阳帆等,如图2-3~图2-6所示。

图 2-3　"宇宙"一号太阳帆

图 2-4　"纳帆"太阳帆

图 2-5　"光帆"-1号太阳帆

图 2-6　L. Garde 太阳帆

日本宇宙航空研究开发机构(Japan Aerospace Exploration Agency, JAXA)于2010年5月21日利用 H2A 运载火箭在种子空间中心搭载金星气候轨道器 AKAT-SUKI(Planet-C)成功发射太阳帆演示航天器 IKAROS(Interplanetary Kite-craft Accelerated by Radiation Of the Sun)[28],首次实现了太阳帆的在轨展开和运行,其在设计、制备、姿态控制等各个方面均实现了较大的突破,具有划时代的意义。在其结构上,主要使用了两类聚酰亚胺材料,分别如图 2-7 和图 2-8[29]所示。

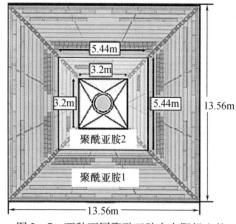

图 2-7　两种不同聚酰亚胺在太阳帆上的
应用分布图

图 2-8　IKAROS1/4 膜片的正面和背面

IKAROS 太阳帆主要材料为厚度约为 $7.5\mu m$ 的聚酰亚胺薄膜,在一边的表面沉积厚度约为 80nm 的铝膜。然而,聚酰亚胺材料由于其制备工艺不同,其力学性能相差较大。因此,针对太阳帆的不同部位,选用的材料也不相同。尤其是受力较强的位置,薄膜材料需经过增强处理以防止撕裂。

IKAROS 太阳帆选用两种不同的聚酰亚胺薄膜,其分子式和性能指标见表 2 - 11[29]。

表 2 - 11　两种不同的聚酰亚胺材料的分子式和性能指标

	聚酰亚胺 1	聚酰亚胺 2
材料	APICAL - AH7.5 PMDA/4,4'ODA(Kaneka)	ISAS - TPI A - ODPA/4,4'ODA(ISAS)
化学分子式		
弹力/GPa	3.8	3.2
断裂强度/MPa	263	132
断裂伸长率/%	74	90
厚度/μm	7.5 ~ 8.5	7.5 ~ 8.5
面积/m²	154.28(膜片面积的 88.9%)	19.35(膜片面积的 11.1%)
质量/kg	1.643	0.206
Al 沉积厚度/nm	80	80

2.4　航天结构机构材料的发展[30,31]

在金属结构材料领域,以 NASA 为代表的航天大国已经形成趋于成熟的金属结构材料体系。超轻镁锂合金、高性能铝锂合金、铝钪合金等被用于中远程导弹弹头外壳、大型运载火箭和航天飞机推进剂储箱等部件,具有耐热、耐蚀、阻燃、高强度的各类镁合金及镁基复合材料已在各类飞机的变速箱、齿轮箱等获得大量应用,耐热钛合金、Ti - Al 金属间化合物在火箭发动机等结构上获得应用。并已成功开发出 Haynes230 镍基合金、铌钨合金和铼/铱/C/C 复合材料等多种高温合金材料,发动机使用温度提高到 1600℃,推力室材料使用温度达到 2000 ~ 2200℃。

我国开展了高强铝锌镁钪合金、高强耐热镁合金、高性能铝锂合金等轻质金属材料的开发,中强耐蚀可焊 1570 铝钪合金已成功应用于探月三期燃料箱体,减重

15%以上,高强韧性镁合金已经部分取代铝合金用于非主承力及主承力结构件,高强耐热镁合金工作温度已达到300℃。初步实现了薄壁网格结构构件粉末冶金近净成形尺寸/形位精度控制。

在复合材料方面,国外已经实现结构复合材料向高性能、低成本、集成化方向发展。国外战略导弹主要结构件已经实现全复合材料化。美国的 DELTA Ⅱ - Ⅳ 火箭的级间段、头锥、整流罩、热防护罩等均采用了复合材料结构。已经成功开发第二代轻质、高强、耐高温聚酰亚胺树脂复合材料,长期使用温度为371℃。C/SiC 复合材料反射镜和光机结构在空间型号中得到广泛应用,GREGOR 空间望远镜的主镜、次镜和三镜军材料用了 C/SiC 复合材料。

我国的轻质高性能复合材料制造技术也日趋成熟,卫星结构基本实现全复合材料结构,使结构质量占整星比从10%下降到6% ~ 8%。超大尺寸多镶嵌件蜂窝夹层结构成形技术、碳纤维复合材料法兰成形技术、多腔薄壁复杂异形结构成形技术得到突破,大尺寸、复杂、轻质高性能复合材料代替了铝合金、钛合金结构,结构质量和效率得到提升。多种高性能树脂基体和增强纤维投入使用,高模量和超高模量碳纤维工艺日趋成熟。

参考文献

[1] 陈烈民. 航天器结构与机构[M]. 北京:中国科学技术出版社,2005:2 - 3.

[2] 陈烈民,沃西源. 航天器结构材料的应用和发展[J]. 航天返回与遥感,2007,28(1):58 - 61.

[3] 董彦芝,刘芃,王国栋,等. 航天器结构用材料应用现状与未来需求[J]. 航天器环境工程. 2010,27(1):41 - 44.

[4] 郑欣,白润,王东辉,等. 航天用难熔金属材料的研究进展. 2010 航天工程高性能材料需求与应用高端论坛论文集[C]. 北京,2010.

[5] 郑欣,白润,王东辉,等. 航天航空用难熔金属材料的研究进展[J]. 稀有金属材料与工程,2011,40(10):1871 - 1875.

[6] Etter D E, Smith W H. Effect of Ooxygen Contamination on the Tensike Properties of T-111 (Tantalum-8Tungsten-2Hafnium) at1204℃[J]. Jounal of the Less-Common Metals,1972,27:109 - 123.

[7] Stuart I. Wright, Sherri R. Bingert, et al. Effect of Annealing Teperature on the Texture of Rolled Tantalum and Tantalum-10 WT. % Tungsten[J]. Metall. Mat. Trans. A,1994,25:501 - 508.

[8] Zhang Tingjie, Zhang Deyao, et al. Study on Mechanical Properties of Several Tantalum Alloys with Higher Tungsten Content[J]. Rare Metal Materials and Engineering,1991,9(1):13 - 16.

[9] 宁兴龙. 俄美铌合金的成分和性能[J]. 稀有金属快报,2004,7:22 - 23.

[10] 宁兴龙. 俄美铌合金的成分和性能[J]. 稀有金属快报,2004,8:14 - 15.

[11] 宁兴龙. 俄美铌合金的成分和性能[J]. 稀有金属快报,2004,9:18 - 19.

[12] 王东辉,袁晓波,等. 募集钼合金的生产工艺及某些组织性能[J]. 稀有金属快报,2006(12):45 - 47.

[13] 谭栓斌,郭让民,等. 钼铼合金的结构和性能[J]. 稀有金属,2003,27(6):788.

[14] 赵连仲,吕忠,等. 钼铼合金的生产工艺及某些组织性能. 稀有金属材料与工程,1988(4):56 - 71.

[15] 谭强. 钼铼合金的制造及应用[J]. 中国木业,1988,22(1):27 - 28.

[16] 吕大铭. 钼铜材料的开发和应用[J]. 粉末冶金工业,2000,10(6):30 – 33.

[17] 牟科强,邝用庚. Mo – Cu 材料的性能和应用[J]. 金属功能材料,2002,9(3):26 – 29.

[18] 魏寿庸,何瑜,等. 工业钼合金加工现状[J]. 稀有金属材料与工程,1998,10(27):27 – 33.

[19] Anhua Luo,Kwang S,et al. High temperature tensile properties of W-Re-ThO2 alloy[J]. Materials Science and Engineering, 1991,A (148):219 – 229.

[20] Tsao B H,Jacobson D L, et al. Fracture-Resistant ultralloys for Space-Power Systems:Higyh-Temperature Tensile Characteristics and Fractographs for W,30Re and W,30Re,1THO2. Engineering Fructure Mechanics, 1989,34(3):567 – 577.

[21] Liu Zhengchun, et al. Ordnance Material Science and Engineering,2001,24(2):49 – 52.

[22] Lü Daming. China Tungsten Industry,2000,15(6):27 – 29.

[23] 沈自才. 充气展开式结构在航天器中的应用[J]. 航天器环境工程,2008,25(4):323 – 330.

[24] Catharine C Fay, Diane M Stoakley, Anne K St Clair. Molecularly oriented films for space applications[J]. High Perform. Polym, 1999, 11:145 – 156.

[25] Darooka D K, Jensen D W. Advanced space structure concepts and their development[J]. AIAA, 2001 – 1257.

[26] Hiroshi Furuya, Makiko Nakahara, Satoshi Murata, et al. Concept of inflatable tensegrity for large space structures[J]. AIAA, 2006 – 1700.

[27] Salama M, Lou M, Fang H. Deployment of inflatable space structures:A review of recent developments[J]. AIAA ,2000 – 1730.

[28] Tsuda Y, Mori O, R. Funase,et al. Flight status of IKAROS deep space solar sail demonstrator[J]. Acta Astronautica, 2011, 69(5 – 6):833 – 840.

[29] 沈自才. IKAROS 太阳帆的关键技术分析与启示[J]. 航天器工程,2012,54(2):101 – 107.

[30] 宋力昕. 航天材料发展趋势分析[C]. 中国空间科学学会第七次学术年会. 大连,2009.

[31] 中国科学技术学会. 2012—2013 航天科学技术学科发展报告[M]. 北京:中国科学技术出版社,2014:152 – 165.

第3章
航天功能材料

　　航天功能材料是为实现航天器运行期间具有一定性能和功能的材料。根据材料的性能,可以分为光学材料、电学材料、力学材料、热学材料等。根据材料的功能,可将其分为热控材料、润滑材料、密封材料、光学材料、烧蚀材料、纺织材料、黏结剂材料、防护材料等。

　　本章主要对航天器功能材料的分类和使用现状进行介绍。

3.1　热控材料[1,2]

　　航天器热控制分系统是航天器分系统中十分重要的保障系统之一。该系统的性能及可靠性直接影响到其他系统的工作状态及航天器的在轨寿命。航天器热控制技术主要用来保证热控制分系统达到总体所要求的性能和功能,即保证航天器的结构部件、仪器设备在空间环境下处于一个合适的温度范围,使其能够正常工作。对于载人航天器,还必须保证航天员所处的密封舱有一定的温度、湿度及舱内气体流动速度。热控制分系统是否工作正常,关系到航天器总体的工作性能好坏以及飞行任务的成败。

　　航天器上的热控制方式可分为被动式和主动式。其中,被动式热控涂层是热控措施中最重要的组成部分,它具有特定的热辐射性质,用以调节物体表面的热交换;主动式热控涂层则是自动调节热控材料的热发射率和表面反射率来改变热辐射性能。被动式控制又称无源控制,即依靠合理的总体布局和选择设计参数,正确地组织与控制星体内、外的热交换过程来达到热控制的目的。其优点是技术简单,无运动部件,所以可靠性高,使用寿命长;缺点是无自动调节温度的能力。主动式控制是指当卫星内、外热流状况发生变化时,通过某种机构的动作或电子控制线路来实现热控制。其优点是具有较大的适应能力和热控制能力;缺点是系统复杂,可靠性问题和重量问题使它在应用中受到一定得限制。

　　卫星热控材料包括绝热材料和防热材料。材料的导热系数、导温系数和比热等热物理性质是卫星热控设计的关键参数,也是评估不同热控材料的重要技术指标。

对于长寿命、高可靠航天器而言,热控材料不仅应该具有达到要求的太阳吸收比和发射率,而且应具有良好的稳定性,主要包括两个方面:一是在储存环境下的稳定性,尤其在某些环境条件,如高热高湿环境;二是具有良好的空间环境适应性。热控材料又可分为导电型与非导电型。非导电型热控材料是指热控材料虽然具有一定的热物性能,但不具有良好的导电性能;而导电型热控材料则通过在材料中添加导电成分或者在材料表面蒸镀一层导电薄膜的形式使之具备良好的导电能力。如在柔性聚酰亚胺(Kapton)薄膜一侧蒸镀铝膜以实现高反射,另一侧镀一层高透明的氧化铟锡(简称为 ITO)薄膜使之具有导电性能。

当航天器经过高空飞行以超高速进入稠密的大气层时,由于周围空气受到强烈压缩,使空气温度和压力急剧升高,再入体受到严重的气动力和气动热作用,需采取防热措施以阻止其被烧毁。通常采用在航天器表层覆盖一层烧蚀防热材料来保护。如国内外均将高强度玻纤增强树脂基复合材料用于多管远程火箭弹和空空导弹的结构材料和耐烧蚀 – 隔热材料。

航天器热控材料通常可分为热控涂层、隔热材料、导热填充材料、相变热控材料、热控材料胶黏剂以及热管等。

3.1.1 热控涂层

热控涂层的工作原理是通过调节物体表面涂层的太阳吸收比(α_s)和热发射率(ε)来控制物体的温度。当航天器入轨之后,在轨道上运行的热环境特点是高、低温和高真空,航天器与外界环境传热过程几乎完全依靠辐射方式进行,传导和对流可以忽略不计。对航天器来说,外部的辐射热源主要来自太阳的直射辐射、地球反照和地球红外辐射。虽然,航天器外表面温度取决于一系列因素,但可供热设计者选择的因素只有航天器外表面的太阳吸收比和表面的发射率,也即航天器表面热控涂层的太阳吸收比和半球发射率[1]。根据热平衡方程式:

$$T = \sqrt[4]{\frac{S_0}{\sigma} \times \frac{A_p}{A} \times \frac{\alpha_s}{\varepsilon}} \qquad (3-1)$$

式中　T——航天器表面平衡温度(K);

　　　S_0——太阳常数,$S_0 = 1353\,\mathrm{W/m^2}$;

　　　A_p——航天器表面在垂直于太阳光的平面上的投影面积($\mathrm{m^2}$);

　　　A——航天器的外表面面积($\mathrm{m^2}$);

　　　σ——斯狄芬 – 玻耳兹曼常数,$\sigma = 5.67 \times 10^{-8}\,\mathrm{W/(m^2 \cdot k^4)}$;

　　　α_s——航天器外表面的太阳吸收比;

　　　ε——航天器外表面的发射率。

当航天器外表面形状一定时,A_p/A 和 S_0/σ 都是常数,决定航天器表面温度 T 的高低只取决于太阳吸收比 α_s 和发射率 ε 的比值大小。因此,合理地选择表面热

控涂层 α_s/ε 的比值是保证航天器处于正常工作温度范围的重要途径。

热控涂层是航天器热设计的重要选择,具备有效、易实现、不耗电和无运动部件的优点,广泛应用各种航天器。热控涂层不仅应用在航天器的表面,调节来自太阳和地球的能量以及航天器向空间的能量辐射,而且也应用在航天器内部,用于设备与部件之间的辐射传热。概括起来,其作用主要包括以下几个方面:

(1) 调节卫星表面的热平衡;

(2) 调节卫星表面蒙皮的温度梯度;

(3) 加强卫星蒙皮之间或仪器之间的内辐射;

(4) 调节卫星蒙皮(壳)与仪器(或舱)之间的辐射传热。

热控涂层的分类方式很多,按照热辐射性质,可以将其分为低吸收 – 发射比、中吸收 – 发射比、高吸收 – 发射比热控涂层,或者分为低发射率、中发射率、高发射率热控涂层;按照施工工艺可以分为喷涂型、高温喷涂型、熔烧型、化学型、电化学型、真空沉积型、薄膜真空沉积型等热控涂层;按照其基材可以分为漆类热控涂层、薄膜基热控涂层、玻璃基热控涂层、金属基热控涂层等。

1) 漆类热控涂层

漆类热控涂层按照其颜色可以分为白漆、黑漆、灰漆、灰绿漆等,按照其基料则可以分为有机漆和无机漆。下面将分别对其进行简要介绍。

涂料型涂层是由颜料和基料(又叫黏结剂)两部分组成,借助于涂层中的细分散的色素对于太阳光的吸收作用和底材的红外辐射特性,构成整个涂层的光谱选择作用。在一定的厚度以内,辐射性质将因涂层厚度的不同而产生变化。按照不同的黏结剂,涂料可分为有机漆(其黏结剂为硅氧烷、环氧树脂、丙稀酸等)、无机漆(其黏结剂有硅酸钾、硅酸钠、硅酸锂、硅胶、磷酸盐、钛酸盐以及锆酸盐等)、玻璃搪瓷和等离子体喷涂料等。根据所采用的各种配比的颜料,又可以得到黑漆(颜料为碳黑、乙炔烟等)、白漆(颜料为氧化锌、二氧化钛等)、灰漆和金属漆等各种热辐射性质不同的品种。涂料中的黏结剂对于涂层的稳定性影响很大。比较起来,无机黏结剂比有机黏结剂的抗老化性能好。在无机黏结剂中,又以硅酸钾最为稳定。在有机黏结剂中,硅氧烷有较好的抗老化能力。

根据各种航天器的热控要求,国内已研制出多种牌号、不同太阳吸收比、不同红外辐射率的各类热控涂层。具体情况见表 3 – 1[2]:

表 3 – 1 航天系统常用热控涂层在型号中的应用

热控涂层牌号	应用部位	α_s	ε	$\rho_v/(\Omega \cdot m)$
S781 白色热控涂层	天线外表面	0.21	0.85	≤10^{10}
SR107 白色热控涂层	仪表机箱内表面	0.17	0.85	≤10^{10}
SR107 – ZK 白色热控涂层	天线外表面	0.16	0.86	≤10^{11}
KS – Z 白色热控涂层	轨道舱外表面	0.12 ~ 0.16	0.90 ~ 0.94	—

热控涂层牌号	应用部位	α_s	ε	$\rho_v/(\Omega \cdot m)$
S956 灰色热控涂层	密封舱外蒙皮	0.94 ~ 0.96	0.86 ~ 0.89	—
S781 - C 铝灰涂料	返回舱外表面	0.73	0.56	—
ERB - 2 黑色热控涂层	轨道舱仪表板	0.94 ~ 0.96	0.86 ~ 0.89	—
SR107 黑色热控涂层	仪表机箱内表面	0.96 ~ 0.97	0.87 ~ 0.91	—
SRB - 1 黑色热控涂层	遥感探测器遮光罩	0.94 ~ 0.96	0.86 ~ 0.90	—
ACR - 1 白色防静电热控涂层	天线外表面	0.25	0.86 ~ 0.88	10^7

（1）白漆。

① 有机白漆。

有机白漆是由白色颜料（如 ZnO、TiO_2 和 ZrO_2 等，我国目前主要用 ZnO）和有机基料（如硅橡胶、硅树脂、氟橡胶、氟树脂、环氧树脂等）制成。具有较低的太阳吸收比和较高的热发射率。白漆的耐温性能和耐紫外性能主要取决于有机基料，其中以硅树脂和硅橡胶为佳。

卫星外表面常用的有机白漆牌号包括 S956、S781、SR107、ACR - 1 等，它们分别由 S965 树脂、S781 树脂、SR107 硅橡胶和 AC 丙烯酸树脂作为基料与 ZnO 颜料配制而成，具有较高的发射率和较低的太阳吸收比。

S781 白漆是另一种国内航天器上经常使用的有机白漆，其使用氧化锌作为颜料、以 S781 树脂作为基料生产而成，广泛应用于航天器的外表散热面。

SR107 白漆为我国自行研制的有机白漆，这种涂层是由氧化锌做颜料、以 RTV - 602 聚二甲基硅氧烷为黏结剂组成，是属于低太阳吸收比（α_s）和高热发射率（ε_H）有机热控涂层。广泛应用于航天器内表面。SR107 - ZK 白漆与 SR107 白漆的不同在于，SR107 - ZK 白漆使用的颜料为硅酸钾处理的氧化锌，可用于航天器的外露天线表面。

ACR - 1 白漆是一种新型的白色防静电涂层，它采用表面包覆工艺将氧化锌分散于含有重金属离子的水溶液中，经过滤烘干后在一定的温度下烧结，得到防静电的氧化锌颜料；然后按一定的颜基比加入 AC 丙烯酸树脂溶液和溶剂，采用球磨工艺将涂料的细度研磨后喷涂到卫星天线等表面上。因此具有较强的结合力和可修补性，适于大面积喷涂。

② 无机白漆。

无机漆是由无极基料（硅酸盐、硅酸钠以及磷酸盐等）和无机颜料（主要为氧化锌）等组分配制而成，通过调整颜料和配比，可以得到不同的热辐射特性的无机白漆。

KSZ 白漆是目前国内常用的无机白漆，它由经煅烧的氧化锌和硅酸盐配制而成，具有较低的太阳吸收比（0.13 ± 0.02）和较高的半球发射率（0.93 ± 0.01），具有良好的空间稳定性。其缺点是孔隙率大,容易受到污染。可用于航天器的外表散热面。

国外比较具有代表性的无机白漆为 Z-93 白漆和 YB-71 白漆。

Z-93 型白漆于 1963 年由美国 IIT 研究所研制,主要成分为氧化锌(颜料)和 PS7 钾硅酸盐(K_2SiO_3,基料),其涂层的质地坚硬,具有很低的吸收-发射比,在 (0.005 ± 0.001) in 厚度下的太阳吸收比为 0.15 ± 0.01,室温法向发射率为 0.90 ± 0.05。具有较好的空间环境适应性(或稳定性),长期在轨暴露试验装置 (LDEF)飞行 69 个月后性能稳定。缺点是孔隙率高,达到 45%,容易遭受污染。该白漆和国内生产的 KSZ 白漆类似。

YB-71 型白漆也是美国 IIT 研究院研制的,主要由正钛酸锌(Zn_2TiO_4)作为颜料和 PS7 钾硅酸盐作为基料。其太阳吸收比为 0.12 ± 0.01,室温法向发射率为 0.90 ± 0.05。YB-71 型涂层使用的黏结剂与 Z-93 型涂层使用的黏结剂相同,都是 K_2SiO_3,但这两种涂层中颜料所占的质量分数值不同,分别为 87.6% 和 81%,所以 YB-71 型涂层的脆性要大于 Z-93 型涂层。YB-71 型涂层抗原子氧侵蚀的能力很强。从 LDEF 的试验数据来看,原子氧侵蚀对 YB-71 型涂层几乎没有什么影响。

(2)黑漆。

黑漆是由有机基料和黑色颜料(如碳黑、硫化铜、铁镍尖晶石等)按照一定配比制成,具有较高的太阳吸收比(0.89~0.95)和发射率(0.88~0.96)。相较于有机白漆,具有更好的耐紫外辐照性能。

目前,卫星上常用的黑漆有 S956 黑漆、S731-SR107 黑漆、ERB-2 黑漆和 SRB-1 黑漆。其中,S956 黑漆由 S956 硅树脂与碳黑配制而成,S731-SR107 黑漆由 S731 硅树脂、SR107 硅橡胶与碳黑配制而成,具有较高的发射率和太阳吸收比,以及接近于 1 的吸收-发射比。这些黑漆主要用于舱内的设备散热。

国外典型的黑漆有 Z302 和 Z306 黑漆以及 D-111 黑漆等。其中,Z302 和 Z306 黑漆的基料黏结剂为聚氨酯,颜料为碳黑,分别为上光黑漆和亚光黑漆,LDEF 飞行试验表明,其容易受到紫外辐射和原子氧的侵蚀。D-111 黑漆由美国 IIT 研究所生产,其黏结剂为硅树脂,颜料为碳黑,具有较高的太阳吸收比和热发射率,经过 LDEF 飞行试验证明,其空间稳定性好。

(3)灰漆。

有机灰漆由有机基料和白色、黑色等颜料配制而成,也可用同种基料的白漆和黑漆调配。通过不同的配比,可以获得吸收-发射比在白漆和黑漆之间的各种灰漆。其耐紫外辐射性能也处于白漆和黑漆之间。

目前,卫星外表面散热常用的有机灰漆有 S956 灰漆、S781 灰漆和 ES665ZC 灰漆等,它们分别由 S956 硅树脂、S781 硅橡胶和 ES665 环氧有机硅树脂和氧化锌、碳黑、氧化铬等颜料配制而成。

（4）金属漆。

金属漆目前主要为有机金属漆,它由有机基料和金属颜料(如铝粉)配制而成。具有较低的热发射率(0.24～0.31),且其吸收－发射比接近于1。通常具有良好的耐高温和耐紫外辐射性能。

金属漆主要包括 S781 铝粉漆、S781 铝灰漆、S852 铝灰漆等。其中 S781 铝粉漆由 S781 硅树脂、铝粉和氧化锌组成。其太阳吸收比为 0.25 ± 0.02,发射率为 0.31 ± 0.02。适合卫星表面使用。S852 铝灰漆主要由 S781 硅树脂和 102# 叶片状的铝粉浆及高色素炭黑调配而成,太阳吸收比和发射率均为 0.38 ± 0.02,可在 −180 ～ +100℃ 的温度范围使用,且具有良好的耐紫外和粒子辐射性能。可用于卫星天线热控。

（5）其他漆类。

玻璃搪瓷颜料由玻璃料和颜料配制、经过 800 ～ 1250K 的高温烧结制成。使用各种不同的颜料配比可以制成各种不同热辐射性质的玻璃搪瓷。烧结后的涂层具有良好的耐高温和耐紫外辐照的性能。这种涂层清洗性能好。一种由硼硅酸盐和二氧化钛组成的白色玻璃搪瓷,太阳吸收比 α_s 为 0.306,热发射率为 0.80,经 2800 当量太阳小时(ESH)的紫外辐照后,其火焰喷涂和等离子体喷涂涂层是利用高温气体或等离子体将需要喷涂的氧化物熔化并高速喷到基体表面上而得到的涂层。具有较低的太阳吸收比(0.21～0.27)和低吸收－辐射比(0.26～0.36),空间稳定性良好。但也具有表面多孔、容易污染、喷涂工艺复杂的缺点。

2）薄膜基热控材料

薄膜基热控材料(薄膜型二次表面镜)主要是以塑料薄膜为透明薄膜表面层的二次表面镜型热控涂层材料。根据不同需要,可以选用不同的基底材料,主要有聚四六氟乙烯(F46)基镀膜热控材料、聚酰亚胺(Kapton)基镀膜热控材料和聚酯薄膜热控材料,国内外柔性热控薄膜材料性能指标见表 3－2 和表 3－3。

表 3－2　国外柔性热控薄膜材料性能指标

薄膜热控材料种类	太阳吸收比 α_s	半球发射率 ε_H	表面电阻率
聚酰亚胺镀 Ge 薄膜	≤0.45	≥0.72	≤$10^9\Omega/\square$
导电型聚酰亚胺镀 Al 二次表面镜	≤0.44	≥0.64	$10^2\Omega/\square \sim 10^5\Omega/\square$
非导电型聚酰亚胺镀 Al 二次表面镜	≤0.39	≥0.64	—
F46 镀 Ag 二次表面镜	≤0.14	≥0.60	$10^2\Omega/\square \sim 10^5\Omega/\square$
F46 镀 Al 二次表面镜	≤0.19	≥0.60	$10^2\Omega/\square \sim 10^5\Omega/\square$
聚酯镀 Al 薄膜	≤0.14	≤0.04	—
聚酰亚胺镀 Al 薄膜	≤0.14	≤0.04	—

表 3 – 3　国内柔性热控薄膜材料性能指标

薄膜热控材料种类	太阳吸收比 α_s	高热发射率 ε_H	表面电阻率
聚酰亚胺镀 Ge 薄膜	0.44	0.79	$6.0 \times 10^7 \Omega/\square$
导电型聚酰亚胺镀 Al 二次表面镜	0.34	0.69	$3.0 \times 10^3 \Omega/\square$
非导电型聚酰亚胺镀 Al 二次表面镜	0.34	0.69	—
F46 镀 Ag 二次表面镜	0.10	0.68	$8.0 \times 10^3 \Omega/\square$
F46 镀 Al 二次表面镜	0.14	0.68	$8.0 \times 10^3 \Omega/\square$
聚酯镀 Al 薄膜	0.10	0.04	
聚酰亚胺镀 Al 薄膜	0.10	0.04	—

（1）F46 二次表面镜。

F46 二次表面镜是一种非常重要的柔性热控材料,可获得低太阳吸收比 α_s 和高发射率 ε_H。F46 薄膜可以根据厚度不同进行分类,包括 7.5 μm、12 μm、25 μm、50 μm、125 μm 和 250 μm 等类型。薄膜厚度是决定高热发射率 ε_H 的主要因素,随着薄膜厚度的增加,其半球发射率增加。

F46 二次表面镜最常用的反射膜金属为 Ag 和 Al,其太阳吸收比 α_s 可低达 0.06,可以通过选用不同的反射膜金属,如镀铜、铋、锗等,获得不同太阳吸收比 α_s 的二次表面镜;由于 F46 对可见光透明,自身发射率较低,还可在 F46 外加镀铬膜,获得黑镜效果,得到不同 α_s/ε_H 比值的热控材料。表 3 – 4 列举了采用不同金属膜的 F46 二次表面镜及其对应的太阳吸收比 α_s。

表 3 – 4　采用不同反射膜金属的 F46 二次表面镜对应的太阳吸收比

金属	太阳吸收比 α_s
银	0.06 ~ 0.09
铝	0.10 ~ 0.14
铜	0.20 ~ 0.30
铋	0.35 ~ 0.45
锗	0.45 ~ 0.55
铬	0.70 ~ 0.80

通过在 F46 薄膜的另一面镀透明导电薄膜(通常采用 ITO),可以获得一定的导电性能,从而避免电荷在热控涂层表面的累积而发生充放电效应。导电型 F46 镀银(镀铝)二次表面镜具有质量轻、稳定性较好、可制作成大面积产品、安装方便等特点,被广泛应用于各种空间飞行器。透明导电膜具有静电防护功能和防原子氧功能,可消除空间放电和原子氧作用对卫星与材料本身的威胁,可用于散热窗口

和多层隔热表面。但同时,由于表面的导电涂层和 F46 基材的热膨胀系数不同,因此,其附着力不高,且在冷热交变的环境下容易发生龟裂。F46 二次表面镜主要性能见表 3-5。

表 3-5 F46 二次表面镜主要性能

材料		F46/μm	太阳吸收比 α_s	高热发射率 ε_H
F46 镀铝二次表面镜	Al/F46	25	≤0.14	≥0.48
		50	≤0.14	≥0.60
		125	≤0.14	≥0.75
F46 镀银二次表面镜	Ag/F46	25	≤0.09	≥0.48
		50	≤0.09	≥0.60
		125	≤0.09	≥0.75
导电型 F46 镀铝二次表面镜	Al/F46/ITO	25	≤0.19	≥0.48
		50	≤0.19	≥0.60
		125	≤0.19	≥0.75
导电型 F46 镀银二次表面镜	Ag/F46/ITO	25	≤0.14	≥0.48
		50	≤0.14	≥0.60
		125	≤0.14	≥0.75

(2) Kapton 二次表面镜。

Kapton 二次表面镜也是一种常用的热控材料,用于获得低太阳吸收比 α_s 和高热发射率 ε_H,与 F46 相比,具有更好的结构稳定性。通常采用反射膜金属 Al 和 Ag 作为二次表面反射镜,Au 有时也用于 Kapton 反射镜。Kapton 材料本身的橙黄色对太阳吸收比 α_s 影响较大,同时其厚度对半球发射率 ε_H 也有影响。Kapton 厚度与 α_s、ε_H 的对应数据见表 3-6。

表 3-6 Kapton 基底厚度与对应半球发射率、太阳吸收比

Kapton 厚度	太阳吸收比 α_s	半球发射率 ε_H
12mm	0.33	0.56
25mm	0.35	0.70
50mm	0.38	0.79
75mm	0.41	0.85
125mm	0.45	0.93

ITO/kapton/Al 防静电热控涂层是一种以 Kapton 薄膜为基底的二次表面镜型热控涂层。Kapton 薄膜背面为真空蒸发沉积铝膜。为了抑制空间的充放电效应,在其外面镀透明导电膜,通常为 ITO。导电型 ITO/kapton/Al 热控涂层具有很低的

α_s/ε_H比,主要用于卫星的散热面,空间环境适应能力较强。

F46 基与 Kapton 基薄膜二次表面镜共同的优点在于具有低的 α_s/ε_H 比,辐射率可通过控制薄膜的厚度来调节,且易于粘贴在曲面以及不规则的航天器表面,可以大面积地制备和使用。目前在很多的航天器上都得到了广泛应用,具有丰富的使用经验。与 Kapton 基薄膜二次表面镜相比,F46 基薄膜二次表面镜的缺点是机械性能差,易受原子氧的侵蚀,特别是在低地球轨道服役时涂层发生严重的质量损失。通常在镀银 F46 薄膜的外表面粘贴一层厚度为 $1 \sim 5\mu m$ 的石英玻璃,可以减少由于原子氧侵蚀引起的质量损失。尽管带有石英玻璃保护层的镀银 F46 薄膜在热循环后出现了龟裂,但带有石英玻璃保护层的镀银 F46 薄膜在原子氧的作用下的质量损失明显减少。

通过对聚酰亚胺薄膜进行渗碳处理,可以得到黑色聚酰亚胺薄膜,从而获得较好的防静电性能,以及高的太阳吸收比和高的半球发射率,其太阳吸收比与发射率之比值接近于 1。

3)热控带

热控带可以直接粘贴到被控部位表面,使用方便。通常,这种热控带是由基体薄膜(箔)、涂层和压敏胶三部分组成。基体薄膜主要有聚脂薄膜、聚酰亚胺薄膜或 F46 薄膜等;涂层材料有金、铝、银等;压敏胶包括橡胶、有机硅树脂以及丙烯酸树脂等。

热控带采用压敏胶带粘贴,黏合能力强,出气少,粘贴在结构表面,可基本达到一般热控涂层的热辐射性能要求,也可用于封闭多层隔热屏的边缘或者修补隔热品该层的裂缝。但是,当温度升高时,压敏胶本身的放气以及胶层中残留的空隙中的空气会发生膨胀,从而使热控带鼓起甚至脱离,导致失去热控作用。为此,可以在使用时将热控带裁成窄条并在条上打孔,以使产生的气体能及时泄放。

我国热控带性能指标见表 3 - 7。

表 3 - 7 我国热控带性能指标

名称	太阳吸收比 α_s	热发射率 ε_H
金/聚酰亚胺热控带	0.17 ~ 0.21	0.03 ~ 0.08
铝/聚酰亚胺热控带	0.11 ~ 0.13	0.08 ~ 0.12

4)玻璃基热控材料

玻璃基热控材料主要是指玻璃二次表面镜,又称为光学太阳反射镜(Optical Solar Reflector,OSR),它具有低的太阳光吸收比和高的红外发射率,结构简单、空间性能稳定,已经广泛应用于各类卫星等空间飞行器。

OSR 是一种优质的被动温控涂层元件,广泛应用于卫星的温度控制。它由对太阳光谱透明且有高发射率的第一表面和对太阳光谱有高反射比的第二表面组成,故又称为二次表面镜。OSR 的第一表面是发射率大于 0.8、厚度为 0.2mm 左右的玻璃基材,为了起到防静电积累的作用,通常在第一表面上镀有透明导电薄膜;OSR 的第二表面是金属膜层,由高反射层和保护层组成,高反射层通常为银(或铝)层,背后的保护层为高温镍基合金膜。典型的 OSR 结构示意图如图 3 - 1 所示。

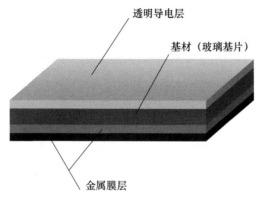

图 3 - 1　典型的 OSR 结构示意图

OSR 在应用时,用导电胶直接粘贴在卫星的外表散热面,通过调节吸收太阳光的能量和向空间辐射的热量,即可将卫星表面温度控制在合适的范围。因此,太阳光谱吸收比 α_s、法向发射率 ε_H 及其比值 α_s/ε_H 是 3 个最重要的表征 OSR 热控性能的指标。

OSR 主要的技术特点是,对太阳光谱具有高的反射率,可将强烈的日光反射掉,从而减少强日光对卫星的温升;同时,对星载仪器产生的废热(5 ~ 30μm 的红外线)具有很高的发射率,可将卫星内部的废热发射出去,它具有极低的 α_s/ε_H 的数值,这就可以有效降低星载仪器所处的环境温度,使其始终处于正常工作的温度范围,对保证整星的正常工作和延长卫星的使用寿命具有非常重要的作用。此外,导电型 OSR 的外表面还镀有一层透明导电膜,具有静电防护功能,可消除空间放电对卫星的威胁。

OSR 产品的尺寸规格通常为:长度 40mm,宽度 40mm 或 20mm,厚度约 0.20mm,因此,国际上根据 OSR 产品的尺寸将之分为两种规格:40mm × 40mm 和 40mm × 20mm,也就是通常所说的大片和小片。而由于 OSR 片的不同厚度的区别,又可以细分为 40mm × 40(20) × 0.20mm、40mm × 40(20) × 0.15mm、40mm × 40(20) × 0.10mm、40mm × 40(20) × 0.07mm 等不同的规格产品。

另外,根据所用玻璃基材的不同,OSR 又可分为石英玻璃型二次表面镜和掺铈玻璃型二次表面镜;根据是否有导电膜层又可分为导电型和非导电型玻璃二次表面镜;根据其反射层为银膜或铝膜又可以分为镀银型和镀铝型玻璃二次表面镜。OSR 产品的主要技术指标为太阳吸收比、半球发射率、表面电阻等,国际上对其性能指标的要求通常如下：

光学性能：太阳吸收比小于0.15；

热学性能：半球发射率大于0.76；

电学性能：导电膜的对角电阻不大于21kΩ，前后表面任意两点电阻不大于200kΩ；

膜层附着力：经拉带试验后膜层完好无损伤。

国内玻璃二次表面镜主要性能参数见表3-8。

表3-8　国内玻璃二次表面镜主要性能参数

名称	太阳吸收比 α_s	半球发射率 ε_H
石英玻璃二次表面镜	0.09 ~ 0.13	0.77 ~ 0.81
铈玻璃二次表面镜	0.11 ~ 0.15	0.80 ~ 0.84

5）金属基热控涂层

金属基热控涂层是指对金属进行一定的物理处理或者化学处理，从而具有热控性能的热控涂层。物理处理方式包括表面抛光和表面喷砂。化学处理方式包括阳极氧化和电镀。

（1）抛光金属表面。

经机械、化学或电抛光处理，可使金属表面达到很低的辐射率和很高的吸收-辐射比。例如，抛光后金属表面的半球发射率 ε_H 最低可到0.02，而其吸收-辐射比 α_s/ε_H 却能达到10.5。虽然抛光处理的金属表面热辐射系数较好，但是经抛光处理后的金属表面的空间稳定性取决于材料本身的特性及空间污染情况。比如抛光金属表面，虽然材料本身稳定性很好，但其低半球发射率的性质对污染却非常敏感，如果遭受空间环境中微尘的污染，其半球发射率会急速上升，且幅度较大。

（2）喷砂金属表面。

喷砂处理的金属表面比较粗糙，通常具有较高的太阳吸收比和半球发射率。其热辐射性质对于一些不严重的表面机械损伤不甚敏感，因此具有较好的稳定性。但是，喷砂处理会引起机械变形，从而限制了它的应用。

（3）阳极氧化涂层。

利用阳极氧化工艺使金属表面上形成一层厚度一定的、致密而稳定的氧化层，称为阳极氧化涂层。例如，铝表面的氧化层，对可见光是透明的，而对红外线具有较强的吸收。因此，氧化层在并不改变底材对可见光的反射特性的同时，可以增大表面的红外吸收（或发射率），从而可以调节金属表面的吸收-发射比。阳极氧化涂层的太阳吸收比 α_s 一般在0.12 ~ 0.16，而半球发射率 ε_H 为0.6 ~ 0.8。缺点是耐紫外辐照的性能差。

阳极氧化涂层包括铝光亮阳极氧化涂层、铝合金光亮阳极氧化涂层、铝着色阳极氧化涂层。铝光亮阳极氧化涂层是在经过机械、电解抛光的光亮铝材表面上通过酸性电解液阳极氧化处理而形成的一种带有透明的氧化铝膜(从十分之几微米到几微米)的热控涂层,α_s/ε_H 值可在 0.20~1.2 调节。铝合金光亮阳极氧化涂层是对经过抛光的光亮铝合金进行阳极氧化处理而得到的带有透明氧化膜层的热控涂层。铝着色阳极氧化涂层是采用着色的方法,将经过阳极氧化处理的铝合金浸泡于着色液中,得到的一种铝合金黑色阳极氧化涂层,其太阳吸收比可达到 0.95,半球发射率为 0.90~0.92。着色液可以分为有机和无机两种,后者具有更好的稳定性。

(4)电镀涂层。

电镀涂层是通过在金属表面或者非金属表面进行电镀而得到金属镀膜,从而获得一定的热控性能的涂层。应用于航天器上的电镀涂层主要包括铝合金镀金涂层和电镀黑镍涂层。其中铝合金镀金涂层是在铝合金底材上,经过抛光、清洗、阳极氧化、镀铜、抛光、腐蚀、镀金等一系列工序得到的镀金涂层。可以得到很低的发射率(0.03~0.04)和很高的吸收-辐射比($\alpha_s/\varepsilon_H = 7.7~10.0$)。电镀黑镍涂层是经过清洗、浸锌、电镀黑镍等工序,在铝底材上得到的一层涂层,通过控制厚度可以得到不同的太阳吸收比、半球发射率和吸收-发射比。这种镀层的太阳吸收比 α_s 为 0.90±0.05。半球发射率 ε_H 为 0.13~0.89,吸收-发射比可在 1.1~6.5 范围控制。也可以在不锈钢底材上得到电镀黑镍涂层,太阳吸收比在 0.9 以上,发射率为 0.1~0.86,具有良好的空间稳定性。

我国主要阳极氧化和电镀热控涂层性能参数见表 3-9。

表 3-9　我国主要阳极氧化和电镀热控涂层性能参数

类别	名称	太阳吸收比 α_s	半球发射率 ε_H
电镀	铝合金镀金	0.23~0.38	0.03~0.07
	铝合金电镀黑镍	0.88~0.92	0.15~0.85
	不锈钢箔电镀黑镍	≥0.90	0.10~0.86
氧化	镁合金黑色氧化	≥0.90	0.87~0.91
	铝合金化学氧化	0.23~0.50	0.09~0.30
	铝及铝合金光亮阳极氧化	0.11~0.40	0.11~0.76
	铝合金黑色阳极氧化	0.85~0.96	≥0.85

3.1.2　隔热材料[4,5]

隔热材料主要包括多层隔热材料、泡沫隔热材料和无机纤维隔热材料等[4]。下面对多层隔热材料的隔热原理进行简要分析。

若有两个间距尺寸比长宽尺寸小很多的平行平面,且它们具有灰体的性质和处于真空状态,那么它们之间的辐射传热热流量 q 为

$$q = \frac{\sigma A (T_1^4 - T_2^4)}{\frac{1}{\varepsilon_1} + \frac{1}{\varepsilon_2} - 1}$$

式中　σ——斯狄芬 - 玻耳兹曼常数;

　　A——平面 1 或平面 2 的表面积;

　　T_1、T_2——平面 1 和平面 2 的热力学温度;

　　ε_1、ε_2——平面 1 和平面 2 的热发射率。

当两表面的发射率一样时,即 $\varepsilon_1 = \varepsilon_2 = \varepsilon$,上式可简化为

$$q = \frac{\sigma A (T_1^4 - T_2^4)}{\frac{2}{\varepsilon} - 1}$$

如果在上述两平行平面间置入 N 层反射屏,那么它们间的辐射传热热流量 q 为

$$q = \frac{\sigma A (T_1^4 - T_2^4)}{(N+1)\left(\frac{2}{\varepsilon} - 1\right)}$$

因此,在两个平行平面间,加置 N 层反射屏后,两平行平面之间的辐射传热热流量可减小到原来的 $1/(N+1)$,起到了明显的隔热作用。

如果反射屏之间有间隔物时,则为

$$q = \frac{n^2 \sigma A (T_1^4 - T_N^4)}{(N+1)\left(\frac{2}{\varepsilon} - 1\right) + (a + 2s)\frac{\delta}{2}}$$

式中　n——间隔物的折射指数;

　　T_N——第 N 层反射屏的热力学温度;

　　a——间隔物的吸收系数;

　　s——间隔物的散射系数;

　　δ——间隔物的总厚度。

1) 多层隔热材料

多层隔热材料是通过高反射率(低发射率)的反射屏和低热导率的间隔物交替叠合,利用反射屏的层层反射,从而对辐射热流形成很高的热阻,达到真空条件下具有较好的隔热性能的一种材料组合。

多层隔热材料主要由反射屏和间隔物两部分组成。

反射屏的材料主要分为两类:一是低发射率的金属箔,如铝箔、铜箔、金箔、镍箔和钼箔等,二是表面蒸镀金属层的塑料薄膜,如蒸镀有金、铝的聚酯薄膜或聚酰亚胺薄膜。其中,铝箔和真空镀铝的聚酯薄膜是应用最多的两种反射屏材料。通

常,会在镀铝膜表面再蒸镀一层薄的锗保护层以防止湿气对铝膜的影响。铝箔的隔热性能较之镀铝聚酯薄膜好,可用于温度较高的场合,但其抗张强度较镀铝聚酯薄膜差,密度较大。

间隔物材料主要包括疏松纤维、网状织物、泡沫塑料、玻璃纤维、高硅氧纤维纸、编织石英布等。其中,疏松纤维、网状织物、泡沫塑料等主要用作中低温多层隔热材料,玻璃纤维、高硅氧纤维纸、编制石英布等主要用作高温多层隔热材料。疏松纤维间隔材料主要有玻璃纤维、石英纤维、合成纤维等,优点是纤维的接触热阻大,缺点是尺寸稳定性差、质量重、易吸湿。通常采用缝合的方法来兼顾其尺寸稳定性和有效的隔热性能。网状织物间隔材料主要包括天然丝、尼龙丝、涤纶丝或玻璃纤维编织物等,具有尺寸稳定性好、放气率低、质量轻、易抽真空等优点,获得了广泛应用。泡沫塑料热导率低、尺寸稳定性好,但其抽真空较难。部分常用间隔物的性能参数见表 3 – 10[5,6]。

表 3 – 10 部分常用间隔物的性能参数

间隔物	密度/ ($kg \cdot m^{-3}$)	厚度/ μm	纤维直径/ μm	温度/ K	吸收系数/ m^{-1}	散射系数/ m^{-1}
Dexiglass (玻璃纤维)	200	76.2	<1.00	500	130×10	260×10^2
				650	110×10	270×10^2
				800	110×10	280×10^2
				100×10	700	310×10^2
Tissuglass (硼硅玻璃纤维)	220	15.2	<1.00	500	300	265×10^2
				650	110×10	280×10^2
				800	110×10	300×10^2
Refrasil A – 100 (高硅氧纤维)	50.0	48.3	1.30	500	<200	380×10
				650	<200	570×10
				800	<200	730×10
				100×10	<200	760×10
Refrasil B – 100 (高硅氧纤维)	50.0	48.3	10.0	500	<200	330×10
				650	<200	500×10
				800	<200	710×10
碳纤维纸	—	—	10.0	775	400	385×10^2
				923	200	260×10^2
				112×10	200	185×10^2

多层隔热材料可分为无间隔物多层隔热材料和有间隔物多层隔热材料。其中,部分无间隔物多层隔热材料的性能见表 3 – 11。

表 3-11 无间隔物多层隔热材料的性能

反射屏				总厚度/ mm	层密度/ (层·cm^{-1})	当量发射率/ 10^{-2}	当量热导率/ (10^{-4}W· m^{-1}·K^{-1})	试验温度/℃	
材料	厚度/μm	层数	镀层	状态					T_H	T_c
聚酯薄膜	6.40	35.0		揉皱	12.7	27.6	6.09	15.2	22.2	-197
	6.40	34.0	单面镀金	揉皱	12.7	26.8	0.26	0.64	21.7	-198
	6.40	35.0	单面镀铝	揉皱	12.7	27.6	0.22	0.55	22.8	-197
	6.40	35.0	单面镀铝	揉皱	21.5	16.3	0.23	0.95	22.2	-198
	10.0	30.0	单面镀铝		5.00	60.0	1.16	2.88	29.0	-147
	9.00	22.0	单面镀铝		5.00	44.0	1.22	1.29	-17.7	-117
聚酰亚胺薄膜	6.40	20.0	单面镀金	揉皱	10.2	19.6	0.25	0.48	19.4	-196
	12.7	20.0	单面镀金	揉皱	10.2	19.6	0.37	1.33	22.2	-45.6

多层隔热材料选用时要充分考虑其隔热性能、耐温性能、质量和价格等。隔热性能与使用环境有着较为紧密的联系,尤其是真空度、压缩负荷、层密度、冷热面温度等。真空度主要是影响多层隔热材料层间的对流传热和导热。耐温性能主要取决于其组成材料,如蒸镀金属层聚酯薄膜和间隔物组成的多层隔热材料,可在 -196 ~ +150℃温度范围使用,而蒸镀金属层的聚酰亚胺薄膜和玻璃纤维间隔物组成的多层隔热材料,则可用到 250℃。多层隔热材料的质量与反射屏和间隔物材料的密度与厚度有关,其中,蒸镀金属层的塑料薄膜和各种丝网组成的多层隔热材料最轻,由金属箔组成的多层隔热材料较重。在多层隔热材料的价格方面,聚酯薄膜低于聚酰亚胺薄膜,镀铝低于镀,金属箔中以铝箔成本最低。双面镀铝聚酯薄膜疏松纤维、纤维布多层隔热材料的性能见表 3-12,双面镀铝聚酯薄膜网状间隔物多层隔热材料的性能见表 3-13。

表 3-12 双面镀铝聚酯薄膜疏松纤维、纤维布多层隔热材料的性能

反射屏			间隔物			多层隔热材料			试验温度/℃	
材料	厚度/μm	层数	材料	厚度/μm	层数	总厚度/mm	层密度/(层·cm⁻¹)	当量热导率/(10^{-4}W·m⁻¹·K⁻¹)	T_H	T_c
双面镀铝聚酯薄膜	10.0	30	玻璃纤维纸	50.0	30	20.0	15.0	2.67	14.0	-196
		34	玻璃纤维毡	200.0	34	30.0	11.3	2.27	20.0	-196
	20.0	33	玻璃纤维布	60.0	33	16.5	20.0	1.27	24.0	-196
		33	玻璃纤维纸	50.0	33	17.0	19.4	1.11	23.0	-196
		64	玻璃纤维纸	50.0	64	30.0	21.6	3.52	80.0	-196
		34	敷料纸		34		34.0	3.53	44.9	-80.8

表 3-13 双面镀铝聚酯薄膜网状间隔物多层隔热材料的性能
（多层隔热材料的总层数按反射屏、间隔物总数的一半计）

反射屏			间隔物		多层隔热材料				试验温度/℃	
材料	厚度/μm	层数	材料	层数	总厚度/mm	层密度/(层·cm⁻¹)	当量发射率/10^{-2}	当量热导率/(10^{-4}W·m⁻¹·K⁻¹)	T_H	T_c
双面镀铝聚酯薄膜	10.0	23	尼龙网	23	5.40	46.0	0.16	9.8	117	25.0
		29	尼龙网	29	9.40	30.9	0.18	11.6	130	25.9
		29	尼龙网	29	9.40	30.9	0.27	6.27	32.2	-87.3
	6.00	21	涤纶网	20	4.70	42.6	0.20	2.51	20.3	-185
		14	涤纶网	26	5.80	34.5	0.82	0.93	20.6	-179
		11	涤纶网	30	6.60	30.3	0.73	0.94	20.5	-183

目前常用的多层隔热材料主要以双面镀铝聚酯膜为隔热组件,以铝箔、铜箔、镍箔、钼箔等金属箔为高温多层隔热组件,其使用温度见表 3-14。

表 3-14 高温多层隔热材料的组成和使用温度

反射屏	间隔物	最高使用温度/℃
铝箔	玻璃纤维纸	480
铜箔	高硅氧纤维纸	535~815
镍箔	编织石英布	812~925
钼箔	编织石英布	1425
钼箔	BN 纤维纸	1645

2）泡沫隔热材料

泡沫隔热材料是一种内部具有很多闭式或开式气孔、轻质的固体材料。泡沫材料内的传热可以通过固体导热、气体导热和热辐射三种途径进行。随着气孔所占比例的增大,材料的密度和固体材料的横截面积将逐渐减小,导热热阻也就增大。气体热导率一般比固体非金属材料热导率低一个数量级,所以泡沫材料小孔内气体的存在,减小了泡沫材料的导热。当泡沫材料长久处于真空环境后,小孔内气体逐渐散失,其传热可以忽略不计。

根据泡沫材料的成分,可以将其分为有机泡沫材料和无机泡沫材料。有机泡沫材料制造简单,成本低,可做低密度产品,本身具有支撑作用,但只能适用于中低温度范围。无机泡沫材料密度大,热导率较高,但其成本也高,适用于高温隔热。

有机泡沫材料主要可分为热塑性泡沫塑料、热固性泡沫塑料和泡沫橡胶三种。热塑性泡沫塑料主要为聚苯乙烯和聚氯乙烯泡沫塑料,耐温性较差。热固性泡沫塑料主要为环氧、聚氨酯泡沫塑料,具有优异的耐低温性能。泡沫橡胶主要有泡沫硅橡胶,耐温较高。

无机泡沫材料主要是多孔性陶瓷泡沫材料,具有优异的耐热性能和较好的强度,但其密度较大,热导率也较高。可用于卫星的高温隔热。

泡沫隔热材料的选择主要考虑使用温度范围、隔热性能、密度、机械强度和价格等。对于低温范围,主要选用有机泡沫材料,如聚氨酯泡沫塑料;对于高温范围,主要选择无机泡沫材料,如多孔性陶瓷泡沫材料。

聚酰亚胺泡沫材料粘贴在铝板上用作航天飞机上表面低温区绝热板,板厚 2.3cm,当表面温度为 330℃时,板的内壁温度下降 225℃,,最佳密度为 64kg/m³,这个密度的泡沫能在航天飞机起飞、轨道飞行、再入期间保持良好的绝缘性能,热导率随温度变化,但 370℃以内不超过 8.3W/(m·K)[7,8]。

常见薄片状多孔材料性能见表 3-15。

表 3 - 15　常见薄片状多孔材料性能

材料	厚度/mm	性能
聚苯乙烯泡沫片	1.3~1.5	密度96kg/m³,轻柔,耐温-70~75℃,热导率低
聚乙烯管状吹塑发泡膜	1~4	密度300~400kg/m³,外观引人注目,柔软,具有高温强度
聚乙烯高发泡片材	0.5~1	密度低,30~40倍发泡,坚固且柔韧,耐气候性、耐化学腐蚀性
聚氯乙烯发泡塑料壁纸	0.15~3	质轻,耐机械损伤,耐污染,不易受潮发霉
聚氯乙烯泡沫人造革	0.5~0.8	柔软,耐老化性,耐寒,手感好,纵向拉伸强度为4.9MPa,延伸性大
玻璃纤维毡	0.5~5	耐高温,耐腐蚀,尺寸稳定,强度高,三维微孔结构,孔隙率高,对气体过滤阻力小

3) 无机纤维隔热材料

无机纤维隔热材料是一种高温隔热材料,质地柔软、轻质、隔热性能好、成本低,可根据需要做成各种形状和尺寸。主要可以分为纤维、纤维毡、粘结的纤维等,其纤维成分主要为二氧化硅、氧化铝,粘结物主要为酚醛树脂、有机硅等。纤维或纤维毡的最高工作温度可达1533K。常见无机纤维种类和使用温度见表 3 - 16[9]。

表 3 - 16　常见无机纤维种类和使用温度

分　类		使用温度/℃
非晶态	玻璃纤维	<400
	石棉	<400
	岩棉	<600
	矿渣棉	<600
	玻璃质硅纤维	<1000
	硅酸铝	<1200
晶态	氮化硼纤维	<1800
	莫来石纤维	<1400
	氧化铝纤维	<1400
	氧化锆纤维	<1600
	碳化硅纤维	<1700
	碳纤维	<2500
	碳化硼纤维	<1500
	钛酸钾纤维	<1100
	碳化硅	<2000
	氧化铝	<1800
	氧化镁	<1800

3.1.3 导热填充材料

导热填充材料是指为改变两接触面间的热导率,而在两接触面缝隙之间填充的具有一定导热的柔性材料。其作用机理是在一定的接触压力下,填充材料发生塑性变形,填满表面之间的缝隙,增加两表面间的接触面积,使缝隙中的空气导热或辐射传热变为固体材料导热,从而提高接触面间的热导率。

影响两接触面之间接触热阻的因素包括两接触表面的材料、作用于接触表面的压力、接触表面的粗糙度和不平度以及接触表面间的填充材料等。接触材料的影响主要是基于材料的硬度和塑性不同,从而带来的接触面积不同,接触热传导率不同。接触压力越大,其实际接触面积越大,接触表面的热导率越大。表面粗糙度越大,接触面积越小,热导率越小。填充材料传热性越好,接触面间的热导率越大。

导热填充材料主要可以分为金属箔、导热脂和导热硅橡胶。金属箔主要有铝箔、锡箔、铟箔、铜箔等,其中铝箔、锡箔、铟箔较好。导热脂是由油脂和固体粉末导热填料混合组成的一类导热材料。常用的油脂包括矿物油、硅油、氟油等,导热填料可用银、铜、铁、锌、二氧化钛、氧化锌等,尤其是以氧化锌与硅油配制的导热脂,可将 LY12 铝合金接触面间的接触热导率提高 130 倍以上。导热硅橡胶主要由硅橡胶和导热填料组成,其中导热填料可用银粉、石墨粉和氧化锌粉末等。由于导热硅橡胶在放置一段时间后能够固化,因此,不会出现导热硅脂可能出现的爬油现象,性能优异,适合在不同温度下使用。

部分金属箔、导热硅脂和硅橡胶的导热性能分别见表 3 - 17 ~ 表 3 - 19[5]。

表 3 - 17　不锈钢表面间充填固体薄膜(或箔)的效果

接触表面的材料	填充的固体薄膜或箔	固体薄膜或箔的厚度/mm	接触热导率/$(W \cdot m^{-2} \cdot k^{-1})$
416 不锈钢	无	—	300
	铟箔	0.127	12000
	锡箔	0.102	4000
	金箔	0.508	2000
	铝箔	0.025	800
	聚酯薄膜	0.025	2000
	聚四氟乙烯薄膜	0.127	500

表 3 – 18　导热脂的性能比较

样品号	状态	针入度	接触热导率/$(W \cdot m^{-2} \cdot k^{-1})$
无热导脂	—		113
77 – 07	较稀	—	14828
77 – 08	均匀的脂状物	82	18045
SZ	均匀的脂状物	72	25766
77 – 10	均匀的脂状物	60	29642
77 – 11	胶状物	34	28074

表 3 – 19　导热硅橡胶的接触导热性能

接触表面的材料	表面不平度平均高度/μm	测试温度/℃	接触热导率/$(W \cdot m^{-2} \cdot k^{-1})$
LY12	>10 ~ 20	49.8	26744
		172.9	16744
		229.5	14186

3.1.4　相变热控材料

相变热控材料是利用材料在一定工作温度下发生相变,在相变过程中发生吸热或防热的材料。相变材料可以在设备工作时,吸收设备放出的热量,而在设备不工作时,释放热量以保持设备的温度稳定性,从而达到温度控制的目的。

相变材料具备相变潜热大、合适的相变温度、固液可逆转化、比热大、密度大、具有较高的热导率和热扩散率、相变时体积变化小、蒸汽压低、与容器相容性好、无毒、无害等特点。

相变材料通常可以分为石蜡类、非石蜡类有机物、盐的水合物、金属、水等。为提高相变材料的导热性能,还可以在相变材料中添加适当的高热导率填料,主要包括金属、陶瓷和热解石墨等。其中,金属材料中以铝为最好,包括铝粉、铝泡沫、铝网等,陶瓷材料以氧化铍和三氧化二铝的热导率较高。

石蜡类、非石蜡类有机物、无机盐水合物类、水及金属相变材料的性能分别见表 3 – 20 ~ 表 3 – 23[5]。

表 3 – 20　石蜡类相变材料的性能

名称	正十二烷	正十四烷	正十六烷	正十八烷	正二十烷
分子式	$C_{12}H_{26}$	$C_{14}H_{30}$	$C_{16}H_{34}$	$C_{18}H_{38}$	$C_{20}H_{42}$
分子量	170.34	198.38	226.45	254	282.54
密度/$(kg \cdot m^{-3})$	765.5(273K)	771(283K) 825(277K)	776(290K) 835(288K)	774(305K) 814(300K)	778(310K) 856(308K)

名称	正十二烷	正十四烷	正十六烷	正十八烷	正二十烷
比热容/ $(kJ \cdot kg^{-1} \cdot k^{-1})$	2.2(298K) 1.62(250K)	2.07(292K) 1.56(250K)	2.21(298K) 1.52(250K)	2.16	2.01(液) 2.21(固)
热导率/ $(W \cdot m^{-1} \cdot k^{-1})$	0.15	0.15	0.15(290K)	0.15(301K)	0.15
熔点/K	263.4	278.7	289.8	301.2	309.8
沸点/K	489.3	525.6	560	591.1	478
相变潜热/ $(10^5 J \cdot kg^{-1})$	2.16	2.28	2.37	2.43	2.47
熔化时体积变化率	小于 +10%	小于 +10%	≈ +8%	—	—
相容性	对大部分结构材料无腐蚀性				
外观	无色液体				

表 3-21 非石蜡类有机物相变材料的性能

名称	乙酰胺	乙酸	反油酸	十四烷酸	聚乙二醇600
分子式	CH_3CONH_2	CH_3COOH	$C_{17}H_{33}COOH$	$C_{13}H_{27}COOH$	$H(OCH_2CH_2)$ nOH
分子量	59.07	65.05	282.46	228.37	570~630
密度/ $(kg \cdot m^{-3})$	998.6(358K) 1159(293K)	1050(293K)	851(352K)	858(333K)	1100(293K)
比热容/ $(kJ \cdot kg^{-1} \cdot k^{-1})$	—	1.96(液) 2.04(固)	—	2.26(液) 1.59(固)	2.25(固)
热导率/ $(W \cdot m^{-1} \cdot k^{-1})$	—	0.18(298K)	—	—	0.16(323K)
熔点/K	354	289.8	320	331	293~298
沸点/K	495	391.3	561	523.6	—
相变潜热/ $(10^5 J \cdot kg^{-1})$	2.41	1.87	2.18	1.99	1.46
熔化时体积变化率	+8.15%	+15.6%	—	—	—
相容材料	铝	铝、钛等	铝	铝等	铝

表 3 - 22 　无机盐水合物类相变材料的性能

名称	氢氧化钡 八水化合物	二氢氧化钠 七水化合物	硝酸锂 三水化合物	磷酸氢钠 十二水化合物
分子式	$Ba(OH)_2 \cdot 8H_2O$	$2NaOH \cdot 7H_2O$	$LiNO_3 \cdot 3H_2O$	$Na_2HPO_4 \cdot 12H_2O$
分子量	315.51	206.1	123	138.01
密度/ $(kg \cdot m^{-3})$	2180(289K)	—	1430(液) 1550(固)	1520(293K)
比热容/ $(kJ \cdot kg^{-1} \cdot k^{-1})$	1.17(固)	0.815(289K) 0.447(289K)	—	1.94(289K) 1.67(289K)
热导率/ $(W \cdot m^{-1} \cdot k^{-1})$	—	—	—	0.476(322K) 0.514(305K)
熔点/K	351	289	303	309
相变潜热/ $(10^5 J \cdot kg^{-1})$	3.01	2.716	2.96	2.8
熔化时体积变化率	—	—	+8%	+5.1%
相容材料	铝	—	铝、石英	可采用硅酸钠等 防腐剂防腐

表 3 - 23 　水及金属相变材料的性能

名称	水	铋基低熔合金	镓
化学组成	H_2O	50% Bi;26.7% Pb;13.3% Sn; 10% Cd	Ga
密度$(kg \cdot m^{-3})$	999.8(273K,液) 916.8(273K,固)	9400(固)	6093(306K) 5903(298K)
比热容/ $(kJ \cdot kg^{-1} \cdot k^{-1})$	4.21(液) 2.04(固)	0.167	0.397(液) 0.34(固)
热导率/ $(W \cdot m^{-1} \cdot k^{-1})$	0.567(273K,液) 2.2(273K,固)	19	33.7
熔点/K	273.15	343	302.93
沸点/K	373.2		2256
相变潜热/$(10^5 J \cdot kg^{-1})$	3.334	0.326	0.803
熔化时体积变化率	-9.06%	+1.7%	-3.2%
相容材料	铝、铜、镍、钛等	铝	钛、石英、氧化铝、陶瓷等

3.1.5 热控材料胶黏剂

热控材料胶黏剂是指在热控材料的制作、装配以及使用过程中,用于连接或固定热控材料的黏合剂。它具有工艺简单、成本低廉、质量轻等特点,可用于连接尺寸差异大、质量不同、性能差异大的材料。

热控技术中应用的胶黏剂主要有环氧、聚氨酯、有机硅、丙烯酸酯等。其中,环氧树脂胶黏剂是应用最广、性能优异的一类胶黏剂,一般由环氧树脂、固化剂、促进剂、增韧剂、增塑剂、稀释剂、填料、偶联剂等部分组成。

在热控技术中,胶黏剂主要用于热控器件和有关结构的制作、装配以及热控材料与器件的安装和固定。如用作多层隔热材料的镀铝聚酯薄膜和聚酰亚胺薄膜,用作二次表面镜的 F46 镀铝薄膜和镀铝聚酰亚胺薄膜,玻璃二次表面镜的安装和固定等。普通环氧树脂胶黏结的性能见表 3-24,高能辐照对胶接强度 Pa 的影响见表 3-25。

表 3-24　普通环氧树脂胶黏结的性能[10]

组分	环氧树脂 E51	100	100	100	100
	乙二胺	8	—	—	—
	二乙烯三胺	—	10	—	—
	三乙烯四胺	—	—	12	—
剪切强度/Pa	聚酰胺 650#	—	—	—	100
	常温固化 1d	412	657	863	1530
	常温固化 2d	932	1245	1157	2393
	常温固化 3d	981	1010	1285	2334
	常温固化 4d	1216	1618	1344	2265
	80℃固化 3h	1461	1481	1677	2334
不均匀扯离强度/(10^4N·m^{-1})		<1.47	<1.47	<1.47	1.96

表 3-25　高能辐照对胶接强度 Pa 的影响[6,11]

胶黏剂	辐照类型	剂量率/(Gy·min^{-1})	剂量/Gy			
			0	5×10^4	1×10^5	1×10^6
101#聚氨酯	电子	4.2×10^3	1725	1450	1725	—
914#	电子	4.2×10^3	2528	2871	2705	—
KH223	电子	4.2×10^3	2979	—	3254	2989
环氧聚酰胺	γ	9×10^3	2715	2607	2313	—

3.1.6 热管

热管是一种高传热性能的器件,是一种靠工质的蒸发、凝结和循环流动而传递热量的器件。热管由管壳、工质以及具有毛细结构的管芯组成。热管是依靠工作介质的蒸发、凝结和循环流动来实现热量的传递的,蒸发、凝结所需的温度下降很小,因此可以在较低温差下传递较大的热量,而且它在毛细力作用下完成,不需要额外的能量,结构紧凑、运行可靠。

自1964年美国人发明热管以来,热管在热能工程技术领域获得广泛应用。在航天领域,热管已成为航天器热控制的一项重要技术和手段,可以说,任何一种先进技术卫星和大功率卫星无不采用热管的。我国于20世纪70年代开始热管的研究,并于1976年将热管用于返回式卫星热控制,取得良好的效果我国在热管管材、管芯、工质、充装清洗工艺以及设计方法、加工制造、环境试验和应用等方面,都做了大量的理论分析和试验研究工作。

图3-2所示为典型热管结构图[6]。

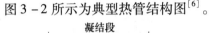

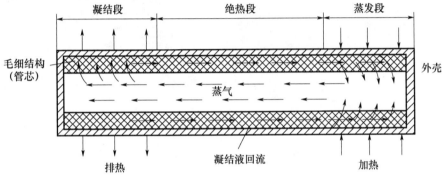

图3-2 典型热管结构图

卫星上选用热管时,应该注意以下使用要求:

工作温度范围:热管工作时所需要承受的最高工作温度和最低工作温度所确定的温度区间。工作温度范围必须在工质的临界点和凝固点之间,保证工质既不凝固也不会处于超临界状态。

传热量和热流密度:该要求是指热管传递的总的热流量和蒸发段单位面积上的热负荷。它决定了热管的尺寸、管芯的类型以及所用热管的数量。蒸发段的热流密度不得超过热管沸腾极限的允许值。

热管的总温降:热管的总温降是指蒸发段外壁面与凝结段外壁面之间的温差,这个要求决定了热管蒸发段和凝结段的管芯设计与热管的最小尺寸。

尺寸、重量和几何形状:主要由应用场合的条件来决定。其尺寸、走向和外形要与应用对象匹配。卫星应用中常要求热管与结构件合为一体,如在蜂窝夹层板中预埋热管。

可靠性和寿命:热管可靠性是指其在给定的条件下,热管工作性能的稳定。寿命是指热管从开始工作到失效之间的时间。

工作环境:热管的工作环境对其性能产生重要影响,这些环境主要包括热管可能经历的重力、离心力、振动和冲击力等力学环境,以及与之耦合的热源、热沉状态等。

热管材料及热管技术既可以用于大传热能力的实现,也可以用于微小型器件的热管理。中国空间技术研究院研制的小型槽道热管高度 3.4mm,翅片宽度 5mm,20℃极限传热能力 3.2W·m。热管材质为纯铝,易于弯曲,非常适合现场装配和小空间热量的收集、排散,可以解决电荷耦合器件(Charge Coupled Device, CCD)相机敏感元件等瓦级的有效载荷散热问题。热管截面如图 3 - 3 所示。在大传热能力方面,从 2003 年开始,中国空间技术研究院在矩形或内梯形槽道结构热管的基础上研制开发了 Ω 型槽道热管,如图 3 - 4 所示,热管的传热能力普遍提高了 2 倍以上[12]。

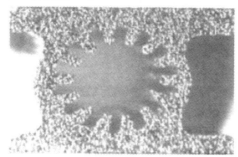
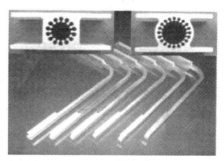

图 3 - 3　热管截面　　　　　图 3 - 4　中国空间技术研究院研制的
　　　　　　　　　　　　　　　　　　　　　　　新型热管

3.1.7　热控材料的发展方向

随着航天科技的发展,热控材料向着智能化、高热导率和多功能复合化等方向发展。

1) 智能化

随着微小卫星技术的发展,对智能热控技术提出了更高的要求,既要满足未来低热容、高功率密度、高度自主化的微小卫星的热控制需求,又要具备质量轻、体积小、功耗低、智能化、高效率和高可靠性等优点。电致变色、热致变色、微机械百叶窗、热开关型辐射器等具有不同的优缺点。因此,未来智能热控技术的发展趋势将是各种智能热控技术在不断改进不足的同时互相取长补短,朝复合化方向发展,复合智能化热控技术将具有单一技术所不能具备的优势,应该是未来智能热控技术的发展趋势之一。

2) 高热导率

较之于目前常用的铝合金材料,金刚石类材料、石墨类材料、碳纳米管增强材料等由于具有较高的热导率,可以用作热控材料,从而大大提高热控材料的热导率。随着航天器电子元器件的功率密度越来越大,利用低密度高热导材料来进行热排散是非常必要的。碳－碳复合材料、金属基复合材料、聚合体复合材料等高热导复合材料在性能和质量方面优于铝合金,从而可作为铝合金热管理的替代品。

3)多功能复合化

随着空间攻防技术的不断发展,热控材料在满足热控需求的同时,在其他方面也发挥某种功能。如利用航天器表面热控材料的光学性能,实现对红外、可见光或激光的隐身作用,如材料所具有吸收激光、透射或反射另外波段的激光的性能;热控材料的高导热性能也可以使激光单点打击或微波的热量迅速扩散,从而具有抗激光打击能力或减小损失;通过把热控材料做成陶瓷型,使之耐高温;通过调节材料表面的电磁性能实现材料的吸波性能,实现对雷达的隐身作用;等等。

3.2 润滑材料

随着我国航天事业的不断发展和对太空的探索与空间资源开发利用的不断推进,航天器在轨时间越来越长,性能要求越来越先进,而其运行的真空、失重、辐射、原子氧、高低温交变等严酷环境可能造成其活动部件或运动部件的在轨动作由于润滑故障而失效。例如,1989年发射的"伽利略"号木星探测器,其用于给地球传输控制和遥感勘测信号的高传输接收天线,由于其天线伞状结构中的3根支架损坏而未能全部展开。经地面测试认为是由于使用干膜润滑剂润滑的钛销栓被磨伤而导致天线展开失效。因此,空间活动部件或机构的运行寿命及使用可靠性极大地影响着整个飞行器的寿命,这需要加强对空间机构或部件的润滑性能的研究工作,这些也是空间摩擦学的主要研究内容。

空间摩擦学是专门研究空间运载和飞行器件相互接触、相对运动表面的摩擦、磨损和润滑的一门学科。研究对象涉及运动的各种航天器中的各类运动机构,如姿态控制系统、电源系统、天线系统及运载工具推进系统等的运动部件。运动部件有滚动轴承、滑动轴承、滚珠、滚轴/辊、螺母/丝杠、线轴承、齿轮、滑动电接触件、分离件、凸轮、紧固件、螺纹扣件、密封件等。空间摩擦学就要根据这些运动部件的工作环境和运动工况开展相关的摩擦学行为、润滑材料及润滑技术研究,如空间机械摩擦部件的选择、设计和性能,空间机械润滑方式的选择,固体润滑、液体润滑技术,摩擦部件用材料及表面工程技术,润滑材料的环境适应性(地面储存、发射、空间环境和不同轨道高度),摩擦部件与运动机构性能试验分析。

空间摩擦和润滑与空间环境密切相关,主要表现为以下几点。

(1)高真空。首先,在高真空下金属摩擦表面不能形成降低摩擦的金属氧化物,容易引发冷焊;其次,摩擦产生的大量摩擦热难以通过气体对流散失掉,致使摩擦面温升很高,摩擦磨损加剧,最终导致烧结;再次,在高真空条件下,润滑材料的蒸发和爬移,引起其他装置的污染。

（2）失重。失重可从多方面给润滑与摩擦带来影响。一方面，失重限制油槽和重力供油润滑系统的使用；另一方面，摩擦力矩的扰动易使精确控制速度或位置的机构发生微振动，影响控制精度。

（3）极端温度。部分极端的工作温度或温度交变对润滑剂的高、低温稳定性提出苛刻要求。如卫星驱动机构大多安装在体外，当卫星在轨道上旋转一周时温度变化范围为 $-150 \sim +150℃$，甚至更高，从而使航天器润滑性能产生变化。

（4）辐射。带电粒子辐射和太阳电磁辐射会与对空间机械部件中的固体润滑材料、液体润滑材料，尤其是有机物润滑材料发生反应，造成其结构变化，使润滑性能下降。如紫外线或带电粒子辐射可造成有机润滑材料发生断链、交联等反应。

（5）原子氧。近地轨道上原子氧会与机构或活动部件中的润滑材料发生氧化反应而破坏其润滑性能。

在对空间运动部件进行结构设计、强度设计和动力学设计等的同时就需进行摩擦学设计，有时还需要与结构、强度及动力学设计等交替进行以选定最优的设计与实施方案。以避免在航天器整体设计完成后存在一些难以弥补的缺陷，造成在轨故障的潜在危险。

卫星、飞船、空间站等空间飞行器都会使用固体或液体润滑。具体方法的选择取决于系统运转的条件。液体和固体润滑具有各自不同的机制，为了保证活动部组件运动功能的实现和一定的使用寿命，选择合适的材料和采用合适的润滑技术将大大影响飞行器的寿命与功能。固体润滑与液体润滑的性能比较见表 3 - 26[13]。

表 3 - 26　固体润滑与液体润滑的性能比较

	固体润滑材料	液体润滑材料
蒸发损失	可忽略不计	有限
温度使用范围	较宽	黏度、爬移状况、饱和蒸汽压与温度有密切联系
表面流动性	可忽略不计	较大，需要密封
对周围大气的敏感性	在湿度较大条件下寿命较短	对空气及真空不敏感
加速寿命测试	易于进行	测试困难
摩擦噪声	摩擦碎片容易引起噪声	较低
摩擦副间相对运动速度对摩擦性能的影响	不影响	影响
寿命决定因素	由薄膜磨损量决定	由润滑油品质下降状况决定
热传导性	较差	良好
电传导性	较好	电绝缘性

目前可应用于空间的润滑材料有以下几种：

液体润滑材料：主要包括硅烷、超精制矿物油、聚 α - 烯烃（PAO）、全氟聚醚（PFPE）、多烷基化环戊烷（MACs）等。

润滑脂：润滑脂是以上述液体润滑剂为基础油，添加稠化剂形成的稳定胶体结构体系。

固体润滑材料：包括以二硫化钼、二硫化钨、二硫化钽、二硒化钨、二硒化铌等为代表的层状化合物；以聚四氟乙烯、缩醛和聚酰亚胺等为代表的聚合物材料；以金、银、铟、铅为代表的软金属材料以及氮化硼等无机化合物材料。

地面贮存和试验环境中的污染（油污、灰尘、汗、烟雾等）以及水汽等会对润滑材料及运动部件造成不同程度的影响。因此，在储存和试验过程中，须采取有效措施防止或减小影响。通常，润滑材料生产部门会提供相应的操作使用说明书，对储存和使用的要求进行说明。

我国非常重视空间润滑材料的研究与应用工作，自第一颗人造地球卫星上天就开始了润滑性能的研究。2008 年 9 月 25 日发射的"神舟"七号飞船开展了我国首次固体润滑材料空间试验，并由航天员出舱将样品取回，如图 3 - 5 所示。该次试验最终确定了 3 类 11 种试验样品，主要包括润滑薄膜系列、润滑涂层系列和自润滑复合材料。其目的是针对固体润滑材料的材料级地面空间环境模拟试验考核装置，通过空间飞行试验验证，对地面模拟试验条件进行完善，并利用获得在轨数据，开展低地球轨道环境对固体润滑与防护材料性能、结构、失效破坏机制的影响规律研究，为发展具有良好耐空间环境特性的新型润滑防护材料技术提供技术基础。

图 3 - 5 "神舟"七号航天员出舱及固体润滑材料暴露图

航天器的各个运动部件，在地面加工、总装和在轨飞行过程中，要经历地面贮存、地面试验、发射及在轨运动时的苛刻工况条件，工作环境的特殊性和在轨服役时高可靠性的要求，使得它们的润滑问题与传统地面机械润滑有较大不同。下面将分别介绍。

3.2.1 液体润滑材料

液体润滑是指相对运动的界面完全浸于油脂中或界面存在一层油脂的摩擦状态。润滑油是指能降低两个相对运动表面摩擦与磨损的有机流体,其中包括由矿物油或合成油组成的基础润滑油以及某些具有抗氧化、抗磨、减摩性能的添加剂。润滑脂是指润滑油中加入稠化剂稠化并含有某些功能添加剂的膏状物质。润滑油脂抗磨减摩的作用机理是:①两个相对运动的表面间存在油脂的分隔层或油膜;②油脂中抗压抗磨添加剂与金属作用生成易剪切的金属皂类或金属盐类等物质从而避免了两个相对运动表现间的直接接触[14]。

空间润滑材料的空间适用性最重要的指标是其饱和蒸汽压、倾点、黏温性能以及润滑性能。极低的蒸汽压、低倾点、良好的黏温性能和润滑抗磨性能是空间用液体润滑剂的重要条件。一般而言,空间运动部件在重载、高速及要求极小的转矩噪声和较好导热的情况下,倾向于选择液体润滑。一般常用的液体润滑剂包括矿物油、脂类、聚醚、碳氢化合物等,目前主要是是碳氢化合物(Pennzane)和全氟聚醚(PFPE)润滑剂。

1) 矿物油

矿物油润滑剂由宽分子碳氢化合物混合构成。高级精炼润滑油通过加氢与使用钒土过滤、净化工艺去除杂质,精炼后添加其他添加剂对润滑油摩擦学性能有很大的提高。由于一般不具备低的蒸汽压,因此其空间应用通常局限于密封润滑体系。20世纪60年代,矿物油曾作为主要的空间润滑材料而用于航天器动量轮、反作用轮上,美国曾颁布了 MIL – L – 83176 规范,产品包括 KG – 80、V – 78等。由于矿物油真空挥发性大、黏温特性差、凝点高,后来逐渐被合成油代替。

2) 合成酯

合成酯曾作为轴承及精密仪器的润滑油在航天上得到应用。我国的 GJB 2375—1995 以多元醇脂为主要基础油的润滑油曾应用于卫星的姿态控制系统。但由于其真空挥发性高和吸水性大,因此其应用受到了限制。

3) 硅油

作为润滑剂使用的聚硅氧烷在常温下为液体,通常称之为硅油。硅油通常包括甲基硅油、乙基硅油、苯基硅油、甲基苯基硅油、甲基氯苯基硅油、烷基羟基硅油等。硅油具有优良的高低温性能(凝点可在 – 70℃以下、热分解温度可高于300℃)、良好的黏温特性、低表面张力、化学惰性及阻燃性、良好的抗水解性等。国产的114#硅油(甲基氯苯基硅油,CPSO)、115#硅油(甲基氟氯苯基硅油,FCP-SO)曾用于空间机构中。

4) 聚α–烯烃

聚α–烯烃(Polyalphaolefins,PAO)由具有6个或更多碳原子的线性α–烯烃齐聚反应而成。与矿物油相比,PAO 具有宽的使用温度和高的黏度指数、良好的润滑性能、良好的抗氧化性、高的水解安定性、低腐蚀性、低挥发性、与矿物油的良好相容性等。国内目前发展了可用于空间机构的以 PAO 为基础油的润滑脂。

5) 全氟聚醚

全氟聚醚(PFPE)是具有较好的耐高温性能、优良的化学惰性的合成润滑材料。它具有氧化稳定性、化学惰性和不可燃性。全氟聚醚油的分子由碳、氧和氟原子构成的长链线性聚合物组成。精致的 PFPE 具有很低的蒸汽压、宽液体温度范围和良好的耐高温性能。PFPE 油广泛用于航天工业液体发动机的氧化剂泵、氧化环境下 O 形圈及阀体的密封剂等。目前,常用的典型 PFPE 包括 FomblinTM Z - 25、KrytoxTM 143 AB、KrytoxTM 143 AC、DemnumTM S - 200 和 Pennzane® SHF - X2000 等。

6) 多烷基化环戊烷

多烷基化环戊烷(Multiply Alkylated Cyclopentanes, MACs)构成了第二种碳氢化合物类。这种材料通过环戊烷与各种醇类反应被合成。反应的产物是戊基产物,用其生成最后产物,它是 di - (二次)、tri - (三次)、tetra - (四次)或 penta - (五次)烷基化物环戊烷。由不同种类和分子大小的醇合成的多烷基化环戊烷的黏度和倾点随着分子结构的不同而呈现有规律的变化。因此,选择适当的烷基或烷基个数可得到不同黏度的多烷基化环戊烷,使其具有很宽广的黏温范围。同时,可以在多烷基化环戊烷中添加抗磨损和抗氧化添加剂来提高其润滑磨损性能。

四种典型空间润滑油的性能见表 3 - 27。

表 3 - 27 四种典型空间润滑油的性能

性能		114#硅油	115#硅油	PFPE	X - 1P(磷嗪)
饱和蒸汽压(25℃)/Torr[①]		6.3×10^{-10}	1.0×10^{-11}	3.2×10^{-8}	1.4×10^{-9}
运动黏度/ ($mm^2 \cdot s^{-1}$)	40℃	120.4	104.5	176.2	224.0
	100℃	48.6	34.0	19.7	11.2
	黏度温度常数(VTC)	0.53	0.67	0.89	0.95
密度/($kg \cdot m^{-3}$)		1014	1113	1900	1500
倾点/℃		< -75	< -70	< -50	< -15
挥发损失/%(204℃,30h,空气中)		0.05	0.05	0.14	0.21

① 1Torr = 133.322Pa。

三种典型空间用液体润滑剂的特点及应用领域见表3-28。

表3-28 三种典型空间用液体润滑剂的特点及应用领域

润滑剂	114#硅油	115#硅油	MACs-1
类型	硅油基润滑油	硅油基润滑油	合成碳氢润滑油
性能特点	黏温性能好,挥发性低,使用温度范围宽,寿命长,可靠性高	黏温性能好,挥发性低,使用温度范围宽,寿命长,承载能力高,可靠性好	挥发性低,使用温度范围宽,寿命长,承载能力高,可靠性好
主要应用领域	各种真空机构及高低温条件下的轴承、齿轮中	各种真空机构及高低温条件下的轴承、齿轮、丝杠等	各种空间机构、信息技术轴承和齿轮的润滑

液体润滑剂必须具备一定的物理和化学特性。考虑到其是空间应用环境,润滑剂必须具有真空稳定性,具有低的饱和蒸汽压、爬移特性、高黏度特性指标、宽的流体温度范围,具有良好的弹性流体润滑与边界润滑特性和抗辐照与抗原子氧能力。在某些应用中红外光学透明特性也是一个重要的考察指标。

1)真空稳定性

尽管在空间机构中大量使用迷宫密封,润滑剂损失仍然是空间长期应用主要的问题。当在适宜温度及外部条件下,润滑剂损失直接正比于蒸汽压力。除了基础油的挥发,添加剂的挥发也应当引起重视。

2)爬移性

液体润滑剂具有的爬移性使润滑油能够流出轴承表面。其爬移性与薄膜表面张力成反比。PFPE油具有极低的薄膜表面张力(在200℃时,17~25dynes/cm),其比传统的润滑油(如碳氢化合物、酯、硅油及低表面能的有机碳膜)更易流动,所以在轴承滚道最适于应用PFPE。相对来说,Pennzane®基润滑油具有更高的表面张力,其不容易爬移,容易在接触区保持。

3)黏性-温度特性

在应用过程中,应用流体润滑剂的空间机构仍未在宽温度范围内使用过。然而,目前有趋势在较低温度范围区间(-40~-10℃)使用应用了新型油润滑的空间机构。所以,低的倾点会保持低的蒸汽压力,并且在-75~40℃这个温度范围具有合理的黏性。

4)弹性流体润滑特点

中高速下保证轴承连续运转取决于是否能够形成弹性流体(EHL)润滑薄膜。润滑剂的两种物理特性影响着弹性流体润滑薄膜的形成,它们分别为润滑油黏度(μ)和黏压系数(α)。

润滑油黏度受到分子量和化学结构的影响。除了小分子量流体,α值与其化学结构有直接的联系。通常,黏度可以通过直接测量压力黏性系数或者间接使用光谱进行弹性流体润滑试验得到。黏度通常使用Barus公式校正:

$$\mu_p = \mu_{oe}\alpha_p$$

式中 μ_p——在压力(p)下的绝对黏度;

μ_{oe}——在温度压力下的绝对黏度;

α_p——与压力无关,但与温度一直相关。

它指出了 $\log\mu_p$ 与 p 为线性关系,这种简单的关系在实际应用中很难实现。压力 - 黏性特点在接触点处对于决定弹性流体润滑薄膜的厚度很重要。

5)边界润滑特性

在边界润滑条件下,两接触表面不是完全分开的,导致两表面间产生严重的相互作用力。在这种机理下,相对最重要的就是要形成保护薄膜,从而尽可能地减少表面磨损、摩擦和表面破坏。润滑剂和接触面间的化学作用控制着薄膜的形成。没有添加剂的碳氢化合物、矿物油、酯在边界润滑条件下发生作用形成摩擦聚合体。除了点接触作用以外,虽然它们都会表现出润滑剂损失,但这些润滑材料通常会在短期对润滑性能有好的影响。传统的润滑剂通常由抗磨、抗蚀、耐挤压、抗氧化添加剂化合而成,可提高薄膜的性能和稳定性。相反,PFPE 边界润滑剂是相对无活性、非常纯的流体,在过去的应用中,从未添加过添加剂。如果这种润滑剂是完全无活性的,它们除了某些局部油膜对摩擦有影响(部分弹性流体润滑)及对磨粒转移有影响外,对薄膜没有任何表面保护作用。然而,PFPE 油膜的确与轴承表面产生作用,产生一系列磨损产物和摩擦聚合体,其与金属表面存在的氧化物起作用形成金属氟化物。这种氟化物是很有效的实时润滑材料,它减小了摩擦,并且阻止了表面严重破坏。

但同时,这些氟化物也是强 Lewis 酸,它会攻击并且分解 PFPE 分子,产生其他的反应产物,从而产生更多的表面氟化物,发生自催化作用,引起边界润滑失效。所以,某些反应会使纯 PFPE 液体润滑剂在边界润滑条件发生过早破坏,伴随而来的就是摩擦失效。与之形成对照的是,一种非 PFPE 空间流体润滑剂,比如 Pennzane ® SHF - X2000,在边界润滑条件下,其有更长的寿命,趋向失效的变化也更慢,它的特点就是摩擦系数会逐渐升高。还需要注意到,PFPE 摩擦性能变差很大一部分原因是受到局部接触状况的影响(比如表面钝化等级、表面氧化和油膜厚度、表面污染程度、温度、负载、速度等)。

使用 PFPE 润滑剂时,用陶瓷或陶瓷薄膜球代替标准轴承球能够显著地提高轴承使用寿命。使用 TiC 薄膜覆盖的钢球能够明显地减缓润滑剂品质下降的问题。当使用 PFPE(Fomblin TM Z25)润滑剂时用 TiC 薄膜钢球代替 52100 钢球显示出了 9 个数量级的寿命增加。在加速寿命测试中,利用螺旋轨道摩擦测试仪,使用另外一种 PFPE 润滑剂(Krytox TM 143AC),根据使用的压力等级不同使用寿命会延长 2~4 个数量级。

3.2.2 润滑脂

润滑脂是指用稠化剂、基础油制备的从半流体到固体状的润滑剂。与润滑油一样,为满足空间苛刻的使用要求,现代的润滑脂中还含有复杂配方的各种功能添加剂以改善其性能。

润滑脂是一种可塑性的润滑剂,兼具有液体和固体润滑剂的特点。在常温和静止状态下,润滑脂能够黏附在被润滑的表面,当温度升高和处于运动状态下,润滑脂就会变软以致成为流体而润滑摩擦表面,而去掉外界的热和机械作用,其又可恢复到可塑状态。

润滑脂按照其稠化剂类型可以分为皂基润滑脂、非皂基润滑脂、羟基润滑脂三类。也可以按照稠化剂名称、使用性能与用途、应用场合等分类。

与润滑油相比较,润滑脂具有以下优点:①具有更好的承载能力和阻尼减振能力;②具有较低的蒸发速度;③爬油倾向小;④可防止污染物的侵入;⑤具有较好的粘附性;⑥可简化设备的设计与维护;⑦可节约油品的需用量。同时,也具有散热能力差、内摩擦阻力大、供换脂不方便等缺点。

目前,在空间机械使用过程中,除要求润滑脂具备常用性能之外,还要求具备低挥发、优良高低温性能以及良好的真空润滑性能。

国内研制的 LH - 13 润滑脂,使用温度范围 -20 ~ 120℃,可用于具有密封装置的机构中,具备优良的润滑性能,已经成功应用于卫星扫描机构轴承的润滑。

3.2.3　固体润滑材料

固体润滑是指利用固体粉末、薄膜或某些整体材料来减少相对运动的承载表面之间的摩擦磨损。在固体润滑过程中,固体润滑剂和周围介质要与摩擦表面发生物理、化学反应生成固体润滑膜,降低摩擦磨损。因此,要求固体润滑剂具有如下基本性能:①能与摩擦表面牢固地附着,有保护表面功能;②较低的抗剪强度;③稳定性好;④有较高的承载能力。

常用的固体润滑材料一般可分为层状结构固体润滑材料、非层状无机化合物、低摩擦聚合物和软金属等。其中,石墨、二硫化钼(MoS_2)、聚四氟乙烯(PTFE)和尼龙为其代表性材料。典型固体润滑材料及其性能见表 3 - 29。

表 3 - 29　典型固体润滑材料及其性能

种类	名称	制备方法	摩擦系数		使用温度/℃	
			大气中	真空或惰性气体中	大气中	真空或惰性气体中
层状物质	MoS_2	溅射	0.05 ~ 0.20	10^{-3} ~ 0.05	约 80 ~ 350	约 800
	WS_2	溅射/PLD	0.10 ~ 0.15	0.03 ~ 0.05	约 550	
	WSe_2	PLD	0.12 ~ 0.18	0.05 ~ 0.20	—	—
	$MoTe_2$	—	0.12 ~ 0.23	—	约 420	
	WSe_2	—	0.04 ~ 0.09	—	约 450	
	$NbSe_2$	—	0.05 ~ 0.38		约 290	

种类	名称	制备方法	摩擦系数		使用温度/℃	
			大气中	真空或惰性气体中	大气中	真空或惰性气体中
非层状化合物	$CaF_2 \sim BaF_2$	离子镀/PLD	0.10~0.25	0.10~0.25	250~900	250~900
	PbO	—	0.10~0.25	0.05~0.20	约650	约250
聚合物	PTFE	溅射	0.08~0.35	—	约150	—
	PI	溅射	0.15~0.40			
软金属	Au	离子镀/溅射	0.10~0.30	0.10~0.30	约200	约200
	Ag	离子镀/溅射	—	0.10~0.30		约600
	Pb	离子镀/溅射	0.10~0.30	0.05~0.30	−260~200	−260~200
	In	离子镀/溅射	—	0.10~0.50	—	—
	Sn	离子镀/溅射	—	0.10~0.60	—	—

1）层状结构固体润滑材料

层状结构固体润滑材料主要有石墨、MoS_2、WS_2、NbS_2、TaS_2、WSe_2、$MoSe_2$、六方氮化物等。其中,石墨在潮湿的大气或高低温下均具有优异的摩擦性能,MoS_2在惰性气体和真空环境下具有优异的摩擦性能,而六方氮化硼则是性能优异的高温固体润滑材料。以下对其分别简要介绍。

石墨为黑色层状六方晶体结构,熔点大于3500℃,莫氏硬度为1~2。石墨具有良好的化学稳定性,具有优越的导电性、导热性和抗辐射性能,无毒性。石墨的润滑性能受其结晶性能、粒径及杂质等影响。一般结晶性越好,润滑性越好;粒径越大,摩擦系数越小;粒径越小,承载能力越高。同时,石墨的润滑性能也与其所处的环境有着密切的关系,如在潮湿环境中,石墨的摩擦力较小,而在真空环境下,其摩擦力迅速升高。在空气环境下538℃以上则由于发生剧烈氧化而失去润滑作用。

二硫属化合物是较好的润滑材料,其典型代表为MoS_2,它是一类层状六方晶体结构。MoS_2润滑材料容易被各类酸以及纯氧、氟、氯等腐蚀或侵蚀,在碱性物质、水、石油等材料中较稳定。在真空、高载荷下具有优良的润滑性能,而在常温、潮湿等环境下则会发生化学反应而导致润滑性能下降。此外,WS_2、NbS_2、TaS_2、WSe_2、$MoSe_2$等具有与MoS_2类似的结构,且WSe_2、NbS_2的真空稳定性优于MoS_2,WS_2的空气中氧化稳定性优于MoS_2。

六方氮化物以氮化硼(BN)和氮化硅(Si_3N_4)为代表,其中氮化硼的熔点高于3100℃,其高温润滑性能优于石墨和MoS_2,在900℃时仍能保持良好的润滑特性,适宜用作高温润滑材料或减摩绝缘隔热材料。

2）非层状无机化合物润滑材料

非层状无机化合物润滑材料主要以金属氧化物、氟化物及一些含氧酸盐为主。

可用于高温固体润滑材料。

金属氧化物润滑材料如 PbO、Sn_2O_3 等在 400℃ 以上的高温仍然具有良好的润滑性能，其原理是高温下氧化物发生软化，从而起到降低摩擦磨损的作用，且其性能优于 MoS_2。无机含氧酸盐如硼酸盐、磷酸盐和硫酸盐等的润滑机理是在高温下无机含氧酸盐转变为软化的复合氧化物，从而起到降摩抗磨的作用。而过渡族的金属及稀土金属的硫代钼酸盐、硫代钨酸盐等化合物的润滑机理是由于其在一定的高温下发生分解生成硫酸盐、MoO_3、MoS_2 等，从而达到润滑的效果。

3）低摩擦聚合物

低摩擦聚合物润滑材料以 PTFE、聚酰胺(尼龙)和聚酰亚胺(PI)为代表。

PTFE 是有机高聚物，由于其分子链之间极易发生滑移而表现出低摩擦特性。PTFE 为乳白色的光滑蜡状固体，硬度较低，熔点 327℃，最高使用温度为 260 ~ 300℃。具有较好的疏水性、化学稳定性和热稳定性。其静摩擦系数随着载荷的增加而降低，动摩擦系数随着滑动速度的增加而增大，直至稳定。PTFE 在摩擦过程中可向对偶表面转移并形成转移膜而降低运动部件的摩擦磨损。但其与对偶材料摩擦则磨损量大，为此，需要使用添加剂改性 PTFE 来提高其抗磨损能力和抗蠕变能力。

聚酰胺的机械性能较高、化学稳定性好，具有较好的自润滑性能，尤其是填充 PTFE、PE 及玻璃纤维的聚酰胺，其磨损摩擦性能具有一定的提高。目前，聚酰胺可用于齿轮、轴承、导轨等机械零件中，但其热传导性差、热膨胀系数大，容易吸水变形。

聚酰亚胺具有较高的硬度和耐磨损、耐辐射性能，尤其是在高温、高压和高速环境下具有优良的润滑性能。但其在干摩擦状态下的抗磨减摩性能差，可通过填充 MoS_2、石墨等材料来改善其抗磨减摩性能。

4）软金属

以铅、锡、锌、铟、金、银及其合金为代表的软金属可以作为固体润滑材料，而且在空间环境如辐射、真空、温度及重载条件下具有优良的润滑性能，可用于航天器齿轮及轴承等运动部件中。一般是以金属粉末制作成合金材料或者利用电镀、气相沉积的制备方法将其涂覆在结构件表面形成润滑膜而达到润滑的作用。

固体润滑剂的使用方法有以下几种。

1）整体零部件

聚四氟乙烯、聚甲醛、聚缩醛、聚酰胺、聚碳酸脂、聚砜、聚酰亚胺等工程塑料的摩擦系数较低，加工性和化学稳定性好，电绝缘性优良，抗冲击能力强，可以制成整体零部件。若采用玻璃纤维、石墨纤维、金属纤维、硼纤维等对这些塑料增强，综合性能更好。可用于齿轮、轴承、导轨、凸轮等。石墨电刷、电接点等是使用一定特性的材料直接制成零部件的典型案例。

2）各种覆盖膜

通过不同方法将固体润滑剂覆盖在运动副摩擦表面上，使之成为具有一定自润滑性能的干膜。成膜方法包括溅射、电泳沉积、等离子喷镀、离子镀、电镀、化学生成、挤压、滚涂等。

3）复合或组合材料

复合(组合)材料是指由两种或两种以上的材料组合或复合起来使用的材料系统。目前用得最广的有称为"金属塑料"的复合材料(国外牌号有 DU 材料)以及表面带自润滑层的聚缩醛 DX 材料。其中，DU 的轴承材料是在软钢板上镀一层 30～50m 的青铜，再烧结一层多孔青铜球粒，浸渍或滚涂 PTFE 填充孔隙，再经过烧结、扎制、整形而制成的金属塑料轴承。既有 PTFE 低摩擦系数的特点，又有足够的机械强度、高的承载能力、良好的散热性和耐磨性。可用于飞机和飞船上的高温、重载滑轴承中。

4）固体润滑粉末

将固体润滑粉末(如 MoS_2)适量添加到润滑油或润滑脂中，可提高润滑油脂的承载能力及改善边界润滑状态等，如 MoS_2 油剂、MoS_2 油膏、MoS_2 润滑脂等。

为了实现对摩擦表面的固体润滑，应该选择具有低的摩擦系数、较强的粘着力和良好的耐磨性等性能的固体润滑粉末。

1）摩擦特性

所有的摩擦副都要承受一定的负荷或传递一定的动力，并且以一定的速度运动。粘着于摩擦表面的固体润滑剂在与对偶材料摩擦时，在对偶材料摩擦表面形成转移膜，使摩擦发生在固体润滑剂内部。对偶材料间的摩擦是在一定负荷和一定速度的作用下进行的，固体润滑剂应使其保持较低的摩擦系数，不使对偶材料间发生咬合。而且，固体润滑的摩擦材料系数随着负荷的增加和速度的增加而减小。固体润滑剂的摩擦特性与其剪切强度有关，剪切强度越小，摩擦系数越小。层状结构润滑材料在摩擦力的作用下，容易在层与层之间产生滑移，所以摩擦系数小。软金属润滑材料能产生晶间滑移，剪切强度也很小。因而这些物质可以作为固体润滑剂。

2）耐磨性

固体润滑剂的耐磨性随着负荷、速度的增加而下降。因此，应用于每个具体摩擦副组件的固体润滑剂应该具有与设计寿命相一致的耐磨性。固体润滑剂对摩擦表面的粘合力越强，越容易形成转移膜，其耐磨性也越好，固体润滑膜的寿命越长。固体润滑剂应该具有高于基材的热膨胀系数。当摩擦引起温升时，由于其热胀系数较高而将突出于基材表面，并与对偶材料接触，不断提供固体润滑，以维持较好的摩擦性能。

3）宽温性

固体润滑剂的宽温特性是指其能在一定的温度范围内工作。目前，固体润滑剂的使用温度上限在1200℃以上（金属压力加工中所使用的固体润滑剂），最低温度在 -270℃左右（液氧和液氮等输液泵轴承的固体润滑剂），但没有固体润滑剂具有这么宽的工作范围。实际使用的固体润滑剂只要求具有某一特定的温度范围。在这一定工作温度范围内，固体润滑剂应该具有较低的摩擦系数、较好的润滑性能和耐磨性。对于适用于较高温度下的固体润滑剂应该具有较好的耐热性和热传导性能。

4）气氛特性

许多固体润滑剂的润滑效果对气氛有依赖性，有的固体润滑剂（如软金属银、金、铅等）只能在特定的气氛条件下工作。为此，可以采用在特定的气氛条件下选择特定的固体润滑剂及其复合材料或在固体润滑剂中添加某些添加剂来改善它的气氛特性。例如，MoS_2 在空气中可能氧化，特别是处于400℃以上高温时，易与氧气激烈反应生成三氧化钼，这是个硬质合金粒，会加剧与对偶材料的磨损。但是，MoS_2 处于真空或惰性气体条件下，甚至可以用到1000℃以上的高温。因此，选择 MoS_2 作为固体润滑剂时，若在空气中使用应注意，工作温度不得超过400℃。若在短时间内使用温度超过400℃，可在其中添加抗氧化剂。同时，MoS_2 及其复合材料可以应用于真空或惰性气体气氛中。又如，润滑油脂要在特定的含有一定比例的氧气和氮气气氛中才能形成原位摩擦聚合膜。

5）耐腐蚀性

应用于航天器腐蚀性气体环境中的固体润滑材料应该性能稳定，不会发生任何变化，在规定的使用寿命期内保证其良好的润滑性能。

6）耐辐射性

航天器在轨运行期间将遭受辐射环境的考验。因此，要求固体润滑剂在规定的使用时期内能承受一定强度的抗辐射特性，其物理机械性能和润滑性能应基本保持不变。

7）蒸发性

应用于航天器中的某些固体润滑剂在升空后处于真空状态下工作，这时的气压接近于零。如果蒸发性大，由固体润滑剂变态形成的气态物将粘附于其他零件表面，影响其他部件的工作。因此，应用于真空中的固体润滑剂应具有蒸发率低的性能。

3.2.4　固-液复合润滑材料

在航天机构中多采用单一液体润滑或固体润滑，但无论是液体润滑还是固体润滑，虽然具有各自的优点，但也存在一些难以克服的缺点。例如：液体润滑材料具有较低的摩擦系数、较低的摩擦噪声、无磨屑及使用寿命长等优点，但具有易挥发、高温易降解、爬移、需要密封等缺点；固体润滑材料具有耐高（低）温性能、承载能力高、环境适应性好等优点，但也具有摩擦噪声高、使用寿命短等缺点。

固－液复合润滑材料通过将固体润滑材料和液体润滑材料复合使用,利用各自的优点,克服单一润滑材料的缺点,获得更加优异的润滑性能,提高空间润滑的可靠性和寿命。有望明显降低摩擦、增加承载能力、提高其空间环境适应性和增长寿命等。其机理是利用润滑中的固体物质来提高液体润滑中的承载能力,减少或阻止闪点温度的产生,避免润滑油的降解;而利用液体对固体润滑材料进行周围环境的隔离并提供防护,提高其空间环境适应性和可靠性。

3.2.5 润滑材料的选用

在选用润滑材料时,要综合考虑运行的工作特性、使用性能和使用环境等因素的影响。

首先,在选用润滑材料时,要明确其工作环境(温度、介质等)、工作参数(压力、速度)和摩擦学性能(摩擦系数、磨损量、使用寿命)的要求以及散热等情况,参照各种材料的耐温性、环境适应性、承载能力、极限 PV 值和工作 PV 值下的磨损速率等。并考虑温度和润滑的影响,考虑负荷的性质以及原料和加工等方面的经济因素,才能合理地选择出性能指标略高于工作参数的理想的润滑材料。

其次,各种润滑材料的空间环境适应性是不同的,其润滑性能对环境气氛具有不同程度的依赖性。这主要取决于润滑材料的性质、填料和黏结剂的耐腐蚀性等。

例如,聚四氟乙烯具有最好的化学惰性,它具有耐强酸、强碱、强氧化剂和任何溶剂的作用。聚苯硫醚的耐酸、碱和与溶剂相互作用的性能均良好。石墨具有良好的润滑性能,但它的润滑作用受水蒸气及其他气体吸附层的影响较大,在真空中润滑性较差,并且耐腐蚀性也较差。MoS_2 具有降低黏滑现象,改善摩擦磨损的作用,适宜在真空中使用;但与氧、氟、氯、浓盐酸、浓硫酸、王水等容易发生作用,应避免在这些介质中使用等。

3.2.6 润滑材料的发展方向

经过多年的发展,润滑材料在航天工程中获得了广泛的应用,也取得了可喜的成绩。未来,固－液复合润滑、自润滑和多层膜技术将得到越来越广泛的关注。

1)固－液复合润滑技术

由于固－液复合润滑材料将固体润滑材料和液体润滑材料复合使用,利用各自的优点,克服单一润滑材料的缺点,获得更加优异的润滑性能。因此,固液复合润滑材料和技术是未来发展的重要方向之一。

2)自润滑技术[15]

聚酰亚胺材料的耐磨性、低温性能和耐辐射能力都非常理想,只是转移性和自润滑性能一般,但可以通过添加适当的填充剂来改善,所以以聚酰亚胺材料为基体的固体润滑保持架已越来越多地应用在各种航天系统中。在世界范围内,空间使用的各种固体润滑保持架基本上是以聚四氟乙烯和聚酰亚胺为基体材料制成的,但这两种材料都存在一些不太理想的地方,所以还需要添加一些填充剂来改善其使用性能。对于聚四氟乙烯基体材料主要是通过填充剂来改善其耐磨性能。对于聚酰亚胺基材料则主要改善其自润滑性能和转移性能。

目前高分子基高性能自润滑材料的制备途径主要是通过聚合物与聚合物共混及添加纤维、晶须等来提高基体的机械强度;通过添加各类固体自润滑剂来提高摩擦性能;并通过电子辐射处理及等离子表面改性和离子注入等手段进行改性处理,有效提高其综合性能。

3)多层膜技术

相较于单层膜固体润滑材料,多层膜固体润滑材料可以获得一些更加优异的性能。例如:与底材粘结更牢固;利用其多个平行界层有效地抵制裂纹的产生和扩展,从而提高涂层的硬度和韧性;降低表面与次表面的最大应力,从而具有较高的承载能力。

目前,多层涂层产品在航天器上获得越来越多的应用,但其设计、制备及评价技术需要进一步开展。

3.3 密封材料[16,17]

航天器在轨运行过程中,要遭遇真空、高低温、带电粒子辐射、太阳电磁辐射、原子氧、空间碎片等环境的考验。以空间站为例,其舱外空间环境包括高真空、高低温循环、太阳电磁辐射、带电粒子辐射、原子氧侵蚀及碎片撞击等,舱内环境则包括温度、湿度、压力及气体成分等。在这些环境作用下,容易造成航天器的管路系统、关键连接端部等部位发生气体、液体等的泄漏,从而对航天器或者航天员造成威胁。

航天器的各种贮箱、泵类、管路、阀门、密封舱和气压、液压系统中有成千上万的密封部件需要使用密封材料。根据被密封介质的不同、设备的工作条件不同等,要求密封材料具有不同的适应性。一般应具有良好的物理和力学性能,如回弹性高、压缩永久变形小、密封可靠、加工方便和使用寿命长等。此外,还应满足一些航天的特殊环境要求,如耐真空、耐辐射、无污染、无毒、耐高压、耐高低温和耐火箭推进剂等介质的腐蚀等。

对密封材料的一般要求包括:①材料致密性好,不易泄漏介质;②有适当的机械强度和硬度;③压缩性和回弹性好,永久变形小;④高温下不软化,不分解,低温下不硬化,不脆裂;⑤抗腐蚀性能好,在酸、碱、油等介质中能长期工作,其体积和硬度变化小,且不粘附在金属表面上;⑥摩擦系数小,耐磨性好;⑦具有与密封面结合的柔软性;⑧耐老化性好,经久耐用;⑨加工制造方便,价格便宜,取材容易。

作为航天用密封材料,空间环境适应性是其特殊要求,具体包括以下几方面:

1）耐辐照性能

航天器在轨运行时,将遭受电子、质子和太阳紫外线的辐射,这些辐射可造成有机密封材料的降解或交联,发生放气,从而改变其力学性能,甚至丧失密封能力,因此要求有机密封材料具有良好的抗辐照性。

2）放气少

放气会带来材料成分上的变化,进而引起密封材料性能的改变和尺寸的变化,影响密封效果。同时,放气产生的分子污染物会在附近的敏感表面沉积,引起光学系统、遥感系统敏感器件的性能降低。因此,应该将放气性能作为密封材料的一项重要指标。

3）无毒无味

载人航天器的航天员所处的服务舱,其密封空间的气体成分和含量直接对航天员的安全与健康有着重要的影响。有机材料是密封舱内空气的重要污染源,具有潜在的毒性危害,因此密封材料不仅要求放气少,而且要求其产物无毒无气味,对有毒成分的量要严格控制。

4）不易燃烧

载人航天器舱内失火所产生的有毒气体将直接威胁航天员的生命安全,因此对用于航天器上的材料应进行可燃性评估,要求密封材料具有不易燃烧的特性。

5）耐极端温度及交变

航天器在轨运行期间,要经受极端温度及其交变带来的影响,因此,要求某些部位(如弦窗)的密封材料不仅要经受得住长时间交变的高温,而且在低温下弹性要好,在航天器返回再入过程中,还要能满足瞬时的热密封、动密封。

6）长寿命

随着航天器长寿命、高可靠要求的提高以及深空探测的不断推进,要求在空间轨道上长期运行的大型航天器,尤其是载人航天器,其寿命在 10 年以上。这就要求密封材料在轨极端环境中具有符合设计要求的使用寿命。

密封材料可分为液状静止型密封材料(液状密封剂)、固状静止型密封材料和固状运动型密封材料三大类。液状密封剂可分为粘接型和非粘接型。固状静密封件可分为密封垫片、密封带和密封条等。固状动密封件可分为压紧型、唇形密封圈、回转型(油封)以及填料型等四类。此外还有许多特殊类型的密封件。

航天工业中使用的密封材料主要包括金属材料(铝、铅、钢、不锈钢等)、非金属材料(橡胶、塑料、陶瓷、石墨等)和复合材料(橡胶-石棉板等),但使用最多的是橡胶类弹性材料,如丁基橡胶、氯丁橡胶、丁胎橡胶、硅橡胶、氟橡胶、氟硅橡胶及乙丙橡胶等。现代工业技术的不断发展对密封材料提出了更高的要求,新型的多功能、高性能密封材料正在逐步取代传统的密封材料。

3.3.1 橡胶类密封材料

目前我国已经形成了硅橡胶、氟橡胶、羧基亚硝基氟橡胶、氟醚橡胶、乙丙橡胶、丁腈橡胶、丁基橡胶、氯丁橡胶、氯醚橡胶、导电橡胶等10余个系列的航天用橡胶密封材料体系,应用于运载火箭、航天器等各个密封环节。

1）硅橡胶密封材料

硅橡胶密封材料具有突出的耐热和耐寒性能,长期使用温度为 – 60 ~ 250℃ ,短期使用可以超过300℃,可以耐瞬间超过3000℃的高温烧蚀,耐臭氧、耐日照、耐霉菌、耐海水等。其中6103、6103 – 1具有优良的物理力学性能。低苯基硅橡胶的侧链含少量苯基,苯基的存在破坏了其低温结晶的倾向,改善了低温性能。低苯基硅橡胶6701系列具有耐空间辐射、原子氧、高真空性能,其突出的优点是耐低温性能,有些牌号可以在 – 100℃以下保持弹性。硅橡胶6701系列满足了我国卫星和飞船对空间环境的密封技术要求。6706硅橡胶驱动机构密封件满足载人飞船设计要求,使用寿命可达12a以上。空间对接机构密封圈主要用于两飞行器之间的对接密封。由于对接前端面密封圈直接裸露在空间环境中,无屏蔽材料,因此承受真空、原子氧、高低温和各种形式的辐照等能力更强。6710耐低温硅橡胶具有良好的耐空间辐射、耐原子氧侵蚀、漏率小等特点,已经成功应用于神舟九号/天宫一号的对接机构中。高硬度、耐高压、耐低温的6107硅橡胶材料,与氧气一级相容,完全满足人体卫生学要求,可用于飞船环控生保系统的高压氧气密封。含苯基硅橡胶是最适于空间低温真空及辐照环境的橡胶密封材料,针对载人航天、探月和深空探测等需求,目前正在积极开展耐 – 110℃以下硅橡胶密封材料及其在空间环境中性能演变和行为规律等的研究。

2）氟橡胶密封材料

氟橡胶包括偏氟乙烯与三氟乙烯共聚物,偏氟乙烯与六氟丙烯共聚物,偏氟乙烯、四氟乙烯与六氟丙烯共聚物等。航天材料及工艺研究所根据不同时期氟橡胶生胶生产供应的不同,选择不同的硫化体系及其配合剂研制的氟橡胶具有良好的耐热性,长期使用温度超过250℃,短期使用温度超过350℃;耐油、耐臭氧、耐天候性、耐化学药品性好;耐腐蚀性优异。缺点是其耐寒性差, – 20℃以下就基本无回弹性。其中的代表为7108,其特出的优点是优良的耐高温液压油性能和较小的高温压缩永久变形。航天产品伺服系统工作温度范围宽、工作压力大、往复运动工作时间长。大量地面试验和飞行试验考核表明,航天材料及工艺研究所研制的7108橡胶O形密封件、X形密封件和塑料/橡胶、金属/橡胶复合结构密封件完全满足航天产品伺服机构耐高温高压液压油等工况的密封技术要求。

3）羧基亚硝基氟橡胶（CNR）密封材料

CNR密封材料是从20世纪50年代开始发展起来的一种新型氟弹性体,主链上含有亚硝基(N – O)结构,耐热性比多数通用橡胶好,可在170℃下长期使用;耐燃性优异,即使在纯氧中也不燃烧;耐氧化性能优异,其耐四氧化二氮和硝酸性能尤为突出。除氨、强碱及肼类介质外,能耐各种化学药品。由于其独特的耐强氧化剂和耐低温性能,引起了国内外宇航工业界的广泛关注。美国多家公司和大学的研究机构都开展过相关研究,并于1967年在Thiokol公司建立了中试规模的生产装置,随后在其运载火箭和阿波罗飞船上得到应用。我国研制的研制的7104胶料及其密封制品兼顾材料性能和工艺性能平衡,满足了航天产品的应用要求,逐步应用于我国长征系列运载火箭的推进剂系统,在国内首次实现CNR的工业化应用。航天材料及工艺研究所在原CNR胶料7104的基础上,研制了新的CNR胶料7113,已经应用于我国现役的运载火箭。

4)氟醚橡胶密封材料

氟醚橡胶密封材料是全氟甲基乙烯基醚、四氟乙烯、偏氟乙烯和交联单体等共聚而成的弹性体。共聚体系不含偏氟乙烯单元的橡胶为全氟醚橡胶,这种橡胶的耐热性极好,300℃下仍很稳定,短期内使用温度可达350℃;耐氧化性和耐化学药品性在橡胶材料中最好,除氟化溶剂外,不受任何介质的影响,与聚四氟乙烯相似;物理力学性能与氟橡胶F-26相似;对化学药品和气体呈低透气性;电性能好;但其低温性能差,在-5℃以下就丧失弹性,使其在航天密封领域应用受限。在上述共聚体系中引入少量长链全氟乙烯基醚和偏氟乙烯,其耐高温性能基本保持不变,但可以大幅提高低温性能。航天材料及工艺研究所研制的7110、7110A、7111、7112、7114等氟醚橡胶胶料及其密封制品,其中7110胶料可以满足-45~350℃的密封要求,同时具有较好的耐N_2O_4性能,应用于我国长征系列运载火箭的推进剂系统。近期研制的7114胶料低温性能十分优异,-50℃仍可保持弹性,高温分解温度高于400℃,是一种很有发展前途的高性能橡胶密封材料。

5)乙丙橡胶密封材料

乙丙橡胶密封材料是以乙烯和丙烯为基础单体合成的弹性体共聚物。按分子链中单体单元组成不同,分为二元乙丙橡胶和三元乙丙橡胶。前者为乙烯和丙烯的共聚物,后者为乙烯、丙烯和少量第三单体(非共轭二烯烃)的共聚物。航天材料及工艺研究所研制的乙丙橡胶8101系列和8301系列具有相对密度小、耐化学药品性、耐偏二甲肼性能好,耐天候性、耐氧化性好,耐热、耐低温性能优良,物理力学性能优良等特点,使用温度为-60~150℃。8101系列乙丙橡胶广泛应用于我国航天产品的耐偏二甲肼等肼类燃料的密封。随着二元乙丙橡胶的停产淘汰,近年来开展了三元乙丙橡胶密封材料8201系列、8301系列的研制。乙丙橡胶在航天工业上的另一重要用途是作为固体火箭发动机的内绝热材料,采用三元乙丙橡胶为基体,添加有机短纤维和无机填料,制备的耐烧蚀材料的拉伸强度4.25~4.54MPa,拉断伸长率352%~680%,线烧蚀率47~49μm/s,密度1.00~1.02g/cm³,热导率0.22~0.23W/(m·K),满足固体发动机对低密度和隔热性能等的要求。

6）丁腈橡胶密封材料

丁腈橡胶是航天产品主要的耐油密封材料,其中 5003 系列具有良好的耐油、耐老化性能和优良的物理力学性能,5005 系列低温性能优异,同时保持良好的耐油性能,满足航天产品耐油密封需求。丁腈橡胶在航天上典型的使用部位是伺服机构及煤油燃料储箱。伺服机构环境的特点是温度范围宽、运动速度快、介质压力高、需要长期接触液压油;储箱需要材料能长期与煤油相容。5005B 胶料密封件已经通过运载火箭伺服机构的高温、低温、寿命等全面整机考核,储存寿命 8 年以上。5003A 胶料的物理力学性能、耐低温性能和耐介质等性能良好,可用于煤油和液压油等介质环境。5003A 胶料密封件已经通过运载火箭伺服机构高温、低温、寿命等的全面整机考核,储存寿命 10 年以上。

7）丁基橡胶密封材料

丁基橡胶是异丁烯单体与少量异戊二烯的共聚物。其中,异戊二烯链节仅占主链的 0.6% ~ 3.0%,故丁基橡胶的饱和度很高,赋予其优良的耐老化性能。1403 系列丁基橡胶具有低透气率、优异的耐老化性能、抗臭氧及耐天候性、耐化学药品性能、短期耐 N_2O_4 氧化剂等性能。其使用温度为 $-60 \sim 150$℃。

8）氯丁橡胶密封材料

氯丁橡胶是由 2 – 氯 – 1、3 – 丁二烯聚合而成的一种高分子弹性体,具有耐候、耐燃、耐油、耐化学腐蚀的特性。4101 系列氯丁橡胶还可应用于航天型号的超低温环境的复合结构密封。超低温度的作用使橡胶 – 金属复合结构密封件密封性能可靠,直径 $\phi100mm$ 典型件试验表明其贮存寿命超过 7 年,一直应用于我国运载火箭液氢液氧密封结构中。航天材料及工艺研究所设计的 4101 橡胶/4J36 钢温度作用复合密封件通过结构中不同材料的合理匹配,利用温度从室温降至深冷过程各部分材料收缩不一致而激发的接触面上的额外应力,提高深冷密封效果。通径 $\phi50 \sim 100mm$ 的复合密封件在液氮温度下 0.6MPa 压力下漏率小于 2×10^{-5} Pa·m^3/s,试件经 90℃/15 天热氧老化后,在液氢温度下 0.6MPa 压力下漏率小于 0.6×10^{-5} Pa·m^3/s,据计算,该类结构可在深冷温度下密封 20MPa 的内压。

9）氯醚橡胶密封材料

氯醚橡胶的主链呈醚型结构,无双链存在,侧链一般含有极性基团或不饱和键或二者皆有。4501 系列氯醚橡胶耐透气性突出;耐油性、耐热性和耐臭氧性优异;难燃性和黏着性好;动态疲劳性能优良;其使用温度为 $-45 \sim 120$℃,已成功应用于运载火箭伺服机构蓄压器中,对气、液密封并承受膨胀、压缩之交变负荷,以存贮和排放工作油液。

10）导电橡胶密封材料

导电橡胶密封材料是通过选择合适的导电填料填充橡胶本体以得到不同程度的导电性能。通过综合考虑导电性能与物理力学性能的平衡,保持与一般橡胶基本一致的弹性性能,同时具有优良的耐高低温性能,其使用温度为 $-55 \sim 250$℃。

对乙炔炭黑填充硅橡胶材料的研究表明,50phr①的乙炔炭黑含量可以使材料得到较好的力学、导电和耐热等性能。以金属或非金属作为导电填料,航天材料及工艺研究所研制出的6110、6111、6112和6114橡胶采用热硫化成型,具有材料强度高、电磁屏蔽性能优良、产品尺寸稳定的性能,可根据不同情况制成密封圈、垫、板等产品。6202导电屏蔽橡胶采用室温硫化成型工艺,材料成型工艺简单,适合于各种形状的产品成型和批量生产。6111和6112导电屏蔽橡胶有较好的导电与屏蔽性能,能达到40~50dB,其中,6112导电屏蔽橡胶,在1kHz~7GHz均有较好的屏蔽性能,克服了许多屏蔽材料在1kHz~300MHz频段屏蔽效能差的缺点。6110和6202导电屏蔽橡胶系列产品要求体积电阻率20~30Ω·cm,屏蔽有效性大于20dB,密度1.2~1.3g/cm³,而且具有良好的导电性和工艺性,可用于提供片状、条状、块状及预先成型的密封垫、圈等产品。这些产品适用于仪器舱口、电缆插头口和电子元器件等的屏蔽、密封和电性能要求。

高性能橡胶密封材料在航天型号上的应用概况见表3-30。

表3-30 高性能橡胶密封材料在航天型号上的应用概况

环境名称	主要牌号	使用的密封结构
液压油、煤油环境	4501、4503、5003系列、5005系列、7107/7108/7112/7112A	多种密封件、皮碗和胶囊
肼类燃料环境	8101/8103/8106/8107/8108/8201/8202/8203/8204/8301系列、7114	多种密封件
N_2O_4氧化剂环境	7104/7110/7110A、7111/7113	多种密封件
高温燃气环境	7103	O形密封件
盐雾油雾和霉菌环境	6103系列、6103-1/6109/6109A	密封件、垫片和防护密封套
空间环境	6701/6702/6703、6704、6708/6709/6710	多种密封件
超低温环境	4101/4102/7105	复合结构密封件
环保生保系统	6107系列	O形密封件
导电屏蔽密封	5204/6202/6110/6111/6112/6114	多种密封件、垫片

3.3.2 金属密封材料

金属密封材料在航天器上有着重要的应用,在选用金属密封材料时,通常要考虑使用环境下材料的比强度和比刚度、材料的抗断裂性能、材料的工艺性、材料的制备能力等。

在运载火箭中,某些金属可用于液氢液氧系统的静密封,例如,软金属铟和铝可制作成O形环或者垫片使用,不锈钢(1Cr18Ni9Ti)、高温合金(GH169)等可制

---

① phr(parts per hundreds of rubber),指橡胶(或树脂)中添加剂百分含量。

作成空心 O 形环或 C 形环使用。

3.3.3 复合密封材料

由于石墨材料固有的脆性、裂纹敏感性等缺点,很难满足液体火箭发动机的密封要求。而相较于石墨材料,C/C 复合材料具有更好的韧性、强度、耐磨性、抗腐蚀性、热导率大、线膨胀系数小、自润滑等优点,且具有复合材料的可设计性,是未来高性能密封材料发展的方向。

3.3.4 碳密封材料

在众多的密封材料中,碳 – 石墨材料具有独特的自润滑性和良好的耐磨性,在密封领域中的应用日趋广泛,石墨具有高热导率、低摩擦系数、低线膨胀系数、高耐热性、高耐热震性、良好的化学稳定性、易于精加工等优点;因此石墨常被用作密封材料,尤其是动密封材料。对于航天航空发动机的轴间密封材料,由于其工作条件和环境恶劣,而且高速旋转会产生巨大的离心力,对环状密封材料的拉伸强度提出了更高要求,而目前的高强石墨是无法满足其使用要求的。C/C 复合材料是当前国外高性能军机和大中型民机刹车装置的关键材料,具有一系列优异性能,其力学性能也优于石墨材料。因此 C/C 复合材料可以作为航空航天领域中的密封材料使用。

1)柔性石墨密封材料

柔性石墨密封件的品种很多,主要有石墨纸、定型填料、编织填料、缠绕垫片、增强垫片。柔性石墨卷材、板材是由高品质的天然鳞片石墨经特殊工艺深加工而成,20 世纪 80 年代中期由美国研制成功。碳石墨材料具有良好的自润滑性能和低的摩擦因数,石墨的热导率较高,比铁要大两倍,介于铝和软钢之间。它的线膨胀系数小,因而具有很高的耐热性和温度急变性。由于石墨的化学惰性较大,所以能耐大多数酸、碱、盐类溶液以及有机溶剂的侵蚀。主要应用于航空航天、核工业等少数高技术领域中做密封材料,是石棉、橡胶密封材料的替代产品。纯柔性石墨材料虽然保持了普通碳 – 石墨材料的优良性能,并具有很高的可压缩性和回弹性,但强度太低,仅能用于低压静密封。

2)增强石墨复合材料

增强石墨密封件,主要用于动密封。机械密封件的摩擦副和旋转接头的摩擦件用增强石墨。增强石墨是用多孔石墨加以浸渍而成的。浸渍材料主要有树脂(如酚醛树脂、呋喃树脂)、金属(如铜、铝、银、巴氏合金)。工艺主要有加压浸渍和真空浸渍两种。为了研制能满足航天、航空及现代高温技术要求流体机械密封的材料,国内外学者研究以 SiC、B4C、CrC 等陶瓷粒子弥散增强石墨材料,对提高复合材料的强度、耐磨性和耐高温空气氧化能力都很有效果。但这些陶瓷组元本身并无自润滑性,而石墨的自润滑性对气、液介质的依赖性很大,不适合高温干磨工况使用。因此上述碳/陶复合材料用于航天、航空及现代高温技术的机械密封，并不令人满意。BN具有耐高温氧化性，可以降低碳和氧的反应动力，具有与石墨类似的六角形晶体结构，也具有优良的自润滑性能。且自润滑性能不像薄膜材料那样依赖于气、液介质的存在，能适应高温下干磨工况条件。另外，相似的六角形晶体结构BN与石墨复合材料具有良好的结构相容性，并使此类复合材料兼具各自的优点。中国科学院山西煤炭化学研究所用粒度为320μm的煅烧石油焦粉、粒度为13μm的天然石墨粉、软化点为175℃的沥青、粒度为3μm的BN粉、酚醛树脂制备密封材料。制备工艺是首先将原材料以一定比例混合，将糊料采用粉末热压一次成型工艺，制成石墨/BN复合材料基体；然后将复合材料基体在一定的温度、炭化压力下，用酚醛树脂浸渍，并在特定的条件下固化、炭化处理。该密封材料与纯石墨材料相比具有较高的高温抗氧化能力，浸渍酚醛树脂，对C/BN复合材料的增密补强效果明显，适合高温氧化性工况下的航空及航天端面密封和其他减磨材料应用。

3）碳纤维复合材料

碳纤维制备的复合密封材料分为：碳纤维－柔性石墨复合材料、编织碳纤维－树脂（高温）浸渍复合材料、C/C复合材料。碳－柔性石墨材料具有独特的自润滑性和良好的耐磨性，20世纪90年代末我国引进某型航空发动机涡轮的轴颈等部位均采用碳/石墨作为机械密封结构材料，被密封的介质一般为合成润滑油，工作部位温度可达500℃，压差为7.85～14.71kPa，摩擦滑动速度为130m/s。柔性石墨由于其特殊的制备工艺，形成独特的微观组织，即气－固相结构，在进一步的成型过程中，大量的微气孔被封在成型体内，因而具有优良的可压缩性、回弹性以及很低的应力松弛率。柔性石墨的上述特性及其保留的石墨材料固有的耐高、低温、耐介质腐蚀和自润滑等优良性能，使它成为迄今为止性能最好的静密封材料。但是，柔性石墨制品是在机械压力作用下，依靠蠕虫状石墨相互啮齿而形成的，这种蠕虫间的啮合是一种机械啮合，而非化学键合，所以其强度很低，只能用于低压静密封。以沥青基碳纤维为增强剂，少量树脂做黏结剂，按照适当的比例配制成混合料，采用模压成型、常压烧结工艺，可以制备成碳纤维增强柔性石墨密封材料。沥青及碳纤维增强柔性石墨制品，改善了纯石墨密封材料的强度和耐磨性，显著提高了该类产品在压力和有转动工况条件下的使用寿命，拓宽了其使用领域。目前，该类复合材料的系列产品研制和开发仍在继续进行，从最近的研究进展和进一步应用考察所反馈回的信息看，该类产品不仅在高温、中压静密封及间歇转动工况下，具有良好的密封效果；而且在PV（承载压力与线速度的乘积）值较低的机械密封系统，也具有较广泛的应用前景。碳纤维增强树脂基复合材料不仅力学性能优良，而且耐疲劳、抗蠕变、材料尺寸稳定。由于摩擦因数小，故滑动性能好；与金属相比，振动衰减性好。此外它们还具有导电、耐蚀、屏蔽电波和X射线透过性好等优点。可用在航空航天领域作为密封材料。它的制备方法有注射成型和模压成型两种。C/C复合材料虽然有比石墨材料具有更高的力学性能,但是由于在C/C复合材料内部存在很多纤维束,普通等温化学气相渗透(Chemical Vapor Infitration,CVI)工艺热解碳很难沉积到纤维束内部,如果该纤维束为纵向穿刺纤维且穿过预制体内部,就给气液体渗漏造成一种通道,使密封性能下降。C/C复合材料主要制备方法有CVI法和液相浸渍－碳化法两种。但该材料存在制备周期长和成本高的缺点。由于碳纤维复合密封材料预制体内部很多闭孔孔隙,很难做到高密度,所以如何提高碳纤维复合材料的密度成为C/C复合材料作为航天用高性能密封材料的瓶颈问题。高、中压型填料亦称硬填料,是在高温高压下成型的密封环。低压型填料亦称软填料,多为绳状填料,也可加工成密封环。它们都属于高档密封材料。碳纤维柔性石墨复合材料可编织性好,强度高,能适应中高压静密封要求。

3.3.5 密封材料在航天上的应用

航天器是复杂的大系统,各组件之间及其内部的成千上万个连接处都必须采用密封技术,以保证把各连接处的泄漏控制在安全界限内。以航天飞机为例,其密封主要应用在三大系统(推进系统、液压系统和气动系统)中。由于功用不同,密封形式和材料也各不相同。密封技术在航天飞机中的应用见表3-31。

表 3-31 密封技术在航天飞机中的应用

应用部位	材料	形式	主要功用
推进系统	不锈钢、铝合金、泰氟隆、聚喹恶啉/玻璃布层压复合材料,AF-E-124D,F-E-411,AF-E-411A	金属垫片,弹性体垫片,O形环,挤压密封和楔形密封;导线、排囊薄膜	在管路、阀门箱体、轴上的静密封与动密封控制液体推进剂的流动和储存,推进剂排囊
液压系统	金属材料(不锈钢、镍铜合金、铝合金)、丁腈橡胶、氟碳弹性体(Viton,氟硅橡胶)	金属垫片,弹性体垫片,O形环,挤压密封和唇形密封	用于流体压力很高和高温情况下,管路、阀门和油箱上的静态、动态密封
气动系统	丁基橡胶、丁腈橡胶、硅橡胶、氯丁橡胶、Viton氟橡胶、聚硫橡胶、聚氨酯橡胶、增强碳碳复合材料,Nomex毡,Inconel镍基合金等	弹性体密封件,腻子,橡胶膜片O形环,垫片	静态密封,维持系统的气密性(低压)和保持气动压力系统(高压,适当温度),热静(或摆动)密封

3.4 光学材料

光学系统是航天器的重要组成部分,而目前大部分空间光学系统均采用反射式结构。如大型宇航望远镜、预警卫星、探测卫星、侦察卫星、气象卫星等卫星和高能激光发射器、激光雷达系统、X射线和真空紫外线望远镜、空间用红外望远镜和高分辨率相机等。以激光遥感为例,其原理是在飞机或卫星平台上发射一束激光并覆盖地面目标物,光束经物体反射后其回波信号被探测器接收,通过对回波信号进行检测、分析,可以确定目标离探测器的距离、方位及其特性。如果将探测目标的回波强度二维分布信息和目标距离信息进行合成处理,还可以获得目标的三维图像信息[18]。

在激光遥感有效载荷中,激光器系统是其主要组成部分,如我国嫦娥卫星轨道激光高度计中,激光器的性能指标如下:工作波长1.06μm,波长稳定度为±3nm,单脉冲能量为150mJ,能量起伏为10%,脉冲宽度5~7ns,脉冲重复频率1Hz,激光发散角小于1.5mrad,光斑直径小于6mm。采用激光二极管抽运的Nd:YAG,直角棱镜和平面输出镜的谐振腔形式与直线结构。激光头部安装谐振腔光学、扩束镜、电光调Q线路、激光能量检测电路;电子学部件安装激光控制线路、电源和储能模块。激光器的整体组成框图如图3-6所示,激光器头部的光学安排如图3-7所示。

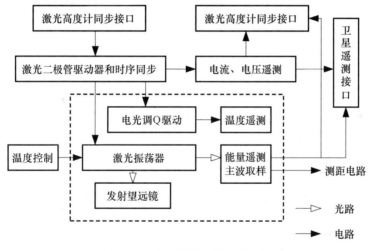

图3-6 激光器的整体组成框图

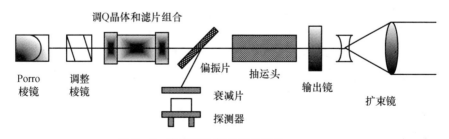

图3-7 激光器头部的光学安排

反射镜是三反射镜消像散(Three Mirror Anastigmat,TMA)空间遥感器的关键光学部件,对其刚度和热性能都有很高的要求。为了成像良好,必须保证反射镜的光学表面在微重力载荷和热载荷作用下满足变形 PV 值小于 1/10 波长的要求。利用材料综合品质比较的方法进行材料选择,几种常用光学材料的性能见表 3–32[19]。

表 3–32　常用光学材料的性能

光学材料	密度 $\rho/(g \cdot cm^{-3})$	弹性模量/E/GPa	比刚度 $E/\rho/(GN \cdot m \cdot g^{-1})$	线胀系数/($\times 10^{-6} \cdot K^{-1}$)	导热系数/$(W \cdot m^{-1} \cdot K^{-1})$	比热容/$(kJ \cdot kg^{-1} \cdot K^{-1})$	热稳定性 λ/α	综合品质 $(E/\rho) \cdot (\lambda/\alpha)$
熔石英	2.19	72.00	32.88	0.50	1.40	750.00	2.80	92.05
微晶玻璃	2.53	91.00	35.97	0.05	1.64	821.00	32.80	1179.76
铝	2.70	68.00	25.19	22.50	167.00	896.00	7.42	186.93
铍	1.85	287.00	155.14	11.40	216.00	1925.00	18.95	2939.40
硅	2.33	131.00	56.22	2.60	137.00	710.00	52.69	2962.53
SiC	3.20	400.00	125.00	2.40	155.00	650.00	64.58	8072.92

由上面的例子可以知道,根据光学材料的性能、结构等,可以将光学材料分为光学玻璃、光学晶体、光学薄膜等,而构成光学系统的元件则是光学玻璃或光学晶体与光学薄膜的结合,以获得特定的光学性能。

3.4.1　光学玻璃材料

光学玻璃是制造光学镜头、光学仪器的主要材料。光学玻璃是在普通的硼硅酸盐玻璃原料中加入少量对光敏感的物质,如 AgCl、AgBr 等,再加入极少量的敏化剂,如 CuO 等,使玻璃对光线变得更加敏感。

光学玻璃必须有高度精确的折射率、阿贝数和高透明度、高均匀度。狭义的光学玻璃是指无色光学玻璃;广义的光学玻璃还包括有色光学玻璃、激光玻璃、石英光学玻璃、抗辐射玻璃、紫外红外光学玻璃、纤维光学玻璃、声光玻璃、磁光玻璃和光变色玻璃。光学玻璃可用于制造光学仪器中的透镜、棱镜、反射镜及窗口等。由光学玻璃构成的部件是光学仪器中的关键性元件。

按色散又可以把光学玻璃分为两类:色散较小的为冕类(K),色散较大的为火石类(F)。

(1) 冕类光学玻璃分为氟冕(FK)、轻冕(QK)、磷冕(PK)、重磷冕(ZPK)、冕(K)、重冕(ZK)、钡冕(BaK)、镧冕(LaK)、钛冕(TiK)和特冕(TK)等。

(2) 火石类光学玻璃分为轻火石(QF)、火石(F)、重火石(ZF)、钡火石(BaF)、重钡火石(ZBaF)、镧火石(LaF)、重镧火石(ZLaF)、钛火石(TiF)、冕火石(KF)和特种火石(TF)等。

目前,航天任务中使用的有熔融石英玻璃(JGS1)、光学石英玻璃(JGS3)、重火石玻璃(ZF4)和镧冕玻璃(LaK3)、K9 玻璃、钡冕玻璃(BaK3)、火石玻璃(F10)、镧火石玻璃(LaF3)、轻火石玻璃(QF3)等。载人航天器舱窗主体由三层玻璃构成,外层为熔融石英玻璃,主要用于抵抗航天器返回地球时的高温,内两层为钢化多组分玻璃,用于舷窗承压。

3.4.2 光学晶体材料

光学晶体是用作光学介质材料的晶体材料。主要用于制作紫外和红外区域窗口、透镜和棱镜。按晶体结构分为单晶和多晶。由于单晶材料具有高的晶体完整性和光透过率,以及低的输入损耗,因此常用的光学晶体以单晶为主。

卤化物单晶分为氟化物单晶,溴、氯、碘的化合物单晶,铊的卤化物单晶。氟化物单晶在紫外、可见和红外波段光谱区均有较高的透过率、低折射率及低光反射系数;缺点是膨胀系数大、热导率小、抗冲击性能差。氧化物单晶主要有蓝宝石(Al_2O_3)、水晶(SiO_2)、氧化镁(MgO)和金红石(TiO_2)。与卤化物单晶相比,其熔点高、化学稳定性好,在可见和近红外光谱区透过性能良好。用于制造从紫外到红外光谱区的各种光学元件。半导体单晶有单质晶体(如锗单晶、硅单晶)、Ⅱ-Ⅵ族半导体单晶、Ⅲ-Ⅴ族半导体单晶和金刚石。金刚石是光谱透过波段最长的晶体,可延长到远红外区,并具有较高的熔点、高硬度、优良的物理性能和化学稳定性。半导体单晶可用作红外窗口材料、红外滤光片及其他光学元件。光学多晶材料主要是热压光学多晶,即采用热压烧结工艺获得的多晶材料。主要有氧化物热压多晶、氟化物热压多晶、半导体热压多晶。热压光学多晶除具有优良的透光性外,还具有高强度、耐高温、耐腐蚀和耐冲击等优良力学、物理性能,可作为各种特殊需要的光学元件和窗口材料。

目前,航天器上应用的晶体材料主要有蓝宝石单晶、Nd:YAG晶体等。

3.4.3 光学薄膜材料

光学薄膜材料是由薄的分层介质构成的,通过界面传播光束的一类光学介质材料。光学薄膜按应用分为反射膜、增透膜(减反射膜)、滤光膜、保护膜等。光学反射膜用以增加镜面反射率,常用来制造反光、折光和共振腔器件。光学增透膜沉积在光学元件表面,用以减少表面反射,增加光学系统透射,又称减反射膜。光学滤光膜用来进行光谱或其他光性分割,其种类多,结构复杂。光学保护膜沉积在金属或其他软性易侵蚀材料或薄膜表面,用以增加其强度或稳定性,改进光学性质。最常见的是金属镜面的保护膜。

在航天器中,所有的窗口玻璃上基本都要有增透膜,在光学系统中,有滤光膜、分光膜、高反膜等。以激光器系统为例,增透膜是出现频率最多的膜层。在高功率激光系统中,增透膜的主要功能是消除光学元件和激光窗口的表面反射,增加透光率。除了单波长增透膜之外,多波长和宽带增透膜也常用于激光系统。

光学薄膜制备过程中,对无机非金属光学薄膜来说,常用低折射率材料为SiO_2、MgF_2等,高折射率材料为HfO_2、ZrO_2、Al_2O_3等。

3.4.4 光纤材料

光纤作为光学玻璃的一种一维表现形态,也大量应用在航天器中,作为光学信号传输的重要通道,能够提供多种自由度,同时降低机械稳定性、温控的要求,并能减小系统的质量和体积。光纤系统可用于偏振或非偏振光束的非相干和相干系统中。在深空光通信发射机子系统中,借助光纤,可将发热的激光发射机远离对热敏感的光学器件,还可采用高功率连续波激光器和脉冲激光发射机,只要其峰值功率水平低于光纤的非线性或损伤阈值。

光纤材料的主要成分为 SiO_2,针对航天应用,有的掺杂一些铒、锗等稀有元素。航天用光纤有掺铒光纤(EDF)、保偏光纤(PMF)、单模纯硅纤芯光纤(SM PSCF)、多模纯硅纤芯光纤(MM PSCF)等。

3.4.5 透明陶瓷材料

透明陶瓷材料是陶瓷材料领域的重大研究成果,是未来大功率固体激光器工作物质材料的发展方向。它不但能够实现激光晶体与激光玻璃材料的一些重要性能,而且具有很多激光晶体与激光玻璃所不具备的优点。以 Nd:YAG 透明陶瓷为例,它具有与单晶相似的物理化学性质和光谱性质、容易制备、成本低、大尺寸、可实现高浓度掺杂、大批量生产、可实现多层和多功能的复合结构等优点。

3.4.6 玻璃陶瓷材料

玻璃陶瓷又称为微晶陶瓷,是将基础玻璃通过受控晶化得到的一类多晶固体材料。激活离子(稀土离子、过渡金属离子)掺杂透明玻璃陶瓷是近年来新发展的一类新型固体激光介质材料,和晶体材料相比,除了具备成本低、可批量化生产、易于制备形状复杂及大尺寸等优点外,还由于制备技术本身使其具备激活离子掺杂量高、微结构易于调控等优点。此外,与以烧结方式制备的透明陶瓷相比,它同样具备耐高温、耐腐蚀、高强度等优点,且不容易产生缺陷、色心、吸收、散射等,使其有望在激光材料领域取得广泛应用,是一类具有重大意义的新型材料。

3.4.7 SiC 光学材料

随着航天技术的发展,对光学系统的分辨率要求越来越高。为满足此要求,只有增大反射镜的口径,才能使光学系统有足够高的分辨率。但同时却带来增加了光学系统本身质量的问题,因此必须有一种密度小、可塑性强的材料来取代。在空间环境中,具有较大的温差,为防止反射镜变形,所用材料的热膨胀系数要低。另外还需具有较高的热导率,减小材料表面温差引起材料光学性能的变化。由此可见用于制作高性能空间用反射的材料须具有密度小、比刚度大、膨胀系数小、导热性好以及适当的强度和硬度以及机械加工性等特点。

碳化硅材料有着密度小、热导率高、热膨胀系数低、硬度高、弹性强以及化学稳定好等优点。而且,碳化硅材料有着优异的光学性能,使得碳化硅材料成为制作第三代空间用反射镜的理想材料,各国也相继都把开发碳化硅反射镜作为重点项目。

反射镜一般由镜体和镜面构成。镜面要求能够反射所设计波段的电磁波,因此,镜面要抛光至光学级别,而碳化硅本身硬度较高,相应的抛光加工有一定的难度;镜体起着支撑镜面的作用,但在航天应用中,要求光学系统尽量轻量化,而反射镜是光学系统的主要组成部分,因此,相应的镜体也应在不影响其支撑镜面下尽量轻量化。进而,目前对碳化硅空间用光学反射镜的研究主要集中在镜面抛光或者寻求与碳化硅镜体结合较好的光学薄膜和通过结构优化设计减轻反射镜的质量上。国防科技大学制备的椭圆形 SiC 反射镜和具有三明治结构的圆形 SiC 反射镜如图 3 – 8[20]所示。

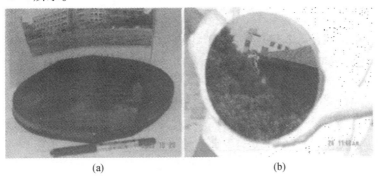

(a)   (b)

图 3 – 8　国防科技大学制备的 SiC 反射镜
(a)椭圆形 SiC 反射镜;(b)具有三明治结构的圆形 SiC 反射镜。

国内有很多家科研单位对制作高性能碳化硅光学反射镜进行了研究并取得了一定的进展,如图 3 – 8 所示,国防科技大学椭圆反射镜(220mm × 150mm)和具有三明治结构的圆形反射镜(ϕ195mm),其中表面粗超度均方根值(RMS)达到 0.372nm。

3.5　烧蚀材料[21,22]

当航天飞行器(火箭、导弹、飞船)以高超声速冲出大气层和返回地面(再入)时,气动热环境极其恶劣,尤其是头部系统的工作条件最为严酷,其再入大气层时速度高达 20 ~ 25 倍声速,驻点附近滞点温度高达 8000 ~ 10000℃,锥体表面温度也在 3000 ~ 3500℃,驻点压力可达 10MPa。因此,需要对航天器的进行热防护。

在热防护的方法中,烧蚀防护是目前最为广泛采用的方法,其烧蚀防热机理为材料本身的热容吸热、基体树脂的热分解和碳化吸热、高硅氧纤维的熔化吸热、"热阻"效应、碳层表面的化学反应吸热等。因此,要求烧蚀材料具有比热容大、导热系数小、密度小、烧蚀速度小等性能。同时,还要考虑材料的加工工艺性能和总费用。

烧蚀材料通常由基体和填料两部分组成。填料包括增强纤维、酚醛空心微球及玻璃空心微球等,主要目的是降低材料密度和提高隔热性能,同时保证烧蚀材料的表面抗气流剪切能力。基体是耐烧蚀材料制造过程中用作填料和各种添加剂的黏合剂,可分为有机聚合物基体和无机基体。其中,有机聚合物基体有酚醛树脂、有机硅树脂等,无机基体包括磷酸盐和硅酸盐体系。

1) 增强纤维

增强体纤维起着调节物理机械性能、提高耐烧蚀能力的作用,多为与基体树脂亲和性好、耐热性高的纤维,如玻璃纤维(碱性氧化物含量低于2%)、高硅氧纤维、碳纤维(石墨纤维)及其编织物,也少量应用石英纤维、碳化硅纤维、氧化铝纤维和有机纤维。

粘胶基碳纤维密度低(1.7g/cm³),热导率为1.26W/(m·k),纯度高,工艺性能好,价格低廉,是一种理想的防热用碳纤维。沥青基碳纤维在防热应用中也很有潜力,利用沥青 – 四苯吩嗪已成功制成模量高、热导率低的中间相沥青基碳纤维,性能与粘胶基碳纤维接近,可用以制作防热材料。

2) 酚醛树脂

酚醛树脂是最早开发的一类耐烧蚀树脂基体,以它为基体树脂制成的烧蚀材料,其烧蚀速度和绝热指数优于其他的聚合物基体。碳/酚醛材料成本低廉、防热耐烧蚀性能优良,多用于制作航空业防热材料,应用于一次性使用的部件上,如火箭发动机主体材料、导弹的端头材料、发动机喷管烧蚀绝热衬里材料等。其中布带缠绕碳/酚醛材料主要用作固体战略导弹发动机喷管扩张段烧蚀绝热材料。但传统的酚醛树脂残碳率低,抗机械冲刷和烧蚀能力差。为改善此性能,目前已经研制出了多种高残碳率耐烧蚀树脂,如氨酚醛、钼酚醛、硼酚醛、酚三嗪树脂(PT树脂)和聚方基己炔(PAA)等。

3) 有机硅树脂

有机硅树脂是以有机硅氧烷及其改性体为主要原料的一类耐烧蚀材料。其分子中以Si – O键为主链、有机基团为侧链,因而兼备有机和无机材料的特点,可以在很大的温度范围内保持理化性能不变,尤其是在高温条件下具有优异的热稳定性。Tcnupilwc公司用100%的有机硅树脂生产了一种牌号为Pvrommark 2500的涂料,无论在大气层或太空中能经受2500℃的高温。美国双子星座号宇航飞行舱的防热层就是Dow Corning生产的16.5mm厚的玻璃纤维增强有机硅树脂,在飞行中经受了进入火星大气层时摩擦生热(温度大约2700℃)的考验。有机硅树脂的主要缺点是性脆,粘接强度低而固化温度过高,为了获得较好的高温理化性能,若使之与有机树脂共聚,并在共聚物上引入相当数量的环氧基团,可明显提高粘接强度。主要的改性剂有酚醛、环氧、聚酯及聚氨酯等树脂。

4) 硅酸盐类

硅酸盐类一般以碱金属硅酸盐为基料,加入固化剂和填料等配置而成。碱金属硅酸盐是以 SiO_4 四面体为基本结构的大分子,易溶于水,加热时失水并缩合,形成耐热性强、键能高的硅氧键,因此其耐高温性能好(可高达 1500 ~ 1700℃)。

5) 磷酸盐类

磷酸盐类基体以酸式磷酸盐、偏磷酸盐、焦磷酸盐为基料或直接由酸与金属氧化物、氢氧化物、碱性盐等的反应产物为基料。与硅酸盐类相比,其耐水性较好,固化收缩低,高温下强度高并可低温固化。20 世纪八九十年代,磷酸盐类复合材料的固化温度已经降到了 170℃,介电常数 3.2 ~ 3.8,使用温度可达 1200℃。

6) 氧化物类

氧化物类也称陶瓷类,其中之一的基料制备方法是先将氧化镁、氧化锌、氧化锆、氧化铝等及碱性氢氧化物和硼酸等在高温(800 ~ 1000℃)下熔融,然后将熔料骤然冷却后粉碎,研磨,过筛,再加入 30% 的水及 0.5% ~ 1% 的水溶性高分子材料。氧化物类烧蚀材料通常由上述基料、增稠剂及其他填料配置而成,最高使用温度可达 3000℃。

对载人飞船返回舱来说,烧蚀材料要求具有低的密度和热导率、烧蚀时有高的热阻塞效应、碳层有一定强度、工艺性好、热匹配性能良好。我国神舟系列飞船主要采用 H96 和 H88 两种蜂窝增强低密度烧蚀材料。其主要性能见表 3-33。

表 3-33　蜂窝增强低密度烧蚀材料主要性能

材料	密度/ $(g \cdot cm^{-3})$	真空质损/ %	可凝挥发物/ %	烧蚀热效率/ $(kJ \cdot g^{-1})$	热导率/ $(W \cdot w^{-1} \cdot k^{-1})$	比热容/ $J \cdot g^{-1} \cdot k^{-1}$
H 96	071 ± 0.04	≤1	≤0.1	≥11	≤0.15	≥1.2
H 88	0.54 ± 0.04	≤1	≤0.1	≥7.3	≤0.12	≥1.4

3.6　纺织材料[23]

航天用的纺织材料根据用途可分为机体构造材料、舱内装饰材料、个体防护材料和降落伞等其他材料。

1) 机体构造材料

机体构造材料主要是指火箭、导弹、卫星、飞船上用的以纺织品为主的纤维增强型复合材料,如碳纤维复合材料。这种材料的特征是耐疲劳、耐腐蚀、高强度、轻质量,它们在高温环境下具有高比强度、高比模、耐高温、耐烧蚀、耐冲击和化学稳定性好。碳纤维复合材料的比模量比钢和铝合金高 5 倍,强度高 3 倍;与钢和铝合金相比较,碳纤维复合材料具有更高的比模量和强度。因而在航天领域中被广泛用作人造卫星支架、卫星天线、航天飞机用的机翼、固体火箭发动机的喷管、战略导弹的末级助推器等。

2）舱内装饰材料

舱内装饰材料是在飞船的返回舱和轨道舱内用的纺织材料，主要是各类耐燃、防静电的纺织品。

3）个体防护材料

航天服（又称为宇航服）是航天个体防护纺织材料应用的典型代表。它分为舱内航天服和舱外航天服两种。

舱内航天服是航天员在航天器内穿的航天服，它只要求防低压、防缺氧、耐高温或低温，结构较简单，对材料要求不太高。舱内航天服又称应急航天服或密闭压力服。航天飞机升空和返回大气层时以及在轨道运行期间发生密闭舱失压等事故时，航天员必须穿戴这种与航天飞行时不同的服装。具有充气和加压的重要功能，确保人体享有地球上的大气压，起到保护航天员生命安全的关键作用。组成部分：航天头盔、压力服、通风和供养软管、可脱戴的手套、靴子及一些附件。

舱外航天服是航天员出舱，在太空环境下活动所穿的航天服，它必须提供压力、热量、微流量体的防护、氧气、冷却水、饮用水、二氧化碳收集、电力和通信等功能。结构复杂，要求极高。需具备保护航天员免受热、冷、化学品、微流体、压力波动等危害，确保航天员的生命安全的能力。是航天员从事太空活动时的环境控制和生命保障系统。

航天服是一种结构复杂的组合套装，包括内衣舒适层、保暖层、通风服和水冷服、气密限制层、隔热层以及外罩防护层等。

内衣舒适层：航天员在长期飞行过程中不能洗换衣服，大量的皮脂、汗液等会污染内衣，故选用质地柔软、吸湿性和透气性良好的棉针织品制作。

保暖层：在环境温度变化范围不大的情况下，保暖层用以保持舒适的温度环境。选用保暖性好、热阻大、柔软、重量轻的材料，如合成纤维絮片、羊毛和丝绵等。

通风服和水冷服（液冷服）：在航天员体热过高的情况下，通风服和水冷服以不同的方式散发热量。若人体产热量超过 350 大卡/h（如在舱外活动），通风服便不能满足散热要求，这时即由水冷服降温。通风服和水冷服多采用抗压、耐用、柔软的塑料管制成，如聚氯乙烯管或尼龙膜等。

气密限制层：在真空环境中，只有保持航天员身体周围有一定压力时才能保证航天员的生命安全。因此气密层采用气密性好的涂氯丁尼龙胶布等材料制成。限制层选用强度高、伸长率低的织物，一般用涤纶织物制成。由于加压后活动困难，各关节部位采用各种结构形式：如网状织物形式、波纹管式、橘瓣式等，配合气密轴承转动结构以改善其活动性。

隔热层：航天员在舱外活动时，隔热层起过热或过冷保护作用。它用多层镀铝的聚酰亚胺薄膜或聚酯薄膜并在各层之间夹以无纺织布制成。

外罩防护层：是航天服最外的一层，要求防火、防热辐射和防宇宙空间各种因素(微流星、宇宙线等)对人体的危害。这一层大部分用镀铝织物制成。

4) 降落伞

降落伞是由织物制成的伞状气动减速装置,平时折叠包装成很小的体积,使用时展开成阻力面很大、以达到航天器(飞船或返回式卫星)的返回舱在空中稳定减速、安全着陆的目的。

降落伞通常是由绸布、绳、带线组成。早期降落伞大多用于蚕丝或长绒优质麻制成,20世纪60年代逐渐采用锦纶长丝织物,80年代起开始采用凯芙拉材料的降落伞,即芳族聚酰胺纤维织物制成的降落伞,其重量比锦纶降落伞减少一半,21世纪降落伞材料可能会用高强高模的聚乙烯纤维织物制成。

在航天领域,降落伞又称为航天回收伞,其目的是保证回收物在完成飞行任务后能安全地回到地面。它除了一般降落伞必须具有的减速、稳定和可靠安全着陆等要求外,还要求解决大过载、气动热、粒子辐射、包装容积的限制等问题。所用纺织材料在强质比、耐高温、耐幅射性能等方面有特殊的要求,特别是耐高温性能和火箭发射高度为126km,箭头回收伞开伞高度为66km,开伞速度达到1100m/s,为了使降落伞能在火箭、导弹、宇宙飞船等航天器回收中得到应用,必须提高伞衣的耐热性,常用高熔点聚合纤维织物、金属纤维织物、陶瓷纤维织物等。

3.7 黏结剂材料[24]

黏结剂(或胶黏剂)主要用于轻合金、蜂窝结构和复合材料等的黏结或胶接。关于热控材料胶黏剂的应用见4.2.6章。由于航天产品使用环境苛刻,要承受高温、烧蚀、温度交变、高真空、超低温、热循环、紫外线、带电粒子、微陨石、原子氧等环境考验,因此,黏结剂要承受多种环境要素的考验。根据其使用温度,可以分为低温黏结剂和高温黏结剂。

耐低温胶黏剂是指能在超低温环境中使用并具有足够强度的一种胶黏剂,通常由聚氨酯(PU)、环氧树脂(EP)改性PU及PU及尼龙改性的EP等主体材料配制而成。如用于运载火箭液氢液氧贮箱共底和绝热层粘接的NHJ-44环氧尼龙胶、PU改性EP胶、与聚酰亚胺(PI)和铝贮箱膨胀系数相匹配的DWJ-46胶等,用于氢氧发动机表面温度传感器粘接的低温导热绝缘胶;上海市合成树脂研究所研制的DW-1聚醚聚氨酯胶、DW-3四氢呋喃聚醚环氧胶;大连化学物理研究所研制的H-006胶;等等。

耐高温胶黏剂通常是指可在150℃以上温度条件下使用的一类胶黏剂。这类胶黏剂主要有改性多官能度环氧树脂、酚醛树脂、含硅(或硼)聚合物、含芳杂环耐高温聚合物及无机胶黏剂等。

聚酰亚胺(PI)胶黏剂是开发最早、应用最广和综合性能最优的耐高温结构胶,经300℃固化后,在300~400℃条件下具有良好的耐热性和剪切强度,可在230℃长期使用,短时间能耐550℃的高温,具有较好的耐低温性、耐溶剂性、耐磨性、阻燃性和极低的热膨胀系数等优点,在室温及150℃下的抗剪强度可超过13MPa。双马来酰亚胺(BMI)兼有PI优良的耐高温性和耐潮湿性能。在环氧树脂中引入BMI后,由于两者聚合机理不同和相容性等方面的原因,在聚合过程中可能形成互穿网络结构或两相体系,从而达到了增韧和提高耐热性的目的。氰酸酯改性BMI胶黏剂可在230℃下长期工作。剪切强度在13MPa以上。耐高温天线罩用胶黏剂J-223可在100℃固化,500℃时剪切强度大于0.5MPa。

环氧树脂胶黏剂也是耐热胶黏剂的一个重要品种,具有较好的粘接强度、综合性能,且使用工艺简便,其突出的优点是固化过程中挥发快、收缩率低;但其固化物较脆,而且耐高温性能较差。用作耐高温的环氧树脂胶黏剂多为改性后的产品。如通过四官能度环氧树脂和聚酰亚胺前聚体混合,添加氟橡胶憎韧剂,得到的耐热胶黏剂250℃下的抗剪强度超过4MPa。

聚苯并咪唑(PBI)由芳香族四胺与芳香族二元羧酸(或其衍生物)经缩聚反应而成,对许多金属和非金属材料都具有良好的粘接性能;其初黏度较高,瞬时耐高温性能优异,可在538℃时短期使用,250℃以下长期使用,并具有较好的热老化性能、低温性能、耐水性和耐油性等特点。但是,其在固化过程中会放出大量挥发物,使胶层易产生气孔;并且由于其分子结构中存在着N-H键,使其热氧稳定性欠佳;另外,PBI胶黏剂的后固化温度超过400℃,工艺条件复杂,使用条件苛刻,综合性能不够全面。

硅橡胶是一种带官能基团的直链状高分子量的聚有机硅氧烷,通过交联反应,形成网状的弹性体。GD414是一种单组分的室温硅橡胶,具有使用方便、工艺稳定性好等优点。

3.8 防护材料

3.8.1 结构防护材料

航天器用结构防护材料主要是指空间碎片防护结构材料。航天器在轨运行过程中,可能遭受空间碎片和微流星体的撞击,引起航天器在轨损伤甚至失效。尤其是随着航天发射任务的增多和航天器在轨数量的增加,空间碎片越来越多,航天器在轨危险也越来越大。

航天结构防护材料的选用和航天器防护结构的类型有关。自典型Wipple防护结构(图3-9)开发以来,人们又陆续开发了许多增强型结构,以提高其对碎片撞击防护的能力。按照缓冲屏的数目,碎片防护结构可以分为单层板结构、单缓冲屏防护结构、双缓冲屏防护结构、多缓冲屏防护结构等。

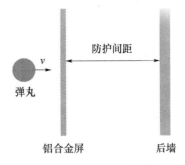

图 3 – 9 Whipple 防护结构

单层板结构没有缓冲屏,仅有一层板结构。单缓冲屏防护结构分为 Whipple 防护结构(图 3 – 9)、铝面板蜂窝板结构或碳纤维面板蜂窝夹层板结构(图 3 – 10)、泡沫铝防护结构(图 3 – 11)等。其中,泡沫铝防护结构的防护性能比相同面密度的 Whipple 防护结构最少提高 23%,最多高出 97%[25 – 29]。

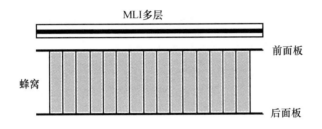

图 3 – 10 蜂窝夹层板

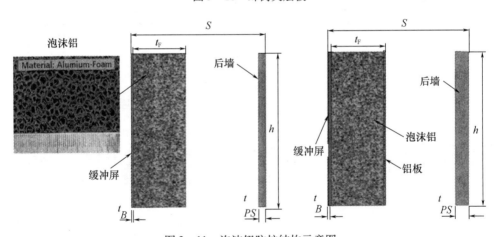

图 3 – 11 泡沫铝防护结构示意图

双缓冲屏防护结构包括 Nextel/Kevlar 填充式 Whipple 防护结构、铝网/Nextel/Kevlar 填充式 Whipple 防护结构(图 3 – 12)、铝网双缓冲屏防护结构、缓冲屏为泡沫铝和 γ – TiAl 的防护结构、碳纤维面板蜂窝板双缓冲屏防护结构、加阻尼层的双缓冲屏防护结构、Nextel/泡沫填充式防护结构、填充泡沫铝/柔性填充层的双缓冲屏防护结构和 Vectran 双层复合缓冲屏防护结构等。NASA 约翰逊空间中心在 Whipple 防护结构中添加由 Nextel 陶瓷材料和 Kevlar 纤维材料构成的第二层缓冲屏[56]，如图3-12所示。Nextel陶瓷纤维、Kevlar纤维与铝合金（如 Al6061）的力学性能对比见表3-34。试验结果表明，在面密度相同时，与 Whipple 防护结构相比，填充 Whipple 防护结构防护性能提升40%以上[30,31]。

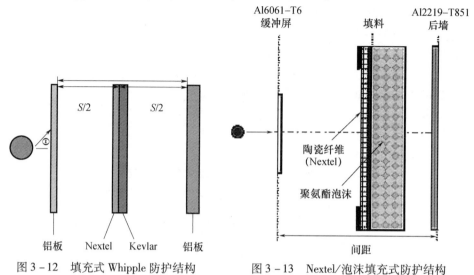

图3-12　填充式 Whipple 防护结构　　　　图3-13　Nextel/泡沫填充式防护结构

表3-34　Nextel、Kevlar 和铝合金的力学性能对比

参数	Nextel 312	Kevlar 29	Al 6061
密度/$(g \cdot cm^{-3})$	2.70	1.44	2.71
拉伸强度/MPa	1724	3620	310
弹性模量/GPa	151.7	82.7	69.0

多缓冲屏防护结构包含铝网双缓冲屏防护结构（图3-14）、Nextel/金属多层冲击防护结构、Nextel/Kevlar 柔性多层冲击防护结构、Nextel/Kevlar 可膨胀多层冲

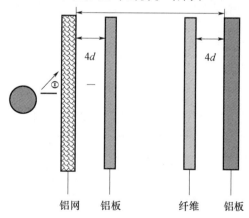

图3-14　铝网双缓冲屏防护结构

击防护结构、Vectran 可膨胀多缓冲屏防护结构(图 3 – 15)等。铝网双缓冲屏防护结构由四部分组成:铝网、缓冲屏、高强度纤维和后墙[27]。与质量相同的连续屏相比,铝网对弹丸的破碎能力更强,且产生的反溅碎片云数量更少。这种防护结构与具有相同防护能力的 Whipple 防护结构相比,质量减轻 50% 左右。

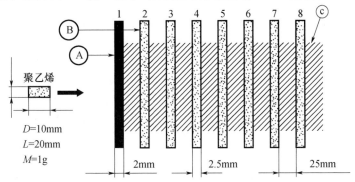

图 3 – 15　Vectran 可膨胀多缓冲屏防护结构

A—A12024 – T3 面密度 5.5kg/m²(1);B—Vectran(HT4533)纤维面密度 1.3kg/m²(2 – 8);C—聚亚氨酯泡沫。

由以上分析可知,用于空间碎片防护结构的材料主要包括铝板、铝蜂窝、铝泡沫、铝网、Nextel 纤维布、凯芙拉(Kevlar)纤维布、聚亚氨酯泡沫等材料。因此,可将其分为以下三大类[32]:

1)金属材料

金属材料包括铝板、铝蜂窝、铝泡沫、铝网等。其中,铝板主要制作在典型 Whipple 防护结构的缓冲屏,常用的牌号有 6061 – T6、2024 – T4;铝蜂窝、铝泡沫、铝网防护结构的缓冲屏,其材料为铝材经过特殊加工工艺制成;γ – TiAl 填充式结构的缓冲屏,其材料由 γ – TiAl 金属加工而成;另外一些填充式防护结构中使用金属材料作为填充层的前后面板,比如铝合金 D16T、Ti6Al4V 等。

2)纤维材料

非金属纤维材料主要包括纤维板、纤维织物等。典型的纤维板为碳纤维材料,主要用在碳纤维蜂窝防护结构的缓冲屏中。纤维织物材料多用于填充式结构的填充层,典型材料为 Nextel/Kevlar 填充式防护结构的填充层,其中 Nextel 材料为复合氧化铝陶瓷纤维织物,Kevlar 材料为芳纶纤维织物。可膨胀多层防护结构的填充层,其材料为一种高强聚芳酯纤维,主要为 Vectran 编织布和 Vectran 线团。此外,玄武岩、SiC 填充式防护结构,其填充层分别为玄武岩纤维织物、SiC 纤维织物。

3)聚合物材料

有机聚合物材料,如聚乙烯、聚丙烯和聚亚氨脂泡沫等,在空间碎片防护中有着重要的应用。聚亚氨脂是由异氰酸酯与多元醇反应制成的一种具有氨基甲酸脂链段重复结构单元的聚合物,具有泡沫密度低、比强度高、吸能性能优异、阻燃性高、绝热性能强等优点。美国将聚亚氨脂泡沫作为填充层材料应用于国际空间站毕格罗居住舱上,该舱的防护结构由 Nextel 缓冲层、凯芙拉后墙和聚亚氨脂泡沫填充层组成。此外,美国兰利研究中心提出的新型防护结构则由高强度纤维织物、蜂窝聚乙烯或聚丙烯填充层和内胆组成。这说明在未来航天器防护结构中,聚合物材料将有着更加重要的应用。

3.8.2 空间天然辐射防护材料

利用材料对各种空间天然辐射进行防护已有多年历史。对空间高能粒子辐射通常要采用重金属来屏蔽,而对质量较轻或者没有质量的高能中子等则要用含氢元素较多的材料来进行屏蔽。辐射防护材料按照其成分或者种类可以分为金属类、复合材料类。其中,金属类材料包括铅、铁、铝合金等;复合材料类包括铅橡胶、防辐射玻璃、玻璃钢等。

1) 金属类

铅,密度 $11.35g/cm^3$,是最早应用于辐射防护的材料。铅对低能或高能 X 和 γ 射线均有很高的衰减本领,易加工、价格不贵。但铅对低能 X 或 γ 射线反向散射高、硬度低、不耐高温、有毒性,使其应用受到限制。

铁,密度 $7.8g/cm^3$,铁的机械性能好、价廉、易于获得,且铁的反向散射百分率仅为铅的 65%。因此,铁是一类防护性能和结构性能均较好的屏蔽材料。铁可以制成不同厚度和形状的板材,用作各类防护材料的衬布材料。氧化铁亦可用作其他防护材料的填料。

铝及其合金是航天器结构机构中常用的结构材料,其对空间高能粒子辐射具有较好的屏蔽作用,见 2.2.1 章,此处不再赘述。

2) 复合材料

基于利用重金属对高能重粒子进行屏蔽和利用轻元素(主要是指含氢高的材料)对中子等进行屏蔽的原理,将聚合物材料和金属材料进行复合,以达到对中子和重离子进行屏蔽的目的。

铅橡胶是由优质天然橡胶或合成橡胶与氧化铅等金属氧化物混炼、硫化制成的橡胶类制品,可用于 X 射线、γ 射线和空间带电粒子的辐射防护。日本东京都立产业技术研究所与橡胶生产商合作开发了以钨、铋、氧化铋为填料的高密度橡胶辐射防护材料,它比铅橡胶更薄、更轻,且屏蔽效果优于铅。

防辐射无机/有机铅玻璃是指在玻璃的制造过程中加入高原子序数的重金属氧化物,如 PbO、BaO、Bi_2O_3 等可形成透明的防辐射玻璃。用于对 X 射线、γ 射线和带电粒子的防护。在航天任务活动中,将防辐射玻璃用于航天器观察窗口,可以对空间辐射起到很好的防护作用。

玻璃钢类复合防护材料是在普通玻璃纤维增强材料的基础上,加入铅、钡等氧化物、硫化物及钨、钢、钴等金属元素作为防辐射成分而形成的塑型材料。目前的成型材料多采用不饱和聚醋树脂,增强材料采用粗纱和玻璃纤维布。

3.8.3 激光辐射防护材料

激光技术在航天器上有着越来越重要的应用。一方面,激光遥感、激光通信等在航天探测任务中有着重要的应用;另一方面,激光在未来的空间太阳能电站、空间攻防技术中也有着重要的应用。目前,针对激光辐射的防护材料可分为线性光学激光防护材料、非线性激光防护材料和热致相变材料等[33]。

1) 线性光学激光防护材料

利用线性光学或传统光学原理实现激光防护主要使用滤光片材料,这种滤光片可以是吸收型(吸收一种或多种特定波长的入射激光的大部分能量),可以是多层镀膜得到的反射型(利用光的干涉原理,以反射特定波长的激光),也可以是衍射型(通过控制全息图干涉条纹间距,以反射特定波长的激光)。这类防护都是波长防护型[34]。

美陆军纳蒂克研究中心研制的一种组合式层状结构防护镜,通过多层介质膜对特定波长激光的反射衰减达到激光防护效果。据报道,可防护 532nm、694nm 和 1064nm 三种激光,光密度(OD)为 4,可见光透过率(VLT)达 73%,其主要缺点是玻璃箔易损[35]。目前国内专利报道在有色滤光片上用真空电子束蒸镀制备高反膜(膜系为 $Sub(/HL)_{11}H_2L/Air$,最外层加镀了 SiO_2 半波覆盖层),高反膜的损伤阈值为 $15.3J/cm^2$,对某一波段具有高反射性,而对其他波段则有高透射性以及具有抗化学侵蚀性[36]。波长防护型膜是基于线性光学理论的一种滤光片,从物理机制可以分为吸收型、反射型及复合型。由于波长防护型材料不能区分同一波长的强光和弱光,无法兼顾强光的高光学密度和弱光的高透明度,且响应时间较长,另外,在未来战争中很难预知敌方激光武器的光源波长,因此在实际使用中存在一定的局限性,所以光强防护型膜是今后发展的趋势。

2) 非线性激光防护材料

用非线性原理或热致变色原理等均可实现强激光的防护。根据非线性光学原理,只有强光与物质相互作用才能产生非线性效应,而弱光不能产生非线性光学效应。非线性光学材料可以阻止强光的破坏,同时又允许弱光透过。而且如果材料对入射光的色散小,在原理上可实现对宽波段连续可调谐激光的防护。性能优良的非线性光学材料是用非线性光学原理实现激光防护的关键。对非线性光学材料的要求:一是非线性光学系数,特别是三阶非线性光学系数要大,以便构成全光激光防护薄膜;二是非线性响应时间要快,以便防护调和锁模激光;三是抗激光损伤阈值要高;四是物理化学性能稳定,能在较恶劣环境下可靠工作。

目前,采用非线性光学原理实现激光防护方案很多,主要是利用三阶非线性光学效应。其中比较成熟的有利用 C60 的光强非线性做成的光限制器。C60 薄膜材料当受到弱光照射时,输出光强与输入光强成正比,即有线性关系;而当受到强光照射时,输出光强出现饱和,输出光强几乎不随输入光强变化,即有非线性关系。

根据 C60 的这种光强非线性特性可制成光限制器。这种光限制器可以实现光电传感器的激光防护。

3）热致相变防护材料

由于激光与材料的相互作用首先是热效应,因而利用一些材料的热致相变机理可以实现强激光的防护[37]。其中特别引人注意的是氧化钒热致相变薄膜材料。

这是 20 世纪 80 年代发展的一种新型激光防护。VO_2 薄膜是一种热致相变材料,在室温附近,为单斜结构,呈半导体态,禁带宽度 0.7eV,对应截止波长 $\lambda \approx 1800nm$,当温度上升到 68℃时,转变为正交结构,呈金属态。随着相变发生,其电学与光学性质,特别是红外波段的光学常数发生突变,利用其红外波段光学特性突变性质可制作 3000 ~ 5000nm 和 8000 ~ 12000nm 红外探测器的激光防护材料。

采用反应蒸发沉积方法,用硅做基底材料,镀制的单层 VO_2 薄膜,在未镀增透膜条件下,经可加温的分光光度计测试,在 $\lambda = 2500 ~ 12000nm$ 波段,在 25℃时的透射率为 55%,在大于等于 68℃时的透射率为 15%,透射谱为一平坦曲线。在镀增透膜条件下,两态的透射率可分别达到 85% 和 1%,可见 VO_2 薄膜在很宽波段内,在不同温度下具有不同透射率。如图 3 - 16 和图 3 - 17 所示。

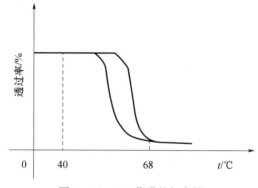

图 3 - 16　VO_2 薄膜的相变图

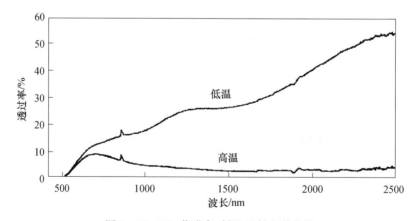

图 3 - 17　VO_2 薄膜高、低温透射光谱曲线

当氧化钒因激光束照射而受热时,材料将发生半导体 – 金属的相变过程。伴随这个过程,其光、电特性将发生较大的变化。特别是红外特性,将从高透射转变为高反射。利用 VO_2 和 V_2O_3 薄膜的光学性能随温度的变化而显示出大的改变这一特性可以阻挡红外光和电磁辐射的攻击,从而实现激光防护。VO_2 的转变温度接近室温($68℃$),因而受到极大的注意。V_2O_3 的转变温度为 $-123℃$ 左右,适合于低温应用。这两种化合物的转变性能接近单晶材料的性能。

根据美国国防部的保密计划[38],西屋电气公司研制成功氧化钒防激光涂层,用来保护卫星上的红外探测器免受激光武器的破坏[39]。当强激光照射到卫星上镀有氧化钒膜的红外敏感窗时,具有光开关特性的薄膜立即防止激光通过,保护光电传感器。这种薄膜可正常工作 25a。据称,这种由二氧化钒和三氧化二钒组成、厚度达 $1\mu m$ 的薄膜已经制备成功。国内哈尔滨工业大学和华中科技大学[40]对 VO_2 薄膜用于激光防护的研究比较领先,但由于军事保密具体数据不详。

西屋科技中心采用在基片上涂镀对强光不透明的 VO_2 膜层制得了宽光谱强激光防护镜。

3.8.4　隐身防护材料

隐身材料主要是指吸波材料。吸波材料的机理是使入射电磁波能量在分子水平上产生振荡,转化为热能,从而有效地弱化雷达回波强度。导弹和航天器上使用了吸波材料,就能利用其特殊的电磁特性,大大降低雷达散射截面。吸波材料主要包括涂敷型和结构型两大类型。

涂敷型吸波材料又称吸波涂料。顾名思义,它就是涂敷在导弹和航天器表面的一种吸收雷达波的涂料。20 世纪 80 年代广泛应用的是各种铁氧体吸波涂层。1987 年美国研制出一种名为席夫碱视黄基盐类的非铁氧体吸波涂料,可将雷达辐射波衰减 80%,其质量仅为铁氧体的 1/10。结构型吸波涂料是一种既做承力部件又有优良的电磁波吸收性能的复合材料。美、俄、日等国在这方面都投入了很大力量进行研究,并取得了不少成果。美国生产的可以制成飞行器部件的轻、强型吸波板,能将宽频带电磁波衰减 20dB;另一种七层复杂蜂窝状结构吸波材料,可做飞行器蒙皮和发动机进气道衬里。俄罗斯在其巡航导弹发动机上采用了大量吸波塑料部件。概括地讲,目前国际上研制的结构型吸波材料大致有吸收剂散布型、层板型和夹心结构型三种。夹心结构型复合材料重量轻而刚度和强度较高,容易做成复杂曲线结构,故而在航天器上得到广泛应用。

光学隐身涂料主要用来对抗工作在光学波段(紫外、可见光、近红外波段)的各种侦察器材,如目视、照相、电视侦察等,使目标的光谱反射特性与背景一致,涂层的光谱漫反射曲线与背景的一致性好。

紫外隐身材料主要指具有高反射特性、可以与雪地背景融合的材料。在 $0.3 \sim 0.41\mu m$ 波段的反射率达到 70% 以上,即可实现紫外隐身。对于可见光和近红外波段($0.4 \sim 1.5\mu m$)要求其光谱反射曲线与背景一致,同色同谱。可见光隐身在各种隐身技术中发展最早,已经比较成熟,但仍有潜力。

红外隐身涂料通常是指热红外($3 \sim 5\mu m$,$8 \sim 14\mu m$),要求涂层的红外辐射特性和背景一致。一般中高发射率涂层容易制备,关键是制备低发射率涂层。西方发达国家从20世纪60年代开始红外隐身材料研究,已经取得了很大进展,投入实际应用。使用的原材料主要有铝粉、硫化镉、SnO_2、In_2O_3、Kraton树脂、氯化聚苯乙烯、丁基橡胶、磷酸盐黏合剂等。国内从20世纪80年代开始有不少单位针对不同的应用对象研制了许多牌号的红外隐身涂料,有些已经投入实际应用。目前存在的问题是:①原材料品种不够丰富;②低发射率涂料的综合兼容性有待提高;③缺乏高性能的低发射率树脂基体。

雷达隐身涂料国内外进行了大量研究。通常要求在$3 \sim 94GHz$有好的性能。主要原材料有铁氧体、羰基铁、金属超细粉、放射性同位素、导电高分子、稀土元素等。已经在许多国家的武器装备上应用。国内也已经开展了大量工作,并在许多装备上得到了应用。但雷达隐身涂料总体上仍有较大差距:①进一步降低面密度、提高柔韧性差和附着力;②实现高性能宽频带和多频谱隐身;③研制新的吸收剂和新的吸波机理;④维修性好和长寿命;⑤实现对目标的全方位隐身。

目前美国等已经开展研究多波段多功能隐身,实现了可见光、近中远红外和雷达毫米波兼容。多频谱多功能全方位,这无疑是未来隐身涂层发展的方向。

3.8.5　电磁防护材料

电磁防护材料可分为电磁波屏蔽材料和电磁波吸波材料两大类。

电磁波屏蔽材料是指对入射电磁波有强反射的材料,可分为金属电磁屏蔽涂料、导电高聚物、纤维织物屏蔽材料。其中,金属电磁屏蔽涂料是指将银、碳、铜、镍等导电微粒掺入到高聚物中制成的电磁波屏蔽涂料;导电高聚物屏蔽材料是指通过在高聚物表面贴金属箔、镀金属层等方法形成很薄的导电性很高的金属层,或者由导电填料与合成树脂构成的电磁波屏蔽材料,导电填料主要有金属片、金属粉、金属纤维、金属合金、碳纤维、导电碳黑等;纤维织物屏蔽材料是指将金属纤维与纺织用纤维相互包覆得到的金属化织物,既保持了原有织物的特性,又具有电磁屏蔽效能。

电磁波吸波材料指能吸收、衰减入射的电磁波,并将其电磁能转换成热能耗散掉或使电磁波因干涉而消失的一类材料。吸波材料由吸收剂、基体材料、黏结剂、辅料等复合而成,其中吸收剂起着将电磁波能量吸收衰减的主要作用。传统的吸波材料按吸波原理可分为电阻型、电介质型和磁介质型,电阻型吸波材料的吸收剂主要有碳纤维、碳化硅纤维、导电性石墨粉、导电高聚物等,电介质型吸波材料的吸收剂主要有金属短纤维、钛酸钡陶瓷等,磁介质型吸波材料的吸收剂主要有铁氧体、羰基铁粉、超细金属粉等。新型吸波材料包括纳米吸波材料、高聚物吸波材料和手性吸波材料等。

3.8.6　微小颗粒防护材料

NASA戈达德中心研制了"荷叶"涂层用以进行月尘污染的防护,研究人员将荷叶表面的特殊乳吐结构称为微米－纳米双重结构,正是由于具有这些微小的双重结构,使荷叶表面与水珠或者尘埃的接触面积非常有限。月尘的主要成分为玻璃质无机盐,而月球巡视器上所用的材料一般为金属、玻璃等,此类材料表面能较大,月尘与这些材料的范德华力较大,吸附力较强。如果这些材料用低表面能材料替代,则其相互作用力必然显著下降。另外,如果采用适当工艺方法在其表面制成微纳米结构,使其尺寸低于污染物颗粒的平均尺寸,则污染物只会与表面微纳米结构的顶端接触,必然导致相互作用力进一步下降从而实现自清洁的功效。

美国宇航局还将"荷叶"膜层作为除尘工具从热辐射、抗污染、紫外辐射、高低温冲击、太阳风等方面进行了适应性试验验证,取得了一定的进展[41]。

3.9　能源材料

3.9.1　太阳电池材料

太阳电池的材料种类非常多,可以有单晶硅、非晶硅、多晶硅、CdTe、CuIn$_x$Ga$_{(1-x)}$Se$_2$等半导体的或三五族、二六族的元素链结的材料。

目前,应用最多的是硅太阳电池和砷化镓太阳电池。尤其是三结砷化镓太阳电池,在航天器上获得了广泛的应用。

单晶硅(Monocrystalline Silicon)是硅的单晶体。它是具有基本完整的点阵结构的晶体。不同的方向具有不同的性质,是一种良好的半导材料。纯度要求达到99.9999%,甚至达到99.9999999%以上。用于制造半导体器件、太阳能电池等。

砷化镓(GaAs)是一种重要的半导体材料。属Ⅲ－Ⅴ族化合物半导体。属闪锌矿型晶格结构,晶格常数5.65×10^{-10}m,熔点1237℃,禁带宽度1.4eV。砷化镓可以制成电阻率比硅、锗高3个数量级以上的半绝缘高阻材料,用来制作集成电路衬底、红外探测器、γ光子探测器等。由于其电子迁移率比硅大5～6倍,故在制作微波器件和高速数字电路方面得到重要应用。用砷化镓制成的半导体器件具有高频、高温、低温性能好、噪声小、抗辐射能力强等优点。

与硅光电池的比较,砷化镓电池具有明显的优点:①光电转化率高。砷化镓的禁带较硅宽,使得它的光谱响应性和空间太阳光谱匹配能力较硅好。硅光电池的理论效率大概为23%,而单结的砷化镓电池理论效率达到27%,而多结的砷化镓电池理论效率更超过50%。②耐温性好。砷化镓电池的耐温性要好于硅光电池,有试验数据表明,砷化镓电池在250℃的条件下仍可以正常工作,但是硅光电池在200℃就已经无法正常运行。③脆性高。砷化镓较硅在物理性质上要更脆,这一点使得其加工时更容易碎裂。

3.9.2　蓄电池材料

目前,航天器上应用的蓄电池主要有镍镉电池、镍氢电池和锂离子电池等。

镍镉电池具有良好的大电流放电特性、耐过充放电能力强、维护简单等特点。其反应机理:位于负极的镉(Cd)和氢氧化钠(NaOH)中的氢氧根离子(OH^-)化合成氢氧化镉,并附着在阳极上,同时也放出电子。电子沿着电线至阴极,和阴极的二氧化镍与氢氧化钠溶液中的水反应形成氢氧化镍和氢氧根离子,氢氧化镍会附着在阳极上,氢氧根离子则又回到氢氧化钠溶液中。

其反应放电公式为

$$Cd + 2NiO(OH) + 2H_2O \rightarrow 2Ni(OH)_2 + Cd(OH)_2$$

充电时反应相反,反应式为

$$Cd(OH)_2 + Ni(OH)_2 \rightarrow Cd + NiO_2 + 2H_2O$$

镍氢电池是由氢离子和金属镍合成,电量储备比镍镉电池多30%,比镍镉电池更轻,使用寿命也更长,并且对环境无污染。其电解质主要为KOH做电解液。

充电时总反应方程式为

$$M + Ni(OH)_2 \rightarrow MH + NiOOH$$

放电时总反应方程式为

$$MH + NiOOH \rightarrow M + Ni(OH)_2$$

以上式中 M 为储氢合金,MH 为吸附了氢原子的储氢合金。最常用储氢合金为 $LaNi_5$。

锂离子电池是一种二次电池(充电电池),它主要依靠锂离子在正极和负极之间移动来工作。在充放电过程中,Li^+ 在两个电极之间往返嵌入和脱嵌:充电时,$Li+$ 从正极脱嵌,经过电解质嵌入负极,负极处于富锂状态;放电时则相反。电池一般采用含有锂元素的材料作为电极,是现代高性能电池的代表。

3.9.3　核推进材料

核推进主要是通过核裂变和核聚变两大类方式进行的。目前,核聚变技术还不成熟,主要是利用核裂变能量实现核推进。核裂变推进可分为核热推进、核电推进、混合核热/核电推进、核裂变碎片推进、核脉冲推进、核冲压推进等。以核热推进和核电推进为主。

核热推进材料主要为 U 的复合材料,如将 UC2 颗粒分散在石墨的基质中、涂有热解石墨 PyC 的 UC2 小球分散在石墨的基质中、(U,Zr)C/石墨的复合材料、(U,Zr)C 的固体溶液等。

核电推进用核裂变、核聚变、放射性同位素、反物质湮灭产生热能转化为电能提供给电推进系统,与核热推进和化学推进相较,核电推进为低推力高比冲推进。空间核电源系统可用的放射性同位素有 Pu(钚)238、Po(钋)210、Am(镅)241、Cm(锔)244 等,如卡西尼号探测器使用的燃料是 PuO_2 陶瓷片。

参考文献

[1] 闵桂荣,郭舜. 航天器热控制[M]. 2 版. 北京:科学出版社,1998.

[2] 范含林. 航天器热控材料的应用和发展[J]. 宇航材料工艺,2007,6:7 – 10.

[3] 卢鹔,李颖,曾一兵. 航天特种功能涂层材料工艺技术应用现状与发展展望[C]. 2010 航天工程高性能材料需求与应用高端论坛论文集. 北京,2010,160 – 165.

[4] 江经善. 多层隔热材料及其在航天器上的应用[J]. 宇航材料工艺. 2000,30(4):17 – 25.

[5] Spacecraft thermal control design data[R]. Vol,II,NASA N76 – 20203 – 20206.

[6] 闵桂荣. 卫星热控制技术[M]. 北京:宇航出版社,2005.

[7] 赵飞明,徐永祥. 聚酰亚胺泡沫材料研究进展[J]. 宇航材料工艺,2002,32(3):6 – 10.

[8] 马晶晶,詹茂盛,王凯. 薄片状聚酰亚胺多孔材料的研究进展[J]. 宇航材料工艺. 2013,43(1):15 – 19.

[9] 李贵佳,张伟儒,尹衍升,等. 无机纤维隔热材料在航空航天热防护工程中的应用[J]. 陶瓷,2004,2:28 – 31.

[10] 夏文干,赵桂芬,曾令况. 胶粘剂和胶接技术[M]. 北京:国防工业出版社,1980.

[11] 赵世琦,王习群,江经善. 数种胶粘剂耐辐照及抗湿热老化性能的试验评价[J]. 中国空间科学技术,1985,2:60 – 63.

[12] 苗建印,张红星,吕巍,等. 航天器热传输技术研究进展[J]. 航天器工程,2010,19(2):106 – 112.

[13] 刘维民. 空间润滑技术[M]. 北京:中国科学技术出版社,2010.

[14] 董浚修. 润滑原理及润滑油[M]. 2 版. 北京:中国石化出版社,1990.

[15] 浦玉萍,吕广庶,王强. 高分子基自润滑材料的研究进展[J]. 航空学报,2004,25(2):180 – 186.

[16] 王江,马国富,郑剑,等. 适用于空间站各系统的密封材料[J]. 宇航材料工艺,2002,6:32 – 35.

[17] 赵云峰. 高性能橡胶密封材料及其在航天工业上的应用[J]. 宇航材料工艺,2013,43(1):1 – 10.

[18] 沈自才,崔云,牛锦超. 激光技术在航天工程中的应用及对策[J]. 红外与激光工程,2012,41(10):2703 – 2712.

[19] 任建岳,陈长征,何斌. SiC 和 SiC/Al 在 TMA 空间遥感器中的应用[J]. 光学精密工程,2008,16(12):2537 – 2543.

[20] 于海蛟,周新贵,张长瑞,等. SiC 反射镜及其制备工艺的研究进展[J]. 新技术新工艺,2006,5:26 – 30.

[21] 唐红艳,王继辉,冯武,等. 耐烧蚀材料的研究进展[C]. 玻璃钢学会第十五届全国玻璃钢/复合材料学术年会论文,2003.

[22] 王春明,梁馨,孙宝岗,等. 低密度烧蚀材料在神舟飞船上的应用[J]. 宇航材料工艺,2011,41(2):5 – 8.

[23] 潘进安,潘颂文. 纺织科技在航天领域中的应用[C]. 上海市老科学技术工作者协会第七届学术年会论文集. 上海,2009:73 – 75.

[24] 赵云峰. 先进高分子材料在航天工业领域的应用[J]. 军民两用技术与产品,2013,6:8 – 14.

[25] Destefanis R,Sch F,Lambert M,et al. Enhanced space debris shields for manned spacecraft[J]. International Journal of Impact Engineering,2003,29(1 – 10):215 – 226.

[26] Thoma K,Sch F,Hiermaier S,et al. An approach to achieve progress in spacecraft shielding[J]. Advances in

Space Research, 2004, 34(5):1063 - 1075.

[27] Akahoshi Y, Nakamura R, Tanaka M. Development of bumper shield using low density materials[J]. International Journal of Impact Engineering, 2001, 26(1 - 10):13 - 19.

[28] Members I W. Version 4. 0 of the IADC Protection Manual[R]. Germany, 2009.

[29] Ryan S, Schaefer F, Destefanis R, et al. A ballistic limit equation for hypervelocity impacts on composite honeycomb sandwich panel satellite structures[J]. Advances in Space Research, 2008, 41(7):1152 - 1166.

[30] Williamsen J E, Robinson J H, Nolen A M. Enhanced Meteoroid and Orbital Debris Shielding[J]. Int. J. Impact Engng, 1995, Vol. 17, pp. 217 - 228.

[31] Destefanis R, Faraud M. Testing of advanced materials for high resistance debris shielding[J]. International Journal of Impact Engineering, 1997, 20(1 - 5):209 - 222.

[32] 郑世贵, 闫军. 空间碎片防护需求与防护材料进展[J]. 国际太空. 2014, 6:49 - 53.

[33] 崔云, 贺洪波, 范正修, 等. 高能激光武器的发展及卫星激光防护膜的研究[J]. 激光与光电子学进展. 2006, 43(6):10 - 13.

[34] 罗振坤. 激光致盲安全防护技术[J]. 激光杂志, 2000, 21(3):4 - 5.

[35] 胡建平. HfO_2/SiO_2 光学薄膜激光损伤阈值的测量[J]. 光电子激光, 2002, 13(4):356 - 357.

[36] 熊胜明. 一种激光防护膜及其制作方法:CN 1439900A[P]. 2001 - 12 - 24.

[37] 李世涛, 乔学亮, 陈建国, 等, 卫星多功能激光防护膜层的研究[J]. 激光杂志, 2005, 26(4):9 - 10.

[38] 付伟. 激光防护技术及其发展现状[J]. 航天电子对抗, 2001, 1:43.

[39] 田雪松, 掌蕴东. VO_2 用于红外激光防护技术的研究[J]. 哈尔滨工业大学硕士论文, 2002.

[40] 张弛, 刘梅东. 氧化钒薄膜的 Sol - gel 法制备及性能研究[J]. 华中科技大学硕士论文, 2003.

[41] Danielle V. Margiotta, Wanda C. Peters, Sharon A. Straka, et al. The Lotus coating for space exploration - A dust mitigation tool[C]. SPIE V. 7794 77940I - 1 - 77940I - 7.

第4章
航天材料的空间环境效应

4.1 空间环境与效应

航天材料所经历的环境包括航天器在制造、发射、在轨飞行以及返回再入过程中所遇到的环境，可以分别称为地面环境、发射环境、在轨环境以及返回再入环境[1]。

1）地面环境

地面环境主要包括制造、运输和储存过程中遇到的温度、湿度、大气、生物、运输、试验等环境。对火箭发动机来说，包括液体燃料腐蚀环境；对临近海边的航天器来说，则还包括海风及盐雾环境，如海南航天发射场，需要考虑盐雾环境可能对航天器产生的影响。

2）发射环境

发射环境主要包括航天器发射、级间分离、抛去整流罩、变轨等过程中产生的振动、噪声、冲击、加速度等力学环境以及随着航天器升空高度的增加而产生的低真空环境等。

3）在轨环境

在轨环境主要是指航天器在轨运行过程中所遇到的自然环境和人工环境，包括高真空环境、冷黑环境、太阳电磁辐射、带电粒子辐射、中性大气、空间碎片与微流星体、等离子体、微振动、微重力、人工辐射（核爆炸辐射和激光辐射等）以及载人密封舱内的细菌、湿度等环境。

4）返回再入环境

返回再入环境主要是指航天器在返回再入过程中的调姿、制动、再入、着陆等遇到的气动力加热与力学环境，如高温冲击、剧烈振动与撞击等。

航天器在轨运行所处的空间环境依据其所在轨道可以分为地球空间环境、行星空间环境以及行星际空间环境。地球空间环境又可以依据其轨道高低分为低地球轨道（LEO）、中地球轨道（MEO）、高地球轨道（HEO）空间环境和地球同步轨道

（GEO）。其中,临近空间高度一般为 20～100km,LEO 轨道高度一般为 100～1000km,MEO 轨道高度一般为 1000～10000km,HEO 或 GEO 轨道高度为 36000km。其特殊性主要在于低地球轨道空间存在中性气体,尤其是原子氧;中、高地球轨道存在较强带电粒子辐射环境。

在深空环境中,月球表面环境存在 1/6 地球引力的微重力和月球尘埃,火星存在尘暴、极端温度和 SO_2 等腐蚀气体等。

在不考虑人工环境的情况下,空间环境归纳起来可以分为 9 类,见表 4-1。

表 4-1　空间环境及其来源或特征

空间环境	主要来源或特征
中性热层	密度、温度、成分(原子氧)
热环境	太阳辐射、地球反射、地气辐射
等离子体层	电离层等离子体、极光等离子体、磁层等离子体
微流星/空间碎片	通量密度、尺寸、质量、速度、方向
太阳环境	太阳物理、磁暴、太阳/地磁指数、太阳常数、太阳光谱
电离辐射	地球俘获带、银河宇宙射线、太阳宇宙射线
地磁场	自然磁场
引力场	自然重力场
中高度大气层	大气密度、气流

其中,电离辐射环境最为复杂,包括电子、质子、中子、重离子等,而带电粒子在空间呈连续能谱分布,可引起复杂的空间辐射效应,如单粒子效应、电离损伤总剂量效应(简称总剂量效应)、位移损伤总剂量效应(简称位移损伤效应)、表面充放电效应和内带电效应等。

材料是构成航天器的基元,归根结底,空间环境对航天器作用是空间环境与航天材料间的相互作用,航天器的故障与损伤也可以归结为材料的损伤。在单一因素或多种因素空间环境的作用下,航天材料、结构或器件会发生性能退化或失效,引起航天器的功能丧失或在轨故障,导致航天器任务终结或者需要航天员出舱维修。如图 4-1 所示为空间环境导致哈勃望远镜外露热控材料发生撕裂,为此,航天员出舱进行维修。

不同空间环境对航天器造成的损伤效应如图 4-2 所示。

空间环境对航天材料的效应主要有以下几种:

1) 热环境效应

热环境可引起航天材料及由其组成的元器件、部组件、结构系统发生热疲劳变形、断裂、损坏,造成其性能退化甚至失效。

图 4-1 航天员出舱对航天器维修图[2]

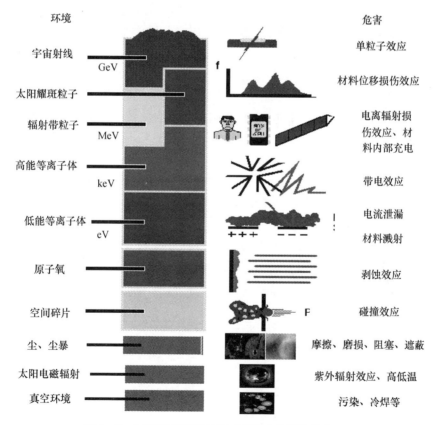

图 4-2 不同空间环境对航天器造成的损伤效应

2）动力学环境效应

动力学环境可引起航天材料及由其组成的元器件、部组件、结构系统发生变

111

形、断裂、损坏。

3）辐射环境效应

粒子辐射环境及太阳电磁辐射环境可引起航天材料及由其组成的元器件产生总剂量效应、单粒子效应和内带电效应等。

4）等离子体环境效应

等离子体环境可造成航天材料产生表面带电效应，引起高压太阳阵电离层带电及电流泄漏效应。

5）原子氧环境效应

LEO 轨道原子氧环境可造成航天器外露材料与器件的剥蚀、污染、辉光效应。

6）微流星体/空间碎片效应

微流星体和空间碎片的撞击可导致航天器外露材料、器件或结构产生撞击损伤效应，引起穿孔或粉碎。

7）空间磁环境效应

空间磁场会影响航天器的姿态控制，造成姿态翻转等。

8）微重力环境效应

空间微重力环境对航天材料的空间环境效应，主要表现为对材料的空间组装与生长。因此，可用于空间材料科学试验研究。

目前，长寿命、高可靠问题是制约我国空间技术发展的瓶颈。随着我国新一代航天器技术的不断发展，航天器功能日益增强，集成度提高，表面敏感部件和活动部件增多，空间环境及其效应对航天器造成的损害已日渐突出，成为影响航天器长寿命、高可靠的关键因素。同时，空间站的建设为航天器新材料的开发和材料性能的空间环境效应评价提供了平台与机遇。因此，需要加强航天材料的设计、研制与空间环境效应研究。

由于航天材料在地面环境下的效应与航空材料等所面临的环境及效应相似，在本章节中将不再介绍。本章节将主要对发射、在轨和再入环境及效应进行介绍。

4.2 真空环境与效应

4.2.1 真空环境

真空是指在给定空间内低于一个大气压力的气体状态，也就是该空间内气体分子密度低于该地区大气压分子密度。完全没有气体的空间状态称为绝对真空，绝对真空实际上是不存在的。

根据国标 GB/T 3163—2007《真空技术 术语》，真空区划分为如下区段：

低真空:$10^5 \sim 10^2 Pa$;

中真空:$10^2 \sim 10^{-1} Pa$;

高真空:$10^{-1} \sim 10^{-5} Pa$;

超高真空:$< 10^{-5} Pa$。

航天器运行的轨道高度不同,真空度也不同,轨道越高,真空度越高,见表4-2[4]。航天器入轨后运行在高真空与超高真空环境中。

表 4-2 地球大气特性

高度/km	温度/K	压力/Pa	密度/(kg·m^{-3})
0	288.0	1.013×10^5	1.225×10^0
20	218.0	5.509×10^3	8.801×10^{-2}
40	252.5	2.932×10^2	4.004×10^{-3}
60	251.7	2.237×10^1	3.095×10^{-4}
80	202.5	1.171×10^0	2.013×10^{-5}
100	210.0	4.005×10^{-2}	6.642×10^{-7}
150	679	7.383×10^{-4}	3.087×10^{-9}
220	1310	1.358×10^{-4}	2.600×10^{-10}
300	1527	4.070×10^{-5}	6.077×10^{-11}
1000	1645	3.790×10^{-8}	4.438×10^{-14}
2000	1645	8.145×10^{-11}	2.771×10^{-17}
3000	1645	4.253×10^{-11}	3.186×10^{-18}

在海拔 600km 处,大气压力在 $10^{-7} Pa$ 以下;1200km 处,大气压力 $10^{-9} Pa$;10000km处,大气压力为 $10^{-10} Pa$;月球表面大气压力为 $10^{-10} \sim 10^{-12} Pa$,大约相当于有 100 个氢分子/cm³;银河系星际大气压力为 $10^{-13} \sim 10^{-18} Pa$。

4.2.2 真空环境效应

航天器在发射及在轨运行过程中,将经历从低真空到超高真空的环境。环境真空度的变化,将对航天材料带来严峻的考验,包括材料内外表面的压力差效应、材料间的粘着与冷焊效应、材料出气引起的各种效应等,如图4-3所示。

以下对航天材料的真空环境效应进行简要介绍[4]:

1)压力差效应

压力差效应通常在 $10^5 \sim 10^2 Pa$ 的低真空范围内发生。当航天器进入到低真空环境后,其密封舱内外的压差会逐渐增加,从而可引起密封舱变形或损坏,造成

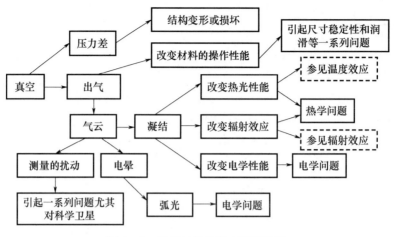

图 4 - 3 航天材料的真空环境效应

储罐中液体或气体的泄漏增大,缩短使用寿命。

2）真空出气效应

当航天器进入真空环境之后,随着真空度的增加,将会有气体从材料表面或内部释放出来,引起真空出气效应。气体释放的主要来源有以下几个方面:材料表面吸附的气体在真空环境下从表面脱附;溶解于材料内部的气体向真空边界扩散并解吸附,脱离材料;不同压力差界面的渗透气体通过固体材料释放。

航天材料在真空下出气,会改变材料的操作性能,引起材料的尺寸稳定性和润滑等问题;出气产生的气云从高温处转移到低温处并凝结,造成低温表面污染效应,可改变其热光性能、辐射性能和电学性能,引起严重的温度效应和辐射效应,造成热学与电学问题,改变温控涂层的性能,减少太阳能电池的光吸收比以及增加电气元件的接触电阻等;气云还可对科学探测卫星的观测造成干扰,严重的污染会降低观察窗和光学镜头的透明度;气云引起的电晕可造成弧光放电,引起太阳电池阵等,产生电学问题。

3）真空放电效应

真空放电效应通常发生在 $10^3 \sim 10^{-1}$ 的低真空范围。对在航天器发射上升阶段必须工作或通电的电子仪器与设备,应防止真空放电效应的发生。

在真空达到 10^{-2}Pa 时,具有一定距离的两个金属表面,在受到具有一定能量的电子碰撞时,会从金属表面激发出次级电子并可能在两个金属表面间来回多次碰撞,使这种放电成为稳定态,这种现象称为微放电。次级电子的产生会使金属受到侵蚀,引起温度升高,使附近压力升高,甚至会造成严重的电晕放电。如射频空腔、波导管等装置可能由于微放电而使其性能下降,甚至失效。

4）材料蒸发、升华和分解效应

航天材料在真空环境下的蒸发、升华和分解会造成材料组分的变化,引起材料质量损失(简称质损),造成有机物的膨胀,改变材料的性能,引起自污染等。根据标准,一般在质损小于1%时,材料的宏观性质没有明显变化,因此,一般把质损小于1%作为材料的检验标准。

航天材料的蒸发、不均匀的升华可引起气表面粗糙度增加,造成光学性能变差,材料内外分界面处的不均匀升华和蒸发,则可能引起材料机械性能的改变,蒸发可使材料缺少表面保护膜而可能改变其表面适应系数及表面辐射率,从而改变材料的机械性能、蠕变强度和疲劳应力等。

5) 粘着和冷焊效应

粘着和冷焊效应一般发生在 10^{-7} Pa 以上的超高真空环境下。在超高真空环境中,航天材料或部件的表面吸附的气膜、污染膜甚至氧化膜可发生解吸附,从而在材料表面形成超高洁净界面,当两块材料表面接触时,洁净的材料表面之间会出现不同程度的粘合现象称为粘着。在一定的压力负荷下,可造成材料表面间的进一步粘着,引起冷焊。

粘着和冷汗效应可造成航天器的活动部件出现故障甚至失效,如电机滑环、电刷、继电器和开关触点接触不良,天线或重力梯度杆展不开,太阳电池帆板、散热百叶窗打不开,等等。因此,在一些关键部件的连接部位,应该采取防粘着和冷焊的措施,选用不易发生冷焊的配偶材料,在接触面涂覆润滑剂或不易发生冷焊的材料涂层。

此外,真空环境可对航天材料的其他环境效应带来影响,如空间粒子辐射与电磁辐射效应、原子氧效应、空间碎片撞击效应以及微重力效应等。

4.3 空间温度环境与效应

4.3.1 空间温度环境

在太阳系内,行星际空间的介质主要是太阳活动产生的气体质点,主要成分为氢离子(约占90%),其次是氮离子(约占9%)。它们的密度小,压力极低,而且随着离开地球表面高度的增加,其值越来越小。在地球周围,大气可分为几层:在地球中纬度区上空厚度为 $10 \sim 12$ km 和南北回归线区上空厚度为 $16 \sim 18$ km 的低层大气,称为对流层;高为 $70 \sim 80$ km 的大气层,称为电离层;高于 $500 \sim 1000$ km 的大气层,称为外大气层。外大气层逐渐过渡到行星际空间。

大气的热力学参数主要为大气温度、密度、压力和成分,不同高度上的大气压强和密度见表 4-2,大气温度垂直分布和分层示意图如图 4-4 所示。由表 4-2和图 4-4 可知,随高度的升高,大气温度先降后升,在 50km 处平流层顶最高为0℃,自平流层顶到中间层顶下降到 -100℃。再向上进入热层,因大气中的氧分子和氧原子吸收太阳紫外辐射加热,温度随高度急剧上升,在 500km 处达 700 ~ 2000K,这部分称热层。500km 以上,温度不再随高度变化,称为外大气层,其分子温度很高,平均动能大,但密度很低,碰撞次数很少,对航天器影响较小。

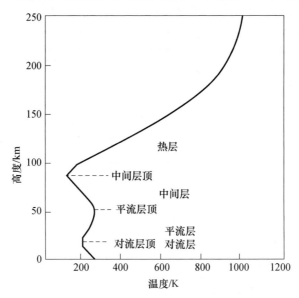

图 4 - 4　大气温度垂直分布和分层示意图

空间的超高真空使得航天器与外部环境的热交换主要以辐射方式进行,对流和导热传热可以忽略不计。高真空具有不利于星内仪器散热的缺点,同时也具有良好的隔热效果。

航天器在轨道上经历的极端高低温环境主要包括空间冷黑环境、航天器外热流环境、航天器发射上升段和再入过程中气体摩擦热环境[5]。

1) 空间冷黑环境

在不考虑太阳及其附近行星的辐射时,太空背景辐射能量很小,约为 $5 \times 10^{-6} W/m^2$,而且在各个方向上是等值的,它相当于温度为 3K 的绝对黑体辐射出的能量,所以宇宙空间的低温有时也用"冷"这个术语来表述。

在空间飞行的航天器与星球相比,尺寸不仅太小,而且与行星和星球的距离很大,所以从航天器表面发出的辐射能量不会再返回航天器,即宇宙空间吸收了航天器表面发出的所有辐射能,这类似于吸收系数等于 1 的绝对黑体的光学性质。这就是宇宙空间黑背景的含义,有时也简单用"黑"这个术语来表述。

2) 航天器外热流环境

航天器在轨运行期间受到的空间外热流环境主要由三部分构成:太阳辐射、行星体反照和红外辐射。

太阳辐射是航天器受到的最大辐射源。太阳光谱的范围从小于 $10^{-14} m$

的 γ 射线到波长大于 10km 的无线电波。能量绝大部分集中在可见光和红外波段。其中,可见光占 46%,近红外占 47%。太阳光谱中能转变成热能的热辐射波长范围为 0.1 ~ 1000μm,占总辐射能的 99.99%,相当于 5760K 的黑体辐射能。

地球到太阳的距离定义为 1 个天文单位。通常,定义距离太阳一个天文单位处的太阳辐射强度为 1 个太阳常数。1977 年世界气象组织通过了"世界辐射测量基准 WWR"。这个标准中地球大气外太阳辐射强度平均值为 1367W/m²,夏至为 1322W/m²,冬至为 1414W/m²。NASA 现在采用 WWR 标准的数据,我国也已将太阳常数修订为 WWR 标准的数据,平均值为 1367W/m²。

行星体反照是行星体对太阳光的反射。太阳辐射进入行星体 – 大气系统后,部分被吸收,部分被反射。被反射部分的能量百分比叫作行星体反照率。不同轨道位置上到达航天器表面的反照外热流是不同的,与太阳、行星体和航天器相对位置有关。

行星体红外辐射是指太阳辐射进入行星体 – 大气系统后,被吸收的能量转化成本系统的热能,并以红外波的形式向空间辐射,这部分能量称为行星体红外辐射。行星体红外辐射与地区、季节、昼夜有关。辐射波长在 2 ~ 50μm 的红外范围,峰值位于 10μm 附近。

3) 发射上升段的热环境

在航天器发射上升过程中,热环境变得很恶劣,在开始几分钟内,热环境由整流罩温度决定,因气动加热,整流罩温度迅速升到 90 ~ 200℃,虽然在后来因气压降低,舱内放气有一些降温作用,但是很微弱。主要影响还是整流罩内升温,但是它只影响星外设备温度,如太阳电池阵、多层隔热组件、天线等轻部件。由于罩内的消音板有隔热作用,缓解了气动加热的影响。

航天器发射后的 2 ~ 5min,穿过大气层后,气动加热已不存在,自由分子加热也减少到足够低,整流罩分离。抛开整流罩后,航天器就暴露在太阳辐射、地球红外辐射和地球反照的辐射以及火箭发动机的羽流加热等环境下。

4) 再入气动加热环境

航天器返回地球或者进入行星或其卫星表面着陆过程中,如果星体表面存在大气,那么航天器将与星体表面大气发生剧烈的摩擦,产生高温等离子体,引起航天器表面的化学侵蚀与烧蚀,造成材料的破坏。同时,航天器的进入头部受到大气的动态压力,将加速器侵蚀,造成材料的完整性丧失、表面形貌变化等。

4.3.2　空间温度效应

航天器在空间温度及高低温的交变环境下,可引起其材料发生分子降解、疲劳损伤、出气污染等,造成材料的可操作性能发生变化,电学性能、力学性能和光学性能等发生变化,导致其性能退化甚至失效。航天器温度效应关系如图 4 – 5 所示。

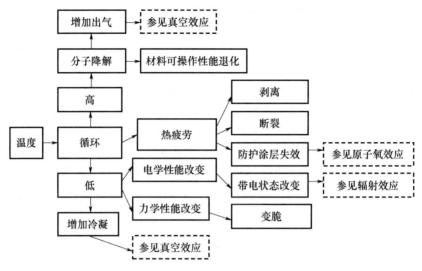

图 4-5 航天器温度效应关系

当航天器返回再入过程中,以超高速度进入大气层,引起航天器与大气层剧烈摩擦,发生一系列化学反应和动态压力。航天器再入引起的效应示意图如图 4-6 所示。

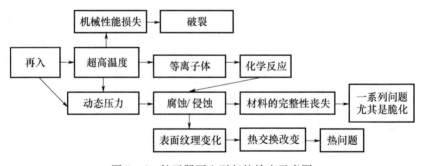

图 4-6 航天器再入引起的效应示意图

卫星上可伸缩性的活动机构,如太阳帆板、天线等,由于冷黑环境效应会使展开机构卡死,影响其伸展性能。我国"风云一号"气象卫星的太阳机板,在真空环境下,由于冷环境效应,而未能伸展到位。

卫星上某些有机材料在冷黑环境下会产生老化和变脆,影响材料的性能。

航天器在轨道上要经历极端冷热交变环境,航天器外露表面的环境可达到 ±150℃,甚至范围更大。在空间极端高低温条件下,航天材料的强度、刚度、弹性等性能会下降,有时会出现断裂。特别在高低温交变环境下,材料会产生疲劳损伤,出现变形、裂纹等损伤,严重时会出现断裂。

航天材料必须经受在轨高低温循环、温度冲击等严酷温度环境的考验。如飞船在轨道上运行时,迎着太阳时温度高达 100℃ 以上,而背着太阳时又骤降至 −100℃。这种冷热剧烈交替将直接影响材料的强度、模量和延展性等性能,不同材料线膨胀系数变化导致结构畸变。

由于航天器工作寿命可达 10 年以上,在轨将经历无数次的高低温循环交变。较高的循环次数,可能导致材料的疲劳失效和热循环裂纹。如图 4−7 所示为由于高低温循环交变,尤其是低温的不均匀效应,造成材料界面处产生较高的应力,进而造成材料的分层。

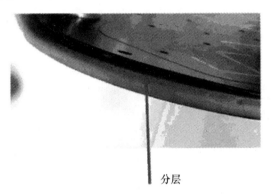

分层

图 4−7 由于温度交变引起材料的分层

4.4 空间微重力环境与效应

在远离地球的空间中,由于受到星体引力的改变及其航天器的运动,材料或生物所处不同位置的重力将极大地减小,甚至接近于微重力,从而可以对航天材料或空间生物的性能带来较大的影响[6]。

4.4.1 空间微重力环境

根据牛顿引力理论,质量分别为 m_1 和 m_2 的两个物体,假设质心距离为 r,其相互作用力大小为

$$f = G \frac{m_1 m_2}{r^2} \qquad (4-1)$$

式中 G——引力常数,其值大小为 $6.67 \times 10^{-11} (\text{N} \cdot \text{m}^2)/\text{kg}^2$。

航天器绕地球运动或其他星体运动时,假设星体质量为 M,航天器质量为 m,航天器与星体质心之间的距离为 R,其受到的重力加速度为 g,则航天器受到的万有引力大小为

$$f = G \frac{Mm}{R^2} = mg \qquad (4-2)$$

则有

$$g = G\frac{M}{R^2} \qquad (4-3)$$

假设地球半径为 R_e，地球质量为 M_e，地球表面的加速度为 g_e，则有

$$g_e = G\frac{M_e}{R_e^2} \qquad (4-4)$$

因此，距离地球距离为 R 的航天器受到的重力大小为

$$g = g_e\frac{R_e^2}{R^2} \qquad (4-5)$$

式中　$R_e = 6.4 \times 10^6 \mathrm{m}$；

　　　$g_e \approx 9.8 \mathrm{m/s^2}$。

所以，航天器受到的重力加速度大小与轨道高度的平方成反比。

当航天器在圆轨道运行过程时，在不考虑大气阻力、光辐射压力、质心偏离引起的绕动力的情况下，除了受到星体的万有引力之外，还受到运动惯性离心力的作用，且惯性离心力与万有引力可互相抵消，方向相反，则航天器受到的有效引力加速度（重力）g_{eff} 为

$$g_{eff} = g - \frac{V^2}{R} \qquad (4-6)$$

式中　V——航天器在轨运行速度。

当航天器的在轨速度达到其所在星体的第一宇宙速度时，其万有引力大小等于惯性离心力，此时，$g_{eff} = 0$。

从学术上讲，微重力是指有效重力 $g_{eff} = 10^{-6}g$，但很多情况下，航天器还要受到大气阻力、太阳辐射压力以及质心偏离等环境的影响，实际有效重力很难达到 10^{-6} 的量级。对地球轨道航天器来说，一般用 $g = 9.8 \mathrm{m/s^2}$ 表示地球表面重力加速度，则航天器受到的重力加速度范围为 $10^{-3} \sim 10^{-6}g$，这种环境称为微重力环境。

此外，在深空探测过程中，有的环境重力远达不到微重力的量级，如月面的重力加速度约为地球表面重力加速度的 1/6，这种情况下的重力环境，有时也称为微重力环境。

4.4.2　空间微重力效应

空间中的微重力环境由于远远低于地球表面的重力，从而表现出与地球表面不同的物理、化学及生物学等效应，主要包括一些力学效应、扩散效应、燃烧效应以及生物学效应等[4,6]，航天材料的微重力效应如图 4-8 所示。

1）对流与扩散效应

在微重力作用下，由星体引力引起的自然对流被极大地减小，基本消失。而由

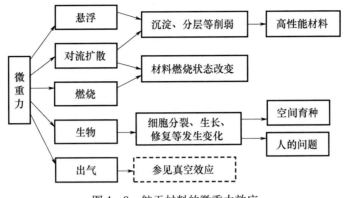

图 4 - 8　航天材料的微重力效应

液体表面处的热梯度和成分梯度引起的马兰格尼对流成为主要因素,能量扩散和质量扩散成为传递的主要过程。

2）悬浮效应

在微重力作用下,由于浮力极小甚至消失,液体中由于物质密度不同引起的沉淀和分层作用被极大地减弱。不同质量的物体都处于失重状态,没有轻重之分,物质的混合与悬浮变得可加控制。例如,合金熔体中由于重力作用引起的组分不均匀消失。

3）浸润于毛细效应

在微重力作用下,二次作用力成为主要因素,液体因表面张力的束缚,使得浸润现象和毛细现象加剧。

4）物理效应

利用微重力物理效应可以制备微观结构均匀的材料;制备无缺陷的、高质量的单晶、多晶体和半导体;利用无容器加工工艺可制成性能优异的金属玻璃、非晶态物质和亚稳态合金;利用微重力环境中液体形状主要由表面张力控制的特点,可制造椭圆度极小的滚珠等。因此,空间微重力环境是一种极具价值的资源。

5）燃烧效应

在空间微重力燃烧效应方面,由于浮力和自然对流极大减少,因此扩散燃烧的火焰形状将呈现与地面舌状不同的球形,且火焰面积变大。而对预先混合的燃烧,其性能也将受到微重力的影响而有较大的变化。

6）生物学效应

在空间微重力生物学效应方面,由于受到微重力环境的影响,生物的细胞分裂、生长、自我修复等都将发生变化。对植物来说,则可以利用空间微重力对其生长的影响,开展空间生物育种工作;对动物,尤其是高级动物的航天员来说,则需要加强空间微重力对血液系统、肌肉代谢、骨骼代谢、脑功能以及免疫系统等的影响。

4.5　空间等离子体环境与效应

4.5.1　空间等离子体环境

在太阳系,太阳及其活动是日地空间等离子体的主要来源。空间等离子体环境主要由电子、离子和中性粒子等组成。对地球轨道航天器来说,白天的轨道高度超过60km或者夜间轨道达到80km时,航天器将处于空间等离子体环境中的带电粒子包围中,这些带电粒子被航天器表面材料搜集,引起材料内部电场的改变,从而引发充放电效应,造成航天器上的组件或器件的短路或烧毁。其中,地球同步轨道(GEO)是人类航天探测活动的主要区域,而该区域的热等离子体可引起航天设备表面材料和深层介质充放电效应,导致航天设备内产生电磁干扰,诱发各种电子设备故障。

通常,将能量低于50keV的带电粒子归为等离子体环境。这些低能带电粒子,也会对航天器产生辐射效应。

根据轨道不同,可以将日地空间等离子体环境分为太阳风等离子体、磁层等离子体和电离层等离子体。其中,与地球轨道航天器充放电效应相关的主要为磁层等离子体和电离层等离子体。

磁层等离子体主要位于地球轨道1000km以上高度到磁层边界。当太阳风作用于地磁场后,使得地磁场受到太阳风的压缩而变形,从而导致向阳面(白天)的磁层顶受到压缩而离地球更近,背阳面(黑夜)的磁场受到拉伸而形成柱状拖尾。在磁层中,等离子体中的带电粒子受地磁场控制而沿磁力线运动。在磁场的两极,磁层顶接近于地球表面,太阳风粒子可以直接沿着磁力线进入磁层。当磁暴或地磁亚暴发生时,将产生极光。

电离层等离子体位于地球上方60km到几千千米之间,是由太阳电磁辐射、宇宙线和沉降粒子作用于地球高层大气,使之电离或解离而产生的由电子、离子和中性粒子构成的能量很低的准中性等离子体区域,温度为180~3000K。带电粒子中的电子和离子的运动除受到地磁场的制约外,还受到中性大气成分的碰撞制约,因此电离层等离子体是由电离部分的电离层和中性背景的热层(温度较高的中性成分)组成。

电离层结构,可用电离层特性参量电子密度、离子密度、电子温度、离子温度等的空间分布来表征,其中主要研究的是电子密度随高度变化而发生的分布变化。按照电子密度在垂直方向的分布特点,电离层可以分为D层、E层、F层。

D层:指位于电离层底部、高度60~90km的区域,是电离层中电离度较低的一层。由于大气稠密,电子与中性粒子和离子的碰撞概率高,无线电波在该层中衰减严重。D层中的离子密度大于电子密度,电子密度通常小于10^3。在夜间,电子大量减少,导致 D 层基本消失。

E 层:指位于 D 层之上、F1 层之下,高度 90 ~ 140km 的电离层区域。电子密度在 $10^3 \sim 10^5 cm^{-3}$。在中、低纬度地区,电子密度峰值所在的高度通常为 100 ~ 120km。在夜间,E 层电子密度峰值一般为 $5 \times 10^3 cm^{-3}$。E 层主要离子成分是 O_2^+ 和 NO^+。E 层由正常 E 层和偶现 E 层组成。正常 E 层的电子密度及高度受太阳天顶角和太阳黑子数的影响而变化。偶现 E 层是在 100 ~ 120km 上的异常电离区域,低纬度区域主要出现在白天,中纬度地区出现在夏季,极区主要出现在夜间。

F 层:指位于 E 层之上至电离层顶,高度一般为 140km 至几千千米的电离层区域。白天 F 层分为 F1 层和 F2 层,夜间 F1 层消失。F1 层高度为 140 ~ 200km。电子密度为 $10^4 \sim 10^5 cm^{-3}$。F1 层离子的主要成分为 NO^+ 和 O_2^+。F2 层高度范围为 250 ~ 450km,电子密度可达 $10^6 cm^{-3}$,电子密度峰值高度约为 300km。在 F2 层主要离子成分为原子离子,以 O^+ 为主,N^+ 次之。F1 层和 F2 层的高度随着季节而变化,夏季升高,冬季下降;F1 层主要出现在夏季白天。

地磁亚暴是发生在地球同步轨道所处的磁层区域的异常扰动,可对航天器带来严重伤害。因此,地球同步轨道的等离子体环境是航天科技领域重点关注的环境要素之一。

美国 NASA 在应用技术卫星(Applied Technology Satellite, ATS) ATS - 5、ATS - 6 和高轨道充电试验航天器(Spacecraft Charging at High Altitudes, SCATHA)获得的环境数据基础上,给出了供设计和评估用的平均等离子体环境和置信度为 90% 的最恶劣情况下的地球同步高度地磁亚暴等离子体环境参数,分别见表 4 - 3 和表 4 - 4,这是假定环境电流为各向同性,只考虑电子和质子,且用单麦克斯韦分布拟合的结果[7]。

表 4 - 3　地磁亚暴时 GEO 平均等离子体环境

航天器	ATS - 5		ATS - 6		SCATHA	
环境	电子	离子	电子	离子	电子	离子
数密度/(个·cm^{-3})	0.80	1.30	1.06	1.20	1.09	0.58
电流密度/(nA·cm^{-2})	0.065	5.1	0.096	3.4	0.115	3.3
平均温度/keV	1.85	6.8	2.55	1.20	2.49	11.2

表 4 - 4　GEO 轨道等离子体环境单麦克斯韦拟合参数

环境	一般环境		最劣环境	
参数	电子	粒子	电子	离子
数密度/(个·cm^{-3})	1.09	0.58	1.12	0.236
平均温度/keV	4.83	14.5	12.0	29.5

对电子来说,单麦克斯韦分布会低估低能电子数量;对离子而言,单麦克斯韦分布拟合对低能和高能端的离子数量估计均低于实际值。因此,发展了拟合结果相比单麦克斯韦分布与实际分布函数接近得多的双麦克斯韦分布。

GEO 附近(以及 25000km 以上的高轨、中高倾角轨道和大约 150km 高的极光区)的热等离子体中的电子和离子(质子)成分用双麦克斯韦分布函数表示如下:

$$F(v) = \left(\frac{m}{2\pi}\right)^{3/2} \left[\left(\frac{N_1}{T_1^{3/2}}\right) \exp\left(\frac{-mv^2}{2kT_1}\right) + \left(\frac{N_2}{T_2^{3/2}}\right) \exp\left(\frac{-mv^2}{2kT_2}\right) \right]$$

式中　N_1——组分 1 的数密度(cm^{-3});

　　　N_2——组分 2 的数密度(cm^{-3});

　　　T_1——组分 1 的温度(keV);

　　　T_2——组分 2 的温度(keV);

　　　m——粒子质量(kg);

　　　v——粒子速率(m/s);

　　　k——玻耳兹曼常数。

组分 1 和组分 2 分别代表粒子双麦克斯韦分布函数的两个组成部分。电子和质子的平均参数及其标准偏差分别见表 4-5 和表 4-6。

表 4-5　电子的平均参数及其标准偏差

参数	航天器		
	ATS-5	ATS-6	SCATHA
数密度 ND/cm^{-3}	0.80 ± 0.79	1.06 ± 1.1	1.09 ± 0.89
电流密度 $J/(nA \cdot cm^{-2})$	0.068 ± 2.7	0.096 ± 1.8	0.115 ± 2.1
能量密度 $ED/(eV \cdot cm^{-3})$	1970 ± 9700	3590 ± 9100	3710 ± 6820
能量通量 $EF/$ ($eV \cdot cm^{-2} \cdot s^{-1} \cdot sr^{-1}$)	$(9.8 \pm 3.5) \times 10^{11}$	$(2.17 \pm 2.6) \times 10^{12}$	$(1.99 \pm 2.0) \times 10^{12}$
组分 1 的数密度 N_1/cm^{-3}	0.578 ± 0.55	0.751 ± 0.82	0.780 ± 0.70
组分 1 的温度 T_1/keV	0.277 ± 0.17	0.460 ± 0.85	0.550 ± 0.32
组分 2 的数密度 N_2/cm^{-3}	0.215 ± 0.38	0.273 ± 0.34	0.310 ± 0.37
组分 2 的温度 T_2/keV	7.04 ± 2.1	9.67 ± 3.6	8.68 ± 4.0
平均温度 T_{av}/keV	1.85 ± 2.0	2.55 ± 2.0	2.49 ± 1.5
均方根温度 T_{rms}/keV	3.85 ± 3.3	6.25 ± 3.5	4.83 ± 2.9

表 4 - 6　质子的平均参数及其标准偏差

参数	航天器		
	ATS - 5	ATS - 6	SCATHA
数密度 ND/cm^{-3}	1.30 ± 0.69	1.20 ± 1.7	0.58 ± 0.35
电流密度 $J/(nA \cdot cm^{-2})$	5.1 ± 2.7	3.4 ± 1.8	3.3 ± 2.1
能量密度 $ED/(eV \cdot cm^{-3})$	13000 ± 9700	12000 ± 9100	9440 ± 6820
能量通量 $EF/$ $(eV \cdot cm^{-2} \cdot s^{-1} \cdot sr^{-1})$	$(2.6 \pm 3.5) \times 10^{11}$	$(3.4 \pm 3.6) \times 10^{11}$	$(2.0 \pm 1.7) \times 10^{11}$
组分 1 的数密度 N_1/cm^{-3}	0.75 ± 0.54	0.93 ± 1.78	0.19 ± 0.16
组分 1 的温度 T_1/keV	0.30 ± 0.30	0.27 ± 0.88	0.80 ± 1.0
组分 2 的数密度 N_2/cm^{-3}	0.61 ± 0.33	0.33 ± 0.16	0.39 ± 0.26
组分 2 的温度 T_2/keV	14.0 ± 5.0	25.0 ± 805	15.8 ± 5.0
平均温度 T_{av}/keV	6.8 ± 3.6	12.0 ± 8.4	11.2 ± 4.6
均方根温度 T_{rms}/keV	12.0 ± 4.8	23.0 ± 8.9	14.5 ± 5.3

很多情况下,标准偏差超过了平均值本身,主要原因是地球静止轨道环境的变动大。对应等离子体环境的双麦克斯韦分布拟合参数见表 4 - 7[8]。

表 4 - 7　GEO 轨道等离子体环境双麦克斯韦拟合参数

环境参数	一般环境		最劣环境	
	组分 1	组分 2	组分 1	组分 2
电子数密度/(个 $\cdot cm^{-3}$)	0.78	0.31	0.8	1.9
电子温度/keV	0.55	8.68	0.6	26.1
离子数密度/(个 $\cdot cm^3$)	0.19	0.39	0.9	1.6
离子温度/keV	0.8	15.8	0.3	25.6

目前,与 AE9 和 AP9 同步,美国 NASA 正在开发新一代等离子体环境模型 SPM,不久将会正式应用到型号研究工作中。

4.5.2　空间等离子体环境效应

卫星带电效应又称充放电效应,是指卫星与空间等离子体和高能电子等环境相互作用而发生的静电电荷积累及泄放过程,分为表面充放电效应和内带电效应。表面充放电效应是指卫星与空间环境相互作用下,电荷在卫星表面材料中积累和泄放的过程[9]。

航天器在轨运行期间,将处于低能等离子体环境的包围之中,其主要成分为低能电子和质子,主要来源于日冕物质抛射的太阳风。等离子体的粒子通量、能量等与太阳活动、光照、地球磁场、轨道空间位置等相关。等离子体环境将于航天器的表面材料相互作用,使航天器表面积累电荷。由于卫星的表面材料的介电性能、几何形状等不同,从而引起卫星表面之间、表面与深层之间、表面与卫星接地之间产生表面电位差,当这个电位差达到一定的量值后,将会以电晕、击穿等方式发生放电,或者通过卫星结构、接地系统将放电电流耦合到卫星电子系统中,导致发生电路故障,威胁卫星安全。

当航天器表面为等电位设计时,整个航天器表面将呈现出来一样的电位,这类航天器表面充电被称作为航天器绝对充电。航天器表面由于构成材料相异或结构的原因,而导致在与环境相互作用下表面电位呈现出来不一致,这类充电被称为航天器不等电位充电。

运行于太空中的航天器表面与周围的不同粒子都存在交换。假设航天器表面电位是ϕ;表面电位流入电荷流是$I_{\text{from surface}}(\phi)$;流出的电荷流为$I_{\text{to surface}}(\phi)$;表面电位吸引或排斥不同性质的电流分别为:表面入射离子流为$I_i(\phi)$,表面入射电子流$I_e(\phi)$,由入射离子诱发的二次电子流$I_{si}(\phi)$,由入射电子诱发的二次电子流$I_{se}(\phi)$,表面光电子流$I_{ph}(\phi)$,由入射电子引起的后向散射电子流$I_{be}(\phi)$。航天器表面与周围环境会很快形成电流平衡。航天器与周围环境电荷交换示意图如图4-9所示。

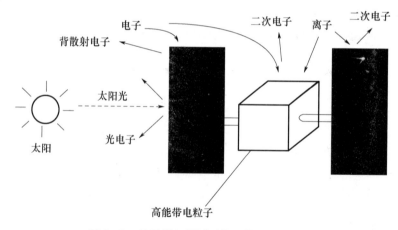

图4-9 航天器与周围环境电荷交换示意图

表面充电分为表面绝对充电和表面差异充电。表面绝对充电为整个航天器表面相对于周围等离子体,充电达到一个净电位。当航天器表面仅仅有导电材料组成时,因导体表面的电荷分布一致,航天器表面就会充有相同电压。

如果航天器表面材料选用了绝缘材料(如 Kapton、Teflon 等),会发生差异电位,航天器表面的不同部位会充有不同的飘浮电位。在 GEO 轨道,因等离子体密度很低,太阳辐射产生的光电子发射流在电流平衡公式中起重要作用。航天器光照面发射的光电子会取消电子流作用,使光照面电压为零伏左右;在背阳面,没有光电子存在,航天器表面充有负电位。随着背阳面负电位增加,会阻止向阳面光电子发射,从而整个航天器开始充负电位。这样航天器表面不同位置会带有约千伏的差异电位。

差异充电比绝对充电更具有危险性,其会导致航天器表面电弧或静电放电(ESD),从而引起航天器各种在轨异常。地球轨道表面充放电风险程度如图4-10[9]所示。

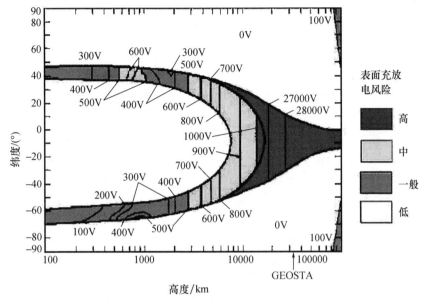

图4-10　地球轨道表面充放电风险程度[16]

表面充放电效应的主要危害包括:放电电流造成供配电系统烧毁、短路,破坏卫星能源系统;静电放电会击穿元器件,破坏卫星电子系统;放电产生的电磁脉冲干扰,会造成电路器件翻转;静电放电会击穿表面材料,影响材料性能;卫星带电会导致结构电位漂移,影响测量系统;卫星材料表面带电还会增强表面污染,影响传感器、窗口玻璃、镜头等性能。

4.6　空间粒子辐射环境与效应

空间辐射环境是引起航天材料和器件性能退化甚至失效的主要环境因素,可引起单粒子效应、总剂量效应、表面充放电效应、内带电效应和位移损伤效应等。空间辐射环境主要来源于太阳的辐射和星际空间的辐射,包括粒子辐射环境和太阳电磁辐射环境,这些辐射环境受太阳活动的调制。

4.6.1　空间粒子辐射环境

粒子辐射环境由电子、质子、少量的重离子等组成,主要包括星体俘获辐射带、太阳宇宙射线（Solar Cosmic Ray, SCR）、银河宇宙射线（Galaxy Cosmic Ray, GCR）[10]。本节将对近地轨道空间粒子辐射环境和环境模型分别介绍,深空星体辐射环境及模型将作为单独章节介绍。

近地轨道带电粒子辐射主要来源于地球辐射带、GCR、SCR,其主要成分是电子、质子及少量重离子等。

1）地球辐射带

地球辐射带是指地球磁层中被地磁场俘获的高能带电粒子区域,也称作地磁俘获辐射带。由美国学者范·阿伦（James Van Allen）于1985年首先发现,也称为范·阿伦（Van Allen）辐射带。地球辐射带是人造地球卫星上天后一个重要发现,卫星上的辐射探测仪器探测到在地球周围空间大范围内存在高强度的带电粒子区域,这些带电粒子被地磁场俘获。

根据俘获粒子的空间分布位置,可将地球辐射带分为内辐射带和外辐射带,图4-11所示为地球辐射带的示意图[5]。

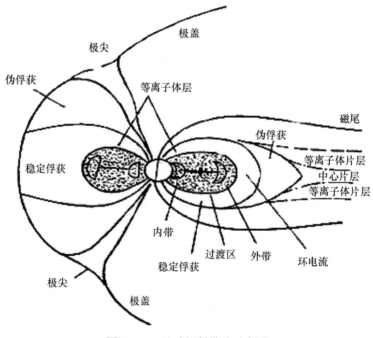

图4-11　地球辐射带的示意图

内辐射带在赤道平面上空100～10000km的高度（0.01～1.5Re, Re为地球半径）,纬度边界约为40°,强度最大的中心位置距离地球表面3000km左右[5,10]。内辐射带粒子成分主要是质子和电子,也有少量重离子。质子能量一般在几兆电子伏到几百兆电子伏,通量为10J/m²/s,电子的能量一般为几百千电子伏,能量大于0.5MeV的电子通量约为105J/m²/s。内辐射带受地球磁场控制相对稳定,大部分粒子密度的瞬态变化是由太阳活动诱使大气密度变化引起的。

外辐射带的空间范围广,在赤道平面高度 13000 ~ 60000km(3 ~ 10Re),中心位置在 20000 ~ 25000km,纬度边界为 55° ~ 70°。外辐射带主要由 0.1 ~ 10MeV 的高能电子和少量质子组成,外辐射带的质子能量低,其强度随能量增加而迅速减少,在地球同步轨道上能量大于 2MeV 的质子通量比银河宇宙射线小一个数量级。因此,外辐射带是一个电子带,电子能量范围为 0.04 ~ 4MeV。外辐射带受地球磁尾剧烈变化影响较大,粒子密度起伏较大,甚至可高达 1000 倍。

南大西洋辐射异常区(South Atlantic Anomaly, SAA)[11]是指位于南美洲东侧南大西洋的地磁异常区域,其磁场强度较相邻近区域的磁场强度弱,约是同纬度正常区域磁场强度的一半,即为负磁异常区,如图 4 - 12 所示。南大西洋辐射异常区是地球上面积最大的磁异常区,区域涉及纬度范围 10N ~ 60S、经度范围 20E ~ 100W,区域中心大约在 45W、30S 处,因它处于巴西附近,所以又称为巴西磁异常。由于南大西洋磁异常区是负磁异常区,使得空间高能带电粒子环境分布发生改变,尤其是内辐射带在该区的高度明显降低,其最低高度可降到 200km 左右,造成辐射带的南大西洋异常区。南大西洋异常区是引起低轨道航天器辐射危害严重的区域,是带电粒子诱发的异常或故障的高发区,通常在航天器轨道倾角超过 40° 的情况下,航天器在围绕地球轨道运动过程中将不断穿越南大西洋异常区,这时需要对南大西洋异常区带电粒子的影响给予高度关注。

需要注意的是,南大西洋异常区的粒子通量和区域面积受太阳活动调制影响较大,在太阳活动谷年和太阳活动峰年存在较大的差别。不同情况下监测的南大西洋异常区粒子能谱见图 4 - 12[12]和图 4 - 13[13]。

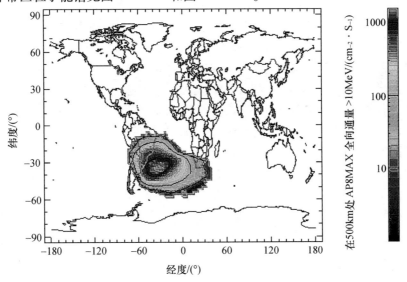

图 4 - 12　南大西洋异常区位置图

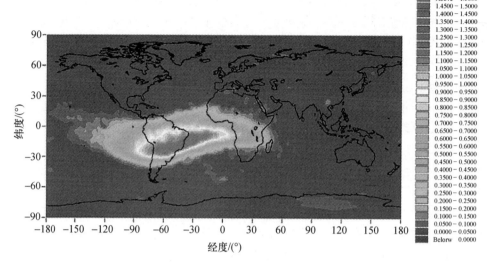

图 4 - 13 Doris 监测的南大西洋异常区

2）太阳宇宙射线

太阳耀斑爆发期间会发射大量高能质子、电子、重核粒子流，称为太阳宇宙射线。其中绝大部分由质子组成，因此，又被称为太阳质子事件。

太阳光球中的强磁场达到临界不稳定状态时，强磁场会突然调整、释放以便消除这种不稳定状态，从而发生太阳耀斑。太阳耀斑瞬时释放能量高达 10^{32} ergs[①]，占太阳总输出能量的 0.1%，持续时间从几分钟到数小时，使日冕温度提高到 2×10^7 K。伴随这种高温变化，大通量密度的粒子被加速并从太阳表面喷出，粒子成分主要是电子和质子。伴随辐射粒子的还有大量射电辐射和 X 射线辐射。

由于磁场结构的复杂性，粒子密度和能谱随地球上位置不同有很大变化。同一次太阳耀斑中，不同地球轨道位置上粒子通量密度变化可以达到 100 倍。

太阳耀斑与太阳活动有密切关系。太阳活动峰年时，太阳耀斑发生频率高。太阳活动谷年时，太阳耀斑发生次数少，但是耀斑的强度可能会更高。例如，1972年发生的太阳大耀斑发生在太阳活动峰年的 4 年以后。

伴随太阳耀斑会喷射大量高能质子，在太阳质子事件期间，同时发射 1MeV ~ 10GeV 能量范围的质子和重核粒子。依据太阳耀斑的大小，太阳宇宙射线粒子密度比银河宇宙射线高一个到几个数量级。美国海军实验室依据 1972 年太阳质子事件的探测数据建立了太阳耀斑模型，图 4 - 14 给出了 1AU 处太阳耀斑质子能谱。由图中可以看出最坏情况太阳耀斑质子通量密度比银河宇宙射线通量密度高5 个数量级[4]。

---

① 1ergs = 10^{-7} J。

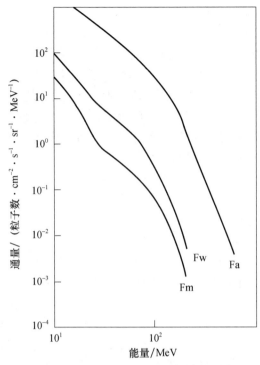

图 4 – 14　1AU 处太阳耀斑质子能谱
Fm——一般情况；Fw—恶劣情况；Fa—大异常情况。

太阳宇宙射线粒子的能量范围一般从 10 兆电子伏到几十吉电子伏。能量在 10MeV 以下的太阳粒子称为磁暴粒子，能量低于 500MeV 的太阳质子事件称为非相对论质子事件，能量高于 500MeV 的太阳宇宙射线称为相对论质子事件。相对论质子事件从太阳到地球的传输时间在 1h 之内，非相对论质子事件的传输时间从几十分钟到几十小时不等。太阳耀斑事件除产生大量质子外，还伴随少量的重离子。

在极区，少数宇宙射线粒子可沿磁力线沉降到磁层内；极区以外，仅少量能量特别高的宇宙射线粒子能穿透地磁场屏蔽进入磁层内；其他绝大部分宇宙射线粒子均被地磁场所屏蔽，从而不会对地球轨道航天器造成威胁。

3）银河宇宙射线

银河宇宙射线是来自太阳系以外的带电粒子，它由能量很高、通量很低的带电粒子组成，其中质子成分占 85%，α 粒子成分占 14%，重离子成分占 1%，粒子能量为 $100 \sim 10^{14}\mathrm{MeV}$，通量为 $2 \sim 4/(\mathrm{cm}^2 \cdot \mathrm{s})$。

银河宇宙射线在整个行星际空间的分布被认为是相对稳定、各向同性的。在整个行星际空间只具有小的各向异性。能量大于 5GeV 的质子，各向异性为 0.4%，10MeV 的质子则小于 0.1%。银河宇宙射线在行星际空间中传播时，受到行星际磁场的影响，它们的时间特性明显受到太阳活动的控制。特别是银河宇宙射线中的低能粒子,受太阳活动的影响最大。

4) 次级辐射粒子

对于初始粒子或原始粒子的低能组分,航天器防护层可有效减少其对航天器内部的辐射。然而,对于高能粒子,航天器内部的辐射有可能随着防护层厚度的增加而增加。这是由于高能原初粒子(主要是质子和离子)的一部分会与航天器自身材料的原子核发生相互作用,从而产生次级粒子,导致内部辐射增加。两种类型的核相互作用最为重要:①靶物质核碎片。高能带电原初粒子(俘获质子或银河宇宙射线质子),与航天材料的重核(例如铝核),或者与航天员身体的 C 或 O 原子核发生碰撞,产生两个或更多的次级粒子,包括产生中子、质子以及重核。②弹核碎片。当一个 HZE 粒子与靶核碰撞时,除了产生高能质子和中子之外,也能产生更大的弹核碎片,这些弹核碎片保留了大部分原初 HZE 粒子的动能。

5) 太阳活动对空间辐射环境的影响

日地之间的空间辐射环境变化主要受太阳活动的调制影响。太阳活动周期约为 11a,这一周期性变化是由它的磁场所驱动的,太阳磁场会产生带电粒子流,即太阳风。在太阳活动谷年,太阳活动很少,太阳风也很均匀;而在太阳活动峰年,黑子会大批出现,在黑子上方爆发的太阳耀斑会在太阳风中形成湍流,进而向宇宙空间喷射大量带电粒子流。在更上层的日冕中,伴随其中磁场能量的瞬间剧烈释放,会有数十亿吨的等离子体被抛射到宇宙空间中,形成对地球危害巨大的日冕物质抛射(CME),它对地球的磁场影响很大,进而将对地球辐射带产生影响。各类辐射粒子数量密度与太阳活动的关系见表 4 - 8。

表 4 - 8　各类辐射粒子数量密度与太阳活动的关系

辐射源	太阳活动谷年	太阳活动峰年
太阳风	低	高
太阳宇宙射线	低	高
银河宇宙射线	低	高
俘获辐射 - 电子	高	低
俘获辐射 - 质子	高	低

太阳宇宙射线的发生是随机的,并有几天的持续时间,在太阳活动峰年期间出现更频繁。太阳活动峰年对空间辐射环境的影响主要表现为太阳质子事件增多、日冕物质抛射和太阳电磁辐射增强几个方面。

4.6.2　空间粒子辐射效应

空间辐射环境主要包括粒子辐射和光子辐射,主要来自地球辐射带、太阳宇宙射线、银河宇宙射线、中子等。其中,带电粒子辐射成分主要是电子、质子及少量重离子,光子辐射主要来自太阳电磁辐射。对航天材料和器件影响较大的主要是紫外辐射、γ射线、X射线等。

空间辐射环境将对航天材料和器件带来严重的辐射损伤效应,主要包括单粒子效应、电离总剂量效应、位移损伤效应、表面充放电效应、内带电效应、等离子充放电效应、太阳电磁辐射效应等,见表4-9,不同空间辐射效应对航天器的影响见表4-10[14]。

表4-9 不同轨道对应的空间辐射环境及效应

轨道 效应	低地球轨道 (LEO)	太阳同步轨道 (SSO)	中高轨道 (MEO、HEO)	地球同步轨道 (GEO)	行星际 飞行轨道
单粒子效应	太阳质子、重离子,内辐射带质子,南大西洋异常区	太阳质子、重离子,内辐射带,南大西洋异常区	宇宙射线中的高能质子和重离子	宇宙射线中的高能质子和重离子	宇宙射线中的高能质子和重离子
电离总剂量效应	太阳宇宙射线,银河宇宙射线,内辐射带电子和质子,南大西洋异常区电子和质子	太阳宇宙射线,银河宇宙射线,内辐射带电子和质子,南大西洋异常区电子和质子,犄角区电子	太阳宇宙射线,银河宇宙射线,外辐射带电子	太阳宇宙射线,银河宇宙射线,外辐射带电子	太阳宇宙射线,银河宇宙射线
位移损伤效应	太阳质子、重离子,内辐射带质子,南大西洋异常区	太阳质子、重离子,内辐射带,南大西洋异常区	宇宙射线中的高能质子和重离子	宇宙射线中的高能质子和重离子	宇宙射线中的高能质子和重离子
表面充放电效应	忽略	高纬度地区遭遇极光沉降粒子	地磁活动时遭遇热等离子体	地磁活动时遭遇热等离子体	太阳风
内带电效应	忽略	忽略	高通量、持续时间长的高能电子	高通量、持续时间长的高能电子	忽略
等离子体充放电	忽略	高纬度地区遭遇极光沉降粒子	地磁活动时遭遇热等离子体	地磁活动时遭遇热等离子体	太阳风
太阳电磁辐射效应	太阳电磁辐射	太阳电磁辐射	太阳电磁辐射	太阳电磁辐射	太阳电磁辐射

表4-10 不同空间辐射环境效应对航天器的影响

空间辐射环境效应		对象	影响
单粒子效应 （SEE）	单粒子翻转 （SEU）	静态存储器（SRAM）	存储数据翻转,计算机指令混乱
		SRAM型FPGA	FPGA配置存储器内容改变,用户逻辑或数据发生错误
		CPU、DSP	电路逻辑功能混乱,程序错误、走飞或死锁
	单粒子锁定 （SEL）	体硅CMOS器件	发生SEL的器件形成不可控道路产生持续大电流,发生SEL的器件所使用的二次电源被突然陡增的电流损坏,对使用相同二次电源的其他仪器设备产生影响
	单粒子烧毁 （SEB）	功率MOSFET器件	被SEL产生的大电流烧毁,造成器件硬损伤,导致功率变换器或电源电压剧烈波动甚至烧毁,严重威胁航天器电子系统安全
	单粒子栅击穿 （SEGR）		
总剂量效应（TID）		电子元器件及材料	电子元器件及材料的性能漂移、功能衰退甚至失效
位移损伤效应（DDD）		太阳电池片	太阳电池短路电流和开路电压下降,输出功率降低
		光电耦合器、CCD	器件的电流传输比降低,光响应度降低
表面充放电效应		航天器表面材料、电子系统、涂层	静电放电产生的电磁脉冲通过辐射或传导进入卫星电子系统,对其产生影响甚至引发故障
内带电效应		航天器内部介质材料、电子系统、涂层	深层静电放电对电子系统产生干扰甚至引发电子电路故障
太阳电池阵等离子体充电		太阳电池阵	太阳电池阵短路,甚至失效
太阳电磁辐射效应		航天器外表面材料	外表面材料性能退化
		太阳电池	影响发电效率及光放电管理
		光学敏感器件,相机	产生背景噪声及杂散光干扰

由表4-9和表4-10可知,不同轨道航天器所面临的空间辐射效应有所不同,其中低地球轨道表面充放电效应、内带电效应和等离子体充放电效应可以忽略,内带电效应主要发生在中高轨道上。而不同空间辐射环境效应对航天材料、器件或分系统的损伤不同。

但从材料的分子层面上分析,空间辐射可引起材料分子的分解,增加出气,导致热光性能、电学性能和力学性能的改变,进而引起真空环境的效应、温度环境的效应、原子氧环境效应等如图4-15所示。

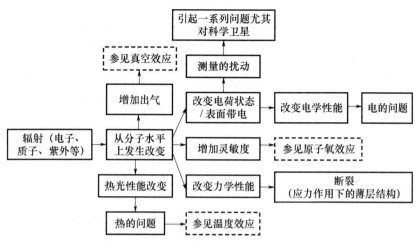

图 4 - 15　空间辐射环境对材料的效应关系

加强空间辐射环境效应的研究,对航天器的总体设计具有非常重要的意义。空间辐射环境效应的研究对航天器的任务设计、轨道选择、电源的设计、电子元器件及材料的选择与订货、航天器的构型及内部的布局、飞行程序和在轨管理等具有重要的参考价值。因此,需要加强空间辐射环境效应的研究。

下面将对空间辐射效应机理和空间辐射效应分别介绍。

空间辐射环境中的高能带电粒子或高能光子作用于航天器,可引起航天材料或器件的暂时性损伤或永久性故障。空间辐射环境对航天器的辐射损伤主要包括电离损伤和位移损伤等[15 - 17]。

1）电离损伤

电离损伤(Ionization Damage)是指入射粒子引起材料中的靶原子电离和核外电子激发,从而在材料中形成电子空穴对,使导电性能增加,导致半导体器件性能严重退化,引发单粒子效应、总剂量效应;而高能光子与聚合物材料作用,则会造成聚合物材料化学键断裂及形成新键,使其物理、化学性能退化。

具有一定能量的辐射,由于光电效应、康普顿效应、正负电子对效应或辐射粒子的碰撞,都可以把中性原子或分子上的电子激发或碰撞出来成为自由电子。失去电子的原子或分子成为荷正电荷的离子,就产生了电子 – 空穴对;自由电子能量足够时,会碰撞材料中其他中性原子或分子而产生新的电子 – 空穴对。一般荷电粒子穿过各种物质,只要损失大于30eV 的能量,就能产生一对电子 – 空穴对。这些过剩的电子 – 空穴对是造成电离损伤的主要来源。

在电场或温度的作用下,电子与空穴可能互相结合或发生位移。空穴相对于电子的移动能力较弱,易被俘获,俘获位置通常位于半导体和绝缘体的接触面,或大型材料内部。空穴俘获会提高漏电流,增加电力消耗,降低放大倍率,改变金属半导体氧化物(MOS)门电路的门线电压。

135

2）位移损伤

位移损伤(Displacement Damage,DD),也叫移位损伤,是指入射粒子与材料中的原子相互作用并发生动能交换,引起材料中的靶原子离开原来的位置,并产生空穴。被移位的原子可能与其他原子多次碰撞,产生位移链,如图4-16所示。原子位移产生的空穴或间隙原子通常具有较强的活泼电性,是半导体中的载流子源或载流子的俘获陷阱。

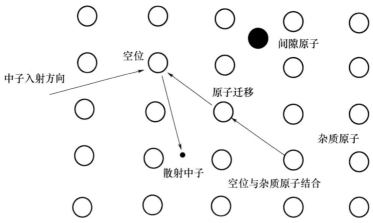

图4-16 空位-间隙原子形成及空位移动示意图

位移损伤也称为体损伤,是由非电离辐射产生的累积效应引起的。非电离辐射源包括各种能级的质子和离子、能量高于150keV的电子、星载放射性中子或产生的二次粒子等。对半导体而言,位移损伤最主要的影响是缩短少数载流子的寿命。对P型半导体,少数载流子是电子,对N型半导体,少数载流子为空穴。通常采用某一特定的粒子能量引起的损伤作为参考,其他能量的粒子可用一较高或较低的相对损伤因子进行度量。如对太阳电池的位移损伤,通常可选用1MeV的电子作为基准。

由于位移效应产生的损伤在一定温度的持续作用下,可引起缺陷损伤浓度的降低,称为退火效应。因此,可以通过热处理减缓辐射损伤,使某些受辐射损伤的器件性能得到一定的恢复。

3）光子损伤效应

光子与物质主要发生三种效应:光电效应、康普顿效应和产生电子-空穴对。

光电效应是指入射光子将所有的能量转移给受束缚的电子,使得电子逃离原子的束缚。通常认为,这种效应主要发生在光子能量小于50keV的情况。

康普顿效应是指入射光子将足够的能量传递给环绕原子核的电子或自由电子,使其激发,能量传递后的光子形成新的、能量较低的二次光子。康普顿效应主要发生在能量为50～5MeV的光子能量转移过程中,如γ射线辐射。

产生电子空穴对是指入射光子与原子核库仑力发生作用,进而形成正负电子对的过程。正电子是带有正电荷的不稳定电子。超过 2 个粒子静态质量（1.02MeV）的那部分能量表现为电子对的动能和反冲核。正电子的存活周期非常短,将在 8~10s 内与自由电子结合而湮灭,进而,这两个粒子的质量将转化为 2 个伽马光子,每个光子能量为 0.51MeV。产生电子空穴对是能量大于 5MeV 的光子的主要能量转移方式。

图 4-17 所示为 γ 射线与物质相互作用与 γ 射线能量和吸收原子序数关系。

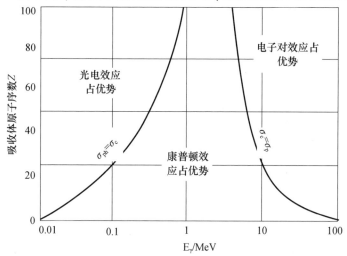

图 4-17　γ 射线与物质相互作用以及与 γ 射线能量和
吸收体原子序数关系图

空间粒子辐射可引起航天材料及由航天材料研制的元器件产生单粒子效应、总剂量效应、表面充放电效应、内带电效应和位移损伤效应等。下面分别介绍:

1) 单粒子效应

单粒子效应又称单事件效应,指高能带电粒子在器件的灵敏区内产生大量带电粒子的现象。它属于电离效应。当能量足够大的粒子射入集成电路时,由于电离效应(包括次级粒子的),产生数量极多的电离空穴-电子对,引起半导体器件的软错误,使逻辑器件和存储器产生单粒子翻转,CMOS 器件产生单粒子闭锁,甚至出现单粒子永久损伤的现象。集成度提高、特征尺寸降低、临界电荷和有效 LED 阈值下降等会使执单粒子扰动能力降低。器件的抗单粒子翻转能力明显与版图设计、工艺条件等因素有关[18]。

空间环境中高能带电粒子入射到器件后,经常会在器件内部敏感区形成电子-空穴对。电子-空穴对会形成能打开联结的信号,这些故障统称为单粒子现象(SEP)。航天器上的单粒子效应主要是由重离子和质子引起的,而质子也是通过与半导体材料的核相互作用产生重离子进而由重离子诱发单粒子效应。

单粒子效应按照损伤程度可以分为以下两类：

破坏性效应:单粒子锁定(single event latch – up,SEL),单粒子快速反向(Single Event Snapback,SESB),单粒子绝缘击穿(Single Event Dielectric Rupture,SEDR),单粒子栅击穿(Single Event Gate Rupture,SEGR),和单粒子烧毁(Single Event Burnout, SEB)。

非破坏性效应:单粒子暂态(Single Event Transient,SET),单粒子扰动(Single Event Disturb,SED),单粒子翻转(Single Event Upset,SEU),多位翻转(Multiple – Cell Upset,MCU),单粒子多位翻转(Single – word Multiple – bit Upset,SMU),单粒子功能中断(Single Event Functional Interrupt,SEFI),单粒子硬错误(Single Event Hard Error,SEHE)。

SEE 是包含所有效应的通用术语。对单粒子效应的研究经过 20 多年的发展,形成用许多首字母缩略词用来表示这些效应,其中最常见的是单粒子翻转(SEU)和单粒子锁定(SEL)。单粒子效应缩略语见表 4 – 11。

表 4 – 11　单粒子效应缩略语

缩略语	效应	描述
SEU	单粒子翻转	数字电路改变逻辑状态
SESB	单粒子快速反向	在 NMOS 器件,尤其是 SOI 器件中产生的大电流再生状态
SEL	单粒子锁定	器件转换到破坏性的、高电流状态
SEGR	单粒子栅击穿	在栅氧化物高场区由单个离子诱发形成的导电通道
SEDR	单粒子绝缘击穿	由单个离子在 FPGA 等线性器件的介质高场区造成的破坏性击穿
SEB	单粒子烧毁	功率晶体管的另一种破坏性失效模式
SMU	单粒子多位翻转	由一个入射粒子导致在存储单元多位的状态改变
SEFI	单粒子功能中断	器件进入不再执行设计功能的模式
SEMBE	单粒子多位错误	一个离子造成一个以上的逻辑状态改变
SET	单粒子暂态	暂态电流在混合逻辑电路中传播导致输出错误
SEHE	单粒子硬错误	单个离子造成的不可恢复性错误

2) 总剂量效应

与单粒子效应通常是由单个高能重离子或高能质子引起的机制不同,总剂量效应通常是由许多带电粒子长时间辐射累积引起的剂量效应。在航天器工程中,总剂量效应一般是指电离总剂量效应。

空间带电粒子入射到卫星吸收体(电子元器件或材料)后,产生电离作用,同时其能量被吸收体的原子电离而吸收,从而对卫星的电子元器件或材料造成总剂量损伤。总剂量效应具有长时间累积的特点,吸收体的损伤随着辐射时间的延长通常具有加重的趋势。这种效应与辐射的种类和能谱无关,只与最终通过电离作用沉积的总能量有关,属累积效应。总剂量效应是辐射效应中最常见的一种,它能够引起材料加速退化、器件性能衰退、生物体结构和机能受损等。空间辐射环境中对总剂量效应有影响的主要是地球辐射带的电子和质子,其次是太阳宇宙射线质子,辐射带俘获电子在吸收材料中的二次韧致辐射对总剂量效应也有着重要的影响,尤其是对卫星内部的电离辐射有着较大的影响。

总剂量效应的机理比较复杂,对不同的电子元器件或材料具有不同的损伤或退化机理。如一些半导体材料,则由于带电粒子辐射在材料内部产生电离的电子空穴对,进而影响材料的电学性能或光学性能;而对电子元器件,如 MOS 器件,带电粒子辐射在器件界面上生成一定数量的新界面态,进而将影响器件中载流子的迁移率、寿命等重要参数,进而对电子元器件的电学性能产生影响。

总剂量效应可导致卫星电子元器件或材料性能产生退化,甚至失效,主要表现为:温控涂层开裂、变色,太阳吸收比和热发射率衰退;高分子绝缘材料、密封圈等强度降低、开裂;玻璃类材料变黑、变暗;双极晶体管电流放大系数降低、漏电流升高、反向击穿电压降低等;MOS 器件阈电压漂移,漏电流升高;光电器件暗电流增加、背景噪声增加;等等。

对辐射剂量影响较大的一般为能量不高、通量不低、作用时间较长的空间带电粒子,主要是辐射带俘获电子和质子以及太阳耀斑质子等。

3)表面充放电效应

同等离子体引起航天器表面充放电效应一样,高能电子在航天器表面材料中的积累和泄放,也会引起航天器的表面充放电效应,造成航天器的材料、器件或组件的损伤或损坏。具体参见 4.5.2 章。

4)内带电效应

在太阳耀斑爆发、日冕物质抛射、地磁暴或地磁亚暴等强扰动环境下,大量的高能电子注入到地球同步轨道或太阳同步轨道中,使得能量大于 1MeV 的电子通量大幅增加。这些电子可直接穿透卫星表面蒙皮、卫星结构和仪器设备外壳,在卫星内部电路板、导线绝缘层等绝缘介质中沉积,导致其发生电荷累积,引起介质的深层充电,称为内带电(Internal Charging)。内带电是指空间高能带电粒子穿过卫星蒙皮、结构、设备外壳,在星内的电介质或未接地的金属内部输运并沉积从而建立电场的过程[19-22]。

由于星内电介质是高电阻绝缘材料,沉积在其中的电子泄漏缓慢。如果高能电子的通量长时间持续处于高位,介质中电子沉积率会超过泄漏率,其内建电场会逐渐升高,当超过材料的击穿阈值时,就会发生内部放电,也称静电放电(ESD)。同理,对于未接地金属,进入其中的电子不易泄漏,电子的逐渐积累使得该金属的与临近设备的电势差逐渐增大,当电势差增大到一定程度就会与临近设备发生放电,如图 4 – 18 所示[22]。放电所产生的电磁脉冲会干扰甚至破坏星内电子系统,严重时会使整个卫星失效。

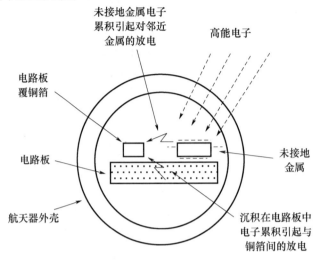

图 4 – 18　内部充放电的发生过程示意图

内带电效应有别于表面带电,内部充放电常常发生在的星内电子系统内部,与敏感器件非常接近,比如印刷电路板。表面带电发生在卫星表面,它引起的放电脉冲必将耦合到内部敏感部组件上,但会由于耦合因子的存在而发生衰减。和表面带电相比,内部充放电脉冲几乎毫无衰减地直接耦合到电子系统中,因而内带电对星内电子系统的危害更大。内带电的发生往往伴随着较大的空间辐射环境扰动事件,发生的概率相对较小,但是一旦发生,对卫星的影响将是致命的。

引起卫星内带电效应的电子能量范围为 100keV 到几个 MeV,一旦绝缘介质的电荷累积超过绝缘材料的自然放电阈值可引起绝缘介质的放电,引起对电子系统的干扰。近年来的多次航天器在轨,故障都被认为是内带电效应所致,如 SADA 功率环的放电等。内带电效应主要发生在中高轨道,其中内、外辐射带发生内带电的风险最高,如图 4 – 19[22] 所示。GEO 轨道处于外辐射带的边沿,也具有较高的内带电风险等级。

当航天产品遭受长时间、持续、高通量的高能电子注入时,航天产品材料内部就会沉积大量电荷,如果电荷的沉积速率大于泄放速率,材料内部场强就有可能达到材料的击穿电压阈值,随之深层放电就会发生。因此产生深层充放电效应的必要条件包括以下两条。

（1）轨道空间电子必须具备高通量、高能量、持续时间长三个要素,才会发生深层充电效应。美国空军实验室（USAF）推荐预报和警报高能电子引发深层充电效应的判据为:卫星轨道上有能量 E 大于 2MeV 的高能电子,并且电子通量 $\phi > 3 \times 10^8$ $(\mathrm{cm}^2 \cdot \mathrm{str} \cdot \mathrm{day})^{-1}$ 持续 3d 或者 $\phi > 3 \times 10^9$ $(\mathrm{cm}^2 \cdot \mathrm{str} \cdot \mathrm{day})^{-1}$ 持续 1d。美国

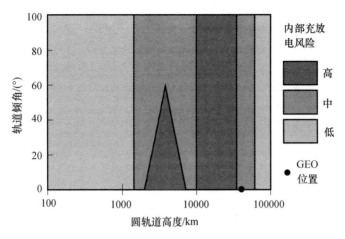

图 4 - 19　内带电效应发生的轨道

NASA 在 NASA - HDBK - 4002 中给出的判据为连续 10h 之内,大于 2MeV 的电子累计注量大于 $2 \times 10^{10} cm^{-2}$。

(2) 介质材料的电荷沉积条件,主要包括材料电阻率、材料电容等。通常,真空环境下,当介质材料的电阻率小于 $10^{12} \Omega \cdot cm$ 量级时,便可使沉积电荷得到及时泄放,材料中局部电场难以达到 $10^5 \sim 10^6 V/cm$ 的击穿阈值,就可以有效降低内带电程度并抑制放电的发生[22,23]。另外,深层充电是否发生还要取决于航天产品的屏蔽厚度。

5) 位移损伤效应

带电粒子入射航天材料或器件后,除通过电离作用产生总剂量效应外,还可能以不同的撞击方式使吸收体原子离开其位置,产生晶格缺陷,从而产生位移损伤。

地球辐射带俘获质子和太阳耀斑质子是对卫星电子元器件与材料产生位移损伤效应的主要来源。与电离总剂量效应用不同辐射剂量(rad 或 Gy)描述辐射损伤不同的是,位移损伤通常用等效粒子通量来描述。

光电器件主要有卫星太阳电池、光电耦合器、光纤等,它们对位移损伤比较敏感。卫星太阳电池在位移损伤作用下,可导致其短路电流 Isc 和开路电压 Voc 下降,电池输出功率下降。对位移损伤,有研究表明,利用等间隔温度递增(等时退火)后,会使位移缺陷浓度的自然下降。通过热处理可以延长辐射期间的寿命,退火可以使某些受辐射损伤的器件恢复性能。

空间环境中高能辐射粒子与卫星器件材料发生原子作用过程,其结果使得卫星材料晶格原子发生位移,空间中对器件位移损伤起重大作用的辐射粒子主要是质子和电子以及次级中子。位移损伤对半导体器件性能的影响过程如图 4 - 20 所示[24]。

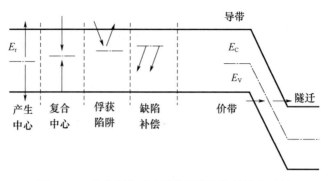

图 4 – 20　位移损伤对半导体器件性能的影响过程

位移损伤对器件影响作用过程如下[24]:①位移损伤形成的缺陷能级在禁带中心形成一个中间能级,使价带电子更容易跃迁到导带,从而增加器件的热载流子,使器件暗电流增加;②位移损伤形成的缺陷能级在禁带中心形成一个复合中心,使导带中的电子和价带中的空穴复合,这种作用会使载流子寿命缩短;③位移损伤形成的缺陷能级在禁带中心形成一个载流子陷阱,载流子陷阱俘获载流子后过一段时间再将它释放,在 CCD 器件中,这种作用会使电子转移效率降低;④缺陷能级补偿受主或施主,产生所谓的载流子去除效应,使平衡态多数载流子浓度降低;⑤缺陷能级产生缺陷辅助隧迁效应,对 PN 结反偏电流有贡献。

此外,位移损伤形成的缺陷结构会增加对载流子散射的影响,使载流子迁移率下降。

4.7　空间太阳电磁辐射环境与效应

4.7.1　空间太阳电磁辐射环境

空间电磁辐射首先来源于太阳辐射,其次来源于其他恒星的辐射和经过地球大气的散射、反射回来的电磁波,最后是来自地球人气的发光。

空间电磁辐射波段可以分为几个范围:软 X 射线波段,波长范围小于 10nm,光子能量在 0.1 ~ 10keV;远紫外波段,又称为真空紫外,波长范围在 10 ~ 200nm;近紫外波段,波长范围在 200 ~ 400nm;光发射波段(可见光和红外波段),波长范围在 400 ~ 2500nm。太阳电磁辐射波段分布图如图 4 – 21 所示,其中对紫外波段的划分和称谓,不同的文献略有不同。空间电磁辐射能量主要来源于太阳电磁辐射。根据美国的 ASTM 490 标准,在地球轨道上,太阳电磁辐射位于地球大气层外,在距离太阳一个天文单位处,并垂直于太阳光线的单位面积上,在单位时间内接收到的太阳总电磁辐射能量约为 1353W/m²,这一能量又称为太阳常数。其中可见光、红外辐射波段这部分能量约太阳常数的 91.3%,为 1235W/m²。近紫外波段这部分能量约为太阳常数的 8.7%,为 118W/m²。远紫外(真空紫外)波段这部分能量约为 0.1W/m²,占太阳常数的 0.007%。X 射线(10nm 以下),能量约为 2.5×10^{-6} W/m²。太阳光谱能量绝大部分集中在光发射波段,这部分光波主要会引起材料表面温度变化。X 射线能量通量很小,主要由太阳耀斑产生,所以受太阳活动的影响,可以作为短期突发事件研究。而紫外波段虽然能量在太阳常数中所占的比例很低,但是由于光子能量高,会打断大多数材料的化学键,造成材料性能退化。所以在地球轨道上,研究长时间的空间电磁辐射对材料性能的退化主要是针对紫外波段的。

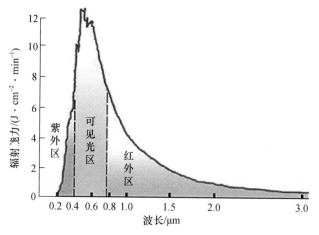

图 4-21　太阳电磁辐射波射分布图

1976 年,美国宇航局根据高空平台的观测结果,发布的太阳常数值为 1353(±21)W/m²;根据 1978—1998 年 6 颗卫星上的观测平台近 20 年连续不断地观测结果,得出的太阳常数值为 1366.1W/m²,标准差为 425×10^{-6},0.37% 的波动范围为 1363 ~ 1368W/m²。20 年卫星数据揭示了太阳常数也存在不同时间尺度的波动。1957 年国际地球物理年决定采用 1380W/m²。世界气象组织(WMO)1981 年公布的太阳常数值是 1368W/m²。多数文献上采用 1367W/m²。太阳常数也有周期性的变化,变化范围在 1% ~ 2%,这可能与太阳黑子的活动周期有关。

4.7.2　空间太阳电磁辐射效应

太阳电磁辐射对航天器的在轨运行具有重要的影响,尤其是紫外波段,虽然其能量比例较低,但由于其光子能量较高,可对航天器在轨运行带来严重的威胁[23]。高能光子对航天材料的效应影响关系如图 4-22 所示。

高能光子对航天材料的效应影响主要包括以下几个方面:

1)对热控系统的影响

对于长期在轨运行的航天器,太阳紫外辐射会使热控涂层和材料性能退

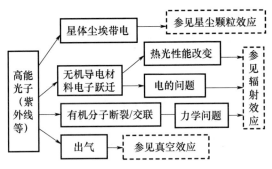

图 4-22　高能光子对航天材料的效应影响关系图

化甚至失效,这将导致其超过热设计的允许范围,使航天器难以满足热平衡的需要。

2) 对绝缘及密封材料的影响

太阳电磁辐射中的紫外辐射,由于其具有较高的频率和较短的波长,因此其对高分子材料具有重要的影响。通常,绝缘材料均由高分子材料组成,在长期的紫外辐射作用下,高分子材料将变脆变硬,甚至开裂,这将对绝缘及密封材料带来致命威胁。

3) 对光学材料的影响

能量较高的紫外光将引起高分子材料的价键断裂,从而释放出大量的分子污染,这些分子污染凝结在光学材料表面,将引起其透射率降低,从而影响其在轨性能。

4) 对生物体的影响

紫外辐射及 X 射线辐射等由于具有较高的能量,可在不同程度上损伤人体器件和眼睛,尤其是对航天员的在轨执行任务具有较大的威胁。

紫外辐照对高分子材料有两种不同效应:瞬态效应(剂量率效应)和累积效应(总剂量效应)。其中瞬态效应是可逆的,当外界紫外辐照撤掉后,高分子材料的性能基本保持不变;累积效应则是不可逆的,高分子材料在长期紫外辐照后发生成分和结构的变化,造成材料性能退化。

(1) 瞬态效应。

空间紫外辐射对材料造成的影响类似于 γ 射线辐射。图 4-23[26] 所示为短期 γ 射线辐照对高分子材料电导率的影响。在短期 γ 射线辐照(起止时间对应于图 4-23 中的 a 和 b)下,高分子材料电导率的变化明显分为三个阶段:导电率上升(A 阶段)—保持(B 阶段)—恢复至初始状态(C 阶段)[27,28]。可以看出,高分子材料电导率的变化是与辐照对材料内部成分和结构造成的影响密不可分的。

据此可以推断:在紫外辐照的 A 阶段,电导率迅速增大,说明在高分子材料中新产生了大量具有极性的自由基。如前所述,辐照后高分子材料中出现大量处于

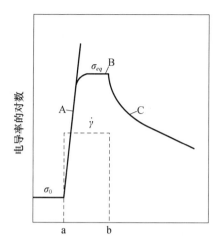

图 4 - 23　短期 γ 射线辐照对高分子材料电导率的影响

激发态的高分子链,但激发态分子链还是电中性的,不参与导电,只有发生共价键断裂后形成的具有强极性自由基才能参与导电过程。

激发态的高分子链保持约为 10^{-8} s,随后发生共价键的断裂而形成强极性自由基,即 $RH \xrightarrow{h\nu} RH^* \rightarrow R^{\cdot} + H^{\cdot}$。大量强极性自由基($R^{\cdot}$ 和 $H^{\cdot}$)导致发生本征解离,产生大量导电离子并使电导率快速增大。

在 B 阶段,高分子材料的电导率不再随时间发生显著变化,并逐渐达到一个稳定值,说明其内部极性自由基的浓度到达稳定而不随时间变化。这是因为处于激发态的高分子链不参与导电,$RH^* \overset{k}{\underset{}{\rightleftharpoons}} R^{\cdot} + H^{\cdot}$ 是一个可逆反应过程。在一定辐照剂量率下,处于激发态分子链 RH^* 浓度是一定的,上述分解过程很快达到平衡,由共价键断裂所形成的极性自由基数目不随时间变化,因此高分子材料电导率达到最大值并且保持不变。此时若停止辐照(C 阶段),处于激发态的高分子链随即消失,化学反应向反方向移动恢复到高分子链的初始状态,导致高分子材料电导率逐渐下降。从以上分析可知,正是由于存在 $RH^* \overset{k}{\underset{}{\rightleftharpoons}} R^{\cdot} + H^{\cdot}$ 的平衡过程,因此辐照瞬态效应是一个可逆的过程。

短期辐照时高分子材料的最大电导率取决于辐照剂量率。辐照剂量率对高分子材料电导率的影响如图 4 - 24[28] 所示。

从图 4 - 24 可知,高分子材料电导率与辐照剂量率成显著的线性正比关系。这是因为辐照剂量率实质是单位时间内入射到高分子材料内的光量子数量,这个数量决定于处于激发态分子链的数量。处于激发态高分子链的数目越多,则发生共价键断裂的高分子链数目越多,在其内部产生的强极性自由基也越多。自由基浓度的增加最终导致电导率上升。因此,随着外界辐照剂量率的增大,会使电导率上升,绝缘电阻下降。

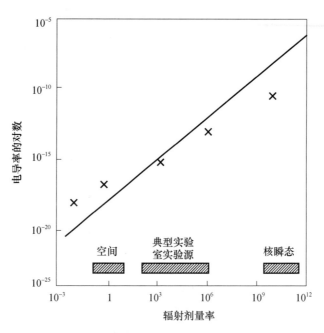

图4-24 辐照剂量率对高分子材料电导率的影响

（2）累积效应。

在固定辐射剂量率的长期辐照下，当总辐照剂量超过一定值后，发生不可逆的化学反应，形成新的成分和分子链结构，从而导致高分子材料性能下降。如前所述，在紫外辐照下高分子材料内部产生大量强极性自由基，这些极性自由基重新结合后形成分子链的交联及其他多种小分子，改变了高分子材料的成分和结构，最终导致材料性能的下降。

从化学反应机理来看，高分子材料在辐照后其化学反应分为两类：①高分子链交联。即高分子材料的分子量增加，当辐照剂量足够高时，生成三维的网状结构。②高分子链断裂。即平均分子量降低，材料软化，强度下降。图4-25所示为高分子链破坏的两种途径[29,30]。

高分子材料在辐照作用下无论发生交联还是降解反应，都与高分子链的化学结构有关。若高分子材料—CH_2—基团的 α 位置上的碳至少有一个氢原子，如—$(CH_2—CH_x)_n$—结构，则此高分子材料辐照交联占优势；若 α 位置上的碳原子无氢原子，如—$(CH_2—CR_2)_n$—结构，则此高分子材料辐照降解占优势。高分子材料辐照交联和降解反应是同时存在并互相竞争的两类反应，依据不同的反应条件，即使是同一种高分子材料，也是时而以交联为主，时而以降解为主，变化机理复杂。例如，PTFE一直被认为是一种典型的辐照降解型材料，当其处于340℃左右的熔融状态时，在无氧条件下进行辐照后会发生交联反应。PE材料在受到辐照总剂量达 10^6Gy 之前主要发生交联反应，其拉伸强度增加；当辐照总

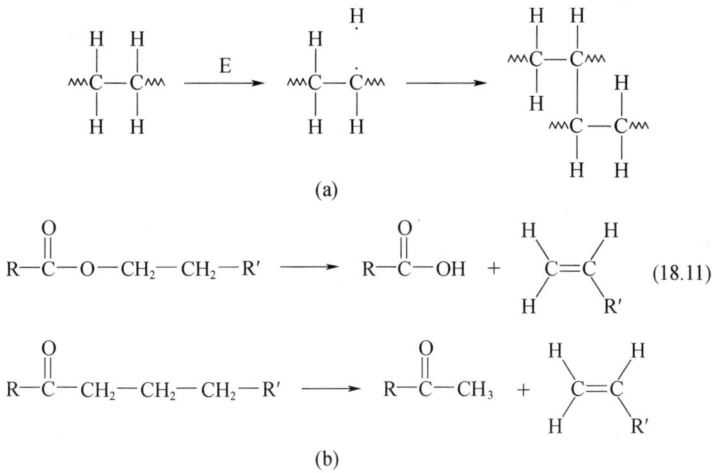

(a)

$$R-\overset{\overset{\displaystyle O}{\|}}{C}-O-CH_2-CH_2-R' \longrightarrow R-\overset{\overset{\displaystyle O}{\|}}{C}-OH + \overset{H}{\underset{H}{>}}C=C\overset{H}{\underset{R'}{<}} \qquad (18.11)$$

$$R-\overset{\overset{\displaystyle O}{\|}}{C}-CH_2-CH_2-CH_2-R' \longrightarrow R-\overset{\overset{\displaystyle O}{\|}}{C}-CH_3 + \overset{H}{\underset{H}{>}}C=C\overset{H}{\underset{R'}{<}}$$

(b)

图 4 – 25　高分子链破坏的两种途径

(a)高分子链交联;(b)高分子链断链分解。

剂量达 10^8 Gy 之后发生降解反应,其拉伸强度仅为初始强度的 75% ,力学性能下降严重[30]。

随着辐照时间的延长,相当于外界对高分子材料持续做功,那些倾向于交联的高分子材料其交联程度增加,使强度和韧性增大,最终导致其变脆;而那些倾向于发生降解的高分子材料将变得薄弱,并不断释放出小分子气体,如 H_2、H_2O 等,破坏高分子材料原有成分而使其性能退化。累积效应通常导致不可逆的化学反应,一般绝缘高分子材料达到永久破坏的程度所需总剂量达 10^5 Gy 以上,具体到某种高分子材料破坏到一定程度所需总辐照剂量主要通过实际测量的方法来确定。

特别需要指出的是,除了辐照外,其他环境条件也会造成高分子材料性能的退化,如环境温度、湿度、大气压力、气分、材料中第二相添加物等都会对材料性能退化产生重要影响。例如,PTFE 材料在无氧环境条件下比有氧环境条件下其辐照耐受总剂量要高 1 ~ 2 个数量级,差异较大,因此环境综合效应是必须考虑的。

例如,某型号任务期间,需要在卫星外表面使用捆绑匝带对产品进行固定,为此,型号设计人员委托某材料研制单位研制绳带,并研制出了几种试样。但在材料的研制过程中,虽然充分考虑了材料绳的强度,但没有考虑该绳的空间环境适应性问题。通过紫外辐照试验发现,其中几种经过特殊处理的绳带,出现了严重的放气效应,对周围环境造成了严重的污染,如图 4 – 26 所示。由图 4 – 26 对比可以看到,在真空环境下紫外辐照后,在样品台周围沉积了厚厚的黄色油状物,分析是由于绳带在真空环境和紫外辐照环境下,放气形成污染物沉积而成。

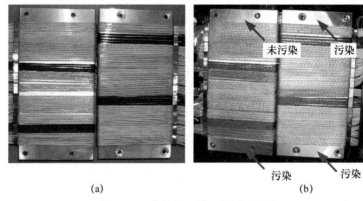

图 4 - 26　紫外辐照前后的样品形貌

(a)辐照前;(b)辐照后。

4.8　空间大气环境与效应

4.8.1　空间大气环境

空间大气环境可以分为中性大气环境、生命保障气体环境和航天器上升与再入气体环境。

1）中性大气环境[4]

在 200 ~ 700km 高度的轨道高度上,气体总压力为 10^{-5} ~ 10^{-7} Pa,环境组分有 N_2、O_2、Ar、He、H 及 O 等,相应的粒子密度为 10^6 ~ 10^9 。原子氧在残余大体中占主要成分。

大量研究表明,波长小于 240nm 的太阳紫外光对大气残余气体中氧分子的光致解离是产生原子氧环境的主要机理。在 LEO 环境中,主要环境组成为原子氧 O 和分子氮 N_2,其中原子氧含量约为 80% ,分子氮约为 20% 。原子氧是氧分子经受太阳紫外线($\lambda \leqslant 243$nm)辐照而产生的:

$$O_2 + h\nu - O(^3P) + O(^1D)$$

$O(^1D)$ 原子的寿命仅有 110s 左右,然后其向稳定的基态 $O(^3P)$ 跃迁,发射出一个光子来。

在 LEO 环境中,由于总压极低处于高真空状态,$O(^3P)$ 与第三种粒子碰撞概率极小,因此能维持 LEO 环境中的原子氧状态。

原子氧在轨道上的体密度为:

200km:5×10^9 个/cm^3;

600km:5×10^6 个/cm^3 。

原子氧在轨道上的热动能并不高,一般为 0.01 ~ 0.025eV,对应温度一般为

1000～1500K。但是，轨道上航天器的典型速度为8km/s，其与原子氧粒子的碰撞动能为5.3eV。同约5×10^4K的原子氧与表面作用等效。因此，这种原子氧以罕见的高温氧化、高速碰撞与材料表面作用的结果是非常严重的。国外航天界专家一致认为原子氧是低地球轨道最危险的环境因素之一。

在高度为20～100km的临近空间区域，中性大气主要包括水汽、臭氧等。其臭氧的产生原理和低地球轨道氧原子的产生原理有相似之处。

2）生命保障气体环境

对载人航天器来说，航天员乘用舱内要充满适合航天员生存的保障气体，成分主要为氧气和排除的二氧化碳等，此外，还要有一定的湿度和温度，即存在一定的水汽。同时，由于温度、水、氧气和二氧化碳等的存在，乘用舱内还可能生存一定数量的细菌群体，这些细菌可能存在舱壁材料上或者飘浮在保障气体中。

3）航天器上升与再入气体环境

航天器上升或再入过程中，其较高的速度将与周围的气体发生剧烈的摩擦，这些气体主要为星体轨道附近的大气，摩擦产生高温。在高温和气体成分的作用下，航天器的表面材料可能与其发生化学反应，从而产生新的气体成分。

4.8.2 空间中性大气效应

中性大气环境中，对航天器影响最大的是低地球轨道原子氧或临近空间的臭氧环境。

原子氧是航天器在低地球轨道的主要大气成分，绕地球运动的航天器迎风面材料将与原子氧发生氧化反应，引起材料的侵蚀、剥离和氧化层的存在，如图4-27所示。

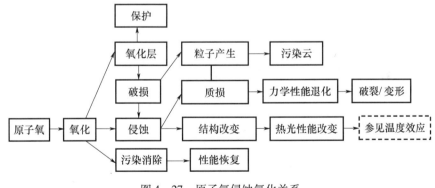

图4-27　原子氧侵蚀氧化关系

原子氧对航天器表面的高温氧化、高速撞击会使大部分有机材料产生严重剥蚀，产生质量损失、厚度损失，使光学、热学、电学及机械参数退化，造成结构性材料强度下降、功能性材料性能变坏。原子氧氧化剥蚀过程还会造成航天器敏感表面的污染。这些会导致航天器性能下降、寿命缩短、系统设计目标失败，对航天器长寿命、高可靠技术带来严重威胁。

1）原子氧对聚合物材料的作用效应

绝大部分聚合物材料对原子氧效应都很敏感。聚酰亚胺（Kapton）是一种典型航天器常用的有机高聚物薄膜，由于具有密度小、高比强、高比模、热膨胀系数小、耐酸碱、耐氧化、抗紫外辐照、抗辐射和柔韧性好等优点，被广泛用于空间站的电力系统上。通常，太阳电池安载在柔性或刚性的垫子上。柔性垫大多数采用Kapton。Kapton膜单面或双面暴露在AO环境中，表面剥蚀严重，如果不加保护，在一个太阳周期内就会完全消失，而危及它的供电系统。

2）原子氧对复合材料的作用效应

复合材料由于其出色的力学性能被广泛应用在航天器结构设计中。根据需要选择不同成分的材料和比例，复合材料的性能会有很大变化，它们在原子氧环境中的稳定性、耐久性也会有很大区别。

环氧碳纤维材料是大型航天器结构常用的面板材料，由于环氧树脂和碳纤维均对原子氧比较敏感，所以在暴露原子氧环境后剥蚀严重。经过原子氧暴露后，复合材料表面环氧树脂被完全剥蚀掉，下面的碳纤维结构暴露出来。

环氧玻璃纤维复合材料的玻璃纤维有很好的抗原子氧剥蚀性能，当表面环氧树脂被剥蚀露出玻璃纤维后，就形成了一层抗原子氧防护层，阻止了原子氧效应对这种复合材料的进一步剥蚀，在原子氧环境中表现出较好的稳定性和耐久性。

3）原子氧对金属材料的作用效应

大部分金属暴露原子氧后生成致密的金属氧化膜，这层金属氧化膜具有很强的抗原子氧防护性能，这层防护膜会阻止原子氧与下面金属层的进一步氧化反应。对原子氧比较敏感的金属有银、锇。银与原子氧效应作用后生成疏松的氧化银层，受轨道高速原子氧粒子流攻击后，原子氧粒子会穿透疏松的氧化银层进入银基底，与下面的银继续反应。氧化银层在高速原子氧粒子流的撞击下还可能剥落，使下面的银表面裸露出来。锇暴露原子氧环境后生成挥发性的四氧化锇气体，使新鲜的锇表面不断暴露出来，继续与原子氧效应发生作用。

4）原子氧对温控涂层的作用效应

温控涂层是航天器重要的功能性材料。温控涂层有温控漆、温控毯、镀铝薄膜三类。

温控漆由粘接剂和颜料混合而成，由于不同漆的粘接剂和颜料粒子的种类与比例不同，有些漆对原子氧敏感，有些漆在原子氧效应中的稳定性、耐久性比较好。温控漆在原子氧环境效应下可能出现太阳吸收比增加、质量损失等现象，导致温控设计出现偏差、航天器温度升高等异常现象。

柔性二次表面镜、镀铝聚酰亚胺多层绝热材料、Beta布等温控毯材料在原子氧效应作用下，出现厚度损失、表面粗糙度增加而漫反射系数变大、太阳吸收比增加等损伤退化现象。原子氧效应还会使银镀层与基底材料剥离,造成镜面反射率消失等现象。

阳极化铝、镀铝 MgF_2 等镀铝薄膜材料在原子氧环境中的稳定性比较好,暴露原子氧环境后太阳吸收比不变或略有增加。

5)原子氧对润滑材料的作用效应

空间润滑材料通常有油、油脂、固体润滑膜等。油、油脂暴露原子氧环境后会发生氧化,碳、氢等成分与氧产生挥发性气体,使润滑材料结构成分发生变化,润滑性能下降甚至失效。通常,结构设计时应考虑润滑面的密封性,避免油、油脂直接与空间环境发生作用。常用固体润滑膜是二硫化钼,与原子氧环境作用后会生成氧化钼,摩擦系数变大,润滑性能变坏。因此,固体润滑膜的结构设计也应避免润滑面受到原子氧的作用。

6)原子氧对密封材料的作用效应

密封结构通常有 O 形密封圈、橡胶板、垫圈、对接机构的密封表面等,材料有橡胶、金属、聚合物等。原子氧对密封面的剥蚀程度主要由密封材料的性能决定。一般密封面与原子氧不接触或接触部分很少,通常不会对密封材料造成损伤。考虑到载人航天器及空间站的有些密封对接面可能暴露在空间环境中,应该对密封材料和密封结构进行原子氧暴露试验。

臭氧和航天材料的作用与氧原子和材料的作用类似,此处不再赘述。

生活保障气体与航天器舱内材料作用,将引起一系列的反应,其关系如图 4-28 所示。

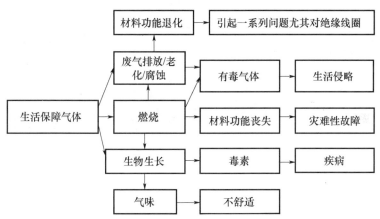

图 4-28　生活保障气体与材料作用关系

航天员在轨生活过程中将排除一定的废气,在轨燃烧也会产生废气,这些气体可能引起材料功能退化或者对航天员产生损伤,引起航天员生理出现不适或者航天器出现故障。而生活保障气体与航天员乘用舱的微生物发生作用,产生副产物毒素和气体,可引起航天员不适甚至生病。

4.9 空间碎片及微流星体环境与效应

4.9.1 空间碎片及微流星体环境

微流星体是指起源于彗星和小行星带并在星际空间中运动的固态粒子。微流星体可能与航天器发生撞击并导致航天器的损伤,损伤的种类与程度取决于航天器大小、构型、工作时间以及微流星体质量、密度、速度等特性。这种撞击损伤包括压力容器的破裂、舷窗的退化、热控涂层的层裂、热防护性能的降低和天线系统的损伤等[33]。

空间碎片(亦称太空垃圾)是人类航天活动遗弃在空间的废弃物,是空间环境的主要污染源。从1957年发射第一颗人造地球卫星以来,空间碎片总数已经超过4000万个,总质量已达数百万千克,地面望远镜和雷达能观测到的空间碎片平均每年增加大约200个,大于10cm的空间碎片现在已经超过了19000个。空间碎片主要分布在2000km以下的低轨道区,它们对近地空间的航天器构成严重威胁。低地球轨道和地球同步轨道空间碎片分布示意图如图4-29[32]所示。

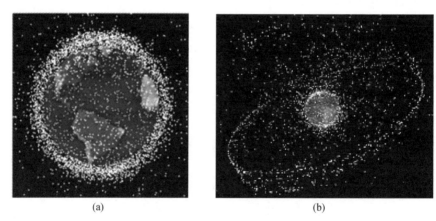

(a)　　　　　　　　　　　　　(b)

图4-29　低地球轨道和地球同步轨道空间碎片分布示意图

(a)低地球轨道碎片分布;(b)地球同步轨道碎片分布。

目前国内外重点研究对象是空间碎片,空间碎片和航天器的平均撞击速度是10km/s,厘米级以上的空间碎片可导致航天器彻底损坏,其破坏力之大几乎无法防护,唯一的办法是躲避。毫米级的空间碎片也对航天器构成威胁,是航天器防护的主要对象,微米级的空间碎片数量很大,虽然单次撞击的后果不十分严重,但累积效应仍会导致航天器性能下降和功能失效,因而仍需要在设计时采取相应对策加以防护。

4.9.2　空间碎片及微流星体撞击效应

航天器发射入轨后,即处于空间碎片环境之中。通过对回收的航天器表面分析、探测器测量数据和地基观测结果分析,大致了解了地球轨道上空间碎片的尺度及其组成情况。空间碎片尺寸范围包含微米级、毫米级、厘米级,甚至米级,其中,厘米级及其以上空间碎片主要是运载火箭上面级、任务终了的航天器、工作时遗弃的物体、意外的解体碎片、三氧化二铝残渣、钠钾颗粒等;毫米级空间碎片主要是航天器表面剥落碎片、溅射物、三氧化二铝残渣、钠钾颗粒、微流星体、意外的解体碎片等;微米级空间碎片主要包含剥落碎片、溅射物、三氧化二铝粉尘、微流星体等[4]。

不同尺度的空间碎片对航天器所造成的危害方式、程度不同,其对策及研究手段各异。空间碎片尺度特征与危害及对策见表4-12。空间碎片危害航天器安全的最主要物理特征是由超高速撞击导致的机械损伤效应,航天器安全防护的对象主要是毫米级及微米级空间碎片。空间碎片撞击产生的效应原理关系如图4-30所示。

表4-12　空间碎片尺度特征与危害及对策

空间碎片尺度	0.1mm以下	0.1～10mm	10～100mm	100mm以上
主要危害	长期累积导致表面砂蚀,光敏性部件下降、辐射性能改变	导致舱壁成坑或穿孔,使密封舱或压力容器泄漏	存在穿孔、破裂的危险	对航天器存在毁灭性危害
对策措施	进行失效或功能下降评估并优化总体设计方案	优化总体设计方案并设置防护结构	尚无有效对策	预警规避
地面模拟设备	等离子体加速器、静电加速器、激光驱动加速器等	二级轻气炮、聚能加速器等	充分地进行地面模拟尚存在困难	尚无有效的地面模拟手段

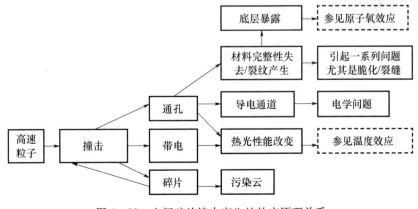

图4-30　空间碎片撞击产生的效应原理关系

大于 10mm 的空间碎片将导致航天器毁灭性损坏,目前能够通过地基望远镜或雷达测定其轨道,采取预警规避的策略有效地防止其伤害;厘米级空间碎片也可以导致航天器彻底损坏,目前尚无切实可行的防护措施,唯一办法是在航天器设计及运营上,设法降低使航天员及航天器发生致命性损害的风险;毫米级空间碎片能够导致航天器表面产生撞坑甚至使舱壁穿孔,撞击部位不同,危害的程度也会有很大差异。以 10km/s 的撞击速度为例,1mm 铝质空间碎片能够穿透约 2mm 的铝合金板,其穿孔直径达到约 4mm;10mm 的空间碎片能够击穿约 20mm 铝合金板,其穿孔直径近 50mm;微米级空间碎片的单次撞击对航天器的结构强度不会造成直接的影响,但其累积撞击效应将导致光敏、热敏等器件功能下降。尺寸为 1μm 的空间碎片撞击铝制舱壁其撞击坑直径达 4μm,深度约 2μm;撞击玻璃舷窗其损伤区域直径约达 100μm,撞击坑深度约 3μm;撞击热控隔热层可以形成约 7μm 的孔洞。尽管损伤尺寸较小,但是它依然可能造成微小的影响,例如降低光学表面的光洁度、改变热控辐射表面的辐射特性、击穿防护原子氧腐蚀的保护膜等。由于这种尺寸的空间碎片数量巨大,例如在 800km 高的太阳同步轨道上,每 $1m^2$ 面积上 1a 大于 $1μm$ 空间碎片的累积通量约达近 30000 个,其损伤累积效应将导致光学表面发生化学污染、凹陷剥蚀或断裂,破坏太阳电池阵的电路及热防护系统等航天器的易损表面,使航天器功能下降或失效。

实际上无论载人还是非载人航天器,空间碎片对其所造成的碰撞危害,可根据其对飞行任务的最终影响程度被分成以下三类[33]:

1)灾难性碰撞

灾难性碰撞主要由飞行器与次分米级、分米级或以上的空间碎片碰撞所致。这种碰撞一旦发生,将会给飞行任务带来不可逆转的中断,与此同时也将产生大量的空间碎片。灾难性碰撞主要体现在以下两个方面:一是对飞行器结构的损害,使飞行器结构解体,从而造成飞行任务的提前中止;二是对飞行器关键设备的损害,如燃料储箱或无冗余设备的损坏,也可导致飞行任务的永久丧失。

2)可恢复性碰撞

可恢复性碰撞主要由飞行器与次厘米级、厘米级或以上的空间碎片碰撞所致。当碰撞发生时可导致飞行任务的短暂丢弃或部分功能丧失,如空间碎片与太阳电池阵的碰撞,一方面,因碰撞动量的传递,可造成飞行器姿态控制系统失稳,从而导致飞行任务的短暂丢失;另一方面,将因太阳电池阵的击穿损坏而造成飞行器功率下降。姿态控制系统丢失后,可以通过启动姿态控制发动机重新建立正常的飞行器姿态。飞行器供电功率的下降后,可以通过暂时或永久关闭某些与飞行任务不密切相关的设备,解决飞行器供电需求的矛盾。

3)碰撞的累积效应

碰撞的累积效应是由飞行器与次厘米级及其以下空间碎片的长期碰撞所致。次厘米级及其以下的空间碎片与空间飞行器碰撞,一般情况下不会造成飞行任务的立即丧失,但随着时间的增加和碰撞次数增多,也会使飞行器表面温控涂层遭到严重破坏,久而久之会造成飞行器内部设备因表面温控涂层的破坏而不能正常工作,从而导致飞行任务的永久丧失。这类碰撞是长寿命、高可靠卫星防护设计中必须考虑的主要问题。

对于大体积空间碎片,目前通用的防护措施是轨道规避。该方法实际上是利用飞行器的轨道控制系统,采取轨道机动的办法,主动躲避大碎片的撞击,从而确保航天器的安全。对于大体积空间碎片的主动防护,国际上成功的例子比较多。如美国航天飞机在49次的飞行任务中(从STS-26至STS-72),总的在轨飞行时间为440d,有5次飞行任务执行了避免碰撞的轨道规避机动飞行,即一次避免碰撞机动对应在轨飞行平均时间为88d,或大约每5次飞行任务就需要进行一次避免碰撞的轨道机动。1997年,欧空局(ESA)的卫星ERS-1和法国宇航局(CNES)的卫星SPOT-2,为避免与一个登记在册的空间碎片可能发生的碰撞也进行过轨道规避机动。国际空间站(ISS)在1999年10月26日第一次进行了轨道规避机动[2]。据美国太空司令部1999年10月26日的跟踪分析,飞马座(Pegasus)火箭末子级(1998-046K,编号为25422)与国际空间站的碰撞概率是0.3%,但最终还是在交会碰撞前18h执行了轨道规避机动。这次轨道机动需要提供1m/s的速度增量,消耗了30kg的推进剂,由此将国际空间站与飞马座火箭末子级碰撞交会时的相对距离,由不足1km拉开至140km以上。另外据有关资料分析,国际空间站(ISS)为了避免与大空间碎片的撞击,平均每年要进行6次避免碰撞的轨道机动。

1~10cm的小空间碎片,由于受观测条件的限制,目前国际上对其数量和分布不是十分清楚。小碎片具有相当大的动能,足以穿透目前任何类型的防护屏,因此在目前技术条件下,对小碎片采取被动防护方式是不切实际的。

目前国际上对于小碎片,是根据飞行任务的安全需求程度,确定是否采取必要的防护对策。对于非载人航天器,一般情况下不考虑与小碎片的碰撞防护问题。而对于载人航天器(如国际空间站),则需要考虑与小碎片的碰撞问题。对于载人航天器,为了躲避与小碎片的撞击,一般是在航天器的表面上装设雷达或光学探测装置,以确定影响航天器安全的危险碎片的轨道和位置,以便适时采取轨道规避机动。

载人航天器躲避小碎片撞击的轨道规避机动实施方案,比较而言要比非载人航天器躲避大碎片撞击的规避实施方案复杂得多。这是因为对于载人航天器,不但要确定碰撞发生时的几何关系,而且还要确定碰撞点的位置以及碰撞对飞行任务,特别是航天员生存的危害程度。一般情况下,如果碰撞发生在载人舱和推进舱等重要舱段,则必须采取轨道规避机动。如果碰撞发生在其他非关键的可修复部位(如太阳电池阵的局部损坏),一般情况下不进行轨道规避机动。因此对于载人航天器,是否需要躲避小碎片的轨道规避机动,将根据碰撞对飞行任务的影响程度来确定。

实际上,躲避小碎片撞击的轨道规避机动由于在工程上难以实现,因此至今没有在任何载人或非载人航天器上采用过。

对于小于1cm的空间碎片的防护,可以根据其对航天器的两种破坏效应(高动能撞击和累积效应)分别所占的比重,决定采取单独或组合的防护措施。对于高轨道(如地球同步)卫星,由于微小碎片与航天器的相对碰撞速度较低,因此在地球同步轨道上,航天器的防护设计应主要考虑微小碎片撞击的累积效应的影响。对于近地轨道航天器,虽然碰撞的累积效应仍占主要地位,但仍要考虑到小概率的高能量碰撞足以穿透航天器的外表面,从而会导致内部设备的损坏和飞行任务的不正常中止。因此对于近地轨道航天器,应采取组合的防护措施。一方面要利用防护屏,提高航天器抵御空间碎片撞击的能力;另一方面需要改善温控涂层材料的性能,减缓因航天器表面"砂蚀"后原子氧的侵蚀作用,降低温控涂层的退化速度,尽可能减少微小碎片长期撞击所形成的累积效应的影响。

防护屏应安装在航天器易受碎片攻击的表面。易受碎片攻击的表面通常指向碎片流量最大的方向。根据40多年人类航天活动的规律可以得出,对于近地轨道航天器来说,最大碎片流量主要集中在两个区域。这两个区域也是人类航天活动最为频繁的区域,一是在600附近的低倾角轨道,二是在900附近的高倾角轨道。如果航天器在低倾角轨道运行,由于该区域碎片流的方向与航天器运行方向基本相同,并且相对碰撞速度较低,因此对低倾角轨道航天器易造成损害的,往往是来自高倾角轨道碎片流的攻击。依次类推,高倾角轨道的航天器,通常也易遭受来自低倾角轨道碎片流的撞击。如果将易受攻击的表面按照碰撞概率的大小进行排序,则最大碰撞概率来自航天器的两个侧面,其次是向地面和背地面两个表面,最小的是航天器的前表面和后表面。但是对航天器前表面的撞击,由于相对碰撞速度较高(近似于迎头碰撞),因此给航天器造成的破坏最大。

通过对航天器进行防护设计,可以增强航天器抵御微小空间碎片撞击的能力,从而提高航天器的在轨生存能力,这一点对载人航天器来说尤其重要。对于非载人航天器,防护设计成功的典范是NASA和NOAA参与研制的加拿大Radarsat卫星。它是一颗重3000kg、平均轨道高度为792km的太阳同步轨道卫星。由于其具有较大的横截面积和处于高撞击风险的轨道环境中,因此加拿大宇航局邀请NASA约翰逊航天中心对Radarsat卫星轨道碎片风险进行了评估,并帮助解决卫星的防护问题。NASA约翰逊航天中心通过对Radarsat卫星易受攻击表面的分析,修改多层隔热毯、散热器的设计和增强部分部件设备壳体的强度,使Radarsat星的生存概率由0.5提高到0.87,而重量仅增加了17kg。载人航天器防护设计成功的范例,包括俄罗斯和平号空间站、美国航天飞机和国际空间站等。

4.10 空间污染环境与效应

4.10.1 空间污染环境

空间污染主要包括材料放气、发动机羽流引起的诱发污染和星体尘埃如月尘、火星尘等污染,以下对其分别进行简要介绍:

1) 诱发污染

材料放气、发动机羽流等造成的分子污染沉积是航天器在轨运行期间需要长期经受的环境因素之一。极少量的分子污染长时间积累,就可能造成航天器功能的退化或失效,例如沉积在航天器热控表面上的分子污染膜会改变热控涂层的辐射和吸收系数,导致航天器表面温度的改变;沉积在太阳电池阵上的分子污染膜会减少太阳电池吸收到的光线,导致太阳电池阵输出功率下降;沉积在光学表面上的分子污染膜会降低光学表面的透射率,降低光学图像的清晰度;等等。

造成分子污染的原因包括使用了不适宜的高放气材料,未对污染敏感部件进行专门的污染控制设计,加工、制造、组装和测试期间引入的外来污染物等。航天器在轨运行后难于对表面沉积污染物进行有效的清理,新一代高性能、长寿命、高可靠性和灵活多样的航天器的应用对污染控制提出了更高的要求,因此在航天器设计、总装、测试、运输、发射和在轨运行全过程必须对污染进行监测。

根据航天器运行寿命和性能的要求,考虑到污染控制成本的限制,在航天器发射上天前对航天器整体表面可能形成的污染层及其影响进行预估分析,才能够制定合理的污染控制指标和措施,对航天器在轨期间因污染造成的性能衰减有所估计,合理地选取设计余量。

2) 星体尘埃环境

星体尘埃环境主要是指深空探测过程中,月球、火星等星体表面所存在的极小颗粒或粉尘环境。

以月表尘埃环境为例,月球表面覆盖了一层厚度不等的月壤,如图 4 - 31[34]所示。暴露的月壤遭受来自空间的作用,包括陨石和微陨石撞击、太阳风和高能宇宙射线轰击等而引起风化。在空间风化的作用下,岩石逐渐被粉化,使得月尘呈精细的粉尘状,成熟度越好,平均粒度越细。

月壤物理特性分析表明:月壤中 95% 的颗粒尺度小于 1mm,大约 50% 小于 $60\mu m$,10%~20% 小于 $20\mu m$,月壤颗粒度分布非常宽。

自然现象和人为活动均可以引起月面扬尘。月平线辉光现象可以产生扬尘,并能使得尘埃悬浮。微流星以及高能宇宙粒子流撞击在月面上,冲击力会使得月尘向四周飞溅。人员在月面行走,足部与月面尘埃的作用会带起月尘,并向后运动。机器设备的移动,尤其是巡视车轮的转动,会造成尘埃羽流。此外,发动机羽流会携带大

图 4 - 31   "嫦娥"三号着陆器地形地貌相机拍摄的巡视器近景图

（引自《航天器环境工程》2004 年第 1 期封二）

量月尘,这种冲击会造成大面积的扬尘。由于月球表面的重力加速度只有地球的约
1/6,这会使得月尘的滞空时间增加。同时,静电场不但能够使月尘受力向上提升,同
时也会使得月尘的滞空时间增加。滞空时间的增加,无疑会使得登月设备和人员暴
露于飞扬的尘埃里的时间延长,加重月尘对于登月设备和人员的影响。

　　火星表面存在火星尘爆,大量的火星尘会在火星表面探测器上沉积,造成太阳
能电池板被火星尘遮挡,从而无法获取足够的能量。此外,也会造成火星探测装置
机构卡死、摩擦、磨损等,引起机械故障。火星尘覆盖前后的美国"勇气"号火星探
测器如图 4 - 32 所示。

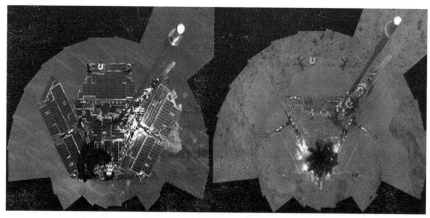

图 4 - 32   火星尘覆盖前后的美国"勇气"号火星探测器

4.10.2　空间污染效应

在空间环境作用下,航天材料将发生出气等污染效应,以分子污染为主;在深空星体表面,如月球、火星等,月尘、火星尘等将对航天材料带来严重的污染效应和阻塞、磨损等各种效应,从而对航天材料及其构件带来严重威胁,其关系如图4-33所示。

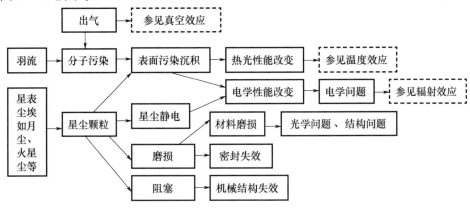

图4-33　空间污染对航天材料的损伤关系

由于月尘的颗粒小、带电、容易悬浮等特点,登月设备或者人员会遇到很多问题。由于月尘造成的环境效应包括污染、磨损、阻塞、静电等,如何防止或者减少这些效应所造成的影响以及消除影响所造成的后果成为一个十分重要的课题。

月表的月尘具有较强的吸附性,当设备或者人员在月面行走时,月尘极易吸附在上面,这会对设备的性能产生影响。悬浮的月尘则会沉降在任何可能的表面上,甚至进入到活动的部件内,从而影响设备的性能。

需要特别注意的防护表面主要包括较大的表面(太阳能电池板、OSR片等)、光学仪器(窗口、镜头、镜面等)、舱外的机动设备(航天服、便携式生命支持系统)、机械系统(月球巡视车、机器人等)、接触面(工具、连接器等)。表4-13所示为受月尘影响的阿波罗登月舱卫星系统及部件[35]。例如,太阳能电池片等大面积对于月尘的清除而言是十分严重的问题。这些表面的性能随着表面月尘沉积厚度的增加几乎呈线性下降。所有的这样的表面都应设计一个抛光的外表面,减少尘埃的粘附,防止大量尘埃积累。除此之外,还需具有清除的功能。

表4-13　受月尘影响的阿波罗登月舱系统及部件

部件系统	空气过滤器	转轴/轴承	滑竿/滑块	太阳能电池板	辐射器/反射器	密封	接线盒/开关
宇航服	√	√	√			√	√
气闸仓	√	√	√			√	√
月球车	√	√	√	√	√	√	√

部件系统	空气过滤器	转轴/轴承	滑竿/滑块	太阳能电池板	辐射器/反射器	密封	接线盒/开关
登月舱内部	√	√	√	√	√	√	√
暴露的硬件		√	√	√	√		√
漫游车		√	√	√	√	√	√

1）材料表面污染

月尘颗粒会很快附着在与其接触的各类表面上,包括航天员的靴子、手套以及辐射器、太阳能电池板等,并且无法清除干净。月尘对于金属表面(例如铝)的附着力一般为 200 ~ 300Pa,对于油漆涂层的表面更高,一般在 1000Pa 左右。月尘会污染温控表面,造成太阳吸收比和热发射率变化,导致温控系统故障,太阳电池阵是最容易受到月尘影响的部件之一。在阿波罗 1 任务中,连接电视摄像机的电缆表面被月尘所覆盖,无法分辨,导致航天员多次被绊倒。在阿波罗 12 任务中,月尘附着在光学镜头上,导致其无法正常工作。附着于各种表面上的月尘往往会进一步引起其他故障,包括机械结构卡死、密封机构失效、光学系统灵敏度下降、部件磨损以及热控系统故障[36-39]。

图 4 - 34　阿波罗任务中被月尘污染的航天服

航天员在轨行走过程中,航天服受月尘严重污染,如图 4 - 34 和图 4 - 35[40-42]所示。

由于辐射器表面月尘的附着,可能导致热控系统出现严重故障。附着的月尘会大大提高辐射器表面对于可见光和紫外线的吸收能力,这种影响呈现出很强的非线性特征,尘埃覆盖率为 11% 时,可导致吸收比增加 100% 。

2）密封失效

由于月尘的作用,阿波罗 12 航天员航天服的密封性遭到了破坏,航天服内压力下降的速度超过了预期值。指挥官 Charles Conrad 的宇航服在第一次月球行走后发生破损,泄漏率约 1kPa/min,完成两次月球行走后上升至 17kPa/min。此外,由于月壤和月尘的作用,用于储存样品的容器,其密封无一例外地发生了失效。

对于有航天员参与的载人登月工程来说,若航天服或者登月舱的密封性发生问题,对航天员生命安全及整个任务的成败将是巨大威胁,因此必须解决月尘对密封系统的影响。

3）材料磨损

月尘的粒度小、干燥,颗粒形状尖锐、硬度高,因此月尘可以被看作一种特殊的"研磨剂"。月尘的这种特性使得与其作任何相对运动的接触面易产生划痕,尤其

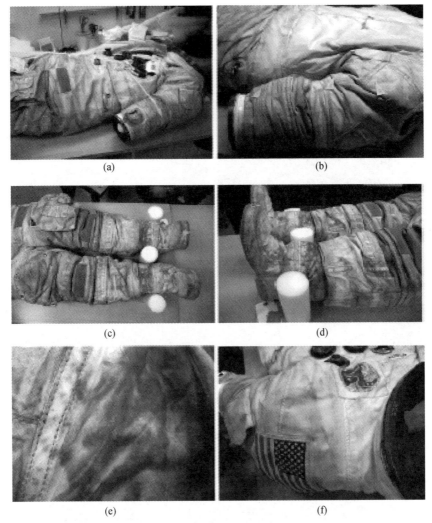

图 4 – 35　阿波罗 17 号航天服各个部位的月尘污染情况

(a)上躯干;(b)上背;(c)腿前部;(d)集成压力靴;(e)压力靴密封区域;(f)左肩膀。

是往复运动或旋转运动的表面会被磨损,甚至造成表面材料或涂层被剥落。阿波罗 12 的两位航天员在完成月球行走后,航天服的微流星保护层被磨穿,航天服头盔视窗玻璃由于划痕,看到的东西变模糊。多层隔热材料也被磨透了数层。阿波罗 16 的月面巡视器仪表盘被月尘覆盖,航天员用刷子进行除尘后,个别仪表因面板磨损严重而无法认读。

　　航天员 Pete Conrad 曾报告他的航天服在进行 8h 的月面行动后就出现了磨损,与之相对的是,在地面训练时,宇航服在经过 100h 的使用后才会出现磨损。后来甚至发现他们的航天服在靴子处已经磨穿了微流星体保护层,到了 Mylar 纤维绝缘层。阿波罗 16 号任务中,月球车上的仪表刻度盘被月尘附着后,航天员用刷子对其进行了清理,结果个别刻度盘被严重磨损无法读数。航天员 Harrison Schmitt 的航天服面罩也因月尘磨损而模糊不清,他甚至不能从某些角度向外观察。月尘颗粒外形如图 4 - 36 所示。由于其外形的不规则,因此容易对所附着的材料表面造成磨损,尤其对于活动位置处,磨损将更加严重,从图 4 - 37 可见一斑。

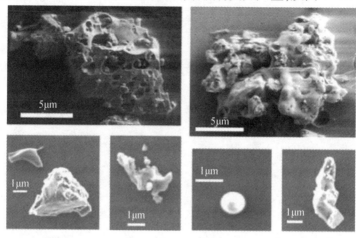

图 4 - 36   月尘颗粒外形

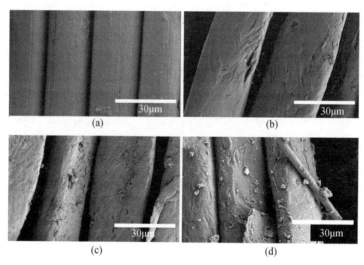

图 4 - 37   阿波罗 12 号所用的 T - 164 Teflon 织物受磨损情况

(a)未使用的 T - 164;(b)未直接暴露的 T - 164(位于航天服上的美国国旗标志里侧);

(c)直接暴露的 T - 164(位于航天服上国旗标志旁边);(d)左膝盖处。

4)机械机构失效

在所有成功登月的 6 次阿波罗任务中,都有机械机构失效的情况发生。月尘使月球巡视器系统发生故障,使宇航服的拉链、腕关节处的锁紧机构、面板、遮阳器等部件卡死等故障也曾多次发生。经验表明,只要航天员在月尘飞扬的场所作短暂停留,航天服上的机械机构立即就会发生卡死故障。所有登陆到月球表面的航天员都有这方面的体验,少数极端情况下,机械机构卡死导致了月球行走的紧急中止,被卡死的机构永久性丧失活动能力的情况也曾出现过。

5)视觉遮蔽

扬起的月尘使登陆地点目视不清,对登陆和返回带来困难。阿波罗 11 号任务的航天员曾报告,随着登月舱高度降低。登月舱外的可见度不断降低,最低甚至达到了 100in 以下。在阿波罗 12 号任务中,这个问题尤为明显,在着陆前的几秒钟内视野被完全阻隔,直接导致登月舱的一条支撑杆落到了一个坑内。此后的阿波罗登月行动在登月舱着陆时采用了更为陡峭的下落轨迹,结果着陆时的视野有所改善,但在触地的前几秒飞扬的月尘仍会对能见度产生很大影响。

阿波罗 12 号着陆后,航天员曾按照计划前往距离着陆点 163m 的 Surveyor 3 号探测器。后者当时已在月面上驻留 31 个月。航天员们惊讶地发现原本是白色的探测器变成了褐色,这层褐色实际上是一层月尘。经过调查发现,使探测器"变色"的月尘主要来自他们的登月舱着陆时吹出的月尘。由此可见扬起的月尘数量很大。

对我国载人登月工程来说,在登月舱着陆过程中的扬尘,可能造成舱内航天员无法看清舱外地形地貌,从而影响航天员对着陆过程的人工操作;在月面行走及月面工作过程中的扬尘可能附着到航天员的面罩上,造成航天员视野不清,影响月面操作任务的完成及航天员的活动安全。

在目前所调研的资料范围内,针对月表运动时扬起的尘埃和月球着陆器发动机从月表吹起的尘埃而言,仍然没有详细的建模理论分析,但针对阿波罗 14 着陆点火箭发动机吹起月尘尘埃的分布进行了计算,阿波罗号航天员观察到,在着陆区内发动机吹起的尘埃可悬浮在高达 33m 的范围内。

6)静电效应

月尘带电会使得登月设备发生充放电现象,对设备的电子元器件产生影响。带电月尘的电荷累积可能引起太阳电池阵漏电及局部放电,造成太阳电池阵工作异常甚至损伤。同时,月尘带电会增强月尘的吸附特性,加重污染程度。

晨昏线区域内悬浮的尘埃,因其颗粒大小的不同,其悬浮高度不同,一般来说,颗粒小的悬浮高度高,颗粒大的悬浮高度低。对直径在 $5 \sim 6\mu m$ 范围的尘埃颗粒,其可悬浮的高度在 $10 \sim 30cm$ 范围内;而对直径小于 $0.1\mu m$ 的尘埃颗粒,其悬浮高度可达 3km。对不同直径大小的悬浮尘埃,在月表近空间的密度分布与尘埃大小有关,与高度有关且呈指数分布,其密度分布模型的具体表达式如下:

$$\rho_{(a,z)} = n_0/a^p \cdot \exp(-a^{8/3}z/20)$$

式中　　a——悬浮尘埃颗粒直径,其取值范围为 $0.1 \sim 6.0\mu m$;

z——悬浮颗粒所处高度,$z_0 = 20a^{-8/3}(m)$;

p——与颗粒直径相关的归一化常数,其中当 $p = 1$ 时,$n_0 = 8.08 \times 10^{-2}cm^{-3}$;

$p = 2$ 时,$n_0 = 8.08 \times 10^{-2}cm^{-3}\mu m$;$p = 3$,$n_0 = 8.08 \times 10^{-2}cm^{-3}\mu m^2$。

综上所述,月尘对航天器可能造成污染、热控系统故障、密封失效、机械机构卡死、材料磨损等效应,从国外的载人探月的经验来看,月尘对月面活动有重要影响[40],因此必须对月尘的各项特性及其对月面活动的影响情况进行深入研究,以保障我国探月工程的圆满成功。

4.11 航天动力学环境与效应[43]

4.11.1 航天动力学环境

航天器动力学环境包括振动、噪声、冲击、加速度,是在航天器运输、装卸、起落、发射、飞行、分离、着陆、返回等过程中诱导产生的。

航天器在发射上升阶段,航天动力学环境主要包括发动机点火、关机、纵向耦合振动引起的瞬态低频振动环境,推进系统推进时的地面反射噪声、最大动压时的气动噪声引起的宽带随机振动环境等,在星箭分离等分离过程中火工品引爆产生冲击环境,航天器在动力飞行中,由于火箭发动机的推力而获得加速度环境。航天器在轨飞行过程中,由于姿态调控或者轨道转移过程中,发动机推力或姿轨控发动机引起的推力或微振动。航天器返回再入大气层时,在空气阻力或者人工减速装置的作用下受到的与运动方向相反的减速与振动环境。

微振动指航天器在轨运行期间,星上转动部件高速转动、大型可控构件驱动机构步进运动、变轨调姿期间推力器点火工作、大型柔性结构进出阴影冷热交变诱发扰动等都会使星体产生一种幅值较小、频率较高的抖动响应。由于微振动力学环境效应幅值小、频率高,对大部分航天器不会产生明显影响,通常予以忽略。但对高精度航天器将严重影响有效载荷指向精度、稳定度及分辨率等重要性能指标。大多数航天器都存在微振动扰动源,主要包括星载各类转动部件高速转动、星载各类大型可控构件驱动机构工作、星载各类大型柔性构件进出阴影冷热交变诱发,以及航天器变轨调姿期间推力器工作产生的微振动等。

4.11.2 航天动力学环境效应

在航天器受到的动力学环境效应中,航天器的结构及有效载荷受到力学应力而引起破坏或者功能失效。航天动力学环境效应关系如图4-38所示。

动力学环境会对航天器及航天器上组件造成结构变形或损坏,例如过应力可引起材料断裂,稳态振动或者声环境可引起材料产生微裂纹,振动应力可以引起运动机械磨损,间隙增大,精度降低,产生异常噪声、振动、表面腐蚀或者空化效应,最后可能导致运动机构故障而使产品失效。这些故障的发生可能影响飞行任务的完成,甚至导致整个飞行任务失败。

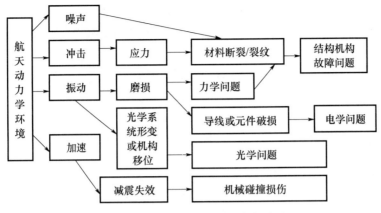

图 4 – 38   航天动力学环境效应关系

航天器动力学环境对有效载荷可造成其功能损伤或失效,引起其性能降低、超差、故障等。功能失效可以分为力学性能变化、光学性能变化、电学性能变化和工艺故障。力学性能变化如在恒加速环境下,可造成减震器刚度发生变化导致减震功能降低甚至失效,部件的永久变形造成机械碰撞而损伤甚至破坏。光学性能变化主要是指由于力学振动等引起光学系统微小形变或者结构移动而导致功能失真、精度下降、光学成像模糊等。电学性能变化主要是指由于振动等力学性能引起导线或密布元件磨损而短路,电子元器件机械疲劳损坏,电子噪声,等等。

大多数航天器都存在微振动扰动源。由于微振动力学环境效应幅值小、频率高,对大部分航天器不会产生明显影响,通常予以忽略。但对高精度航天器将严重影响有效载荷指向精度、稳定度及分辨率等重要性能指标。

4.12   腐蚀环境及效应

4.12.1   腐蚀环境[44-47]

航天器及其材料在地面存储、转运、组装等活动中,由于所使用的化学液体、周围腐蚀环境以及安装等引起的应力等,可引起航天材料发生化学腐蚀、应力腐蚀和电偶腐蚀等。尤其是我国的海南发射场和天津航天基地,由于其距离海洋比较近,海风中的高湿度、盐度及一定的温度等环境要素将会给航天器及其材料带来一定的腐蚀威胁。在海洋性气候环境下航天产品的腐蚀风险将贯穿于航天器制造、储存、装配、海运、测试和发射的全过程。

因此,航天材料腐蚀环境是指可引起航天材料发生腐蚀损伤或破坏的水、液体燃料、盐雾、涂层、液体金属、微生物细菌等环境。可引起航天器表面材料或管路、联结件、高压气瓶等发生破坏。根据引起腐蚀的来源和性质不同,可分为化学腐蚀、应力腐蚀、电偶腐蚀等。这里,腐蚀环境主要是指在地面安装、测试、转运、发射前等地面环境下的腐蚀环境,不包括航天材料在轨腐蚀环境如原子氧环境、舱内细菌和温湿度等环境。

化学腐蚀是指金属、玻璃、离子体、聚合体、复合材料等与周围环境的一些物质接触后发生的反应,这些物质包括含水或无水的液体、气体、无水电解液或其他的无水溶液、涂层、胶黏物以及液态金属等。

应力腐蚀是指材料在持久应力和腐蚀共同作用下导致的过早破坏。

电偶腐蚀是指在腐蚀性环境中,当两种或两种以上相异金属直接电接触时,由于电位不同而导致电位低的材料发生溶解较快,而在局部接触处的腐蚀现象。包括金属 – 金属、金属 – 导电纤维增强材料(如碳纤维复合材料)等。

4.12.2 腐蚀效应

在腐蚀环境作用下,航天器表面材料或结构材料将发生蚀斑、腐蚀坑、裂纹甚至破裂。如 1960 年,NASA 发现盛有四氧化二氮及甲醇的阿波罗火箭钛合金燃料箱应力腐蚀开裂的现象。2008 年 3 月 15 日,搭载美国商业卫星 AMC – 14 的俄罗斯"质子"号火箭执行发射任务时,发动机排气管发生破裂。未能将卫星送入地球同步轨道。事后,俄罗斯称,气体管道破裂很可能是由管道壁腐蚀、高温以及管道内持续的低频压力波动综合作用引起的应力腐蚀开裂现象[48],航天材料的腐蚀效应如图 4 – 39 所示。

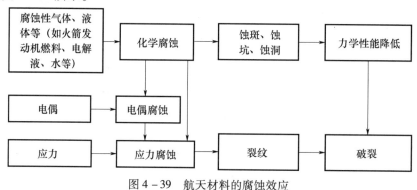

图 4 – 39 航天材料的腐蚀效应

每一种金属或合金,只有在特定的介质中才会发生应力腐蚀,见表 4 – 14。

表 4 – 14 产生应力腐蚀的特定介质[44]

材 料	介 质
低碳钢	$NaOH$,$CO – CO_4 – H_2O$,硝酸及碳酸盐溶液
高强度钢	水介质,含少量水的有机溶剂,HCN 溶剂
奥氏体不锈钢	沸腾盐溶液,高温纯水,含 Cl^- 的水溶液,含 Na^+ 的盐溶液,多硫酸,H_2S 溶液,$HaSO_4 + CuSO_4$ 溶液,苛性碱溶液

材　料	介　　　质
铝合金	湿空气,含 Cl^- 的水溶液,高纯水,有机溶剂
钛和钛合金	水溶液,有机溶剂,热盐,发烟硝酸,N_2O_4
镁和镁合金	湿空气,高纯水,$KCl + K_2CrO_4$ 溶液
铜和铜合金	含 NH_4 溶液或蒸汽,$NaNO_2$,醋酸钠,酒石酸钾,甲酸钠等水溶液
镍和镍合金	高温水,热盐溶液,卤素化合物,$HCl,H_2S + CO_2 + Cl^-$,$NaOH$

　　只有存在应力(特别是拉应力)时,才能产生应力腐蚀裂纹。这种应力可以是外加应力,或是加工和热处理过程引入的残余应力,也可以是腐蚀产物的楔入作用而引起的扩张应力。应力腐蚀是一种与时间有关的滞后破坏,是一种低应力脆性断裂,而且断裂前没有大的塑性变形,故应力腐蚀往往会导致无先兆的灾难性事故。应力腐蚀裂纹的扩展速率一般为 $10^{-6} \sim 10^{-3}$ mm/min,它比均匀腐蚀要快 10^6 倍。

　　某些材料对应力腐蚀更为敏感。如果某种敏感材料用于腐蚀环境中并承受足够大的拉力,其使用期间就足以使裂纹产生并扩展,那么这种材料将在其受力低于通常期望值且使用环境也未恶劣到通常使其腐蚀破坏的条件下损坏。总的来说,因应力腐蚀导致失效时,损坏零件的表面并无明显可见的腐蚀破坏。为避免此类失效,材料所承受的全部拉应力应维持在安全值以内。对于应力腐蚀来说,目前尚不能确定材料的绝对临界应力值,但通过限定条件的试验可以确定材料的相对应力腐蚀临界值。对于特殊使用申请时,每种合金及热处理都必须通过试验确定应力腐蚀临界估值。采用的试样、应力施加过程和腐蚀环境均应与预定的实际使用情况相当。

　　电偶腐蚀往往会诱发和加速应力腐蚀、点蚀、缝隙腐蚀、氢脆等其他各种类型的局部腐蚀,从而加速设备的破坏。电偶腐蚀影响因素包括偶对材料特性、偶对几何因素和环境因素等,其中,偶对材料特性包括电位和极化特性,偶对几何因素包括阴阳极面积比、电偶对间距,环境因素包括温度、氧含量、导电性、pH 值和流动状态等介质因素。

　　根据不受任何限制、用于不受控的环境中(如装配区、一般的非洁净室)、用于洁净室和需要采取一定的措施避免电偶腐蚀等几个方面,异种材料的电偶相容性见表 4 - 15。

　　此外,对航天器材料还要考虑雷击和流体相容性等环境及效应的影响。

　　在航天发射任务中,航天器可能暴露在雷击环境中,此时,应保证航天器设计有足够的安全裕度,保证在发射和回收阶段不因雷击而受损。应按照认可的程序,对航天器结构应粘贴导电介质(如金属、镀金零件和碳纤维增强塑料)以构成导电回路。

表 4－15 异种材料的电偶相容性[44]

金属与合金（包括碳）	铝-铜合金	铝铝-锌合金	镉	铸铁（奥氏体）	铬	铜	镍铜合金/铝青铜/硅青铜	黄金/白金/碳/铑	炮铜（CuZn10）/磷青铜/锡青铜	镁	镍/蒙乃尔铜-镍合金/因康镍合金/镍铝合金	银	锡-铝合金/锡/铅	不锈钢18/8（300系列）	不锈钢13Cr（400系列）	钢（碳钢、低合金钢）/铸铁	钛和钛合金	锌/镉
铝-铜合金	■	1	1	3	3	3	3	3	3	2	2	3	1	2	2	3	2	2
铝铝-锌合金		■	1	3	3	3	3	3	3	2	3	3	2	3	3	3	3	2
镉			■	2	2	2	2	2	2	1	2	2	0	1	2	2	2	2
铸铁（奥氏体）				■	1	1	1	2	1	3	1	0	2	0	0	2	0	3
铬					■	1	0	0	1	3	1	0	2	0	0	2	0	3
铜						■	0	2	0	3	1	1	2	1	1	3	0	3
镍铜合金/铝青铜/硅青铜							■	2	0	3	1	1	2	2	1	3	0	3
黄金/白金/碳/铑								■	2	3	2	0	3	0	1	3	0	3
炮铜（CuZn10）/磷青铜/锡青铜									■	3	1	1	1	0	0	3	0	3
镁										■	3	3	2	3	3	3	3	3

金属与合金（包括碳）	铝-铜合金/铝-锌合金	镉	铸铁（奥氏体）	铬	铜/镍铜合金/铝青铜/硅青铜	黄金/白金/碳/铑	炮铜$(CuZn_{10})$/磷青铜/锡青铜	镁	镍/蒙乃尔铜-镍合金/因康镍合金/镍铝合金	银	锡-铅合金/锡/铅	不锈钢18/8（300系列）	不锈钢13Cr（400系列）	钢（碳钢、低合金钢）/铸铁	钛和钛合金	锌/铍
镍/蒙乃尔铜-镍合金/因康镍合金/镍铝合金										2	2	1	0	2	1	3
银											3	0	0	3	0	3
锡-铅合金/锡/铅												1	1	1	3	1
不锈钢18/8（300系列）													1	3	0	3
不锈钢13Cr（400系列）														3	0	3
钢（碳钢、低合金钢）/铸铁															0	3
钛和钛合金																3
锌/铍																

注:0——不受任何限制;
1——用于不受控的环境中（如装配区，一般的非洁净区）;
2——用于洁净室;
3——需要采取一定的措施避免电偶腐蚀

在某种紧急情况下,材料会接触到或暴露于液态氧、气态氧或其他活性流体。暴露于气态或液态氢中的材料应评估其氢脆化影响。而材料本身应与液态氧、气态氧和其他活性流体相容。与液态氧、气态氧接触的材料应进行相容性测试。

4.13 空间生物环境与效应

航天器密封舱在长期在轨运行期间还要承受舱内温湿度/气流、残余/次级辐射和微生物等环境协和效应的影响,以下就舱内综合环境对材料和生物的协和效应及国内外现状进行分析。

4.13.1 空间生物环境

航天器在轨运行期间,尤其是有航天员生活的舱体,空间生物的存在将对航天材料与器件带来严重的威胁。

一方面,航天员在轨活动期间,将对航天器带来水汽、CO_2、温度等环境;另一方面,航天员及其活动带来的空气流动使得微生物能够传播分散到航天器的各个角落。

航天员的活动将给微生物在空间航天器舱内的生存和生长带来契机,从而引起一些细菌等大量的繁殖。图4-40所示为俄罗斯空间站烟感探测器真菌生长情况[49]。

图4-40 俄罗斯空间站烟感探测器真菌生长情况

4.13.2 空间生物学效应

在空间微生物的作用下,航天材料,尤其是有航天员生活的舱内材料及其构件,将受到微生物及其分泌物的腐蚀、侵蚀,使循环系统堵塞,甚至对航天员的健康造成威胁。微生物对航天材料及航天员的威胁如图4-41所示。

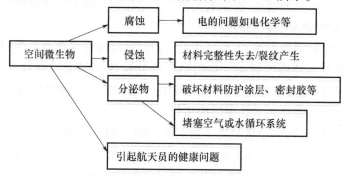

图4-41　微生物对航天材料及航天员的威胁

1）微生物与微振动协同效应

航天器在服役过程中,由于舱体转位、机械臂运动和太阳能帆板展开等在轨操作会引起航天器的振动;在空间微重力环境中,这种振动很难自行衰减,从而造成航天器结构材料和部分功能材料因振动而产生应力疲劳。在长期应力作用下,舱内微生物对金属材料会产生腐蚀加剧的现象。在振动应力和微生物腐蚀共同作用下,金属材料表面的氧化膜被微生物腐蚀而造成基底金属的裸露,这使得裸露金属表面和未破坏的材料表面分别形成了阳极和阴极,从而进一步产生了电化学腐蚀现象[50]。而且,由于裸露的金属阳极面积比阴极小得多,阳极将承受很大的电流密度,这加速了已破坏表面的腐蚀。如果这种腐蚀得不到有效控制,被破坏处将逐渐形成裂纹,从而造成航天器结构材料的损坏和功能材料的失效,并最终影响航天器的在轨可靠性和安全性。

2）微生物与温湿度和气体循环协同效应

航天器上适宜的温度和湿度为微生物的滋生繁殖创造了理想的条件,从和平号国际空间站上的微生物分布情况来看,冷凝水沉积比较严重的地方或是航天员洗漱区域,微生物的污染情况最为严重[51]。同时,航天员的活动以及空气的流动使得微生物能够传播分散到航天器的各个角落[52],这使得航天器内环境中的微生物污染状况更加严峻。

微生物的生存除了水以外,还需要一定的有机营养物质和无机营养物质。航天员的新陈代谢产物,以及航天器上表面涂层、橡胶圈和纺织物等材料为微生物的繁殖提供了大量的营养物质。例如,微生物分泌物能破坏航天器金属结构的表面防护涂层和密封胶。一方面微生物将防护涂层的有机物作为营养源,附着在其上生长繁殖,对其进行腐蚀,使其失去防护作用;另一方面,部分微生物的代谢产物也会对防护涂层进行腐蚀。而一旦防护涂层遭到破坏,微生物将进一步腐蚀基体金属,从而造成结构或功能材料的失效。另外,随着空气或水中微生物的长期繁殖,大量的微生物、微生物分泌物及其腐蚀产物凝结成黏稠的团状或絮状物,可能会造成空气或水循环系统的堵塞,影响航天器上生命保障系统的正常运行。

3）微生物与残余辐射协同效应

空间站上生长的微生物,不仅受空间站内温湿度等常规环境条件的影响,还受到空间站所处的大环境的影响。空间站上的放射性辐射强度约是地面上的100倍,但是仍不足以直接杀灭微生物,反而会在一定程度上促进微生物的活性,其机理与低强度超声波强化污水处理过程相似。

俄罗斯专家 Novikova ND 研究了俄罗斯 1986—2000 年载人航天中微生物的污染问题,描述了微生物对空间站通信设备上铜线、钛及橡胶的腐蚀现象[53]。俄罗斯研究人员通过一种特殊的采样器,收集空间站上的微生物群落。在完成考察和返回地面前,航天员借助于采样器可以从各种仪器设备表面上收集试样,在返回地面2h后就可以在培养基中培养样品,再进行研究。研究人员将空间站上的细菌放到地面合成材料上进行观察时发现,1个月的时间内,这些微生物可以将聚酯纤维"咬断";3个月内可以将铝镁合金"吃掉"。研究人员对从空间站带回的一小块聚合纤维板进行观察后发现,微生物对它的破坏相当严重,其中酒红球菌的破坏性最强。

通过搭载试验,我国科研人员证明了微生物在空间辐射环境下繁殖能力增强情况(几乎是翻双倍增长),烟曲霉菌等真菌搭载后生长速度加快,形态分化提前,对霉腐试验材料的侵蚀能力提高[54]。

4.14 空间环境协同效应

航天器在轨运行期间所面临的空间环境包括真空、低温与冷黑、带电粒子辐射、太阳电磁辐射、空间碎片、微流星体、原子氧等。这些空间环境及效应将给其敏感材料和器件带来严峻的挑战,可导致其性能退化甚至失效,严重影响航天器在轨可靠性及寿命。

在低地球轨道,航天器在轨遭遇的空间环境主要包括真空、温度、带电粒子辐射、太阳电磁辐射、中性大气尤其是原子氧、空间碎片等,航天器外露材料将同时遭受这些环境的共同作用。中、高地球轨道,不存在原子氧环境,空间碎片也较低地球轨道要少,但其辐射环境较低地球轨道更加恶劣。对月球表面,则存在月尘环境;而对火星、木星、土星等深空轨道或行星及其卫星的表面,则可能存在特殊的酸性大气(如 SO_2)、尘暴(如火星尘暴)、强辐射带(如木星辐射带)等。航天器在轨运行过程中,将同时遭受多种环境的协同作用。

近年来,人们认识到地面单个环境因素的模拟试验常常与空间飞行试验的数据不吻合,多种环境因素引起的协同效应逐渐引起人们的注意。

1. 空间多因素环境协同效应研究的必要性[55,56]

航天器在轨寿命期间遭受的空间环境是复杂的,这些环境将不仅单独对航天器敏感材料及器件产生作用,有的环境可能诱发次生环境,有的环境对航天器的作用进而可能引发另一个环境对航天器的效应,有的环境可能对其他环境产生的效应具有增强作用,有的则有减弱作用,等等。此外,不同轨道的空间环境也是不同的,它们将对航天器产生完全不同的效应。因此,单独研究某一种环境对航天器的影响可能带来研究不充分、效应误差较大等问题,所有,有必要进一步加强空间多因素环境对航天器性能退化协同效应的研究。原因主要包括以下几个方面:

一是空间环境是多因素环境。航天器在轨空间环境不仅包括带电粒子辐射环境和电磁辐射环境,还包括原子氧、等离子体、空间碎片和微流星体及产生的次生环境如污染等。这些环境因素不仅单独对航天器产生作用,其中的两种或者多种环境可能对航天器产生综合作用。

二是不同空间环境及效应是相互作用的。航天器在轨空间环境效应包括总剂量效应、单粒子效应、位移损伤效应、充放电效应、空间碎片撞击效应等,可引起航天器敏感材料和器件的光学性能、电学性能、力学性能等发生退化,如热控涂层太阳吸收比增加、薄膜材料机械性能变差、太阳电池光电效率下降、表面透明窗口透射比下降及在绝缘材料的沉积引起内部充放电等。不同环境引起的效应之间可能是互相作用的。如紫外辐射可能引起污染物的释放或污染效应的增强;原子氧的侵蚀效应则可能带来污染的剥蚀,同时也可能增加污染;等等。

三是提高地面模拟试验和故障分析的有效性。研究发现,单个环境因素的模拟试验常常与空间飞行试验的数据不吻合,因此,需要研究多种环境因素引起的协同效应对航天器的影响。只有综合考虑航天器的在轨环境才能提高航天器敏感材料及器件的地面模拟试验和航天器在轨故障分析的有效性。

只有综合考虑多种环境因素引起的协同效应对航天器的影响,才能提高航天器敏感材料及器件的地面模拟试验和航天器在轨故障分析的有效性。不同空间环境因素协同效应关系见表4-16。

表4-16 不同空间环境因素协同效应关系

环境	带电粒子	紫外	原子氧	空间碎片	等离子体	污染
带电粒子	1*	2	2	2	1	2
紫外	2	1**	3	2	1	2
原子氧	2	3	0	3	1	3
空间碎片	2	2	3	0	1	3
等离子体	1	1	1	1	0	2
污染	2	2	3	3	2	0

*带电粒子中的电子、质子与重离子间可能存在协同效应;

**紫外辐射中的近紫外辐射和远紫外辐射可能对材料与器件产生协同效应;

注:0——不存在协同效应;1——可能存在协同效应;2——存在一般协同效应;3——存在显著的协同效应

2. 空间辐射环境及与其他环境的协同效应

1）带电粒子辐射与太阳电磁辐射的协同效应

航天器在轨运行期间，其外露材料遭受的辐射环境不但包括带电粒子辐射，主要是电子和质子，还包括太阳电磁辐射，主要是紫外线。因此，航天器外露材料在真实环境中要同时经受电子、质子和紫外辐射环境的洗礼。尤其是对表层热控材料和光学器件，特别是对有机热控涂层，在带电粒子辐射和太阳电磁辐射的综合作用下其性能将发生较大的退化乃至失效。这是因为带电粒子辐射不但可能打断有机材料的化学价键，而且可引起材料内部发生电离效应或位移效应；而紫外辐射更容易导致材料温度升高、价键断裂乃至电离等。

冯伟泉等人[57]对 S781 白漆、SR107 - ZK 白漆、F46 镀银、OSR 二次表面镜、ACR 导电白漆等在空间电子、质子和近紫外辐射环境下的协同效应进行了地面模拟试验研究，研究结果与"东方红二号"卫星热控涂层的飞行试验结果非常接近。这说明对航天器外露采用综合辐射较之单因素辐射更能真实反映航天器在轨的实际情况。

2）紫外与原子氧协同效应

在 200～700km 的低地球轨道上同时存在原子氧环境和紫外辐射环境，大量飞行试验和地面模拟试验结果表明，原子氧和紫外环境是造成低地球轨道航天器表面退化的主要原因。

（1）原子氧对紫外辐射效应的"漂白"作用。

紫外辐射环境和原子氧环境对航天器表面材料的协和作用机理复杂。一方面，紫外辐射造成航天器表面材料，如温控白漆，颜色加深甚至黑化，使太阳吸收比增加；另一方面，原子氧环境则对紫外产生的温控漆退化产生漂白作用，使其光学性能有某种程度的恢复。因此，两者对温控漆光学参数的影响表现为相互抵消的作用。这是因为紫外辐射可以使航天器表面涂层材料内部的颜料粒子产生色心，即材料内部的金属氧化物吸收紫外辐射光子产生电子跃迁，形成空穴 - 电子对，从而引起吸收比增加，而金属氧化物颜料粒子的色心在暴露氧环境后会消失，产生所谓的"漂白"或"恢复"效应。

（2）紫外辐射对原子氧侵蚀效应的"促进"作用。

原子氧和紫外的协合效应会加剧某些温控漆表面剥蚀，表现为相互加强的作用，这是因为紫外辐射会导致温控涂层或者有机聚合物发生分子链的交联、价键的断裂，从而引起材料的表面软化或者碎裂，为原子氧的侵蚀提供了通道，加剧了原子氧的侵蚀。

（3）紫外辐射、原子氧与污染的协同效应。

紫外辐射和原子氧侵蚀均可以引起卫星材料的出气，出气物质在航天器表面的沉积进而引起对航天器敏感材料和器件的污染，造成光学器件透过率降低、热控涂层性能退化等。

然而,紫外辐射和原子氧对航天材料的诱发污染机制是复杂的。首先,紫外辐射造成航天器表面材料,尤其是有机材料发生价键的断裂,吸附分子和材料组分的解吸附,引起出气,导致污染效应的发生;其次,原子氧的掏蚀效应和对航天器表面材料的溅射及化学反应,引起材料分子或组分在周围扩散沉积,造成对航天器的污染;再次,原子氧对航天材料的侵蚀和溅射产生的污染物,在航天器表面沉积并受到紫外辐射的作用后,将固化在航天器的表面,加剧了污染对航天器的影响;最后,航天器表面的污染在原子氧的溅射与化学反应的作用下,又将发生剥蚀与减少,对污染起到了减缓的作用。

因此,紫外辐射与原子氧对其诱发的污染效应机理与航天器表层材料的成分、结构等密切相关。针对不同的航天材料,需要分别进行分析探讨。

目前,人们更为重视原子氧与紫外辐射的协合效应。紫外辐射的存在,将会影响到原子氧与某些材料的反应现象和剥蚀结果。但不能简单地认为协合效应加强或减弱了环境效应的影响,应视具体情况而异。例如:Teflon 在单一原子氧环境中表现出较高的稳定性(反应系数小于 $0.05 \times 10^{-24} \mathrm{cm}^3 / \mathrm{AO}$),但在原子氧、紫外环境的协合效应作用下,反应加剧,反应系数高达 $0.36 \times 10^{-24} \mathrm{cm}^3 / \mathrm{AO}$[58,59]。Kapton 在紫外辐射的作用下不会有变化,而原子氧、紫外的协合作用对其剥蚀率也没有影响。因此,对原子氧、紫外多因素环境协合效应模拟技术和试验方法的研究,能更真实地模拟航天器经受的原子氧环境条件,对提高设计质量、保证航天器寿命有重要意义。

3)空间环境诱导污染效应

(1)空间碎片与微流星体诱导污染效应[60]。

除了来自自然污染和航天器自身挥发污染的累积,污染也可由于航天器受到空间碎片和微流星体的超高撞击而产生。例如,超高速碎片撞击大面积太阳电池板,其产生的污染,可吸收和散射在特定波长范围的电磁辐射。由超高速撞击引起的污染可导致透明表层玻璃材料太阳透过率高达15%的退化。

由于空间碎片是高速运动的,所以在碰撞事件中,即使很小的空间碎片与航天器相撞,也会造成航天器的损坏。根据计算,在低地球轨道,发生碰撞的平均速度为 9.1km/s,峰值达到 14km/s。当超高速运动的空间碎片与航天器表面材料和器件发生碰撞后,撞击粒子将受到航天材料和器件的阻碍而产生较高的温度和压力,从而在材料撞击点附近撞出一个坑并部分发生高温熔化喷溅,喷溅物散落在撞击坑附近形成污染。

例如某光电薄膜盖片的污染效应试验,撞击试验选用平板铝碎片粒子,直径3mm,厚度 3μm。盖板玻璃靶,尺寸为 40mm × 40mm。试验样品放在真空室中以减少空气对碎片撞击可能存在的缓冲。碎片撞击前的飞行距离约 12mm。在试验中引起的损伤主要包括:前表面的弹坑,前表面和后表面的同心辐射破碎,后表面的隆起和破碎。撞击坑中的材料蒸发喷射形成污染后再沉积到前表面上。靶材的机械损伤可由 SEM 获得,如图 4 - 42 所示。

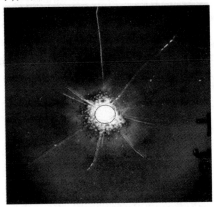

图 4 - 42 盖片玻璃受碎片撞击后的光学图像 放大:4 ×

在检查从撞击坑到靶表面的污染和喷溅物的沉积时发现了从撞击坑喷溅出来的材料形成了一系列不同的材料密度辐射环状带。图 4 - 43 所示为一个撞击样品示意图。区域 A 表示粒子撞击表面的尺寸,区域 B 是材料移除表面的弹坑区域,在区域 C 发现了熔融的铝,在整个蒸汽沉积区域均发现了铝的存在,除了区域 D 仍保持相对干净之外。在区域 E,离撞击位置 1.6cm 处,表面再次被从撞击坑喷溅出来的物质覆盖。

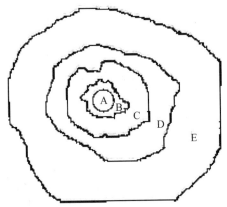

图 4 - 43 撞击样品示意图

(2) 表面带电对污染的增强效应。

航天器表面充电后还会产生带电粒子吸附,增加表面污染,这是由于从航天器上出气或溅射出来的中性原子被太阳光电离或与其他离子交换电荷,产生一个低能离子群。这些离子会被吸引到带负电的表面并附着于上,使表面光学性能产生变化,温度升高,透射率降低,吸收系数增大,表面电导率减小。卫星表面污染还会引起入射电子和次生电子数量的变化,从而引起光电性能的变化,表面电导率减

176

小,加剧表面充放电。表面带电还将引起空间环境等离子体测量的误差。

（3）带电粒子辐射与污染的协同效应。

带电粒子辐射航天器外露材料或器件,也可引起材料的出气,从而加重航天器敏感材料或器件的污染,造成其光学性能下降。对热控材料,则造成其太阳吸收比的升高,影响航天器热控的安全性。

4）空间碎片与原子氧的协同作用

空间碎片和原子氧的协同作用将大大加剧空间材料遭受侵蚀的程度。小于1mm 的空间微小碎片通常不会对航天器造成灾难性损伤,但是由于数量大,与航天器的碰撞概率高,其表面多次撞击造成的长期积累效应是很明显的。在微小碎片的撞击下,空间功能性防护膜上产生许多针孔或裂纹,尽管这些缺陷小的难以发现,但给原子氧提供了一个进入基底材料的通道,造成原子氧在防护层下"潜蚀"并掏空,造成防护层撕裂和脱落,进而导致防护措施失败,尤其是对大面积板形结构的平面阵天线和太阳电池阵危害更大。以色列 Ronen Verker[61] 研究小组利用激光驱动的高速微小碎片研究了微小碎片与原子氧对航天器表面聚合物热控材料的协同效应,研究发现微小碎片高速撞击热控材料后引起了原子氧刻蚀速率的增加,损伤变为新的孔洞,这就说明了由于微小碎片的撞击而引起了氧扩散的增强,从而给航天器表面材料带来了更大的危害,证实了二者的协同作用确实存在。

5）空间碎片及微流星体诱导放电

太阳电池是航天器的重要能源系统,其工作状态直接影响到航天器的正常工作状态和使用寿命。由于其面积巨大,并暴露于空间碎片环境中,遭受空间碎片撞击的概率非常高。Levy 等人研究表明,静电放电能够在太阳高压电池板中产生持续的二次电弧,静电放电一定是在边缘发生的,例如在太阳电池片之间,那儿存在偏压和介质材料。然而,超高速碎片产生的喷射物和污染化静电放电更容易诱发高压太阳阵二次电弧,这得到了 Crawford and Schultz 等人的认同,研究发现在撞击点附件产生的高电导率等离子体喷溅物能够为放电提供了一个便利的渠道。在他们的工作中,以 4.9 km/s 发射的 Al 粒子产生了负粒子喷射,在撞击点附件 55cm 的位置几毫秒的时间内变为正电荷。考虑到这个二次电弧放电诱发机制,可以认为撞击产生的等离子体或者碎片喷溅物是太阳电池间 1mm 缝隙处引起放电的原因,如图 4-44 所示。

此外,空间高真空、高低温及温度交变也将与原子氧、辐射等环境发生协同效应,进而对航天器的在轨性能与可靠性带来威胁。

6）空间辐射与微重力对生物的协同效应

对空间生物来说,空间辐射环境,尤其是高能带电粒子辐射,如重离子,可导致其生物基因发生损伤,如碱基丢失或修饰、DNA 链交联、单链断裂和双链断裂等。从而对航天员或其他空间生物造成威胁。尤其是在空间微重力协同作用下,其损

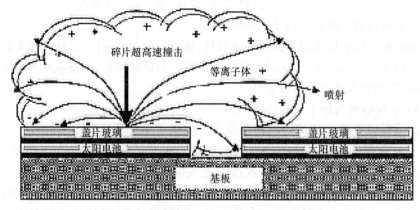

图4-44 碎片诱发太阳电池板放电示意图

伤可能更加严重,其主要原因是微重力环境可造成 DNA 双链断裂修复速率显著降低,细胞凋亡率上升等。

微生物与其他环境的协同效应参见 4.13.2 章。

参考文献

[1] 闵桂荣. 卫星工程概论[M]. 北京:宇航出版社,2003.

[2] Joyce A D,Kim K G,Jacqueline A T,et al. Mechanical properties degradation of Teflon FEP retured from the Hubble Space Telescope[J]. AIAA 1998 - 0895.

[3] 真空技术 术语(GB/T 3163—2007). 中国标准出版社出版发行,1 - 88.

[4] 黄本诚、童靖宇. 空间环境工程学[M]. 北京:中国科学技术出版社,2010.

[5] 黄本诚,马有礼. 航天器空间环境试验技术[M]. 北京:国防工业出版社,2002.

[6] 胡文瑞,等. 微重力科学概论[M]. 北京:科学出版社,2010.

[7] Katti V R,Danabalan T L,Ghatpande N D,et al. NASCAP/GEO charging analysis of GEOSAT[C]. 10th International Conference on Electromagnetic Interference & Compatibility,2008.

[8] Tsipouras P,Garrett H B. Spacecraft Charging Model - Two Maxwellian Approximation[R]. AFGL - TR - 79 - 0153,1979.

[9] Avoiding problems caused by spacecraft on - orbit internal charging effects[R]. NASA - HDBK - 4002, 1999 - 2.

[10] 沈自才. 空间辐射环境工程[M]. 北京:宇航出版社,2013.

[11] http://en. wikipedia. org/wiki/South_Atlantic_Anomaly.

[12] http://www. paranormal - encyclopedia. com/s/south - atlantic - anomaly/.

[13] http://www. aviso. oceanobs. com/en/news/idm/2007/oct - 2007 - south - atlantic - anomaly - as - seen - by - doris/index. html.

[14] 沈自才,丁义刚. 抗辐射设计与辐射效应[M]. 北京:中国科学技术出版社,2013.

[15] 丁富荣,班勇,夏宗璜. 辐射物理[M]. 北京:北京大学出版社,2004.

[16] 陈万金,陈燕俐,蔡捷. 辐射及其安全防护技术[M]. 北京:化学工业出版社,2006.

[17] 陈盘训. 半导体器件和集成电路的辐射效应[M]. 北京:国防工业出版社,2005.

[18] 丁义刚. 空间辐射环境单粒子效应研究[J]. 航天器环境工程,2007,24(5):283 - 291.

[19] Fennell J F, Koons H C, et al. Spacecraft charging: observations and ralationship to satellite anomalies. Aerospace report NO. TR – 2001(8570) – 5.

[20] Henry B. Garrett , Albert C. Whittlesey, et al. Spacecraft Charging, An Update. IEEE Transactions on Nuclear Science, 2000, 28(6):2017 – 2027.

[21] Fennell J F, Koons H C, et al. Substorms and magnetic storms from the satellite charging perspective. Aerospace report NO. TR – 2000(8570) – 2.

[22] Mitigating in – space charging effects—a guideline. NASA – HDBK – 4002A. 2011.

[23] Rodgers D J, Ryden K A. Internal Charging in Space. Space Department, Defence Evaluation & Research Agency, Farnborough, Hampshire, GUI4 0LX, UK.

[24] 冯展祖,杨生胜,王云飞,等. 光电耦合器位移损伤效应研究[J]. 航天器环境工程,2009,26(2):122 – 125.

[25] 徐坚,杨斌,杨猛,等. 空间紫外辐照对高分子材料破坏机理研究综述[J]. 航天器环境工程,2011,28(1):25 – 30.

[26] Dever J A. Low earth orbital atomic oxygen and ultraviolet radiation effects on polymers, NASA TM – 103711[R]. 1991.

[27] ESA PSS – 01 – 609 (Issue 1). The radiation design handbook[S]. 1993 – 05.

[28] Hanks C L, Hamman D J. Radiation effects design handbook: Section 3 electrical insulating materials and capacitors, NASA CR – 1787[R]. Radiation Effects Information Center, Battelle Memorial Institute, Columbus, Ohio, USA, 1971 – 07.

[29] Everett M L, Hoflund G B. Chemical alteration of poly (vinyl fluoride) Tedlar induced by exposure to vacuum ultraviolet radiation[J]. Applied Surface Science, 2006, 252: 3789 – 3798.

[30] Rohr T, van Eesbeek M. Polymer materials in the space environment[C]//Proceeding of the 8th Polymers for Advanced Technologies International Symposium, Budapest, Hungary, 2005: 1 – 3.

[31] 侯明强. 梯度密度结构超高速撞击特性研究[D]. 中国空间技术研究院博士毕业论文,2013.

[32] Eric L. Christiansen. Meteoroid Debris Shielding . NASA – 2003 – 210788. 1 – 99.

[33] IADC WG3 members . IADC protection manual. IADC – 04 – 03. 1 – 233.

[34] 李蔓. 月面巡视器车轮扬尘仿真分析和试验研究[D]. 中国空间技术研究院工学博士学位论文, 2012.

[35] 李芸. "嫦娥一号"卫星微波探测仪探测月壤微波特性的方法研究. 中国科学院空间科学与应用研究中心,2010.

[36] Maurizio Belluco, Human Exploration of the Moon: Multi – stage lunar Dust Removal System. [C]. 41st International Conference on Environmental Systems,2011.

[37] Nima Afshar – Mohajer, Brian Damit. Efficiency Evaluation of an Electrostatic Lunar Dust Collector [C]. 41st International Conference on Environmental Systems,2011.

[38] Metzger, Philip. Protecting the Lunar Heritage Sites from the Effects of Visiting Spacecraft[R]. NASA/KSC – 2012 – 100, 2012.

[39] Kawamoto, Hiroyuki. Electrostatic cleaning system for removing lunar dust adhering to space suits[J]. Journal of Aerospace Engineering,2011,24(4):442 – 444.

[40] Liao Z R. Research of detection and control system for lunar dust effects[J]. Advanced Materials Research, 2012(426):126 – 140.

[41] Taylor, Lawrence A. Living with astronomy on the moon: Mitigation of the effects of lunar dust[C]. 60st International Astronautical Congress,2009:972 – 984.

[42] Ray Christoffersen, John F. Lindsay, Sarah K. Noble, et al. Lunar dust effects on spacecsuit systems insights from the Apollo Spacesuits. NASA/TP – 2009 – 214786. 1 – 54.

[43] 向树红. 航天器力学环境试验技术[M]. 北京:中国科学技术出版社,2010.

[44] ECSS - Q - 70 - 36C. Space Product Assurance - Material selection for controlling stress - corrosion cracking [S]. 2009.

[45] ECSS - Q - 70 - 71C. Space Product Assurance - Data for selection of space materials and processes [S]. 2000.

[46] 杨专钊. 钛合金紧固件连接结构接触腐蚀行为及其控制技术研究[D]. 西北工业大学硕士学位毕业论文,2004.

[47] 陈兴伟,吴建华,王佳,等. 电偶腐蚀影响因素研究进展[J]. 腐蚀科学与防护技术,2010,22(4):363 - 366.

[48] 孙璐,刘莹,杨耀东. 航天材料应力腐蚀试验方法研究[J]. 真空与低温, 2011,12(增2):142 - 147.

[49] Ariel V. Macatangay. Impacts of Microbial Growth on the Air Quality of the International Space Station[R]. AIAA 2010 - 6069.

[50] 杜爱华,龙晋明,裴和中. 高强铝合金应力腐蚀研究进展[J]. 中国腐蚀与防护学报,2008,28(4):251 - 256.

[51] Macatangay A V, Bruce R J. Impacts of microbial growth on the air quality of the international space station [R]. AIAA Paper, 2010 - 17239.

[52] Castro V A, Thrasher A N, Healy M, et al. Microbial Diversity abroad Spacecraft: Evaluation of the International Space Station[R]. NASA Report, 2011 - 1427.

[53] Novikova N D. Review of the knowledge of microbial contamination of the Russian manned spacecraft[J]. Microbial ecology, 2004, 47:127 - 132.

[54] 谢琼,石宏志,李勇枝,等. 飞船搭载微生物对航天器材的霉腐试验[J]. 航天医学与医学工程,2005, 18:339 - 343.

[55] 沈自才,邱家稳,丁义刚,等. 航天器空间多因素环境协同效应研究[J]. 中国空间科学技术. 2012,32 (5):54 - 60.

[56] 邱家稳,沈自才,肖林,等. 航天器空间环境协和效应研究[J]. 航天器工程. 2013,22(1):15 - 20.

[57] 冯伟泉,丁义刚,闫德葵,等. 空间电子、质子和紫外综合辐照模拟试验研究[J]. 航天器环境工程, 2005,22(2):69 - 72.

[58] Townsend J A,Park G. A comparison of atomic oxygen degradation in low earth orbit and in a plasma etcher[C], 19th Space Simulation Conference:Cost Effective Testing for the 21st Century. Baltimore, Maryland, NASA CP - 3341, X - 28103, Oct. 29 - 31, 1996:295 - 304.

[59] Verker R, Grossman1 E, Gouzman I,el al. Synergistic effect of simulated hypervelocity space debris and atomic oxygen on durability of poss - polyimide nanocomposite[C]. 10th International Symposium on Materials in a Space Environment and The 8th International Conference on Protection of Materials and Structures in a Space Environment. Space Environment Group, Soreq NRC. Collioure, France. 2006.

[60] Stiegman A E, Brinza D E,Anderson M s, et al. An investigation of the degradation of Fluorinated ethylene propylene(FEP)copolymer thermal blanketing materials aboard LDEF and in the laboratory[J]. NASA CR - 192824, N93 - 25078, 1993: 1 - 18.

[61] Schultz P H, Crawford D A. Electromagnetic Properties of Impact - Generated Plasma, Vapor and Debris[C]. Hypervelocity Impact Symposium, Huntsville, AL, 11/16 - 19/1998.

第5章
航天材料空间环境适应性评价

随着航天器及其有效载荷设计中所使用材料的种类(数量)不断增加,对选用材料进行严格的空间环境适应性评价是保障航天产品可靠性及在轨寿命的重要手段。应用不适合空间使用或未经过地面严格试验鉴定材料将为航天器在轨长寿命、高可靠运行带来严重的隐患。

航天材料空间环境适应性是指航天材料适应其将要经历的空间环境的能力。它是航天器部件、组件、系统级器件空间环境适应性的基础,是航天器研制的重要环节。由于大部分航天材料不是专门为航天器研制生产的,而地面材料应用于空间必须保证其空间环境适应性符合使用要求。航天材料的在轨性能退化可通过地面模拟试验和飞行试验来获得。然而,在轨飞行试验虽然具备环境及效应真实的优点,但也具有周期长、花费大的缺点。而地面模拟试验则由于具有周期短、花费少、方便等优点而被广泛用来评估航天器敏感材料及器件的空间环境适存性。

航天材料空间环境地面模拟试验技术是一门综合性技术,涉及试验环境条件、试验方法和试验设备等技术,主要包括三个方面:①环境获得技术方面,在地面产生类似于空间环境或加速环境的地面模拟环境;②环境诊断技术方面,实现环境原位测试和实时监测,提供准确环境条件数据;③效应测试技术方面,能够实现环境效应原位测试和实时监测,提供准确材料测试数据。

航天材料环境效应试验评估的主要内容包括空间真空、低温环境(出气、质损、污染等)、紫外辐照环境、高(中、低)能电子、质子环境、等离子体环境、原子氧环境、空间多因素综合环境等试验,涉及的航天材料主要包括黏合剂、胶带、电绝缘及力学保护层、光学玻璃材料、润滑材料、金属、热控涂层、塑料薄膜、填充聚合物、复合材料、橡胶、热塑塑料等。

然而,空间环境及效应比较复杂,地面模拟很难实现真实的空间环境,主要原因包括以下三个方面:一是空间粒子是连续能谱分布,带电粒子涵盖了从几个 eV 到 GeV 的范围,地面模拟很难实现多能量带电粒子的同时模拟;二是高能带电粒子地面模拟难度较高;三是航天器在轨寿命长,从经济角度考虑,地面模拟试验通常很难采用相同倍率的环境。

本章节将从真空、温度、粒子辐射、紫外辐射、原子氧、空间碎片等不同环境及其带来的效应等角度,给出航天材料空间环境效应地面模拟评价的方法。

5.1 加速试验方法[1,2]

航天科技的发展对航天器提出了高可靠、长寿命的要求,航天材料在轨期间的性能变化情况是设计者非常关心的问题,地面模拟试验是提供评估依据的最重要手段之一。但地面模拟试验难以再现空间辐射环境中连续的带电粒子能谱,多采用单一能量或几种能量的带电粒子来模拟。材料的辐射评价试验一般以达到在轨工作期间所能受到的总辐射量为标准,受限于试验周期和费用,所进行的试验实际上都属于加速性试验。如果地面模拟试验方案设计不当,使材料内部发生了在空间该辐射环境长期作用下不应出现的本质上的变化,或者说使材料内部产生了物理过程不一致的辐射损伤,则无法反映材料性能下降的真实状况。因此,等效模拟与加速试验方法是空间辐射环境效应地面模拟试验的主要方法。

在空间辐射等效模拟试验中,所采用的主要试验参数包括辐射粒子种类、辐射能量 E、辐射注量 ϕ、辐射注量率 ϕ' 等。其中,辐射粒子能量和辐射注量率不具有累加性,属于强度量(I);辐射注量具有累加性,属于广延量(T)。因此,地面模拟试验是在一定粒子能量和注量率下地面模拟环境与空间真实环境的等效累积注量的效应等效模拟[1]。

地面模拟试验的实质是通过提高辐射源的强度以短时辐射来模拟实际空间长期作用结果的一种试验方法,地面模拟试验通常为效应等效模拟。下面对效应等效模拟试验过程设计中的加速因子和等效区间等概念进行介绍。

加速试验是指在相对较短的时间内使研究对象获得在轨道较强时间才能获得的环境作用量,以期预测研究对象在该环境下的性能变化。加速因子 ε 是指试验中的环境作用强度 I' 与空间实际环境作用强度 I 的比值,即 $\varepsilon = I'/I$。对于空间辐射地面模拟试验,加速因子则为加速试验的剂量率与空间剂量率的比值,或者达到某一辐射注量时的加速试验所用时间与空间时间的比值。

为提高地面模拟试验效率,通常在不改变材料或器件损伤的物理机制的前提下,通过提高辐射剂量率,在短时间内得到在空间较长时间才能获得的辐射注量,达到加速试验的效果和目的。

由于偏离了真实空间环境,为保证加速试验结果的可靠性,需将加速因子限定在一定范围,加速因子的允许范围就是加速试验的等效区间。这是因为如果加速试验对材料的作用机制与空间实际机制有本质差别,即使在某些特殊阶段试验结果与空间实际情况相吻合,但不会在整个过程的任何阶段均一致。合理地选择加速因子是非常重要的,过小的加速因子会导致试验周期长、费用高,过大的加速因子则可能导致辐射通量大大超过空间的真实情况,导致材料产生不应有的损伤,过高的近紫外加速辐射则会带来过热效应等。因此,加速试验应在一定的模拟等效区间开展,才能保证辐射模拟试验与空间真实过程的机制尽量一致,得到合理、可靠的结果与数据。

效应等效原则是地面加速辐射模拟试验的基础,只有在模拟等效区间内进行试验所得试验数据才具有较好的重复性与可信性。等效模拟区间是指在某一区间,作用于材料的外部因素在其间任意变化的情况下对材料最终性能的影响不发生变化。魏强等人在其论文中对模拟等效区间进行了阐述[1]。

从热力学角度,材料的性质可以分为两类:一类与系统环境性质相关,称为状态函数(P);另一类与系统环境变化过程中所经历的途径相关,称为途径函数(W)。等效模拟区间示意图如图 5 – 1 所示,图中包括两段等效区间 Ⅰ、Ⅱ,ε 为辐射处理中的加速系数。对于某一确定的试样进行辐射试验,如果在 Ⅰ 区内从原点出发沿不同的加速路径 ε_1、ε_2、ε_3 分别在 Δt_1、Δt_2、Δt_3 时间内达到同样的辐射注量 ϕ_1,那么沿每条路径试样性质的变化都应为 ΔP_1。如果从 Ⅰ 区的终点出发,在 Ⅱ 区内继续沿 ε'_1、ε'_2、ε'_3 的路径分别在 $\Delta t'_1$、$\Delta t'_2$、$\Delta t'_3$ 时间内达到另一辐射注量 ϕ_2,所得到的最终性质变化也应该同为 ΔP_2。由于经过不同加速系数的辐射,所获得的性质变化相同,因此称在两区间 Ⅰ、Ⅱ 辐射具有等效性[1]。

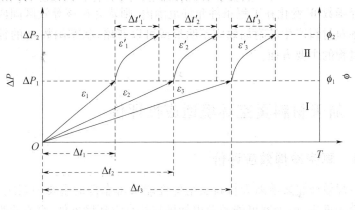

图 5 – 1　等效模拟区间示意图

在确定辐照加速试验模拟等效区间时,首先选取所研究材料的一个适当状态函数性质指标 P 作为属性参数,该参数既能反映材料特性,也比较容易确定。对于光学玻璃可以选取透过率,反射镜可以选反射率来作为研究的属性参数。然后通过试验确定采用不同大小辐射剂量率下该属性参数对辐照时间 t 或辐照剂量 ϕ 的响应函数 $P(t)$ 或 $P(\phi)$,最后得到在一定时间或辐照剂量条件下材料状态函数 P 参数随辐射剂量率 ϕ' 的变化关系。

如果材料的状态函数参数不随辐射剂量率 ϕ' 变化而变化或变化不明显,则有

$$\Delta P \neq f(\phi'), \phi = \text{const} \tag{5 – 1}$$

式中　const——常数。

则状态函数参数 P 与辐射剂量率无关,在该区间内就可以任意选取辐射剂量率,如图 5 - 2 所示。

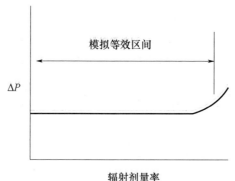

图 5 - 2 模拟等效区间的确定

另外,随辐射剂量率变化,材料途径函数 W 的变化也应满足一定的工程条件范围 W_0,即

$$\Delta W = f(\phi') \le W_0, \phi = \text{const} \tag{5 - 2}$$

若途径函数 W 变化在工程条件允许范围内,则认为在该等效区间内所采用的辐射剂量率对材料产生的附加效应不明显或可以忽略,状态函数 P 的辐照效应是辐照作用过程的主要方面。

5.2 航天材料真空环境适应性评价

5.2.1 真空冷焊效应评价[3,4]

真空冷焊效应是影响航天材料及组件性能及可靠性的重要因素之一,尤其是随着深空探测推进,航天器可能遭遇更加极端的真空环境条件,真空冷焊效应可能带来严重的威胁。

对空间分离装置来说,真空环境下的冷焊效应可能导致其在轨无法分离,进而导致航天任务失败,因此需要开展静态加载冷焊试验、碰撞冷焊试验或摩擦腐蚀冷焊试验。

影响真空环境下冷焊效应的因素包括加载、污染、温度、材料性能、润滑性能、分子流环境等。可产生冷焊的材料包括金属与合金、薄膜润滑、无机化合物、聚合物等。

对真空冷焊的真空要求,不同的国家或单位给出了不同的要求。奥地利研究中心给出的参数为:静态加载冷焊试验压力一般小于 1×10^{-6} Pa;碰撞冷焊试验压力一般小于 5×10^{-6} Pa;摩擦腐蚀冷焊试验压力一般小于 5×10^{-5} Pa。一般认为,

在达到 $10^{-6}Pa$ 以上的超高真空环境中,由于材料表面吸附分子将发生解吸附,而相邻的材料原子由于配对机理和热扩散机制将发生冷焊现象。

我国的航天行业标准中规定,在开展真空冷焊试验评价时,压力一般不低于 $1.3 \times 10^{-7}Pa$,在组件的最高或最低工作温度下要保持 6h 以上,室温保持时间一般不少于 24h。

5.2.2 真空中材料挥发性能测试方法[5]

在真空环境下,有机物、聚合物和无机物等航天材料体内或表面因发生分解、扩散释放、蒸发、升华、解吸附等过程而脱离材料表面,即发生挥发。造成其总的质量损失,产生可凝挥发物等。在回复到大气状态下时,又可能产生水蒸气的回吸。

因此,通常用总质量损失(TML)、收集到的可凝挥发物(CVCM)和水蒸气回吸量(Water Vapor Regained,WVR)三个参数作为材料在真空下的挥发性能测试参数。

其测试的原理是将在恒温恒湿箱中存放过的材料试样,在真空环境下对其进行一定温度的均匀加热,通过称量试验前后的试样和收集板质量的变化,得到总质量损失和收集到的可凝挥发物。将测试后的试样重新放回到恒温恒湿箱中存放后,再称其质量,则得到水蒸气回吸量,测试设备示意图如图 5 - 3 所示。

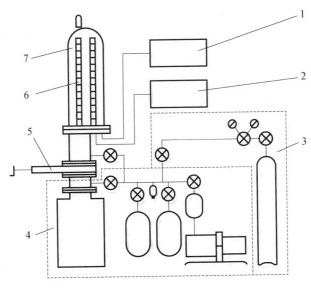

图 5 - 3　测试设备示意图

1—测温控温装置;2—恒温水循环装置;3—充气装置;4—抽气系统;5—高真空阀门;
6—测试单元;7—真空测试室。

一般要求首先对空载的实验室进行空载加热到155℃,并抽真空至 1×10^{-4} Pa;放入样品后的大气压要抽至 7×10^{-3} Pa,试样室应 1h 内稳定在 (125 ± 1)℃,并保温 24h,收集板温度控制在 (25 ± 1)℃,恒温恒湿箱温度 (23 ± 2)℃,相对湿度 45% ~ 55%。

一般规定材料的真空质损要小于 1%,可凝挥发物要小于 0.1%。

5.3 航天材料温度环境适应性评价[6]

航天器在轨运行过程中,会经历高低温循环,使航天器结构产生热应力,进而引起材料发生疲劳,也可能造成材料的变形,从而影响航天器的正常工作。

航天器的温度环境试验包括常压热循环试验和真空热循环试验。

针对航天材料,一般只开展常压热循环试验。其目的是考察航天材料或者不同材料在热循环条件下的热胀冷缩,造成航天材料的疲劳及分层,进而对其性能带来的影响。

对热循环装置,一般要求高温恒温区可达到 200℃,低温恒温区可达到 −160℃,如采用浸入液氮的方式,则低温可达到 −196℃。温度的控制精度要求高温区为 ±2℃,低温区为 ±5℃。

除非另有规定,航天材料的常压热循环试验温度一般为高温 100℃,低温 −100℃或者 −196℃,热循环次数为 100 ~ 300 次。

5.4 表面材料带电粒子辐射环境适应性评价[2]

航天器在轨运行期间,将遭受带电粒子的辐射威胁,引起其性能退化甚至失效,其主要成分为电子和质子。对航天器表面材料,尤其是薄层材料,影响其性能的主要是表层成分,而高能粒子则可能穿透材料,从而对其性能造成的影响可能较小,而低能带电粒子则会湮没在材料表层中,从而对其造成损伤。

因此,对航天器表面材料,通常利用低能带电粒子开展试验评价,而对体材料或者厚材料,则可用高能带电粒子开展试验评价。

5.4.1 剂量深度分布法

带电粒子穿过物质时,通过各种相互作用过程逐渐损失能量,直至最后能量全部损失而被物质吸收或穿透物质,通常可用阻止本领来表示带电粒子在材料中能量的损失。阻止本领是指带电粒子通过单位路径时的能量损失,用 $(-dE/dX)$ 来表示。因此,阻止本领与带电粒子的种类、能量和靶原子的性质有关。

带电粒子与物质的相互作用,其能量损失主要是与靶原子的核外电子的非弹性碰撞而导致电子被激发或电离的电离损失。而与靶原子核发生弹性碰撞引起的能量损失只有当入射带电粒子速度很低时才考虑,通常可以忽略。

根据量子经典理论,带电粒子在靶物质中的电子阻止本领公式(Bethe – Block公式)为

$$(-dE/dX)_{ion} = \frac{4\pi z^2 e^4 NZ}{m_0 v^2}\Big[\ln\Big(\frac{2m_0 v^2}{I}\Big) + \ln\Big(\frac{1}{1-\beta^2}\Big) - \beta^2 - \frac{C}{Z}\Big]$$

$$\beta = \frac{v}{c}$$

式中　$(-dE/dX)_{ion}$——带电粒子电子阻止本领;

E——带电粒子能量;

X——带电粒子入射深度;

m_0——电子静止质量;

N——原子密度;

Z——原子序数;

β——电子速度与光速之比;

v——电子速度

c——光速;

I——靶原子的核外电子的平均激发和电离能,可近似估计为 $I = I_0 Z$,其中 I_0 约为 10eV 量级,对原子序数低的靶物质 $(Z < 13)$,I_0 稍大,约为 13eV,而对 Z 大的靶物质 $(Z > 13)$,I_0 较小,I 可写成 $I = 9.76Z + 58.8Z^{-0.19}(\text{eV})$;

C/Z——壳修正项,是当入射粒子速度不能满足大于靶原子内层电子的轨道速度时,束缚得很紧的内层电子不能被电离和激发,即不能参与和入射粒子的相互作用而引入的修正,参数 C 由内部各壳层的影响组成:$C = C_K + C_L + C_M + \cdots$ 当入射粒子速度比较低时,壳修正显得较为重要。

$(-dE/dX)_{ion}$的单位为 eV/Å 和 MeV/μm,或用单位质量厚度的能量损失表示,单位为 MeV/$(\text{mg} \cdot \text{cm}^{-2})$。

阻止本领与带电粒子注量(单位面积内的带电粒子数)的乘积就是单位体积中沉积的能量,也即在材料中单位质量内沉积的能量,即剂量,其计算公式为

$$D = (S/\rho)\Phi$$

式中　D——吸收剂量(10^{-2}J/kg);

(S/ρ)——阻止本领($\text{erg} \cdot \text{cm}^2/\text{g}$);

Φ——带电粒子注量(cm^{-2})。

空间带电粒子是一个能谱分布,而进行地面模拟试验时,即便极大地增加设备的复杂性和制造成本,也很难模拟出空间多能谱粒子的真实情况,同时也没有必要。空间带电粒子辐射到材料上,在材料中形成一定的剂量 – 深度分布,材料的性能退化实际上是由于带电粒子的能量在材料中沉积所造成的,地面模拟试验时,可

以用一定能量的带电粒子拟合空间的剂量－深度分布，从材料的退化效应角度来考虑与空间退化的等效性。

因此，评价航天材料在空间某轨道寿命期间的性能退化效应，可采用剂量－深度分布法，其主要步骤如下：

（1）航天器任务分析与轨道环境分析。

由航天器的轨道和寿命周期，分析计算航天器所在轨道的电子、质子能谱分布和电磁辐射环境。

（2）轨道电子、质子辐射在材料中的剂量－深度分布。

针对航天材料，根据轨道环境中的电子、质子能谱和任务寿命，分析计算轨道环境电子、质子辐射在材料中的剂量－深度分布，并给出剂量－深度分布曲线，地面模拟试验以辐射环境在材料中的剂量－深度分布为等效模拟依据。

（3）地面辐照试验中带电粒子的能量和注量的选择。

单一能量的粒子辐射无法模拟出空间带电粒子在材料中的剂量－深度分布，因此在地面模拟试验中，常使用多种能量的带电粒子进行辐照试验。辐射能量沉积具有累加性，可以先分别计算出其在材料中的剂量－深度分布，然后将同一深度处的吸收剂量进行累加，最后计算出总的剂量－深度分布。由最高能量开始，选择模拟试验粒子的能量和注量，使累积剂量、深度曲线与空间剂量－深度曲线尽量匹配。

（4）辐照试验步序。

在计算确定出不同种类单能粒子的能量和注量之后，下一步要设计辐照试验的步序。最好的方法是使用多个粒子加速器进行同时辐照，但我国现有地面模拟条件无法满足。采用不同能量的单能带电粒子顺序辐照的方法，也可有效地模拟出空间辐射在材料外表层（或功能层）中的剂量－深度分布，较为准确地模拟出实际轨道辐射对材料的作用效应。

例如 Aerospace 公司空间材料实验室在对航天器外表面的材料进行长期空间环境暴露试验以检测期性能退化效应时，在轨道环境确定后，使用能量沉积代码来计算飞行任务期间电子和质子在选定的材料中的能量剂量－深度分布，之后使用一系列的单能粒子来模拟与轨道剂量分布大致接近的总剂量分布。图 5－4 给出了使用多种能量的电子来模拟材料表面 1mm 范围内的空间轨道实际剂量－深度分布，电子能量为 5keV、10keV、20keV、30keV、50keV 和 100keV[7]。

在进行材料地球同步轨道环境模拟试验时，利用剂量－深度分布模拟的方法对密度为 $1.5g/cm^3$ 的材料空间辐射损伤效应进行模拟[3]，分别用能量为 45keV、通量为 $1.25 \times 10^{11} cm^{-2}s(20nA/cm^2)$、注量为 $2 \times 10^{15} cm^{-2}$ 的质子用于模拟材料表面 $0.8\mu m$ 内的空间剂量；能量为 240keV、通量为 $1.25 \times 10^{11} cm^{-2}s(20nA/cm^2)$、注量为 $2 \times 10^{14} cm^{-2}$ 的质子用于模拟材料表面 $3\mu m$ 内的空间剂量；而能量为 400keV、通量为 $1.62 \times 10^{10} cm^{-2}s(20nA/cm^2)$、注量为 $1 \times 10^{15} cm^{-2}$ 的电子则模拟 $400\mu m$ 内的空间剂量，模拟结果如图 5－5[8]所示。

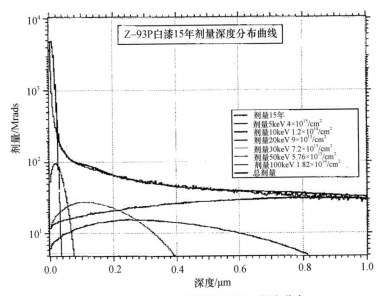

图 5 - 4　模拟空间轨道实际剂量 - 深度分布

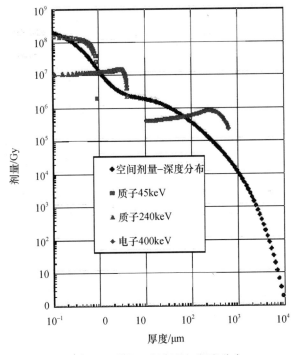

图 5 - 5　模拟空间剂量 - 深度分布

5.4.2　等效能谱法[9]

等效通量法（Equivalent Flux Method）是借助于"黑箱法"来实现空间带电粒子

能谱与实验室中的单向单能粒子辐射效应的等效。针对热控涂层材料的空间带电粒子辐射效应模拟而言,如果空间实际连续能谱粒子辐射对热控涂层太阳吸收比变化 $\Delta\alpha_s$ 的影响等同于某一能量 E_0 的同种粒子以某一束流密度 $\phi_{\rm eff}$ 在相同时间内垂直入射的作用结果,则两者的效应具有等效性,即

$$\Delta\alpha_s(E_0,\phi_{\rm eff}) = \Delta\alpha_s({\rm d}\phi/{\rm d}E) \tag{5-3}$$

考虑空间粒子能谱分布的连续性,式(5-3)可表示为

$$\Delta\alpha_s(E_0,\phi_{\rm eff}) = \Delta\alpha_s\left(\int_{E_1}^{E_2}\frac{{\rm d}\phi}{{\rm d}E}{\rm d}E\right) \tag{5-4}$$

利用剂量-深度分布等效法,可以近似模拟空间辐射环境对航天材料所产生的效应。空间电子、质子的能谱为一连续能谱,地面模拟需要多种能量的粒子共同作用。如果仅用单一能量的粒子辐射进行地面模拟试验,则需解决多种能量粒子带来的辐照顺序及能量组合方式等问题。

利用地面单一能量模拟替代连续能谱的空间辐射效应,可以利用基于效应等效的等效能谱法,即单一能量、一定束流或通量的粒子对航天材料造成的辐射损伤性能退化与空间连续能谱造成的性能退化相同[4]。

以热控材料为例,在某一轨道飞行时间 t 后,材料的太阳吸收比变化为 $\Delta\alpha_s$,由效应等效原则,则有

$$\Delta\alpha_s(试验) = \Delta\alpha_s(轨道) \tag{5-5}$$

假设地面模拟试验采用粒子能量为 E_0,等效通量为 $\phi_{\rm eq}$,等效注量为 $\phi_{\rm eq}$,时间为 t,则粒子辐射通量密度可以通过粒子空间能谱和单一能量 E_0 对热控材料性能变化等效关系建立:

$$\Delta\alpha_s(E_0) = \Delta\alpha_s\left(\int_0^\infty\frac{{\rm d}\phi}{{\rm d}E}{\rm d}E\right) \tag{5-6}$$

式中 $\dfrac{{\rm d}\phi}{{\rm d}E}$——轨道带电粒子微分能谱。

当热控材料暴露在空间连续能谱的粒子辐射中,α_s 的吸收系数由式(5-7)决定:

$$\Delta\alpha_s = g\left(\phi\int_0^\infty q(E)\tilde{\phi}_n(E){\rm d}E\right) \tag{5-7}$$

式中 ϕ——所有能量辐射粒子的总注量;

$\tilde{\phi}_n(E)$——粒子能谱的归一化系数,且 $\int_0^\infty\phi_n(\tilde{E}){\rm d}E = 1$。

$q(E)$——由某种热控单一能量辐射产生的结果确定;

g——能量和剂量的函数。

热控材料的性能退化 $\Delta\alpha_s$ 可以由以下统计退化模型表示:

$$\Delta\alpha_s = \alpha(E)\phi^\beta \tag{5-8}$$

根据这一关系,热控材料性能 α_s 在粒子辐射下的变化可表示为

$$\Delta\alpha_s = \left[\phi \int_0^\infty \alpha^{1/\beta}(E)\, \tilde{\phi}_n(E)\, \mathrm{d}E\right]^\beta \qquad (5-9)$$

换算成时间,则为

$$\Delta\alpha_s = \left[t \int_0^\infty \alpha^{1/\beta}(E)\, \frac{\mathrm{d}\phi}{\mathrm{d}E}\mathrm{d}E\right]^\beta \qquad (5-10)$$

将式(5-6)代入式(5-10)可得

$$\alpha_0 \phi_0^\beta = \left[t \int_0^\infty \alpha^{1/\beta}(E)\, \frac{\mathrm{d}\phi}{\mathrm{d}E}\mathrm{d}E\right]^\beta \qquad (5-11)$$

可以得到,采用单一能量为 E_0 的带电粒子等效通量为

$$\phi_0 = \phi_{\mathrm{eff}} = \frac{\int_0^\infty \alpha^{1/\beta}(E)\, \frac{\mathrm{d}\phi}{\mathrm{d}E}\mathrm{d}E}{\alpha^{1/\beta}(E_0)} \qquad (5-12)$$

式中 ϕ_{eff} 采用单一能谱模拟微分能谱时产生相同的 $\Delta\alpha_s$ 时的等效通量密度。

根据经验公式,一般有

$$\Delta\alpha_s = AE^\gamma F^\beta \qquad (5-13)$$

所以有

$$\phi_{\mathrm{eff}}(E_0) = \frac{\int_0^\infty E^{\gamma/\beta}\, \frac{\mathrm{d}\phi}{\mathrm{d}E}\mathrm{d}E}{E_0^{\gamma/\beta}} \qquad (5-14)$$

同理,对 $\Delta\alpha_s$ 的普遍表达式有

$$\Delta\alpha_s = B\left[1 - \exp(-a(E)F^\beta)\right] \qquad (5-15)$$

采用能量为 E_0 的带电粒子等效通量表达式可表示为

$$\phi_{\mathrm{eff}}(E_0) = \frac{\int_0^\infty C(E)\, \frac{\mathrm{d}\phi}{\mathrm{d}E}\mathrm{d}E}{C(E_0)} \qquad (5-16)$$

$C(E)$ 是与 α 和 β 相关的函数。

等效注量则为

$$\phi_{\mathrm{eff}}(E_0) = \frac{t \int_0^\infty C(E)\, \frac{\mathrm{d}\phi}{\mathrm{d}E}\mathrm{d}E}{C(E_0)} \qquad (5-17)$$

由式(5-16)、式(5-17),可以得到某轨道带电粒子能谱辐射效应在地面模拟试验时所采用的等效通量和等效注量。

依据航天器运行轨道上的带电粒子能谱利用数值积分的方法可以求解等效束流密度的具体数值。实验室选定单能粒子束和与之相匹配的等效束流密度进行热控涂层材料辐射效应试验,给出热控涂层材料太阳吸收比变化随时间演化的动力学方程,从而实现热控涂层在轨行为的预测。该方法的优点是考虑到空间带电粒子通量对材料辐射效应的影响,弥补了等效注量法的不足,在热控涂层材料上得到了较好的应用,针对空间太阳电池的应用尚未见报道。

5.4.3　金属薄膜散射法

带电粒子射入金属薄膜时将发生能量歧离,因此,可以将一定能量的单能粒子入射某种特殊厚度设计的薄膜,以获得薄膜背面具有一定能谱分布的粒子[10]。

5.4.4　试验参数的选取

表面材料带电粒子辐射效应评价通常采用电子枪或电子加速器来获得中低能电子,利用质子源或质子加速器来获得中低能质子。

电子枪或中低能电子加速器是利用高压将由灯丝发射的电子加速,获得具有一定能量的电子。高能电子加速器则通过串列静电加速、回旋加速或者直线加速等手段,使电子获得较高的能量。

以高频高压电子加速器(图5－6)为例,利用高频振荡器将工频低压电能变成高频电能,再通过高频耦合方式给由二极管和空间电容组成倍压整流电流并联供电,串联后得到极高的直流高压,以加速电子而获得所需要的强流高能电子射线。具有效率高、见效快、无污染、占地小、成本低、能量覆盖范围宽、流强调节范围大等特点[11]。

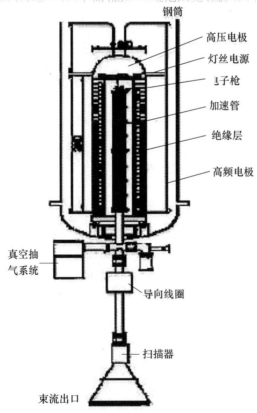

图5－6　高频高压电子加速器原理示意图

192

质子加速器的工作原理是用离子源将氢气电离产生质子等离子,之后经由高压电场加速,使离子获得一定的能量,获得能量的束流经过分析器进行纯化,经过导管进入辐照腔或辐照室内。质子加速器的基本工作原理如图5-7所示。

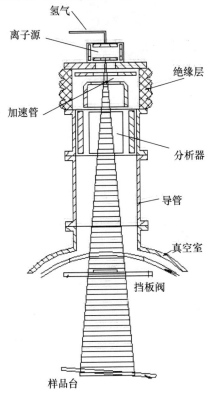

图5-7 质子加速器的基本工作原理

基于效应等效的原理,运用5.4.1~5.4.3节中试验原理,选取合适的能量和注量,来模拟空间带电粒子辐射对航天材料的作用。在选定能量和注量后,需要对其通量,也就是规定注量率。一般规定电子和质子的加速倍率不大于500,试样的温度应尽可能与实际使用温度一致,一般不超过50℃,热沉温度应低于试验试样温度50~70℃,样品台附近的压力不高于1.3×10^{-3}Pa[12,13]。

对航天器表面材料,除非另有规定,一般应开展综合辐照试验,即试验环境包括电子、质子和紫外等辐射环境要素,同时具备真空和温度环境[14,15]。

北京卫星环境工程研究所Φ800空间综合辐照环境模拟试验设备是国内第一台自行研制且拥有自主知识产权的的空间综合环境效应模拟试验设备,能够实现中能(120keV)电子、低能(50keV)质子、近紫外、真空紫外、等离子体、高低温及真空七种环境,可模拟轨道环境对航天器外露材料表面性能(太阳吸收比、光谱反射率、表面电阻率等)的退化效应。具有环境真实、试验效率较高的特点。该设备既可提供多种环境同时辐照,也能够提供单一环境试验,如图5-8所示。

图 5 – 8　北京卫星环境工程研究所 ϕ800 空间综合环境效应模拟试验设备

该设备主要进行卫星外露表面材料的总剂量效应模拟试验,其技术指标如下:

电子能量范围:5 ~ 120keV;

电子束流范围:0.1 ~ 100nA/cm²;

质子能量范围:30 ~ 50keV;

质子束流范围:0.1 ~ 10nA/cm²;

近紫外光谱范围:200 ~ 400nm;

近紫外加速倍率:3 ~ 5SC①;

远紫外光谱范围:115 ~ 200nm;

远紫外加速倍率:大于 10SC;

辐照面积:ϕ150mm;

温度环境: – 15 ~ + 50℃样品基座温控;

真空度:优于 2×10^{-3}Pa。

另外,设备配备了太阳吸收比、光谱透射率、表面电阻率、机械性能原位测试装置,能够在辐照试验中真空环境下进行各种性能的测量。

试验过程中或者试验前后,需要对材料的性能进行测试,必要时,应对其性能进行原位测试。

5.5　体(块)材料带电粒子辐射环境适应性评价

对航天器体(块)材料或者厚材料,可利用高能带电粒子开展其电离损伤效应或位移损伤效应试验研究。对太阳电池用半导体材料,可用高能质子、高能电子或

---

① Solar Constant,太阳常数。

高能重离子开展辐射损伤效应研究,一般是采用高能加速器。

北京卫星环境工程研究所建设的高能粒子辐照试验系统主要由电子加速器、质子加速器、电子加速器束流管、质子加速器束流管、质子数磁偏转系统、控制系统、真空样品室等组成。电子加速器和质子加速器的最高能量为 2MeV,如图 5-9 所示。

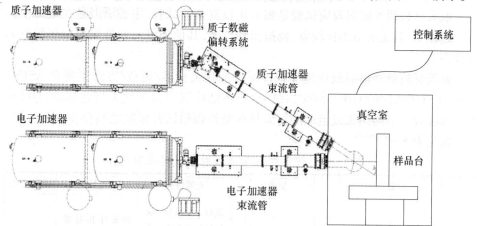

图 5-9　北京卫星环境工程研究所高能粒子辐照试验系统

利用高能电子加速器和高能质子加速器开展航天材料辐照效应试验的能量、通量和注量参照 5.4.1 节或 5.4.2 节以及 5.4.4 节的试验方法和试验参数确定。

对普通结构材料或者厚材料,也可以用钴源来模拟其在轨电离总剂量效应。以 SiO_2 介质为例,利用钴源产生的 γ 射线在 SiO_2 介质层中淀积 $1Gy(Si)$ 所产生的电离辐射损伤,与电子或质子及其韧致辐射淀积 $1Gy(Si)$ 所产生的电离辐射损伤相等。在一定的条件下,高剂量率辐照可以等效模拟低剂量率下的辐射响应。基于上述原理,利用钴 60γ 射线在高剂量率下辐照,可等效模拟器件在空间环境中电子、质子的低剂量率下的辐射损伤。与电子元器件相较,航天材料的辐射剂量率可以选择较高的数值,剂量的数值根据材料在轨位置和在轨寿命确定,试验装置原理如图 5-10 所示。

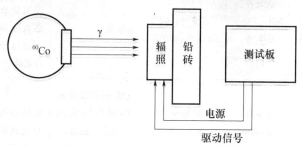

图 5-10　总剂量效应钴 60γ 射线模拟试验装置原理

若无其他规定,所有试验选用的环境因素为:温度范围为 15~35℃,相对湿度范围为 20%~80%。

5.6 航天材料紫外辐射环境适应性评价

航天材料紫外辐射效应试验是相对比较复杂的试验,主要原因是在地面模拟试验过程中,其光谱范围比较宽,模拟源种类多,其他环境对紫外辐射损伤的影响大等。

航天材料紫外辐射效应地面模拟试验的相关标准/规范/方法主要有 ASTM、ECSS、ISO 和我国的 GJB。同时,我国也正在陆续制定相关航天行业标准(QJ)和企业标准等。不同国家或组织的航天材料紫外辐照试验标准之间存在一些不同,其比较见表 5 – 1[15 – 18]。

表 5 – 1 航天材料紫外辐射效应标准对比

标准	对象	波长	加速比	光源设备	温度控制	测试方法
ISO 15856:2010	非金属材料	近紫外: 300 ~ 400nm 远紫外: 10 ~ 200nm	近紫外:≤7 远紫外:≤1000;	氙灯、汞弧灯、汞氙灯和碳弧灯,低于 200nm 采用氢灯、氙灯、氪灯、射流式辐射源、同步辐射源等	远紫外和近紫外辐照过程中导致材料温度上升不能超过 30K	未涉及
ASTM E 512 – 94	热控材料	近紫外: 200 ~ 400nm 远紫外: 10 ~ 200nm	近紫外:≤3 远紫外:≤3	氙灯、汞弧灯、汞氙灯和碳弧灯,低于 200nm 采用氢灯、氙灯或毛细类型的无窗口的放电源	未明确提及	原位测试
ECSS – Q – ST – 70 – 06C	空间材料	近紫外: 200 ~ 400nm 远紫外: 10 ~ 200nm	近紫外:≤7 远紫外:≤100	未涉及	未明确提及,只说明应该评估热效应以保证不超过最高允许温度	未涉及
GJB 2502.5	热控涂层	近紫外: 200 ~ 400nm 远紫外: 10 ~ 200nm	近紫外: 一般不大于5; 远紫外: 一般不大于100	近紫外:超高压汞灯、超高压汞氙灯、超高压氙灯; 远紫外:建议采用氢灯、氙灯或气体放电装置等	试样温度不应超过试验任务书或有关技术文件的规定	原位测试

由表 5 - 1 可知,在波长范围、加速比、温度控制等关键试验参数和试验方法上,不同的标准存在一定的差异。ISO 15856:2010 对电子、质子和紫外的空间辐照试验进行了规定,关于紫外辐射部分对紫外辐射光源、环境模型、技术要求和程序、加速比的选取原则等进行了说明,其特殊之处在于近紫外的波长规定为 300 ~ 400nm。ECSS - Q - ST - 70 - 06C 针对空间材料的带电粒子辐射和紫外线辐照试验,规定了航天材料进行电磁辐射和带电粒子试验的程序,其辐照度主要引用 ISO 15856,但其近紫外波长范围为 200 ~ 400nm。ASTM E 512 - 94 对热控材料的带电粒子辐射和太阳电磁辐射进行了固定,包括模拟源、样品的制备、性能的测试等。其特别之处在于对原位测试进行了说明。

5.6.1 紫外曝辐量分析方法

1) 太阳常数值

国内外关于太阳常数的数值标准主要为 QJ 1954—1990[19]《太阳电磁辐射》和美国标准 ASTM E 490[20]《太阳常数和空气质量零太阳谱辐射数据表》。

根据美国的 ASTM 490 标准[6],在地球轨道上,在距离太阳为一个天文单位处,并垂直于太阳光线的单位面积上,在单位时间内接收到的太阳总电磁辐射能量约为 1353W/m²,这一能量又称为太阳常数。其中可见光、红外辐射波段这部分能量约太阳常数的 91.3%,为 1235W/m²。近紫外波段这部分能量约为太阳常数的 8.7%,为 118W/m²。远紫外(真空紫外)波段这部分能量约为 0.1W/m²,占太阳常数的 0.007%。

1976 年,美国宇航局根据高空平台的观测结果,发布的太阳常数值为 1353(± 21) W/m²;根据 1978—1998 年 NIMBUS - 7、SMM、ERBS、UARS、EURECA、SOHO 等 6 颗卫星上的观测平台近 20 年连续不断的观测结果,得出的太阳常数值为 1366.1W/m²,标准差为 425×10^{-6},0.37% 的波动范围(1363 ~ 1368W/m²)。20 年卫星数据也揭示了太阳常数也存在不同时间尺度的波动。1957 年国际地球物理年决定采用 1380W/m²。世界气象组织(WMO)1981 年公布的太阳常数值是 1368W/m²。多数文献上采用 1367W/m²。太阳常数也有周期性的变化,变化范围在 1% ~ 2%,这可能与太阳黑子的活动周期有关。对深空轨道,其不同位置的太阳总辐照度与到太阳距离的平方成反比。不同星球的太阳总辐照度见表 5 - 2[7]。

表 5 - 2 不同星球的太阳总辐照度

行星	太阳总辐照度轨道平均值/(W · m⁻²)
水星	9029
金星	2586
地球	1353
火星	582.8

行星	太阳总辐照度轨道平均值/$(W \cdot m^{-2})$
木星	499.9
土星	14.87
天王星	3.678
海王星	1.496

2）受晒因子

地球轨道航天器,尤其是近地轨道航天器,其运行轨道一般都会经过地球的阴影区。地影时间主要取决于卫星轨道的倾角、轨道高度及轨道的形状等多个因素的影响。

以地球静止轨道的星食区为例,地球遮挡太阳形成的阴影如图 5-11 所示,阴影的主体是顶端背向太阳的会聚圆锥,圆锥区域内太阳光全部被地球遮挡,为本影区或全影区;本影区周围是一个空心发散圆锥,该区域内部分阳光被遮挡,称为半影区,本影和半影区总称为地影区,地影区以外的区域为日照区。

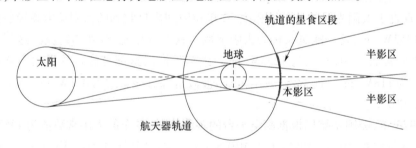

图 5-11　地球遮挡太阳形成的阴影

一圈轨道内处于日照的时间 τ_s 与轨道周期 τ_0 之比,称为日照因子或受晒因子。

当 M_2 大于 M_1 时,

$$\tau_s / \tau_0 = 1 - \frac{1}{2\pi}(M_2 - M_1) \tag{5-18}$$

当 M_2 小于 M_1 时,

$$\tau_s / \tau_0 = -\frac{1}{2\pi}(M_2 - M_1) \tag{5-19}$$

式中　M_1、M_2——进出地影时的平近点角。

计算可得,对于太阳同步轨道,交点地方时为 12 点的轨道受晒因子为 65% 左右,而交点地方时为 6 点的晨昏轨道一年中 3/4 以上的时间都是全日照轨道。

3）光照几何因子

太阳光线与航天器外表面垂直时,外表面接受的太阳电磁辐射总量最大,当太阳光线与航天器外表面存在夹角时,外表面接受的太阳电磁辐射总量变小。光照几何因子为航天器表面单位面积接受的太阳电磁辐射总量与相同位置且与太阳光线方向始终垂直的理想面单位面积接受的太阳电磁辐射总量的比值。

假设太阳光线与航天器外表面法线方向的夹角为 θ,随着航天器运行,不同时刻太阳光线与航天器外表面的夹角会发生变化,因此 θ 与时间有关。

航天器外表面的光照几何因子 G 为

$$G = \frac{F}{F_0} = \frac{\int_0^T I_{SC}\cos(\theta(t))\mathrm{d}t}{I_{SC}T} = \frac{1}{T}\int_0^T \cos(\theta(t))\mathrm{d}t \qquad (5-20)$$

式中 I_{SC}——太阳常数;

T——太阳光线与航天器外表面夹角变化周期;

θ——太阳光线与航天器外表面法线方向夹角。

对三轴稳定方式的航天器,其太阳翼始终处于与太阳光线方向垂直的面上,因此三轴稳定航天器上最大的光照几何因子 $G=1$。对自旋稳定方式的航天器,其光照几何因子为 $\frac{1}{\pi}$。

5.6.2 紫外波长的选择方法

1)紫外光子能量

由光子能量计算公式 $E = h\nu = hc/\lambda$ 可以计算得到紫外波段 $10 \sim 400\mathrm{nm}$ 各波段的紫外光子能量,见表 5-3。

表 5-3 紫外光子能量

波长/nm	能量/eV
10	124.0
100	12.4
115	10.8
200	6.2
300	4.1
400	3.1

2)紫外辐照高分子材料的波长选择

依据 Grotthus - Draper 光化学反应定律,只有吸收了紫外辐照能量的高分子才会发生化学反应。依据 Stark - Einstein 定律,一个分子共价键吸收一个特定紫外辐照量子能量后将发生共价键的断裂。高分子材料常见化学键能见表 5-4。

表5－4　高分子材料常见化学键能

化学键		常温下的键能/eV
C—C	单键	3.47
C—N	单键	3.17
C—O	单键	3.73
C—S	单键	2.82
N—N	单键	1.69
O—O	单键	1.52
Si—Si	单键	2.30
S—S	单键	2.52
C=C	双键	6.29
C=N	双键	6.38
C=O	双键	7.64
C≡C	三键	8.59
C≡N	三键	9.24
C≡O	三键	7.77

对比表5－3和表5－4可知,对紫外辐照高分子材料试验来说,如果材料中所有化学键键能均小于6.2eV,则可只选择200～400nm的近紫外谱段;如果材料中所有化学键键能均小于10.8eV,则地面紫外辐照试验应选择115～400nm的紫外谱段,若分子化学键存在大于10.8eV的情况,则需要选择10～400nm的全紫外谱段。

由表5－4可知,对绝大多数高分子材料来说,其分子价键一般小于9.24eV(C≡N),因此,选用115～400nm的紫外谱段完全可以满足紫外辐照试验的要求。

3) 紫外辐照无机材料的波长选择

对无机材料来说,紫外线光子可以造成材料结构中的电子吸收能量发生跃迁或离化,产生电子－空穴对,形成色心,影响其光学性能;或者产生间隙原子、空穴、电子等载流子,从而对其光学性能或者电学性能造成影响。常见半导体材料光学带宽见表5－5。

表5－5　常见半导体材料光学带宽

半导体材料	Ge	Si	AlP	AlAs	AlSb	GaP	GaAs
光学带宽(0K,eV)	0.785	1.21	3.0	2.2	1.6	2.4	1.53
半导体材料	GaSb	InP	InAs	InSb	CdTe	ZnTe	ZnO
光学带宽(0K,eV)	0.80	1.41	0.45	0.25	1.60	2.20	3.37*

注:*为常温状态

由表5-5分析可知,200~400nm的近紫外波段光子可以实现半导体材料的电子跃迁,从而对其光学性能和电学性能带来影响。

5.6.3　紫外光源选择

1)近紫外光源

常用的近紫外源有汞灯、汞氙灯、氙灯、碳电弧灯等,均要求加入滤波片过滤可见光和红外光。但不同的辐照源,具有不同的特点。汞灯紫外辐射能量主要集中在几条谱线上,连续性较差,但容易达到更高的辐照度。汞氙灯产生的紫外辐射主要是汞蒸汽产生的谱线,有少量氙蒸汽产生的谱线,其紫外光谱的连续性优于汞灯。氙灯的发射光谱稳定,且光谱分布与自然光较为接近,波长范围为300~1100nm,但在紫外光区的发射强度较低。

综合以上,汞灯光谱连续性差但光照强度大;氙灯光谱连续性好但是强度较低,较难满足试验中加速倍率的要求;汞氙灯连续性和光照强度介于两者之间,建议优先选择汞氙灯模拟太阳近紫外辐射。

2)远紫外光源

结合国内外的现状和实际使用情况,氘灯是目前较为成熟的产品,虽然射流式气体喷射源覆盖范围较宽,但由于其技术成熟度和设备稳定性有待提高,且其加速倍率较低,加速因子在10以内,必然导致试验周期过长,不具备试验的经济性。因此,建议远紫外波段模拟光源优先选用氘灯。

近紫外模拟器是通过对一定功率的光源的光束先进行聚焦,然后通过一定的发散或者垂直入射到辐照台上。以利用汞氙灯作为光源的发散型紫外源为例,先通过聚光镜将汞氙灯光束进行聚焦,再经过滤光片将除紫外光之外的光滤除,然后利用积分器对光束进行处理,进而通过窗口辐照到样品台上,窗口通常采用石英玻璃,如图5-12所示。

射流式真空紫外辐照模拟设备[7]模拟原理如图5-13所示。利用低温冷却系统和抽真空系统可使真空室真空度达到10^{-5}Pa,温度低于20K。在开孔处装有电容管,使射流和电子束激发产生的其他带电粒子发生偏转,避免其照射在试样表面。模拟器的辐照光谱和强度由喷嘴处的气体压力、温度以及电子束的能量和流强来确定[21]。

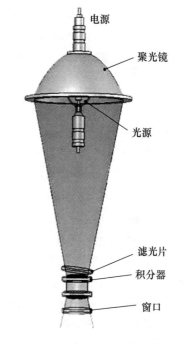

电源

聚光镜

光源

滤光片

积分器

窗口

图5-12　紫外辐照光源模拟原理

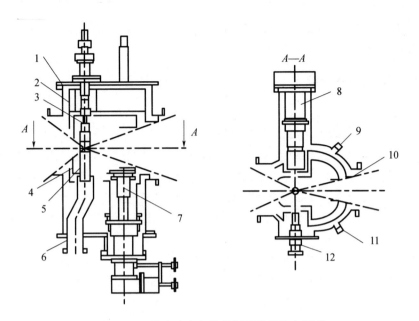

图 5 - 13　射流式真空紫外辐照模拟设备原理

1—真空室;2—80K 冷屏;3—超声喷嘴;4—20K 冷屏;5—连接管;6—旋叶泵抽气系统;7—冷头;
8—电子枪;9—水平观察窗;10—电容器;11—垂直观察窗;12—电子收集器。

5.6.4　加速倍率选择

一般来说,紫外加速因子(加速倍率)为地面模拟单位面积紫外辐射能量与在轨单位面积紫外辐射能量的比值。

采取提高辐射源强度的方法来实现加速试验将会带来额外热效应,尤其是近紫外辐射加速试验具有明显的热效应。一方面,温度会对辐射缺陷的电荷状态产生影响,从而导致辐射缺陷的类型有所变化;另一方面,温度可导致聚合物材料分解或聚合,是其他许多化学反应的重要催化条件。

近紫外辐射地面模拟试验加速因子一般规定不大于 5 倍,辐照度为 118 ~ 590W/m² ;远紫外辐射加速因子一般不大于 100 倍,辐照度为 0.1 ~ 10W/m²。

从经济角度考虑,在不改变材料物理化学性能变化机理的前提下,近紫外和远紫外辐照应尽可能采用大的加速倍率。

5.6.5　温度选择

温度的规定主要是为了防止温度升高对材料带来其他效应或者引起紫外与温度对材料的协同效应。但航天器在轨运行过程中,向阳面的航天材料将面临最劣的温度环境。因此,在航天器紫外辐射效应评价过程中,应该选择航天器向阳面的温度作为试验温度。

5.6.6　总曝辐量设计

近紫外辐射地面模拟试验,不能采用较高的加速因子,而全寿命周期的地面模拟试验周期较长、费用较高,同时材料存在紫外退化饱和的特点,因此使材料达到饱和紫外辐射即可。地面模拟试验过程中,对试验周期较短的,可采用全寿命周期试验;对试验周期较长的,通常采用饱和试验的方法,即在紫外辐照达到一定曝辐量的情况下,材料的性能变化趋于稳定,即可停止试验,采用外推的方法对后期的性能进行预示。

从经验考虑,如果试验周期较长,而以前又没有可参考的相关数据,可选用5000ESH 的总曝辐量,在试验过程中,选取 3 个以上的测试点进行性能测试,以对其性能变化趋势和规律进行研究。

虽然航天材料紫外辐照试验评价已经开展了大量工作,也取得了大量成果,并在型号上得到了大量的应用。但仍然有一些问题有待进一步研究:

(1) 开展紫外辐照效应加速因子选取方法研究。

在合理的范围内,尽可能选择较大的加速因子,提高试验效率和经济效益,需要进一步开展研究。

(2) 加强开展温度与紫外的协同效应研究。

航天器在轨运行期间,尤其是在地内轨道或近太阳轨道,航天器可能面临较高的温度。因此,需要加强温度与紫外的协同效应研究。

(3) 加强不同辐照源的模拟异同性研究。

由于不同紫外源,其光谱存在较大的差异,对不同的材料可能会产生不同程度的效应。因此,有必要开展相关试验研究和理论研究。

(4) 加强紫外辐射效应地面模拟退化预示技术研究。

通过某一周期的性能退化试验来实现全寿命周期的性能退化预示,需进一步加强方法和理论研究。

5.7　航天材料表面充放电效应评价[22,23]

航天器在轨运行过程中,其表面材料由于受到等离子体、带电粒子以及紫外辐射引起的光电子发射等影响,将在材料表面沉积一定数量的电荷,即发生所谓的充电。尤其是在地磁亚暴时,航天材料表面可能发生严重的充电现象,在绝缘的部分材料之间甚至可能出现几千伏的电位差。当该电位差超过材料的击穿场强时就会发生放电现象。而当高能电子穿过绝缘材料而在材料内部沉积时,则会发生内带电,当内建电场达到一定数值时也会发生放电现象。

航天器表面材料如直接暴露于空间的热控材料、结构材料以及各类胶、漆等非导电材料,其放电特性参数包括表面电位、漏电流、放电频率、脉冲幅度、脉冲宽度等。

航天器表面材料的表面充放电测试原理是基于电子环境下的电荷积累将在材料表面产生相对电位,在材料的背面产生对地漏电电流,当电位值超过材料的击穿阈值或真空中的放电电压时,就会产生静电放电。测试方法是利用电子枪产生的电子模拟磁层亚暴时的空间电子环境,利用表面电位计测量表面电位值,用高阻计测量其漏电流值,真空容器采用介质材料以使其放电信号能透过真空容器,利用示波器接收容器外天线接收到放电信号,即可得出放电参数。

航天材料表面充电可以分为正常电位梯度和反向电位梯度。下面以太阳电池盖片玻璃材料为例,说明其充放电的评价方法。

正常电位梯度是指在不等量充电中,绝缘体表面相对于邻近导体表面带负电位的情况。太阳电池盖片玻璃没有沉积抗反射膜或者被污染时,太阳电池盖片玻璃的表面二次电子发射系数可能小于1。当太阳电池阵在地磁亚暴高能电子环境中充电时,其表面充负电荷,从而电位低于航天器结构,即为正常电位梯度带电。由于太阳电池阵结构接地,当太阳电池盖片表面与互联片间电位差高于放电阈值电压时,将发生一次放电。其模拟方法是将试样直接接地,如图5-14所示。

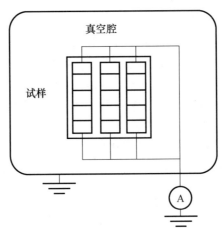

图5-14 正常电位梯度试验电路示意图

反向电位梯度是指在不等量充电中,绝缘体表面相对于邻近导体表面带正电位的情况。太阳电池盖片表面沉积抗反射膜,以提高对太阳光的利用率,由于抗反射膜的二次电子发射系数非常高,即使在光照不强的情况下,其二次电子发射系数仍然高于1。当太阳电池阵暴露阳光时,盖片玻璃表面由于大量光电子发射而电位升高,并高于航天器结构,即为反向电位梯度带电。当太阳电池阵盖片玻璃表面与互联片电位差高于放电电压阈值时,将发生一次放电,其电路结构图如图5-15所示。模拟反向电位梯度充电,需要在试样上连接偏置电源和保护电阻,同时,需要根据试样数量的多少以确定是否增加补偿电容,当电池片数量大于 20 片时,不需要添加补偿电容。通常可选用较大电容以增大放电时的亮度,但也要对其电容大小进行限制以防放电能量过大引起太阳电池阵试验功率下降。为记录 ESD 现象,应使用敏感相机。

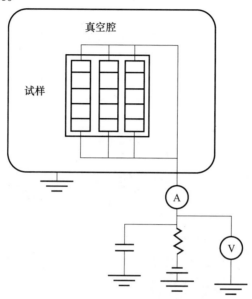

图 5 – 15　反向电位梯度试验电路示意图

在一次放电阈值试验和一次放电性能退化试验中,对于 GEO 和 PEO[①] 轨道,可以选用正常电位梯度法或反向电位梯度法进行试验,对 LEO 轨道,选择反向电位梯度进行试验。

如果使用电子枪或紫外源作为试样充电源,试验应该达到统计 ESD 事件数目为止,一般不少于 10 次。试验表面电位应在试验过程中利用非接触表面电位探测重复测试。如果使用低能等离子体源作为充电源,微分电压与真空室等离子体电势近似。对 PEO 航天器,每次偏压等待时间不少于 20min。对 LEO 航天器,每次偏压等待时间不少于 90min。在较低偏压时,ESD 发生概率是非常低的,可通过提高等待时间以增加统计概率。

卫星高压太阳阵表面带电测试分析技术分为充电测量技术和放电测量技术。卫星高压太阳电池阵表面带电的表面电位测量,可以得到试样在带电环境中表面平衡电位作为表征其带电特性的宏观参数。太阳电池样品盖片表面电位测量要采用非接触式测量法,用高压密封插接件及专门工装解决高压探针引线的真空穿墙问题,移动机构采用二维平移机构,电位探头与移动机构的固定为绝缘结构。探头

---

① Polar Earth Orbit,极地球轨道。

与试件的距离要保持不变,试验前要对高压电压表在大气下进行读数标定。用记录装置记录表面电位随时间的变化。

通常要求真空容器内表面涂有消除静电的导电层,真空度优于 5×10^{-3} Pa。电子枪能量调节为 $0.5 \sim 50$ keV。对薄膜材料,其样品形状为圆形,对块体材料,其形状为圆柱形。

北京卫星环境工程研究所的 GEO 表面充放电设备,真空容器直径 1.2m,长 2m,分子泵系统。电子能量 $1 \sim 30$ keV,辐照面直径 1m,束流密度范围 $0.5 \sim 10$ nA/cm²,配备存储示波器、静电电压表、小束流计等,可以进行各种航天器小部件和材料的空间表面充放电环境效应研究和验证试验,如图 5 - 16 所示。

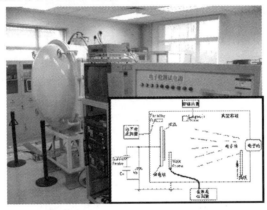

图 5 - 16　GEO 表面充放电设备

LEO 表面充放电设备主要用于低轨航天器充放电电环境模拟,真空容器直径 1.8m,长 3m,分子泵系统,容器大门采用非金属透波材料制造。等离子体密度 $10^5 \sim 10^9$ cm⁻³,等离子体温度小于 5eV。可以进行各种航天器高压太阳电池阵的带电环境效应研究和验证试验,如图 5 - 17 所示。

图 5 - 17　LEO 表面充放电设备

5.8 航天材料内带电效应评价

介质内带电地面试验技术非常复杂,而且具有很大的局限性。目前,国外卫星内带电评价通常采用数值模拟方法。地面试验主要用来验证数值模拟结果,修正物理模型及经验公式的系数及测量材料参数。

由于内带电效应主要发生在航天器部组件内具有高电阻率的电介质材料中,如印刷电路板、绝缘材料等。可通过测量材料的参数包括固有电导率、辐射诱导电导率、介电常数和介电强度等来分析材料的内带电效应的情况[22,24]。

5.8.1 电子束内带电效应试验方法

利用电子束可对较小的元件在给定的电子环境下是否发生放电及 ESD 大小进行测试。其优点是接近真实情况,且可通过将电子加速到一定能量,获得在期望深度的电荷沉积。缺点是能量单一且不连续,即电子不是分布在整个暴露材料中,而仅仅沉积在同一层内。典型电子束辐射内带电效应示意图如图 5 – 18 所示。

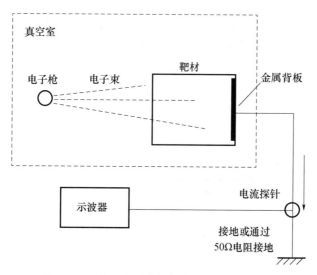

图 5 – 18　典型电子束辐射内带电效应示意图

图中的金属背板用于模拟真实的飞行接地情况,沉积在靶材中的电子可能泄漏到背板,若靶材的电阻率较高,则电子可能继续积累直到内电场超过材料的介电强度而发生静电放电。电流探针和示波器用来测量放电时的电流波形,进而可计算峰值电流、脉冲宽度和能量。若放置一个 50Ω 的电阻,则可以测量电压波形,进而获得放电功率和能量。

5.8.2　介电强度测试试验方法

可以通过对材料的介电强度测试来分析 ESD,测试示意图如图 5-19 所示。对需要测试的样品应进行真空烘干以除湿。对试验中的材料进行施加电压直到发生击穿,即为介电强度,通常用 V/d 表示。

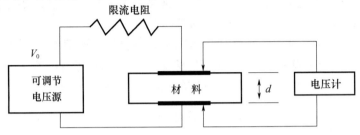

图 5-19　介电强度测试示意图

5.8.3　辐射诱导电导率测量试验方法

辐射诱导电导率是航天材料在内带电效应的关键参数,其辐射测量地面模拟试验采用的辐射源种类主要有电子枪、电子加速器和放射源等,其中电子枪的输出为单值低能电子束;电子加速器与电子枪类似,但输出电子能量较高;放射源的输出为连续能谱。根据试验类型的需求选取不同的辐射源。辐射诱导电导率测量试验装置示意图如图 5-20 所示。

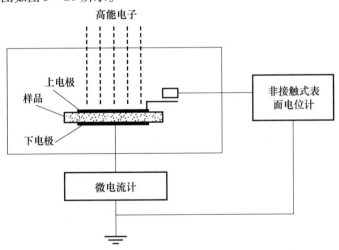

图 5-20　辐射诱导电导率测量试验装置示意图

该试验装置采用非接触式方法测量电子辐射环境下的介质材料电导率。电子辐射时,测试样品两端的电压是电子辐射在材料内部自身所产生的电压,通过非接触式电位计测试材料表面电位,连接在背电极上的微电流计测量通过材料的漏电

流 $I_漏$。在辐射过程中,保持辐射电子束的能量和束流密度不变,材料的体电位会逐渐增高,漏电流 I 逐渐增大。当达到平衡状态时,体电位不再升高,漏电流也达到平衡,此时有:

$$V = I_漏 \times R$$

$$R = \frac{\rho_v \times h}{A}$$

$$\sigma = \frac{1}{\rho_v} = \sigma_0 + \sigma_r$$

式中　R——介质材料的体电阻;

　　　ρ_v——介质材料的体电阻率;

　　　A——介质材料的面积;

　　　h——材料的厚度;

　　　σ——总电导率;

　　　σ_0——固有电导率;

　　　σ_r——辐射诱导电导率。

由此可以得到材料在电子辐射条件下的总电导率 σ,如果固有电导率 σ_0 已知,则可得到材料的辐射诱导电导率 σ_r。

因此,要求受辐射材料各处的电导率相同,各处受辐射条件相同,电子束能量选取以能够贯穿整个样品为准;材料的固有电导率 σ_0 要尽量精确;为了真实模拟空间环境辐射条件,电子加速器的束流密度应控制在 pA/cm^2 量级。

5.9　航天材料原子氧环境适应性评价

低地球轨道航天器在轨运行期间,其表面材料将遭受原子氧的侵蚀,引起性能退化甚至失效。因此,对应用在低轨道航天器上的外露材料需要开展原子氧环境效应评价研究。

目前,国内外关于原子氧环境效应的典型试验方法主要有 ASTM E2089—00[25]、NASA CR—197332[26] 和 GJB 2502.9—2006[27]。这些试验方法对航天材料原子氧试验的原理、设备及要求、试样的信息、试验条件等进行了规定。

用于对原子氧进行标定的材料主要有聚酰亚胺薄膜(Kapton H 或 HN)、全氟乙丙稀(FEP)、低密度聚乙烯(PE)以及热解石墨(PG)等,常用的为聚酰亚胺薄膜(Kapton H)。

5.9.1　原子氧束流分布标定技术

一般采用质量损失法对原子氧束流分布进行标定,具体步骤及要求如下[27]。

按照试验时靶台放置位置,以原子氧束流中心为圆心将整个靶台区域分为多

个同心圆环,并绘制通过圆心且相互垂直的轴线;

将美国杜邦公司生产的 Kapton H 或 HN 作为标定试样在优于 20Pa 的真空度下放置 48h 后,向真空室内充入干燥的氮气复压,取出标定试样并称量质量,预定粘贴于某一圆环上标定试样 1 的质量为 M_1,真空参照试样的质量为 M_2;

将标定试样粘贴于试验靶台上。其方法是在每个圆环与轴线交点位置粘贴试样,同时在同心圆圆心粘贴试样,在原子氧暴露区域外放置真空参照试样;

试验后,关闭试验系统,称量试样质量。标定试样 1 的质量为 M_3,真空参照试样的质量为 M_4。

按下面的公式计算标定试样 1 所在位置处原子氧束流密度(其余位置处原子氧束流密度的计算方法类似),通过不同圆环位置处束流密度的计算及对比即可得到原子氧有效暴露面积。

$$F_{\text{test}} = [(M_1 - M_3) - (M_2 - M_4)]/(A_w \rho_w E_w t) \tag{5-21}$$

式中　F_{test}——原子氧束流密度(atoms/(cm^2·s));

$M_1 - M_3$——标定试样的质量损失(g);

$M_2 - M_4$——真空参照试样的质量损失(g);

A_w——标定试样的暴露面积(cm^2);

ρ_w——标定试样的密度(g/cm^3);

E_w——标定试样的原子氧剥蚀率(cm^3/atom);

t——标定试样在原子氧环境中的暴露时间,分段试验时为各段暴露时间总和(s)。

标定试样的厚度一般为 0.025 ~ 0.100mm,长宽范围在 20 ~ 40mm 的方形试样,或者是直径为 20 ~ 40mm 的圆形试样;

当标定试验原子氧积分通量较大,能够将试样完全剥蚀掉时,可采用同一材料叠加的多层试样作为标定试样;

当标定试验原子氧积分通量超过 2×10^{21} atoms/cm^2 时,标定试样选用 Kapton H;

如组件试验中需要转动或运动,标定试验时试验样件靶台也应采取运动或转动的方式。

5.9.2　原子氧积分通量计算方法

组件或材料的原子氧积分通量按式(5-22)计算:

$$\Phi = \frac{m_1 - m_2}{\rho A E_y} \tag{5-22}$$

式中　Φ——原子氧积分通量(atoms/cm^2);

m_1——试验前标定试样 Kapton H 的质量(g);

m_2——试验后标定试样 Kapton H 的质量(g);

ρ——标定试样 Kapton H 的密度(g/cm^3);

A——标定试样 Kapton H 的暴露面积(cm^2);

E_y——Kapton H 的原子氧剥蚀率($cm^3/atom$)。

5.9.3 原子氧剥蚀率计算方法

组件或材料的原子氧剥蚀率按式(5-23)计算。

$$R_e = \frac{(\Delta m_1 - \Delta m_2)/\rho}{F_{test}\tau A} \qquad (5-23)$$

式中 R_e——组件或材料的原子氧剥蚀率($cm^3/atom$);

Δm_1——组件或材料的质量损失(g);

Δm_2——真空参照试样的质量损失(g);

τ——组件或材料在原子氧中的暴露时间,分段试验时为各段暴露时间总和(s)。

5.9.4 航天材料原子氧效应试验方法

实验室的原子氧生成方法,根据工作原理的不同可以被分成六大类:等离子体型、离子中性化型、电子束解附氧化物、超声分子束、激光爆炸解离和光解离源。其中,微波等离子体解离和激光解离型是目前用得较多的两种原子氧模拟方式。

北京卫星环境工程研究所的原子氧效应模拟试验系统采用氧气电离电磁加速式,利用微波放电技术产生氧等离子体,当微波能从微波源通过波导传输到等离子炬时,氧气中的游离电子被微波电磁场加速,从而获得足够的动能与氧分子碰撞使其电离,这样,就会不断产生新的电子造成雪崩放电。同时,空间及容器壁的消电离作用又会使部分电子消失,限制电离度的无限度提高。当电离作用和复合作用达到动态平衡后,就会维持稳定的放电状态,产生一定密度的氧等离子体。从等离子炬中引出并加速离子,就可获得所需的氧原子离子束流。接下来氧原子离子束流通过减速栅网降能及中性化筒中性化后产生符合要求的中性原子氧。原子氧设备简图如图5-21[27-29]所示。

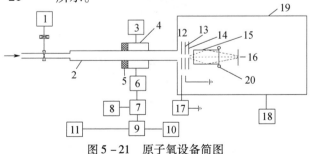

图 5-21 原子氧设备简图

1—质量流量计;2—石英管;3—短路活塞;4—放电腔;5—永久磁铁;6—四螺调配器;7—定向耦合器;
8—功率计;9—环流器;10—水负载;11—微波源;12—源极;13—加速极;14—减速极;15—中性化筒;
16—样品支架;17—高压电源;18—真空泵机组;19—真空容器;20—氖灯源。

211

原子氧模拟设备把微波电子回旋共振（ECR）等离子体技术应用到氧气电磁加速式离子源中,这种离子源具有长寿命、高电离度、高气体利用率、低能散性的优点。该装置获得的粒子在能量和类型方面均与低地球轨道中原子氧的真实环境基本一致。采用多层中性化筒技术,中性化率超过90%。

用脉冲式或连续式的激光产生高温高压等离子体,随后通过自由喷口或超声速喷嘴膨胀以产生高速中性束,这种方法被认为是目前较好的原子氧地面模拟设备。美国蒙大拿州立大学（Montana State University）激光解离型原子氧地面模拟设备,如图5-22所示。这个源的关键部分是:分子束脉冲阀、圆锥型扩张喷嘴和一个高能（5~10J pulse^{-1}）CO_2 TEA激光。当气体开始膨胀进入喷嘴的时候,激光点火,激光脉冲聚集于喷嘴的腰部,在这里氧等离子体生成,并且温度可以高达超过20000K。这个高温高密度的等离子体迅速扩张至锥形管里,并伴随着爆炸,剩余冷气体被卷走。喷嘴中的密度足够高以至于电子离子能够重新结合,但是当原子氧在等离子体中形成的时候已经冷了下来,三分子碰撞（termolecular collision）率降到很低,以至于原子成分在生成的束源里被冻住了。所以在生成的束源中主要成分是高能中性粒子和少量离子成分（≪1%）。束源的方向由20°角的喷嘴决定。生成的中性原子氧（75%~90%）和分子氧（10%~25%）以相似的速度离开喷嘴,其中原子氧的平均动能为5.2~5.4eV,在距喷嘴50cm的距离,原子氧的能量密度高于10^{15} atoms/（cm^2·s）。而且生成的原子氧基本处于电子基态（^{3}P）,激发态的氧（^{1}D）只占不到1%。

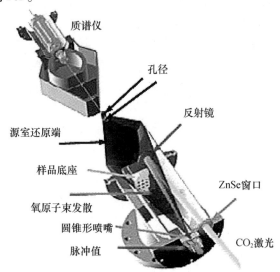

质谱仪

孔径

反射镜

源室还原端

样品底座

ZnSe窗口

氧原子束发散

圆锥形喷嘴

脉冲值

CO_2激光

图5-22　美国蒙大拿州立大学（Montana State Universty）
激光解离型原子氧地面模拟设备

在开展航天材料原子氧地面模拟试验评价过程中,通常要求试验中真空度不低于10^{-2}Pa量级,试验样件温度不超过80℃,原子氧束流密度范围为10^{14} ~ 10^{17}

atoms/(cm² · s),原子氧束流能量为 3 ~ 10eV。其他试验条件按任务书要求执行。

5.10　航天材料空间碎片环境适应性评价[30]

随着航天事业的发展,空间碎片数量与日俱增。据 NASA 的最新数据,地球轨道上大于 10cm 的空间碎片已经有 9200 个,1 ~ 10cm 的碎片有 500000 个,小于 1cm 的碎片已有上千万个。空间碎片与航天器的平均碰撞速度在 10km/s 左右,最高速度甚至超过 20km/s,已对航天器在轨安全运行构成了严重威胁。因此,需要研究空间碎片对航天器外露材料与结构的撞击效应。

空间碎片与微流星体按照尺寸大小主要分为厘米级、毫米级和微米级。其中,厘米级以上碎片可导致灾难性事件,可观测、需规避;毫米级至微米级碎片导致航天器表面产生撞坑甚至舱壁穿孔,不可测、需防护;微米级以下碎片的累积撞击导致光敏热敏等器件功能下降,不可测、需防护。

毫米级空间碎片超高速撞击地面模拟试验的发射技术主要有二/三级轻气炮技术、爆轰驱动技术、定向聚能加速技术等;微米级空间碎片试验发射技术主要有激光驱动技术、静电加速技术、等离子体加速技术等。

5.10.1　空间碎片轻气炮发射模拟技术

轻气炮是目前通用的高速发射和高压加载工具,具有发射的弹丸的质量、尺寸、形状和材料选择范围宽的优点,能够在承受较低的加速度和较小的应力的情况下使得弹丸获得较高的速度。二级轻气炮可以发射直径为 0.1 ~ 175mm、质量为几微克到几千克的球形或圆柱形弹丸。大弹丸可以被完整地发射至 7km/s,重量小而形状复杂的各种材质(塑料、金属、陶瓷)的弹丸可以被完整地发射至 9km/s,限制长径比的塑料圆柱形弹丸甚至可以被发射到 11km/s。

二级轻气炮发射过程示意图如图 5 - 23 所示[31],它由火药室、泵管、高压段、发射管、靶室以及真空系统和控制系统组成。发射时,由控制系统点燃火药,借助火药产物的压力冲破大膜片并推动活塞使其压缩泵管内的氢气。此压缩过程很长、很缓慢,活塞运动到高压段入口前的气体压力也仅为 20 ~ 30MPa。当塑性活塞进入高压段之后,气体压力将发生质的飞跃:由于锥形设计的高压段使活塞每前进一步就使气室体积急剧减小,导致压力迅速上升,同时由于塑性活塞挤进部分的速度远大于活塞主体的运动速度,所以气体压力的上升速率很快,在极短的时间里使高压段内产生几百兆帕的压力。此时小膜片达到预定的压力后破裂,高压气体驱动弹丸高速飞行。在弹丸移动的过程中,弹丸和活塞之间的容积扩大,但是活塞的挤进速度越加激烈。因此弹丸的驱动压力得到补偿,这种补偿是二级轻气炮的最大特点[32]。

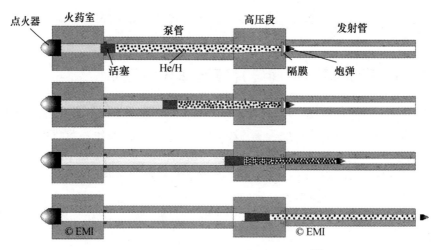

图 5 – 23　二级轻气炮发射过程示意图[5]

北京卫星环境工程研究所拥有一台 18mm 口径二级轻气炮,如图 5 – 24 所示。目前炮口速度可达到 3 ~ 7km/s,弹丸直径为 1 ~ 10mm,弹丸弹托气动分离,现在正在研制开发速度为 7km/s 以上的发射技术。

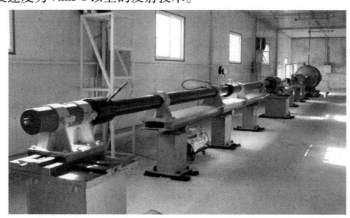

图 5 – 24　北京卫星环境工程研究所 18mm 口径二级轻气炮

由于二级轻气炮最大发射速度的限制,开展了基于多级飞片设计的三级轻气炮的研制,其原理是在普通二级轻气炮的泵管后再加一级泵管,第一级的火药燃烧生成的高压气体经过两级泵管压缩后进入发射管。

5.10.2　空间碎片炸药爆轰发射模拟技术

炸药爆轰发射技术是迄今在高压科学研究中使用最广泛的方法之一,具有结构简单、体积小、成本较低、工作可靠、容易与测试仪器同步工作的优点,可应用于各种特殊环境之中。

炸药爆轰发射技术主要分为炸药与样品直接接触和炸药爆轰驱动飞片撞击样品两种,其装置如图5-25所示,其中后者具有平面范围大、布局样品多、信息获取量大等优点。

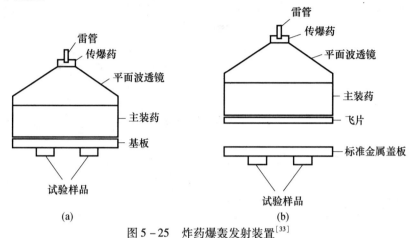

图5-25　炸药爆轰发射装置[33]

(a)接触爆炸试验装置;(b)带有钢飞片的爆炸试验装置。

在此基础上,基于飞片对靶的撞击压强与飞片的速度平方成正比的原理,利用一级飞片再去撞击一块比它质量轻的二级飞片,则轻质飞片的速度就可能大于一级飞片,这样就实现了飞片的速度增益。二级飞片增压装置如图5-26所示。俄科学院高能密度中心进行的平面型装置试验,已把厚0.2mm的飞钼片驱动到llkm/s以上。在此基础上,还可以进行多级飞片的撞击研究。

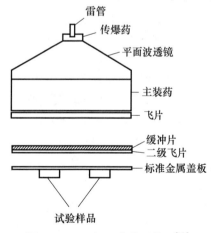

图5-26　二级飞片增压装置[33]

5.10.3　空间碎片电炮发射模拟技术

电炮是一种利用金属桥箔电爆炸产生高密度等离子体并迅速膨胀和伴随的磁

力,驱动绝缘薄飞片高速运动,对靶进行平面撞击的发射装置,它是一种实验室短脉冲高压激波发生器,是炸药起爆特性、材料动力学性能研究领域中的一种重要加载装置。电炮的原理性试验装置是由 Keller[34] 等人在 1962 年左右提出来的。1978 美国利弗莫尔国家实验室(LLNL)的 Steinberg[35] 等人正式将这种加载装置称为电炮。电炮原理示意图如图 5 – 27 所示。

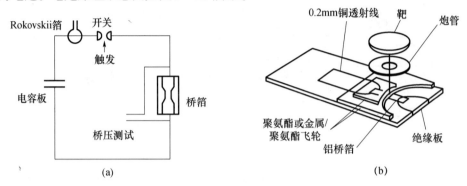

图 5 – 27　电炮原理示意图[36]
(a)电炮的回路;(b)电炮加载区结构。

　　该技术不但加载压力范围大、平面性好、测量精度高、结构和操作简单、使用效率高,而且与气炮、爆药等加载手段相比,还有其独特的优势[37]:一是可以通过调节飞片的速度和厚度大小来实现在靶目标中产生的压力幅值和脉宽调节;二是飞片的面积,即直径大小可在大范围内调节(通常 1 ~ 20mm),飞片的厚度可在 20 ~ 250μm 范围内变化;三是在研究炸药的起爆特性中,与楔形试验产生的持续脉冲或炸药或气炮驱动金属板产生的长脉冲相比,电炮聚酯薄膜飞片的冲击阻抗比炸药的冲击阻抗小,撞击产生的短脉冲冲击波在炸药中反射一次就减为零。

　　该技术的缺点是,飞片材料只能是绝缘材料,且必须具有一定的硬度和韧性,只有这样才不至于导致飞片被加速腔刃口切割时受到破坏。通常适合做飞片的材料有聚酰亚胺膜(Kapton)和聚酯薄膜(Mylar)。而且电炮工作时会产生高压放电以及等离子体爆炸等带来的强电磁干扰、强杂光等问题,会对现有的光电测试技术产生很大的干扰,阻碍了电炮技术的发展和推广应用;并且建立更高储能的电炮装置需要突破许多关键技术,如低电感开关技术等。

　　目前,美国利弗莫尔国家实验室(LLNL)在电炮技术上的发展尤其引人注目,目前电炮装置的储能从千焦量级一直到兆焦量级,飞片的直径也从毫米量级发展到十多个厘米量级,可以实现飞片速度 18km/s,加载压力接近太帕量级[38]。

5.10.4　空间碎片定向聚能加速器模拟技术

　　定向聚能加速器被认为是用于超高速撞击试验研究最有应用潜力、最具有应用前途的发射装置,最大发射速度可达 12km/s[39]。它是在炸药里面设置由圆锥形金属罩(铜或铝)形成的空腔,采用炸药爆炸使金属罩形成射流,撞击靶件。其原理图如图5-28所示。

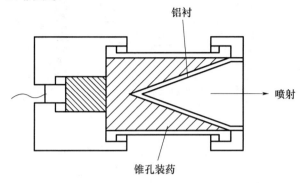

图5-28　定向聚能加速器原理图[31]

这种加速装置可将几克的铝弹丸加速到12km/s以上的速度。但是该技术却不足以获取弹道极限方程,因为射流在发射过程中会变得不稳定,最终分解为复杂形状的微粒,这个缺点使得数据分析和试验的重复性变得困难。尽管后来对该技术做了诸多改进,却仍无法得到稳定形状的单个弹丸。直到应用了一种爆炸透镜技术,该问题才得以解决,通过适当选择爆炸速率和透镜几何形状,该技术可将0.2g弹丸发射至12km/s[31]。

美国NASA约翰逊航天中心和国家加速器实验室(NAL)都拥有该加速器,其中前者的定向聚能加速器可将0.25g、0.5g、1g和2g的圆柱形空心铝弹丸加速至11.5km/s[40]。

5.10.5　激光驱动飞片模拟技术

激光驱动飞片技术是20世纪80年代末迅速发展起来的一种新型动高压加载技术。与其他技术相比,其特点是结构简单、成本较低、容易与试验容器接口、容易与其他环境因素一起组成综合环境模拟设备、没有化学污染和电磁干扰、便于试验过程的参数测量和试验结果的分析评价。

激光驱动飞片技术的原理[41]是在透明约束基底材料上粘接或淀积一层金属或非金属薄膜,制备成飞片靶,一束高强度脉冲激光透过基底材料入射到薄膜表面,使薄膜内表面瞬间蒸发、气化和电离,产生高温高压的等离子体。由于受到基底材料的约束,等离子体产生的高压冲击波作用在入射区前面的薄膜上,将剩余薄膜剪切下来,并以高速驱动出去,形成超高速飞片,撞击到试验样品上,如图5-29所示。

影响激光驱动飞片技术性能的因素主要有以下几点:激光能量、光束质量、飞片靶约束层、飞片靶烧蚀涂层和飞片靶的制备工艺,其中飞片靶的制备是关键技术。目前常用的飞片靶主要有单膜结构和多膜结构。单膜结构主要是将金属薄膜

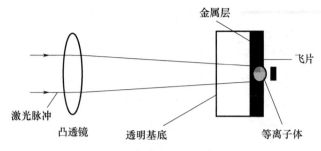

图 5 - 29　激光驱动飞片技术原理示意图

直接与玻璃基底材料粘接在一起,激光直接烧蚀部分薄膜产生等离子体,并把剩余薄膜作为飞片驱动出去;多膜结构一般采用特定的烧蚀涂层吸收激光能量,产生等离子体驱动飞片薄膜,并采用隔热材料进一步保护飞片材料。

目前,中国空间技术研究院利用自建的空间微小碎片研究的激光驱动装置获得 13km/s 的发射速度,如图 5 - 30 所示。

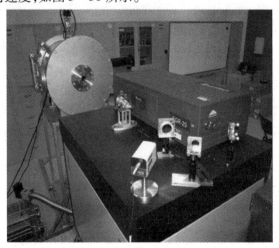

图 5 - 30　中国空间技术研究院的激光驱动装置

激光驱动飞片技术是一项发射速度高且可以发射微小飞片的技术,可很好地应用于空间微小碎片的模拟,它既可用于单次撞击效应分析,也可以进行累积撞击效应研究。国外已经将这一技术的发射速度提高到 23km/s,国内的最高速度是中国空间技术研究院发射的 13km/s。

5.10.6　空间碎片静电加速器模拟技术

通过对静电加速器配置粉尘源,可实现模拟微米级空间碎片的目的。粉尘加速装置包括粉尘粒子源、加速通道、含有粒子挑选器的偏离管以及试验靶室四部分。图 5 - 31 所示为德国 Max - Plank 研究所的粉尘加速装置示意图。它的工作原理是:先将粉尘装填进粉尘粒子源储藏箱内,通过箱内的钨针电极进行充电。钨针电极与约20kV的恒压源连接,储藏箱与幅度为10kV的脉冲电压连接。在库仑斥力作用下带电粒子开始旋转,击打钨针的尖端部分,通过接地的释放板从储藏箱内拖拉出去。带电粒子通过准直管后进入装置的加速单元,加速通道对粒子源释放的带电粉尘粒子进行加速。粒子挑选器根据可调约束条件挑选符合条件的粒子,不符合条件的粒子被电容器板偏置出去[42,43]。

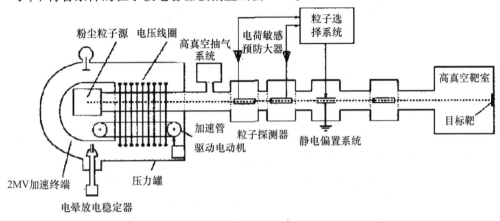

图5-31 德国Max-Plank研究所的粉尘加速装置示意图

德国Max-Plank研究所研制的粉尘加速器是一个2MV的加速器,可以将0.02~6μm的带电粒子加速到1~100km/s,粒子材料可以是金属、碳或聚合物涂层的橡胶。粉尘静电加速设备利用成熟的Van de Graaff加速器,只需通过配置粉尘源对加速器进行改造,即可达到模拟微米级空间碎片的目的。该技术适合加速尺寸0.1~10μm的球形带电粒子,可将质量为10^{-14}~10^{-9}g的粒子加速到0.5~12km/s的速度。主要用来模拟宇宙尘埃、空间微流星等直径小于1μm的空间微粒。

5.10.7 空间碎片等离子体加速模拟技术

采用大容量充电电容器组脉冲触发气体放电产生等离子体,通过同轴电极加速等离子体,利用磁压缩线圈进一步压缩等离子体,形成高速等离子体团从喷嘴处以大约1GPa的压力喷射出。等离子体驱动本身特点是:微粒直径小、速度快,微粒的运动路径不确定(速度方向存在一个发散立体角),微粒的速度也有一个分布[44]。利用等离子体加速器可以模拟研究10~1000μm的微小空间碎片撞击对航天器的影响,为航天器防护空间微小碎片的设计提供技术支撑。

若是将10^{-8}~10^{-4}g的微粒置于喷嘴处,则可将该微粒驱动到20km/s的速度[45],如果弹丸直径为10mm,那么该弹丸在20μs内受到的力大约为10^3N,如果这个1mm直径弹丸为铝质,那么它可被加速至10~100m/s[46]。等离子体加速器

219

工作原理如图 5 - 32 所示。

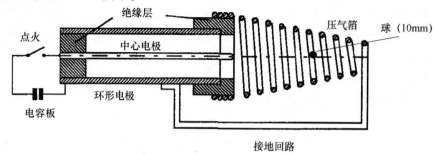

图 5 - 32 等离子体加速器工作原理[47]

通过对磁压缩线圈中等离子体流热量的测试和分析,发现其最大动压出现在磁压缩线圈内靠近狭窄的一端。这样就有人提出:可以使用一个预先加速设备把弹丸在规定时间内发射到磁压缩线圈内等离子体流动压最大的位置,再由等离子体加速器作为第二级加速器,将弹丸发射出去。

电热炮和等离子体加速器的结合就是应用了这一思想[48],其示意图如图 5 - 33 所示,等离子体加速器的中心电极被设计成内径约为 2mm 的空心管,并与电热炮的炮口相连。等离子体加速器放置在一个大型真空爆炸罐中,通过一条低电感电缆与一个能量储存系统相连。这两个加速器的储能系统也是相连的。

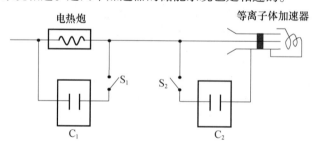

图 5 - 33 电热炮/等离子体加速器二级加速系统示意图[48]

同理,可将一级轻气炮与等离子体加速器相结合,形成新型二级加速器。但是轻气炮的发射时间尺度是毫秒级的,而等离子体加速器的发射时间尺度是微秒级的,如何同时操作这两种不同时间尺度的加速设备是这一方法的主要问题之一。研究中使用轻气炮系统触发等离子体系统可使操作精确到 1ms,并且操作简单。轻气炮/等离子体加速器可将 0.6mm 直径玻璃弹丸发射至 $16 \sim 20km/s$[49]。

该技术理论上可将 $200\mu m$ 左右的微粒加速至 20km/s,国内已经到达 15km/s 以上发射速度。并且如果在磁压缩线圈内放置弹丸,则可实现单个弹丸的发射,若与轻气炮或电热炮结合则可提高该弹丸的发射速度。这将是一个很有发展前途的技术。因此,将等离子体加速器作为微米级碎片的地面模拟设备去大力发展,应当是很有意义的。

5.11 航天材料腐蚀效应评价

我国目前已经制定了一些应力腐蚀敏感性的测试标准,这些试验标准在开发新研材料和研究工程材料的应力腐蚀性能方面发挥了重要作用。

(1)恒载荷法。

恒载荷法就是利用砝码、杠杆或弹簧等对试样施加某一恒定载荷,以测试试样的应力腐蚀敏感性。其中最为简单的方法是在试样下端悬挂砝码,特别适合于截面积很小的试样(比如金属丝);对于截面积较大的高强度材料,一般采用杠杆系统加载,也可用简单的弹簧装置进行加载,还可采用拉伸环进行加载。另外,三点弯曲和悬臂梁弯曲等试样,在特定环境中,恒定载荷下的裂纹扩展也都属于恒载荷法。

恒载荷法的应力腐蚀评定指标为应力腐蚀断裂寿命,还可求出初始应力对应力腐蚀的影响。或者将应力腐蚀断裂前某一时刻试样的强度和延伸率损失作为应力腐蚀的评定指标。此外,断口特征可作为辅助分析手段。

(2)恒应变法。

恒应变法是通过直接拉伸或弯曲使试样变形而产生拉应力,利用具有足够刚性的框架以维持这种变形,从而保证试样应变恒定。这种方法的测试试样形状有多种,如 U 形、C 环、弯梁、叉形等,每种试样都适用于各自的特定目的,其加载应力、腐蚀暴露、计算应力和评定结果的方式也各不相同。

ASTM G44—88 标准中,在 3.5% NaCl 溶液中交替浸渍以评定金属和合金的耐应力腐蚀性,该标准主要适用于铝合金和有色合金;ASTM G64—91 为热处理铝合金耐应力腐蚀的分类标准,该标准适用于锻造 2×××、6××× 和 7××× 系列热处理铝合金;ASTM G47—90 为高强铝合金产品应力腐蚀敏感性的测定方法,该标准适用于高强 2××× 和 7××× 系列铝合金产品,特别是 ST 取向试样。

美国材料与测试协会标准 ASTM G44—99 对 3.5% NaCl 水溶液法进行了规定:将航天材料放入 3.5% NaCl 水溶液中交替浸泡,然后取出在空气中干燥 50min,这样 1h 为一个循环,持续每天 24h 不间断进行,直至试样断裂。铝合金和铁合金一般需要 20~90 天甚至更长,由合金在盐水中的耐蚀性决定。3.5% NaCl 水溶液交替浸泡法是通用的多功能试验方法,大多数合金可使用该方法进行性能比较,尤其在高加载应力水平或应力强度条件下。其缺点是在某些高强度铝合金的试样表面易形成严重的点蚀,影响了应力腐蚀裂纹的形成,并可能引起力学失效从而对应力腐蚀测试结果产生干扰。

美国材料与测试协会 ASTM G64—99 标准提供了高强度铝合金抗应力腐蚀开

裂性能的定性分类的方法,以帮助进行材料的选择。该标准将材料的抗应力腐蚀开裂性能分为 A、B、C、D 四个等级,见表 5-6。

表 5-6　抗应力腐蚀开裂性能等级说明

等级	说　明
A	应力水平非常高,当总承载拉伸应力低于特定合金、热处理、产品形式和取向的最小屈服强度的 75% 时,在常规应用中不会发生应力腐蚀
B	应力水平高,当总承载拉伸应力低于特定合金的最小屈服强度的 50% 时,在常规应用中不会发生应力腐蚀
C	应力水平中等,当总承载拉伸应力低于特定合金的最小屈服强度的 25% 时,在常规应用中不会发生应力腐蚀。此等级设计用于高度耐剥蚀的先进产品的短截面方向,其主要应用于相对较薄的结构中,在这种结构中不存在短截面方向的应力
D	应力水平低,应力腐蚀失效发生在服役过程中或当设计测试方向存在任何承载拉应力时。此等级目前只设计用于某些材料的短截面方向

注:1. 总承载拉伸应力是指所有应力,包括来自服役载荷、热处理、校直、成型等方面的应力总和。
　　2. A——大于或等于指定最小屈服强度的 75%;
　　　 B——大于或等于指定最小屈服强度的 50%;
　　　 C——大于或等于指定最小屈服强度 25% 与 100MPa 中较大者;
　　　 D——不满足 C 等级要求

　　沸腾氯化镁($MgCl_2$)溶液法是常用的不锈钢应力腐蚀测试方法,我国在 GB/T 4334.8—1984《不锈钢 42% 氯化镁应力腐蚀试验方法》的基础上,修订完成了 GBT 17898—1999《不锈钢在沸腾氯化镁溶液中应力腐蚀试验方法》。沸腾氯化镁溶液应力腐蚀试验方法,是指使氯化镁溶液保持沸腾,在其溶液或蒸汽中进行应力腐蚀的试验方法。ASTM G36—94 采用沸点为 1550℃ ±1.0℃ 的氯化镁溶液,其浓度约为 45%;JISG 0576—1976 及 GBT 17898—1999 采用浓度为 42% 的氰化镁溶液,其沸点约为 143℃ ±1℃。沸腾氯化镁溶液法适用于不锈钢及相关合金的锻件、铸件和焊件,可用来评估成分、热处理、表面处理、微观组织对材料氯化物应力腐蚀开裂敏感性的影响。

　　国际标准 ISO 15324:2000《金属和台金的腐蚀滴落蒸发试验的应力腐蚀开裂评价》(GB/T 20122—2006)规定了用氯化钠溶液滴落的方法测试不锈钢和镍基合金的抗应力腐蚀开裂,并给出了断裂临界应力(低于此应力,在 500h 内不断裂),可用其大小对相同环境中不同合金的相对性能进行分级。具体试验方法:把稀释的盐溶液滴落在水平放置、受单轴加载的加热拉伸试样上,速度为 10 滴 hin(±10%),在不同的应力下进行试验,记录断裂时间,根据 500h 不断裂的原则确定临界应力。高温、干湿交替的过程和滴落蒸发过程中盐的浓缩造成一种苛刻的环境条件,可能诱发一些合金的应力腐蚀开裂,因此,这是一个对合金性能要求苛刻的试验。

5.12 航天材料空间环境协同效应评价[59,60]

在地面模拟试验时,单一因素环境得到的结果往往与飞行试验结果相差较大,与航天器经历的真实环境效应有很大不同。所以,需要开展以下工作:

一是搭建多功能的综合环境效应地面模拟试验装置。能够同时实现多种空间环境及效应地面模拟的试验装置是开展空间多因素环境协同效应地面模拟试验的前提,为此,不但需要搭建能够同时对空间电子、质子、紫外、空间碎片、原子氧、等离子体、真空、高低温及污染环境进行地面模拟的试验装置,而且要具备对各类空间环境因素及效应的实时监测能力,具备对材料成分和微观缺陷的原位分析能力,这也是目前国际航天大国的发展趋势[61]。

加拿大的 J. Kleiman 等人所提出的空间和星际多功能环境模拟装置(Space and Interplanetary Multifunctional Environmental Simulator,SIMENS),可以模拟近地轨道和星际空间环境因素,包括真空和热环境、原子氧和其他星际大气环境、紫外和辐射环境、太阳风、行星表面环境和一系列硅碳基污染物等[61]。可在低轨道环境中布置原子氧源、近紫外源、远紫外源,如图 5 - 34 所示,在高轨道环境模拟腔中布置上质子源、电子枪和尘粒加速器(可模拟空间碎片、微流星体、尘暴颗粒等),如图 5 - 35 所示。通过两种真空腔的组合,则基本可以实现航天器在轨环境及效应的模拟。

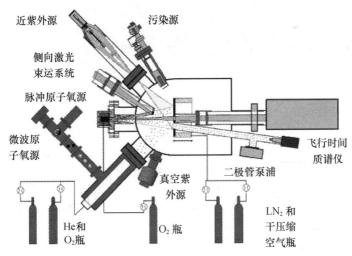

图 5 - 34   低地球轨道环境及效应模拟腔

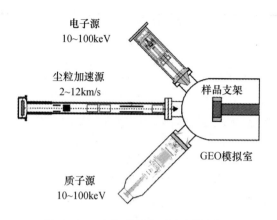

电子源
10~100keV

尘粒加速源
2~12km/s

样品支架

GEO模拟室

质子源
10~100keV

图5-35　高轨道环境及效应模拟腔

在该装置中,样品定位系统安装在超高真空室中,可以实现样品的安装和定位,同时具有温度处理功能,如加热、制冷和热循环,如图5-36所示。温度变化范围为-150~400℃,误差为±1℃,温度变化速率为0.1~20℃/min。样品定位系统主要包括样品架、冷热样品台支撑系统、样品台移动系统、温度控制系统、低温和压缩空气系统。

图5-36　样品定位系统

由于航天材料和器件在真空等多种环境作用后回复到大气中,可引起其性能发生一定的回复。因此,为获得比较准确的在轨性能,需要在真空下对材料的宏观性能(光学反射率、透射率、吸收比、表面电阻率等)和微观性能(如形貌、成分、缺陷和结构等)进行原位测试。多功能测试分析腔如图5-37所示。

二是加强多因素环境协同效应机理研究。针对不同的材料或器件,空间环境对航天器的协同效应或者空间环境对航天器的诱发效应机理是不同的,只有对其效应机理进行充分研究,才能对试验结果给予正确的判读,对试验方法给予指导,对性能退化趋势给予分析。

三是建立空间多因素环境协同效应试验方法。由于地面模拟试验过程中,往

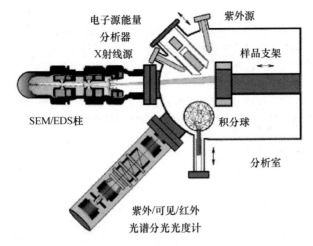

图 5 - 37　多功能测试分析腔

往很难同时实现所有环境因素的共同作用,同时,还要受到环境模拟试验能力的限制,一般采用几种环境同时作用或者顺序作用。因此,需要建立空间多因素环境协同效应试验方法,以提高航天器空间多因素环境协同效应研究的有效性。

四是加强航天器多因素环境协同效应仿真及预示方法的研究。由于地面模拟试验很难实现在航天器全寿命周期的模拟试验,因此可在对航天器性能退化机理和试验分析的基础上,建立航天器敏感材料或器件的性能退化预示模型,以对其在轨性能进行仿真预示。

参考文献

[1] 魏强,刘海,何世禹,等. 空间带电粒子辐照效应的地面加速试验研究[M]. 航天返回与遥感,2005,26(2):46 - 49.

[2] 沈自才. 空间辐射环境工程[M]. 北京:宇航出版社,2013.

[3] Wang J T. Cold - welding test environment[R]. NASA - CR - 125603. 1 - 11.

[4] QJ 2630. 5—1998 卫星组件空间环境试验方法. 真空冷焊试验[S]. 1998.

[5] QJ 1558—1988 真空中材料挥发性能测试方法[S]. 1998.

[6] GJB 2502. 8—2006 航天器热控涂层试验方法第 8 部分 热循环试验[S]. 2006.

[7] Mikhailov M M. Prediction of degradation in optical properties of thermal control coatings on spacecrafts[M]. New Siberia : Science Press , 1999. 55 - 72.

[8] Vaughn J,Kamenetzky R,Finckenor M,et al. Development of World Class Test Facilities to Simulate Space Environment[R]. Marshall Space Flight Center,Huntsville,AL 35812. AIAA - 96 - 4378.

[9] Михайлов M M. Прогнозирование оптической деградации терморегули - рующих покрыт ий космических аппаратов. Наука[J]. Сибирскаяиздательская фирма,1999, 5: 5 - 72.

[10] Dirassen B, Levy L, Reulet R, et al. The SIRENE facility - an improved method for simulating the charge of dielectrics in a charging electron environment[C]. 351 - 357. Proceedings of the 9th International Symposium

on Materials in a Space Environment. 16 – 20 June 2003. Noordwijk, The Netherlands.

[11] 沈自才,丁义刚. 抗辐射设计与辐射效应[M]. 北京:中国科学技术出版社,2014.

[12] GJB 2502.6—2006 航天器热控涂层试验方法 第6部分:真空—质子辐照试验[S].

[13] GJB 2502.7—2006 航天器热控涂层试验方法 第7部分:真空—电子辐照试验[S].

[14] GJB 2502.10—2006 航天器热控涂层试验方法 第10部分:综合辐照试验[S].

[15] ECSS – Q – ST – 70 – 06C,Space product assurance – Particle and UV radiation testing for space materials[S].

[16] ASTM E 512,Standard Practice for Combined Simulated Space Environment Testing of Thermal Control Materials with Electromagnetic and Particulate[S].

[17] ISO 15856,Space systems—Space environment—Simulation guidelines for radiation exposure of non – metallic materials[S].

[18] GJB 2502.5—2006 航天器热控涂层试验方法 第6部分:真空—紫外辐照试验[S].

[19] QJ 1954 – 1990 太阳电磁辐射[S].

[20] ASTM E 490,Solar Constant and Air Mass Zero Solar Spectral Irradiance Tables[S].

[21] 姜利祥,何世禹,陈平,等. 射流式真空紫外辐照模拟设备及其应用[J]. 光学技术,2002,28(4):322 – 325.

[22] NASA – HDBK – 4002A. Mitigating in – space charging effects—a guideline[R].

[23] ISO 11221:2011 Space systems——Space solar panels——Spacecraft charging induced electrostatic discharge test methods[S].

[24] 张超,易忠,唐小金,等. 卫星内带电效应地面试验技术研究[J]. 航天器环境工程,2009,26(4):317 – 322.

[25] ASTM E2089—00 Standard Practices for Ground Laboratory Atomic Oxygen Interaction Evaluation of Materials for Space Applications[S].

[26] NASA CR – 197332 Protocol for Atomic Oxygen Testing of Materials in Ground – Based Facilities[R].

[27] GJB 2502.9—2006 航天器热控涂层试验方法 第9部分:原子氧试验[S].

[28] 童靖宇. 一种微波等离子体原子氧模拟装置[J]. 中国空间科学技术,1995,8(4).

[29] Timothy K. Minton, Bohan Wu, Jianming Zhang,et al. Protecting polymers with atomic layer deposition coatings. ACS Appl. Mater. Interfaces, 2010, 2 (9): 2515 – 2520.

[30] 徐坤博,龚自正. 超高速发射技术研究进展. 数学·力学·物理学·高新技术交叉研究进展 – 2010(13)卷. 北京:科学出版社,2010.499 – 520.

[31] Protection Manual. IADC – WD – 00 – 03. Version 4.0. April 17, 2008.

[32] 经福谦,陈俊祥. 动高压原理与技术[M]. 国防工业出版社,2006.

[33] 赵峰. 炸药强爆轰驱动高速金属飞片的试验和理论研究[D]. 中国工程物理研究院,2005.

[34] Keller D V, Penning J R. Exploding foil – the production of plane shock waves and the acceleration of thin plates[M]. Exploding wires 2, Edited by W. G. Chace and H. K. Moore, New York:Plenum Press,1962:263 – 277.

[35] Steinberg D, Chau H, Dittbenner G, et al. The electric gun:A new method for generating shock pressuresin excess of 1 TPa[R]. UCID:17943,1978.

[36] 赵剑衡,孙承纬,唐小松,等. 高效能电炮试验装置的研制[J]. 试验力学,2006,21(3):369 – 375.

[37] 王桂吉,赵剑衡,唐小松,等. 电炮驱动 Mylar 膜飞片完整性试验研究[J]. 试验力学,2006,21(4):454 – 458.

[38] Richard C, Weingart. Electric gun:applications and potential[R]. UCRL – 52000802, 1980:28 – 37.

[39] Katayama M, Takeba A, Toda S, et al. Analysis of Jet formation and penetration by conical shaped charge with the inhibitor[J]. Int J Impact Engng, 1999, 23:443 – 454.

[40] Schneider E, Schafer F. Hypervelocity Impact Research—Acceleration Technology and Applications[J]. Adv. Space Res, 2001,28(9):1417 – 1424.

［41］张文兵．影响激光驱动微小碎片超高速发射性能分析［C］. 2006 年度结构强度与环境工程专委会与航天空间环境工程信息网学术研讨会. 88－93.

［42］杨继运,龚自正,张文兵,等．粉尘静电加速设备原理及发展现状［J］. 航天器环境工程,2007,24（3）：145－147.

［43］白羽,庞贺伟,龚自正,等．一种微米级粒子的静电发射加速装置［J］. 航天器环境工程,2007,24（3）：140－144.

［44］Best S R,Rose M F. A plasma drag hypervelocity particle accelerator［J］. International Journal of Impact Engineering,1999,23（1）:67－76.

［45］韩建伟,张振龙,黄建国,等．利用等离子体加速器发射超高速微小空间碎片的研究［J］. 航天器环境工程,2006,24（4）:205－209.

［46］Igenbergs E,Rott M. The Coaxial Plasma Drag Accelerator［M］. High－Pressure Shock Compression of Solids Ⅷ. Springer,2006:85－141.

［47］Thomas P,Igenbergs E. Theoretical Investigation of the Plasmadynamic Accelerator［J］. IEEE Transactions on Magnetics, 1993,29（1）:609－614.

［48］Rott M. The Plasma Gun Augmented Electrothermal Accelerator［J］. IEEE Trans. Mag,1991, 27（1）: 601－606.

［49］Igenbergs E B, Shriver E L, Jex D W. New Two－stage Accelerator for Hypervelocity Impact Simulation［J］. AIAA Journal 1975,13（8）:1024－1030.

［50］杨耀东．航天器用铝合金应力腐蚀及防护技术研究现状与发展趋势分析［J］. 真空与低温, 2011, 12（增2）:94－101.

［51］孙璐,刘莹,杨耀东．航天材料应力腐蚀试验方法研究［J］. 真空与低温, 2011,12（增2）:142－147.

［52］ASTM G44—99. Standard practice for exposure of metals and alloys by alternate immersion in neutral 3.5% sodium chloride solution［S］.

［53］ASTM G47—98. Standard practice for determining susceptibility to stress－－corrosion cracking of 2XXX and 7XXX aluminum alloy products［S］.

［54］ASTM G64—99. Standard practice for resistance to stress－corrosion cracking of heat－treatable aluminum alloys［S］.

［55］ASTM G36—94. Standard practice for evaluating stress－corrosion－cracking resistance of metals and alloys in a boiling magnesium chloride solution［S］.

［56］GB/T 17898—1999 不锈钢在沸腾氯化镁溶液中应力腐蚀试验方法［S］.

［57］HB 72 35—95 慢应变速率应力腐蚀试验方法［S］.

［58］GB/T 20 122—2006 金属和合金的腐蚀滴落蒸发试验的应力腐蚀开裂评价［S］.

［59］沈自才,邱家稳,丁义刚,等．航天器空间多因素环境协同效应研究［J］. 中国空间科学技术,2012,32（5）:54－60.

［60］邱家稳,沈自才,肖林,等．航天器空间环境协和效应研究［J］. 航天器工程,2013,22（1）:15－20.

［61］Kleiman, Horodetsky S,Issoupov V. Concept of a new multifunctional space simulator for accelerated ground－based testing in modern space exploration era. CP 1087 Protection of materials and structures from space environment, Proceedings of the 9th international conference, 2009,432－452.

第6章
航天材料飞行试验技术

利用航天器(卫星、飞船或航天飞机、空间站)进行的材料空间试验(或试验)基本上可以分为两大类:材料的空间生长试验和空间环境下的材料性能变化试验,又分别称为空间材料科学试验和航天材料飞行试验。其中,航天材料飞行试验又可以分为被动暴露试验和主动暴露试验。

材料的空间生长试验是指利用空间独特的资源环境,如微重力、真空、辐射等,借助仪器或装置,获得地面难以实现的材料资源的试验,详见第7章。

航天材料飞行试验是指利用空间的真实环境,借助于暴露装置,获得材料在空间真实环境因素下的性能变化数据的在轨试验。

随着空间科学研究的深入和载人航天、深空探测的发展,尤其是空间站的建设与利用,暴露试验引起了人们更多的关注和重视。暴露试验是指把试验装置或被试样品放置于航天器的桁架或外表面,使之直接暴露于空间环境之中所进行的各种试验。具有空间环境更加真实、性能研究更加准确的优点。获得的空间飞行试验数据一方面可以指导航天器的地面设计;另一方面可以与航天材料的地面模拟试验进行比较,为地面模拟试验方法与设备改进提供参考。

2008 年 9 月,"神舟"七号飞船利用航天员出舱的机会,完成了润滑材料等空间在轨暴露试验。这些参与太空试验并成功回收的材料包括 4 大类 15 种材料共 80 片样品,历经了 40 多小时的真实太空条件下暴露试验,其返回后的样品如图 6 - 1[1] 所示。这是中国首次暴露于太空环境并回收的空间材料试验样品。经过在轨暴露试验后已发现:银与银合金的薄膜材料,经过原子氧和紫外线的辐照以后,其表面出现花纹,或者变暗;二硫化钼润滑薄膜产品,表面变得更为粗糙。

国际上,航天材料空间环境效应飞行试验的被动暴露试验以长期暴露试验装置(LDEF)和国际空间站材料试验(MISSE)系列为代表,主要是将材料试样放置在被动暴露装置上,在航天器发射前安装固定或者由航天员在空间安装,之后由航天员在轨取回,再进行样品性能测试。航天材料空间环境效应主动暴露试验以光学性能监测器(OPM)为代表,在航天材料空间环境效应暴露试验期间,可以对材料的性能在轨原位测试与监测,以获得暴露试验期间的多次数据,为航天材料的在轨性能退化规律以及退化模型的建立提供完整的数据。

图 6 - 1 "神舟"七号飞行试验样品返回图

6.1 航天材料被动暴露试验技术

6.1.1 被动暴露试验装置设计

被动暴露试验装置的特点就是将样品事先固定在设计的样品台上,在飞行前直接固定在航天器外结构上或者由航天员在轨放置在航天器桁架上,经过一段时间的在轨飞行试验后,由航天员收回并带回地面进行性能测试与分析。

被动暴露装置的优点是设计简单、质量轻、无功耗、放置样品多;缺点是不能实现性能的原位测试,带回地面测试则可能存在回复效应。

被动暴露试验装置的典型设计是对开的试验箱,典型代表如被动光学暴露装置 POSA PEC,如图 6 - 2[2] 所示。在轨打开后内部两个箱体面上分布着一系列试验样品,经过在轨试验后,由航天员取回并对折闭合放置于密封袋中,然后带回地面进行测试分析。

过滤排气

扶手

系绳环

抵消/弯曲探头

PIP针

锁扣

(a)

(b)

图 6 - 2 被动试验样品箱

(a)实物图;(b)示意图。

6.1.2 典型被动暴露试验

1) LDEF 被动试验[4-7]

20 世纪 80 年代,NASA 的长期暴露试验装置(LDEF)及其飞行是目前为止规模最大、持续时间最长的暴露装置,前后经过约 10 年的准备、设计、研制和各项试验。从航天飞机中取出的回收后 LDEF 如图 6-3 所示,LDEF 在轨运行图如图 6-4 所示。

图 6-3 LDEF 回收后从航天飞机中取出图 　　图 6-4 LDEF 在轨运行图

1984 年 4 月 6 日,在美国的肯尼迪航天中心,挑战者号航天飞机 STS41-C 搭载着美国科学卫星 LDEF 发射升空,于 1984 年 4 月 7 日将其投放到高 257 英里①、倾角为 28.5°的近圆地球轨道上。由于采用重力梯度维持在轨三轴稳定,避免了在轨运行期间发动机工作产生的加速力和羽流污染的影响。LDEF 原本计划在轨飞行 1 年,但是由于航天飞机迟迟不能执行回收任务,所以直到 1990 年才由哥伦比亚号航天飞机收回,收回时轨道高度 175 英里,距离入大气轨道而坠毁仅差 1 个月的时间,共在轨 5 年 10 个月。

LDEF 为十二边形体柱状结构,三轴稳定,长 30ft,直径 14ft,结构为开放式铝合金框架。结构上有 72 个相同尺寸的长方形开放式构架(每边 6 个)以及两端 14 个开放式结构用于安装试验板,其中面向地球方向 6 个,背向地球方向 8 个。LDEF 包括试验件的总质量约为 9720kg,暴露区域总面积约为 130m²,暴露时间为 69 个月。

LDEF 飞行轨道示意图如图 6-5 所示,其飞行状态与地球相关,其中,各特定试验位置的标注沿周向(1~12)和纵向(A~F)顺序编号,其飞行方向如图 6-6

---

① 1 英里(mile) = 1.60934km。

所示。LDEF 在轨近 6 年内,接收到的紫外辐射每个面平均为 16000 等效太阳小时(ESH),原子氧 7.68×10^{21} atom/cm^2,质子 10^9/cm^2($0.05 \sim 200$MeV),电子 $10^{12} \sim 10^8$/cm^2($0.05 \sim 3.0$MeV),小于 1mm 直径碎片 $2 \sim 5$ 次碰撞每 25cm^2,热循环34000次,真空 $10^{-5} \sim 10^{-7}$Torr。由于 LDEF 每个面所面对的方面不同,所以所处的空间环境也有不同。

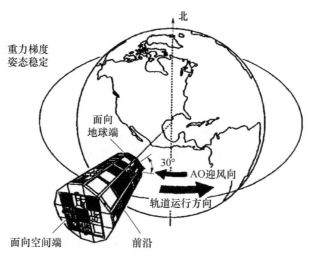

图 6-5 LDEF 飞行轨道示意图

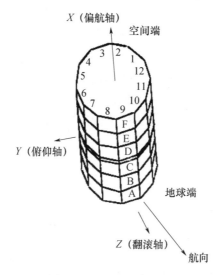

图 6-6 LDEF 飞行方向

表 6-1 列出了 LDEF 在低地球轨道环境下的环境参数。

表 6 – 1　LDEF 在低地球轨道环境下的环境参数

环　　境	条　　件
真空	$(10^{-6} \sim 10^{-7})$ mmHg①
紫外辐射	$100 \sim 400$nm,$4500 \sim 14500$ESH
电子、质子辐射	2.5×10^5 rad
原子氧	$10^3 \sim 9.02 \times 10^{21}$/cm²
微流星体与空间碎片	直径为 $0.1 \sim 2.5$mm 的撞击次数 >36000
宇宙射线辐射	$6 \sim 20$rad
热循环	约 34000 次,温度范围 $-29 \sim 71$℃

　　LDEF 任务的目的是提供关于空间环境及其对空间材料、元器件及空间系统效应的长期数据,在 86 个试验平台上进行 57 种不同的试验,涉及粒子辐射、微流星、原子氧效应等各方面,共有 10000 多种材料、部件。螺钉、螺母、垫圈等很多不起眼的部件都是这次试验感兴趣的东西。LDEF 飞行结束后的分析获得了大量材料和系统与 LEO 环境作用的数据,是美国最大最详细的关于空间环境材料效应的研究。这些数据发表在 3 个回收后的讨论会、2 个材料专题研讨会和一些数据库中,这为研究地轨道空间环境效应提供了宝贵的数据。

　　LDEF 装有粒子辐射放射量测定器装备,包括热发光放射量测定器(TLD's)、可塑性核子轨迹放射量测定器(PNTD's)及测量核子活性产物的可变金属箔样本。此外,各种航天器组件中产生的辐射产物也提供了辐射暴露信息。将暴露在 LDEF 轨道中的辐射流评估结果引入到计算代码中(如高能传输码)可以预测其他飞行任务的辐射环境(如空间站、空间观测器)和对目前模型进行精度评估。

　　由于除南大西洋异常区的小部分区域外,LDEF 基本处于地球范·阿伦辐射带以下,所以 LDEF 及其试验件暴露在有限的电离辐射环境中。LDEF 遭受的穿透性离子辐射主要来自范·阿伦辐射带南大西洋异常区的质子以及极少量的银河质子、地球反照中子和来自地球大气由银河宇宙射线轰击而产生的质子。表 6 – 2 汇总了 LDEF 辐射源的能量范围[3]。图 6 – 7 显示了 LDEF 遭受穿透粒子轰击后的累计离子辐射。图 6 – 8 则是 LDEF 表面接受的俘获质子积分通量。

表 6 – 2　LDEF 离子辐射源的能量范围

辐射源	最小辐射能	最大辐射能	通量/cm^{-2}	分布角范围
辐射带质子	15MeV	600MeV	6.3×10^9	4π
银河系质子	3.2GeV	100GeV	2.8×10^7	2π
反照质子	15MeV	3.5GeV	2.3×10^7	4π
反照中子	1KeV	3.0GeV	7.4×10^7	1.3π

---

①　1mmHg = 0.133kPa。

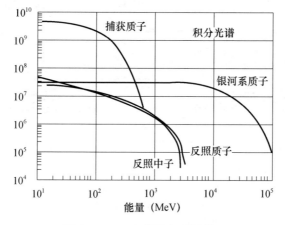

图 6-7 LDEF 累积离子辐射

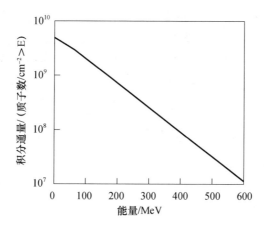

图 6-8 LDEF 表面接受的俘获质子积分通量

图 6-9[4]反映了 LDEF 飞行任务期间基于辐射带质子、银河系质子、反照质子和反照中子的所有能量的作用深度,其数值由辐射区域密度确定,对于铝合金辐射带区域密度为 0～100g/cm²,对于 LDEF 来说,直径方向约为 32g/cm²,长度方向约为 68g/cm²(此密度是直径 14ft①、长 30ft 的 LDEF 的平均密度,LDEF 结构重8000磅②,试验件重13400 磅)。

重力场获取的电子能量低,仅对航天器的表面产生影响。预测的 LDEF 整个表面受到电子轰击流量为 $1 \times 10^6 \sim 1 \times 10^{12} e/cm^2$,能量在 0.1～3.7MeV。被俘获的电子能量很低,分布面广,穿透深度很小($\leqslant 0.5g/cm^2$),不会产生放射性核子。

① 1ft = 0.3048m。
② 1 磅 = 0.454kg。

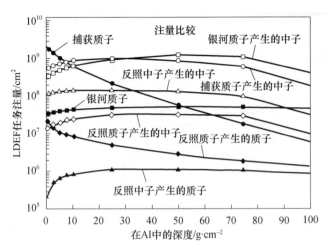

图 6-9　LDEF 飞行任务期间质子和中子剂量深度分布

图 6-10 显示了 LDEF 每个框架位置任务末期的等效太阳小时[5]。LDEF 朝向外太空方向的试验框架高真空紫外辐射(VUV)等效太阳小时(ESH)为 14500ESH,头、尾边缘试验框架 ESH 为中间值 11100 ~ 11200ESH,侧面框架为 6400 ~ 6800ESH,面向地球一侧的 ESH 最低,为 4500ESH。

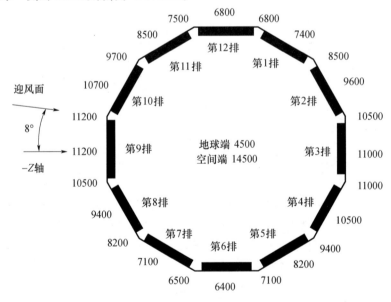

图 6-10　LDEF 每个框架位置任务末期的等效太阳小时

在研究紫外辐射效应方面,LDEF 表面大面积的白色热控涂层在经过 11000ESH 的辐射后,出现大面积的发暗现象。LDEF 的标号为 A0171 试验是一项专门研究各种材料受紫外和原子氧辐照影响的试验。图 6-11[6] 所示为 A0171 试验样品的飞行前、飞行中、飞行后照片。第一块区域位于右上方,主要是有保护层和无保护层的太阳电池、太阳阵(solar arrays);第二块区域位于中上方,是27个复合材料样品,碳纤维和玻璃纤维;第三块区域位于左上方,主要是金属镀层的聚合物薄膜(TEF Teflon、Halar、RTV511、PEEK、Mylar、白色的 Tedlar 等);第四块区域位于右下角,是金属和涂层材料,固定在绿基板上,表面还覆盖一层铝的掩模模板;第五块区域在中下方,包含热塑材料和拉伸薄膜;第六块区域在左下方,安放着太阳电池及其附件(保护层、密封胶、黏合剂等)。

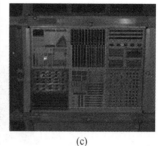

(a)   (b)   (c)

图 6-11　A0171 号试验样品
(a)飞行前;(b)空间中;(c)飞行后。

辐照后,第一块区域,太阳阵(solar arrays)4 块中的 3 块消失了。其他的样品肉眼观察基本没有变化。第二块区域,样品表面看完好无缺。第三块区域,没有保护层的薄膜明显地被损坏了,一些薄膜完全消失了。金属镀层的薄膜看起来损伤很小。进一步研究发现原本无色和白色的 Halar 和 RTV511 明显发黄。从 RTV511 散发出的物质对周围材料和其本身样品的边缘造成污染,污染的程度与气流在 LDEF 结构上的流动方向有关。大部分污染物是黄棕色的,而且顺着原子氧的入射方向和迎着紫外入射方向处的颜色更深。PEEK 有轻微地发黄,TEF Teflon 颜色未变化,RTV511 在返回地面后颜色逐渐有一定程度的恢复,Halar 却保持辐射后的颜色。第四块区域,一些涂层发暗,在掩模的边缘处出现了浅褐色图纹。第五块区域,所有样品颜色都变暗了。第六块区域,太阳电池几乎没有损坏,但是颜色变暗[7]。

2)MEEP 试验项目

MEEP(the Mir Environmental Effects Payload)[6]是美国和俄罗斯共同合作的一个在国际空间站上开展的空间环境对材料影响的试验项目。主要为下一代的航天材料提供可靠性试验数据。MEEP 项目在 1996 年 3 月航天飞机执行的 STS—76 任务时,由航天员太空行走安放在和平号空间站(MIR)上,在航天飞机执行 STS—86 任务时回收。

MEEP 包含 4 个试验,分别为: Polished Plate Micrometeoroid and Debris (PPMD), Passive Optical Sample Assembly I (POSA – I), Orbital Debris Collector

（ODC），Passive Optical Sample Assembly Ⅱ（POSA－Ⅱ）。这些试验放置在一个试验箱内（Passive Experiment Carrier，PEC），由兰利研究中心总负责。POSA－Ⅰ和POSA－Ⅱ主要是评估空间站表面的分析污染，以及空间站外表面材料在空间环境下的性能和退化规律。

被动光学样品装置（POSA－Ⅰ）可评估国际空间站表面分子污染的程度和国际空间站候选外露表面材料的性能及退化情况[9,10]。POSA－Ⅰ可提供空间环境效应信息，可用来避免由于在轨硬件性能退化引起的不定期的更换而造成的费用超支。POSA－Ⅰ试验由多种被动样品盘、转盘、平盘以及真空紫外二极管和原子氧针孔摄像头组成。多种拟用于国际空间站上的材料在 POSA－Ⅰ 装置上暴露，该装置试验由马歇尔空间飞行中心负责。试验装置在空间暴露见图[11]。

图 6-12　空间中的 POSA－Ⅰ

POSA－Ⅰ提供了多种外露材料的性能数据，例如包括暴露于太阳紫外辐射、原子氧和污染环境下的多种漆类的热控涂层。POSA－Ⅰ装置上有大约 100 类共388 种样品，POSA－Ⅰ装置两边是两个原子氧针孔摄像机和两个太阳紫外注量监测器。这些材料包括：Z93P 和 YB－71 白漆热控涂层、TMS800IY 涂层、化学变化涂层、镜面反射镜、光学窗口、国家先进（state－of－the－art）材料、抗原子氧材料。POSA－Ⅰ还装有检测原子氧、紫外工具等，样品排列如图 6－13 所示。

图 6-13　POSA－Ⅰ上的样品排布图

POSA-Ⅰ主要研究低轨道空间环境中污染、原子氧、紫外、真空、热循环等，对材料的影响。它附载在 Mir 上，并通过对折一面面向空间，一面面向 Mir。根据有机聚合物的质损推算出，接收到的紫外辐射剂量面向空间的一面为 571ESH，面向 Mir 一面的为 413ESH。最后结果发现，紫外产生的有机硅材料挥发，被原子氧转变成氧化硅污染，沉积在材料表面，是造成材料光学性能（太阳吸收比）退化的主要原因。面向空间的一面，污染沉积层厚度达到了 500nm，对光学性能的影响很大，而面向 Mir 一面的沉积厚度在 26～31nm，对光学性能的影响很小。

紫外辐射还使得一些硫化物材料变暗，并对 Teflon 材料，特别是 TFE Teflon 材料的光学透射率影响很大。在 POSA-Ⅰ装置上，利用光学窗口去除原子氧和污染对 FEP 和 TFE 薄膜的影响。在飞行试验前后，通过测量这些样品的透射率判断光学窗口的透光性能是否对薄膜的紫外辐照产生退化影响。尽管在 POSA-Ⅰ装置上紫外辐照剂量并不高，但辐照效应还是很明显的，尤其是 TFE Teflon 薄膜材料。

POSA-Ⅱ装置目的是评估国际空间站表面材料的分子污染程度和候选国际空间站外露表面材料的性能退化速度和性能。POSA-Ⅱ所提供的空间环境效应信息可用于避免在轨材料性能退化而带来的额外花费。POSA-Ⅱ试验由波音公司防务与空间部执行。POSA-Ⅱ暴露装置样品布置图及其在轨暴露示意分别如图 6-14 和图 6-15 所示。

图 6-14　POSA-Ⅱ暴露装置样品布置图

图 6 - 15   POSA - Ⅱ 在轨暴露示意图

经过飞行试验发现,POSA - Ⅱ装置上的样品在典型的暴露区域较未暴露区域出现明显的变黑。迎风面的样品、样品架和 MEEP 容器均出现了污染现象,而且污染均由相似的彩色条纹或点组成,这也说明污染来自同一污染源。

3) MEDET 试验项目[13 - 16]

材料暴露与性能退化试验(Material Exposure and Degradation ExperimenT,ME-DET)是监测低地球轨道材料性能退化的主动监测装置,并获得国际空间站在污染、原子氧、紫外辐射、X 射线辐射、空间碎片和微流星体的空间环境信息。项目是由 CNES、ESA、南安普顿大学、ONERA 等多家机构合作在欧洲暴露技术设备(European Technology Exposure Facility,EuTEF)上进行的试验研究。MEDET 集成在装置上并搭载于 ISS 的欧洲哥伦布舱外的有效载荷平台,于 2005 年初发射入轨,在轨工作寿命 3 年,于 2008 年 2 月完成在轨任务。

MEDET 是 EuTEF 上搭载的标准有效载荷,尺寸为 548mm × 234mm × 219mm。它是铝基框架的盒型结构,MEDE 在轨示意图如图 6 - 16 所示,其有效载荷总装示意如图 6 - 17 所示。

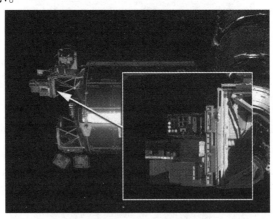

图 6 - 16   MEDE 在轨示意图

图 6 – 17　MEDE 有效载荷总装示意图

EuTEF 的主要研究包括三个方面:①评价低轨道复杂空间环境对航天材料的光学和热光性能的综合影响,这些航天材料包括窗口、漆类、热控薄片、阳极氧化材料和太阳反射器等;②表征 ISS 的环境和空间的紫外辐射、X 射线辐射、原子氧以及空间碎片环境;③空间环境及其对材料的效应以改进性能退化模型。

MEDET 上搭载的主要仪器如下:

透射分光光度计:用于测量透明材料的透射率随波长的变化。

真空压力计:测量真空压力。

微型量热计:测量热控材料的热光性能的变化。

SODAD:表征微粒的撞击性能,包括数量、尺寸和速度。

STORM:测量原子氧、紫外和 X 射线束流。

QCM:测量污染和原子氧束流。

为完成研究,EuTEF 使用了石英晶体微量天平(QCM)和薄膜探测器来预估原子氧通量,利用光电探测器探测 X 射线和 UV 通量。

MEDET 系统外观如图 6 – 18 所示。

MEDET 在轨的典型研究包括紫外诱导污染、紫外/原子氧综合效应、材料老化、微粒子撞击研究、低轨原子氧束流模型、污染效应、太阳紫外射线、X 射线束流模型以及应用于低轨的新材料选择。同时,也对太阳电池盖片胶黏剂、抗原子氧热控箔片、用于展开结构的多层聚合物薄膜以及热控漆的性能进行了在轨研究。

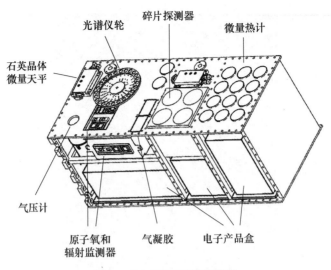

图 6 – 18　MEDET 系统外观

　　MEDET 是在轨实时监测航天器表面材料性能的装置,试验材料包括 20 种不同的材料。热光性能是通过利用紫外和红外分光光度计测量的。

　　通过对 Kapton HN 薄膜的在轨紫外光谱分析可以看出,有原子氧防护膜的 Kapton HN 薄膜的透光性能则有明显的下降(图 6 – 19),这是由于空间辐射环境引起防护膜材料透射率降低引起的。没有原子氧防护膜的 Kapton HN 薄膜透光性能有明显的提高(图 6 – 20),这是由于原子氧对薄膜的剥蚀,造成厚度减薄引起的。

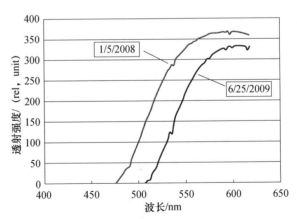

图 6 – 19　带有原子氧防护膜的 Kapton HN 薄膜飞行 UV 光谱图

　　4) MISSE 试验项目[17 – 26]

　　MISSE(Materials International Space Station Experiment)是 LDEF 和 MEEP 项目的延续与发展,它由美国国防部的空军研究实验室、NASA、Boeing Phantom 公司、

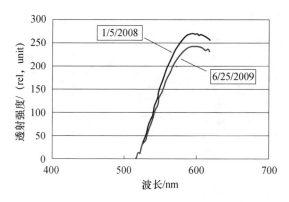

图 6 - 20　无原子氧防护膜的 Kapton HN 薄膜飞行 UV 光谱图

Martin 公司、Hughes 公司、Loral 公司、Rockwell 公司和 Trw 公司、NASA 的 Glenn 研究中心、JPL、Langley 研究中心、MSFC、Goddard 空间飞行中心等公司合作完成。其中,Langley 研究中心负责装置的设计、研制、样品组装和空间飞行技术。MISSE 的环境因素包括原子氧、紫外辐照、粒子辐射、热循环和空间站的诱导环境。

　　MISSE 已经开展了 8 个批次的研究,先后在国际空间站安装 38 个批次的试验箱,按照先后顺序分别为 MISSE - 1、MISSE - 2、MISSE - 3、MISSE - 4、MISSE - 5、MISSE - 6A&6B、MISSE - 7A&7B、MISSE - 8 & MISSE - 8 ORMaeE - Ⅲ。样品包括复合物、陶瓷、聚合物、涂层、保护层等。

　　2001 年 8 月,在航天飞机去往国际空间站 ISS 执行 STS - 105 任务期间,航天员 Daniel Barry 和 Patrick Forrester 将两套材料被动试验装置(Passive Experiment Carrier, PEC) 放置在空间站上。这就是国际空间站材料试验装置 MISSE - 1、MISSE - 2。如图 6 - 21、图 6 - 22 所示。由于哥伦比亚号失事耽误了这些 MISSE 试验的返回,直到 2005 年 7 月 30 日,在 STS - 114 任务中才被航天员取回。

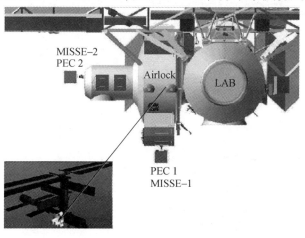

图 6 - 21　MISSE - 1 和 MISSE - 2 在 ISS 上的位置

图 6 - 22　处于迎风面的 MISSE - 1 装置

　　MISSE - 1 研究的内容有太阳电池、光学涂层、可膨胀材料、热控涂层、复合材料、环境监测器、反射镜、光学材料、聚合物薄膜,共 454 个样品,样品布置图如图 6 - 23 所示。MISSE - 2 研究的内容与 MISSE - 1 一样,共有 456 个样品,如图 6 - 24 所示。

图 6 - 23　MISSE - 1 样品布置图

图 6 - 24　MISSE - 2 样品布置图

第三、四系列的 MISSE 试验 MISSE - 3 和 MISSE - 4 于 2006 年 8 月 3 日由发现号航天飞机在 STS - 121 任务中将试验箱送往空间站,于 2007 年 8 月 18 日由 STS - 118 任务取回,MISSE - 3 样品在轨暴露如图 6 - 25 所示。

图 6 - 25　MISSE - 3 样品在轨暴露

MISSE - 3 研究的内容有电子器件、电解质材料、多层绝缘材料、复合材料、紫外图像阵列、金属光箔(Metal photo foil)、可膨胀材料、光学涂层、反射镜、热控涂层、环境监测器,共有 425 个样品。MISSE - 4 研究的内容与 MISSE - 3 一样,共有 450 个样品。MISSE - 3 的样品排列图如图 6 - 26 所示。MISSE - C4 样品排列图如图 6 - 27 所示。

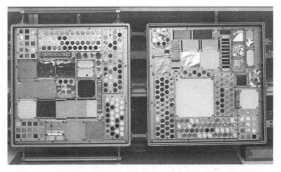

图 6 - 26　MISSE - 3 样品排列图

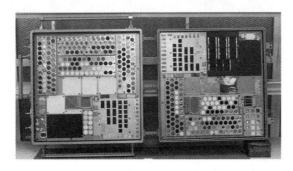

图 6 - 27　MISSE - 4 样品排列图

MISSE 第五次试验于 2005 年 7 月 26 日由发现号航天飞机在 STS – 114 任务发射,于 2006 年 9 月 15 日在 STS – 115 的第三次舱外活动(Extra – Vehicular Activity, EVA)任务中取回, MISSE – 5 在轨示意图如图 6 – 28 所示。

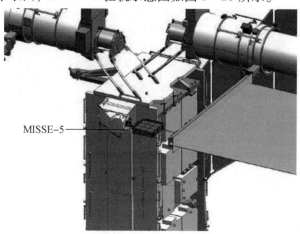

图 6 – 28   MISSE – 5 在轨示意图

MISSE – 5 研究的内容有纳米材料、热绝缘材料、聚合物薄膜、环境监测器、原子氧研究、氧化机理、力学性能影响、氧化物薄膜效应,共有 254 个样品。其所搭载的试验样品如图 6 – 29 所示。

图 6 – 29   MISSE – 5 搭载的试验样品

MISSE – 6 和 MISSE – 7 试验箱与以前的不同,大部分是主动试验, MISSE – 6 主动试验由空间站提供电源,数据存储到数据记录器中,试验回收时可用。MISSE 第六次试验于 2008 年 3 月 22 日在 STS – 123 飞行任务期间置于哥伦布试验舱外,其在轨示意图如图 6 – 30 所示。

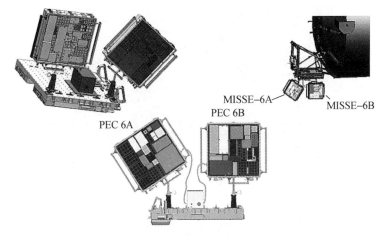

图 6 – 30 MISSE – 6 在轨示意图

MISSE – 6 中包括 6 项主动试验和 6 项被动试验,共 168 个样品集成到 2 个 PEC(6A 和 6B)中。MISSE – 6 研究的内容有波导激光部件、激光二极管、热电功率发生器材料和陶瓷氧化钇等,共有 400 多个样品。如图 6 – 31 所示。

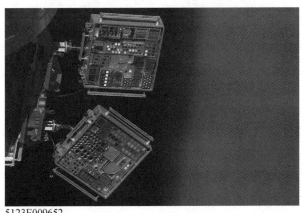

5123E009652

图 6 – 31 MISSE – 6 搭载的试验样品

MISSE 第七次试验于 2009 年 11 月在 STS – 129 飞行任务期间发射,搭载在 ISS 的 ExPRESS Logistics Carrier 平台上,MISSE 7A 主要由美国海军研究实验室负责,MISSE 7B 则由美国空军研究实验室、NASA、波音等公司负责。MISSE – 7 在轨示意图如图 6 – 32 所示。

MISSE – 7 由空间站提供电源并与空间站具有通信连接,主动数据每天通过遥感技术回收,包括 3 个主动试验和 6 个被动试验,共 120 个样品集成到 PEC7 中。MISSE7A 和 7B 的研究内容有聚合物材料、O 形密封圈、航天服织物材料、新型热控漆类材料等,共 120 个样品。如图 6 – 33 所示。

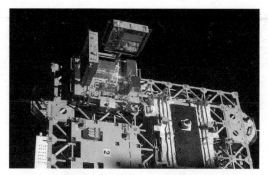

图 6 – 32　MISSE – 7 在轨示意图

图 6 – 33　MISSE – 7 搭载的试验样品

　　MISSE – 8 第八次试验于 2011 年 5 月在 STS – 134 次任务期间发射,并将 MISSE 7A&7B 舱运回地球。MISSE – 8 只有被动试验装置(PEC),其在轨安装示意如图 6 – 34 所示,其中 MISSE – 8 样品排列图如图 6 – 35 所示。STS – 135 次任务时,又将 MISSE – 8 ORMaeE – Ⅲ装置放置在第二个 MISSE 模块上,如图 6 – 36 所示。

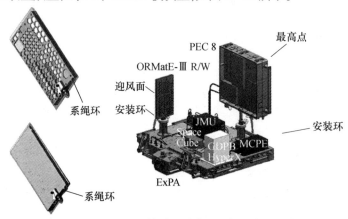

图 6 – 34　MISSE – 8 被动试验装置在轨安装置示意图

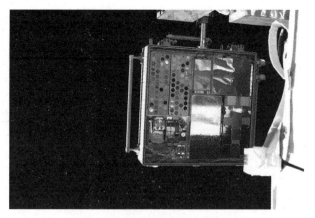

图 6 - 35　MISSE - 8 样品排列图

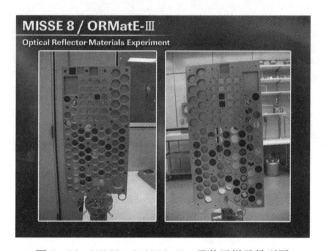

图 6 - 36　MISSE - 8 ORMaeE - Ⅲ装置样品排列图

　　MISSE 装置是将其一面正对飞行方向,一面背对飞行方向。迎风面材料将暴露于原子氧和紫外环境中,而背风面只暴露于紫外环境中。由于 MISSE 暴露期间,x 轴将垂直于轨道平面,这将使背风面的 MISSE - 1 也将暴露于原子氧环境中,由放置其上的 Kapton HN 剥蚀量可得到原子氧的注量大约为 $1.1 \times 10^{20} \, cm^{-2}$。但处于背风面的材料,受到的原子氧影响将远远小于迎风面。

6.2　航天材料主动暴露试验技术

6.2.1　主动暴露试验装置设计

相较于被动暴露试验装置,主动暴露试验装置的优点是能够实现原位分析和测试,可以对材料在轨期间的性能进行连续监测,具有环境效应真实的特点,但是同时也带来体积大、质量大、功耗高等缺点。

主动暴露试验装置的设计通常需要根据在轨监测的性能类型进行设计,如需要对光学性能或者热光性能进行监测,则需要设计光学性能在轨测试系统,如基于分光原理的分光光度计或基于积分球原理的积分球结构,其原理如图6-37所示。设计取回装置或者旋转装置,将在轨暴露的样品取回或者将测试结构移动到样品上方,进而对其性能进行测试分析。

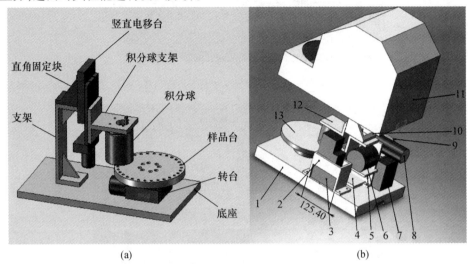

(a)   (b)

图6-37　典型航天材料热物性在轨原位测试装置原理

(a)内部结构;(b)整体结构。

1—底板;2—紫外可见光谱仪支架;3—紫外可见光谱仪;4—平移台支架;5—氙灯支架;6—氙灯;
7—红外光谱仪;8—可见红外光源;9—可见红外光源支架;10—直角固定块;11—外罩;
12—积分球支架;13—样品转台。

6.2.2　典型主动暴露试验[27-31]

美国国家航空航天局(NASA)的马歇尔空间飞行中心(Marshall Space Flight Center,MSFC)联合AZ Technology公司研制了光学性能监测器(the Optical Properties Monitor,OPM),以用于对空间站材料进行挑选和对性能退化进行评价研究。OPM是LDEF和POSA项目的后续研究。

OPM是一个试验平台,其尺寸为828.7mm×682.6mm×520.7mm,质量为117kg。OPM于1997年1月12日发射,由STS-81任务送到和平号国际空间站(MIR)上,4月29日开机工作,后由于MIR故障于6月25日失去供电,但于9月12日恢复工作,并于1998年1月2日关机,并由STS-89号任务于1月8日成功回收,于1月31日返回肯尼迪空间中心(KSC)。其在MIR上的位置如图6-38所示。

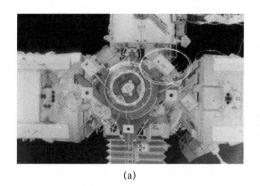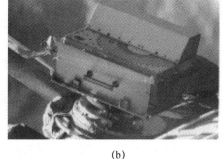

(a)   (b)

图 6-38　OPM 在 MIR 上的位置

OPM 是一个主动测试装置,同时也是第一个能够实现材料性能原位测试并在试验过程中将测试数据下传到地球的材料暴露装置。其飞行目的是研究空间环境对材料性能的影响及损伤机理、获得航天器和光学热控材料性能的飞行试验数据、为地面模拟试验和预示模型提供有效的验证数据、研制可再次利用的多功能试验设备用于研究空间环境下的材料行为。研究对象为光学材料、热控材料以及其他的一些材料。OPM 不但可以实现对材料性能(光学透射率、吸收比、反射率、热发射率)的真空环境下的原位测试,同时也可以探测空间环境,如原子氧、分子污染、太阳辐射等。

OPM 的核心设备为 3 台独立的光学仪器,分别是积分球光谱反射率测量仪、真空紫外光谱测量仪和总积分散射测量仪。OPM 装置外观示意图如图 6-39 所示,内部装置示意图如图 6-40 所示,样品盘视图如图 6-41 所示。其主要部件包括反射计、真空紫外分光光度计、总积分散射仪(TIS)、分子污染监测器、原子氧监测器、辐射监测器等。

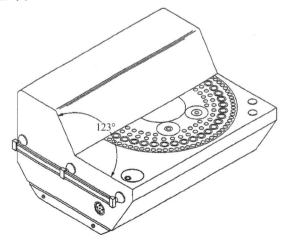

图 6-39　OPM 装置外观示意图

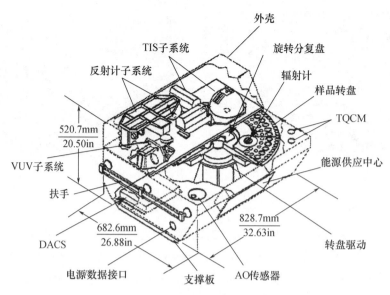

图 6 - 40　OPM 装置内部装置示意图

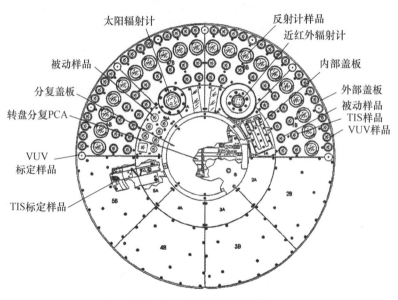

图 6 - 41　OPM 样品盘视图

　　反射计主要是测量 250 ~ 2500nm 试验材料半球反射率,它由积分球、棱镜单色仪、两个光源和两个探测器组成,该光谱仪基于 AZ Technology 公司的商业仪器实验室便携式光谱反射计(Laboratory Portable SpectroReflectometer, LPSR)制造而成。其主要性能指标如下:

　　光谱范围:250 ~ 2500nm;

　　测量精度:±3%;

可重复性误差：±1%；

光谱绝对值误差：波长的 ±5%。

反射计的光学系统示意图如图6-42所示。

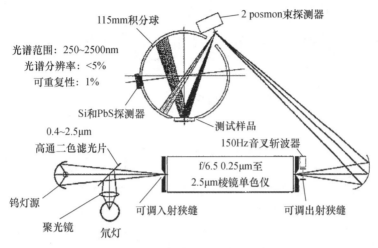

图6-42　反射计的光学系统示意图

真空紫外分光光度计主要是测量试验样品在真空紫外光谱 121.6 ~ 250nm 光谱反射率和透射率。其主要性能指标如下：

测量精度：±5%；

可重复性误差：±2%；

测量光谱：121.6nm、140nm、160nm、170nm、180nm、200nm、250nm。

真空紫外分光光度计示意图如图6-43所示。

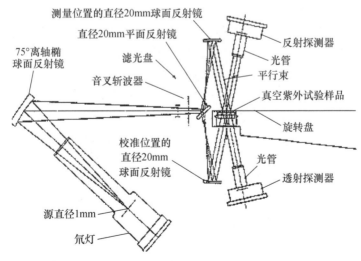

图6-43　真空紫外分光光度计示意图

总积分散射仪(TIS)是用来监测由于空间环境引起的试验材料表面粗糙度和表面污染。其主要参数如下:

测量波长:532nm、1064nm;

散射收集最小角度:2.5°~80°;

总积分散射测量范围:总积分散射值的 1×10^{-4} $(5 \sim 500 \text{Å})$ [①];

精度:±10%;

可重复性误差:±2%。

总积分散射仪工作原理示意图如图6-44所示。

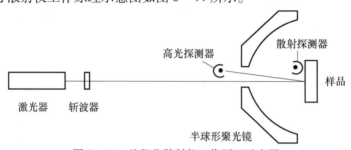

图6-44　总积分散射仪工作原理示意图

引起材料性能变化的空间暴露环境因素包括真空、极端高温、极端低温、太阳电磁辐射、带电粒子辐射、原子氧以及来自航天器的污染等。这些变化包括颜色改变、变黑、剥落、表面粗糙等,这些均是源自空间环境引起的材料物理或化学变化,有些变化说明材料不适合用于建造航天器。经过在轨试验前后对比发现,OPM的表面热控涂层 β 布(beta cloth)明显发黄,这与 POSA 的结果一致,OPM 装置飞行试验前后的外观示意图如图6-45所示。进一步分析表明,左面的 β 布辐照量为2903ESH,太阳吸收比由0.25增加到0.49,右面的辐照量为379ESH,太阳吸收比由0.25增加到0.36。此外在OPM上的样品 CAA、BSA、SAA 等反射镜,在经历了832ESH的紫外辐射后,太阳吸收比也发生了变化,相对量在10%~30%。

图6-45　OPM 装置飞行试验前后的外观示意图

---

① 　$1\text{nm} = 10\text{Å}$(埃)

参考文献

［1］"神七"飞天与材料科学和涂料技术［M］. 表面工程资讯,2008,8(6):3-4.

［2］http://setas-www. larc. nasa. gov/.

［3］Armstrong T W, Colborn B L. Scoping estimates of the LDEF satellite induced radioactivity［R］. Contract No. NAS8-38427 for NASA Marshall Space Flight Center, Science Applications International Corporation, September,1990.

［4］Benton E V, Heinrich W. Ioning radiation exposure of LDEF［R］. Department of Physics, University of San Francisco, USF-TR-77, August 1990.

［5］Bourassa R J, Gillis J R, Rousslang K W. Atomic oxygen and ultraviolet radiation mission total exposures for LDEF experiment［R］. LDEF first post-retrieval symposimm, NASA CP-3134,1991,643-661.

［6］http://setas-www. larc. nasa. gov/LDEF/PHOTOS/photos. html.

［7］Ann F. Whitaker, Miria M. Finckenor, Rachel R. Kamenetzky. Property changes induced by the space environment in polymeric materials on LDEF［R］. AIAA 92-0790.

［8］Finckenor M M, Kamenetzky R R, Vaughn J A. Further Investigations of the Passive Optical Sample Assembly (POSA)-I Flight Experiment［R］. AIAA-2001-0098, 1-10.

［9］James M. Zwiener, Rachel R. Kamenetzky, Jason A. Vaughn, et al. Finckenor. The passive Optical Sample Assembly (POSA)-I Experiment: First Flight Results and Conclusions［R］. AIAA 1991-0104,1-10.

［10］Gary Pippin. POSA Ⅰ and Ⅱ, and ESEM Flight Experiment Results［R］. 1998, 1-48.

［11］http://setas-www. larc. nasa. gov/meep/posa1. html.

［12］http://setas-www. larc. nasa. gov/meep/30-day_posa_II/posa2_30_day. html.

［13］http://www. nasa. gov/mission_pages/station/research/experiments/MEDET. html.

［14］Dinguirard M, Mandeville J C, Van Eesbeek M, et al. Materials Exposure and Degradation Experiment (MEDET)［R］. AIAA,2001-5070,1-9.

［15］V. Rejsek-riba, V. Inguimber, M. Dinguirard, et al. MEDET experiment on-board ISS preliminary results of materials［C］. 11th International Symposimm on Materials in a Space Environment, 15-18 september 2009, Aix-En-Provence, France, 1-6.

［16］Tighe A P, Iwanovsky B, van Eesbeek M, et al. Overview of results from the materials exposure and degradation experiment (MEDET) after 18 months in orbit on the ISS［C］. proceedings of the 11th ISMSE. Aix en provence. 2009.

［17］Miria M. Finckenor. The Materials On International Space Station Experiment (MISSE): First Results From MSFC Investigations［R］. AIAA. 1-9.

［18］Kim K. de Groh, Bruce A. Banks. NASA Glenn Research Center's Materials International Space Station Experiment (MISSE 1-7)［R］. NASA/TM-2008-215482,1-39.

［19］http://en. wikipedia. org/wiki/Materials_International_Space_Station_Experiment.

［20］Chris Gebhardt . STS-134: PRCB Baselines Penultimate Shuttle Flight to Take AMS to Station［R］. NASASpaceflight. com. Retrieved Jan 19. 2010.

［21］http://www. nasa. gov/centers/langley/news/factsheets/MISSE. html.

［22］Chris Gebhardt. STS-134:PRCB Baselines Penultimate Shuttle Flight to Take AMS to Station［R］. NASASpaceflight. com. Retrieved Jan 19,2010. http://www. nasaspaceflight. com/2009/06/sts-134-prcb-shuttle-ams-to-station/.

[23] http://misse1. larc. nasa. gov/pages/MISSE%201. html.

[24] David Petrick. Space Cube: Current Missions and Ongoing Platform Advancement[R]. MAPLD2009 – Space Cube Activities. NASA. 2009,09.

[25] http://www. nasa. gov/mission_pages/station/research/experiments/MISSE – 7. html.

[26] Donald A. Jaworske, John Siamidis. Overview of Materials International Space Station Experiment 7B[R]. AIAA 2009 – 2687.

[27] Wilkes D R,Zwiener J M. Science data report for the optical properties monitor (OPM) experiment[R], NASA/CR – 2001 – 210881,2001,1 – 250.

[28] Hmmmer L. System report for the optical properties monitor (OPM) experiment[R]. NASA/CR – 2001 – 210882, 2001,1 – 154.

[29] Alan E. Willner, Zhongqi Pan, Changyuan Yu. Optical performance monitoring[J]. Optical Fiber Telecommunications V B: Systems and Networks. 2008. 233 – 236.

[30] Kamenetzky R, Finckenor M, Wilkes D. MSFC investigations of beta cloth darkening due to ultraviolet radiation interactions[R]. AIAA 2000 – 0108.

[31] Donald R. Wilkes, James M. Zwiener, Optical properties monitor (OPM) in – situ experiment flown on the Mir Station[C]. Part of the SPIE conference on optical system contamination: Effects, measurements, and control VII. Denver, Colorado, July 1999.

第 7 章
空间材料科学实验

材料是国家工业发展和国防建设的基础,新材料的不断发现也极大地推动了科学技术的前进和人类文明的提高。优异的材料性能将极大地提高器件、整机以及系统的先进性和可靠性,而材料的性能则取决于其结构和加工制备过程。然而,材料制备和加工中经常要经历由液态到固态的过程。而液态材料中由重力引起的浮力对流、表面张力效应、沉淀及器壁反应等严重妨碍了人们对材料加工过程的历史、结构和性能之间的基本关系的正确理解与认识。

与地面环境不同,空间极高真空、辐射、温度、微重力等环境给航天材料带来威胁的同时,也为航天新材料的制备提供了新的途径。尤其是空间微重力环境中浮力对流和沉淀的消失,为人们提供了其他途径难以或不可能获得的条件。

自 1969 年苏联首次在太空开展空间材料科学实验以来,人类 40 多年来的空间材料科学探索已经取得了一系列科学与技术成就,不但发现了新的科学现象,发展了材料科学基础理论,而且相关科学研究成果已应用于地面材料的改性,既推动了材料科学学科自身的发展,也产生了显著的经济和社会效益。近年来,国际空间科学探索活动十分活跃,2007 年 9 月,俄罗斯"光子"号微重力材料科学实验卫星顺利完成为期 12 天的空间飞行实验任务,开展了数十项空间科学实验。2008 年 2 月,由欧洲 10 国联合建造的"哥伦布"太空舱顺利实现与国际空间站的对接,这个重达 12.8t、直径 4.5m 的太空舱为开展空间材料科学、生命科学和基础物理研究提供良好的太空实验条件。2008 年 3 月,由日本建造的"希望"号太空舱的首个舱段实现与国际空间站的对接,"希望"号太空舱共有 6 个舱段,可容纳 4 名航天员,可为包括空间材料科学在内的空间科学与应用研究,针对空间科学研究过程中所需的新材料带来新的发展机遇。

从 1987 年至今,我国已进行了将近 30 年的空间材料科学研究。最初,我国的空间材料科学研究是在国家 863 计划的支持下开展起来的,先后在"神舟"系列飞船和返回式卫星上进行了多次空间材料科学实验,并进行了大量的地面实验研究,取得了一批研究成果。多工位空间晶体生长炉实验装置参加了"神舟"号飞船的飞行实验,并在空间完成了多种材料的空间生长和物性测试实验;实现了 GaAs、

GaSb 半导体单晶的生长,金属合金及亚稳材料的制备等。在 BSO 晶体生长、Al - Mg$_2$Si 定向共晶复合生长、空间实验用多工位炉的实验等方面取得一些有重要价值的研究结果。

本章将对空间材料科学的内涵(包括研究目的、研究内容、研究对象、研究范围和研究方法等)、国内外空间材料科学的研究现状和主要成果、典型的空间材料科学实验装置、空间材料科学的发展趋势和发展方向等进行介绍。

7.1 空间材料科学内涵

7.1.1 空间材料科学的研究目的

空间材料科学实验的研究目的是利用空间微重力环境,深化对材料制备过程中的物理化学认知,用于指导改进地面加工工艺,提高材料加工和制备的效率与质量,为利用空间条件制备地面上难于获得的高性能材料奠定理论基础。

空间材料科学是涉及两方面的重大科学问题:其一,利用空间飞行器上所特有的微重力、超强辐射、超高真空和超净等极端实验条件,开展材料科学研究及发展相关技术的新兴学科;其二,适合于空间环境下应用的各种材料研究与制备科学问题。

7.1.2 空间材料科学的研究内容

空间材料科学研究内容非常广泛,所涵盖的范围几乎包括了所有的材料类型和科学主题;从光电子功能材料、金属合金和亚稳材料、纳米与复合材料、玻璃和陶瓷及聚合物材料,到生物兼容性材料;从晶体生长过程,微观组织结构、形态转变与控制,形核与亚稳态,界面效应和相分离,到液相烧结等多方面的主题,以及材料物理化学性质研究等热点前沿问题。

概括起来,从研究的目的考虑,空间材料科学实验的研究内容主要包括以下三个方面[1]:

(1)微重力材料科学研究,关注重力的变化或存在与否对材料过程或过程实现的外部条件的影响。

(2)针对空间探测和空间物质开发利用的材料科学研究。前者包括飞行器的防护、推进、润滑,以及在太空环境中人体内的特殊材料过程等。

(3)利用地面上没有的极端高真空和强辐射条件来达成的某些材料科学研究。

材料科学在微重力下的研究(尤其在重力存在与否对所关注的过程或过程实现的外部条件具有明显影响的情形)更有意义,因此,微重力材料科学研究关注的材料主要是流体,包括蒸汽、液体、固体材料的溶液以及部分软物质(生命物质、气泡和泡沫材料等)、颗粒物质等。微重力材料科学的这一特点决定了它的研究内容和研究手段,其研究内容包括浸润过程、烧结过程、物质输运过程、相分离现象、熔体的固化和结晶过程、溶液法晶体生长等;涉及的物理概念则包括凝聚、熔化、形核与生长、表面能与界面能等。气体和液体(熔体)间的界面能主要体现在泡沫结构和泡沫材料的研究中。

若从空间材料内在的特征考虑,则可分为以下三类:

(1)溶质、颗粒或杂质缺陷等在基体材料中的分布特征。

材料内部溶质、颗粒或者杂质缺陷在基体中的分布特征包括溶质或杂质分布的均匀性、颗粒在基体材料中分布的均匀性、缺陷密度的降低和晶体学的完整性、冶金缺陷如微孔与气泡的分布等。

(2)材料生长形态。

空间材料的生长形态包括生长形态的转变(等轴/胞状 − 枝晶、纤维 − 层状)、分散与流变、自组装等。

(3)材料生长过程中的对流与输运特性。

对流和输运特性研究包括重力对流与组分富集、表面张力对流与组分富集、颗粒聚集、重力与形态控制、外场(电磁场)与晶体生长过程中的对流等。

7.1.3　空间材料科学的研究对象

空间材料科学是针对需要获得的特定性能或功能的材料来展开的。因此,空间材料科学的研究对象就是材料。国际上已经开展研究的空间材料主要可分为以下四类:

(1)金属合金和亚稳态材料。

展开研究的金属合金和亚稳态材料有很多,例如 $Al-In$、$Al-Cu$、$Al-Pb$、$Al-Ni$、$W-Al$、$Ni-Sn$、$Cu-C-Cr$、$NdCo_2-CeMn_2$、$Bi-Mn$、Pd 基非晶合金等。

(2)纳米与复合材料。

纳米与复合材料的典型代表如碳纳米管制备,$Al-Cu$、$Al-Ni$ 共晶原位复合生长,聚合物 − 液晶复合,纳米超点阵材料,纳米材料自组装等。

(3)光电子功能材料。

光电子功能材料主要以制备各种晶体为主,包括 ZnO、$GdAlO_3$、$KTaNbO_3$ 和 $Pb-HPO_4$ 等多种氧化物晶体,Si、Ge 等半导体单晶,$InSb$、$GaSb$、$GaAs$、$HgCdTe$、$PbSnTe$、InP、$CdTe$、$CuGaS_2$、SiC 等多种化合物半导体和电子材料,$BSO(Bi_{12}SiO_{20})$ 电光单晶体,氧化物超导体,陶瓷,玻璃,生物与蛋白质晶体等。

(4)其他。

除上述三大类材料之外,还开展了一些其他种类材料及物理问题的在轨研究。包括高温热物性(扩散系数、表面张力、热膨胀、热传导、黏度)的测量,胶体晶体、泡沫合金、颗粒材料、尘埃等离子体晶体、高分子和聚合物材料的制备与观测。

7.1.4 空间材料科学的研究范围

空间材料科学依托材料科学、理论物理、工程热物理、流体力学、机械工程、自动控制、声学、光学、遥科学和制备科学等多学科的交叉，是伴随近代航天技术及空间科学的发展与突破应运而生的一门新兴学科。关注的不仅仅是空间材料自身的变化，而且涉及与材料本身变化相关的各种测试和加工制造技术。

随着科学技术的进步和加工工艺的提高，以及空间实验机会的增加，空间材料科学研究从刚开始的与冶金过程相关的金属或复合材料的加工，逐步扩展到晶体的生长与制备、相关物理现象如杂质分布与输运等，研究范围越来越宽。

以晶体生长为例，研究用浮区法进行半导体晶体生长中的杂质分布与输运问题，需要利用液桥和马兰格尼（Marangoni）对流的流体力学理论；观测晶体的生长过程，对透明溶液中的晶体生长，要用到激光全息干涉成像；对不透明材料凝固过程的监控则要用到超声方法和红外热成像。此外，还要开展晶体生长炉的加工设计、遥测遥控以及数据传输等。

7.1.5 空间材料科学的研究方法

空间材料科学研究主要是利用空间的特殊环境，尤其是微重力环境。从产生微重力环境的手段和持续的时间来划分，则可以分为长时间微重力环境和短时间微重力环境。因此，研究方法或手段也可以按此分类。

虽然实现长时间微重力环境是开展空间材料科学研究追求的理想目标，但由于其耗时长、花费高，在空间资源短缺时，可以把短时间微重力实验作为长时间微重力实验的补充。

（1）短时间微重力环境实验。

欧洲和日本等国家，由于自身发射能力的限制，一方面，通过合作，利用美、俄等空间站或者轨道站开展长时间微重力环境实验；另一方面，也用落塔（落管）、飞机抛物线飞行、探空火箭等来开展短时间的微重力环境实验。

落塔（落管）是将实验设备从高处自由下落，并采取措施，尽量减少空气阻力，以使落体获得近似地球重力加速度 g 的加速度，得到短暂的微重力环境。其优点是经济花费低、便捷，缺点是时间短。适用于金属、合金等快速凝固的研究。

飞机抛物线飞行是指飞机在飞行过程中，停止动力，做近似抛物线的下落飞行，其优缺点同落塔一样，时间长度可到 20s 左右。

探空火箭是指将拟研究的装置放在火箭上，然后飞行到较高的高空而开展的科学实验。其优点是获得时间相对较长，可达十几分钟，缺点是较之于落塔等花费更高。可开展多种材料加工实验。

（2）长时间微重力环境实验。

以美国和苏联（俄罗斯）为代表的航天大国，可以通过空间实验室、空间站、航天飞机、飞船、卫星等来实现长时间的微重力实验环境。苏联（俄罗斯）、美国、欧洲、日本等国的大量材料科学实验多是在空间实验室、空间站、航天飞机和卫星上进行的。

利用空间实验室、空间站等，由于航天器运动的离心力与地球引力近似相等，获得微重力的周期较长，可按照需求开展十几天到几年的实验。缺点是花费高、空间资源有限。

7.2 国外空间材料科学实验现状

国外以美国、苏联（俄罗斯）、欧盟和日本为代表的航天大国或组织利用航天飞机、轨道舱、空间站等开展了一系列空间材料科学实验。2004 年，ESA 启动 IM-PRESS 计划，以具有重要工业应用价值的金属间化合物为研究对象，在 ISS 上开展高温金属间合金样品的凝固实验、电磁悬浮无容器或无接触方式测量热物性参数实验、纳米颗粒的形成与聚集实验；2008 年，ESA 将哥伦布实验舱安置到 ISS 上；2009 年，日本将希望实验舱安放 ISS 上，这些实验舱均包括大量的空间材料科学实验装置；2010 年，ISS 基本建成。它包含约 13 个增压舱，成为近地轨道上有人直接参与各种科学研究活动的基地，能进行最先进的生物学、化学、物理学及其他学科的研究，也提供了人能长期在轨直接参与对地观测和天文观测的机会。该国际空间站将至少工作到 2020 年，可利用其设备开展大量空间材料科学实验。国际空间站以远征任务组（Expedition）来规划科学研究实验项目计划。自第一次远征任务组（2000.02.11—2001.03.18）至今，国际空间站已经完成了 40 余次远征任务，开展大量科学实验研究[2-4]。

截至 2011 年 1 月 13 日，国际空间站共开展了科学实验 455 项，涉及 7 个研究领域，每个研究领域中还包括若干子领域。7 个研究领域按实验项数排名的先后顺序为：生物学与生物技术（148 项），人体研究（92 项），技术开发（76 项），物理与材料科学（54 项），教育（46 项），地球与空间科学（24 项），对空间站的运行研究（15 项）。国际空间站科学实验研究领域比例分布如图 7-1[2] 所示。

由图 7-1 分析可知，在国际空间站上开展的科学实验中，生物学和生物技术占据 1/3，此外，航天员相关的人体研究、技术开发实验、物理和材料科学实验等分别占 20%、17% 和 12%。而物理和材料科学实验包括复杂流体、流体物理、材料科学、燃烧科学、等离子物理等研究方向，其中材料科学实验占据主要部分。

下面将对国外主要航天大国和机构开展的空间材料科学实验进行简要介绍，尤其是对国际空间站建成后近几年的空间材料科学实验进行部分阐述[5-11]。

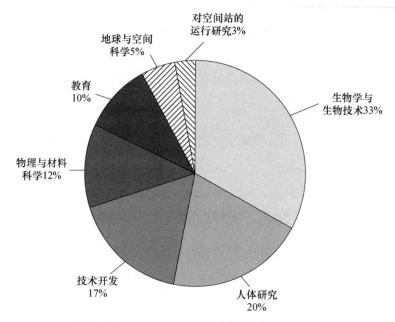

图 7 - 1　国际空间站科学实验研究领域比例分布

7.2.1　苏联(俄罗斯)空间材料科学实验

1969 年 10 月 11 日,苏联"联盟"6 号飞船升空,正是在这次飞行中,人类首次用"火与锻冶之神"(VULKAN)焊接炉成功地进行了 AMG - 6 铝合金、BT - 1 和 OT - 4 钛合金和 1Cr18Ni9Ti 不锈钢的金属真空焊接实验,迈出了空间材料科学研究的第一步。自此以后,苏联利用"礼炮"号系列飞船、礼炮 - 进步 - 联盟联合体和第三代和平号空间站等各种空间平台,搭载各类空间材料实验装置。特别是在和平号空间站上,利用其长期(1986—2001 年)在轨运行的有利条件,进行了大量的空间材料科学实验乃至小批量的生产,开展微重力条件下的材料制备技术;发展和实验空间材料的制备装置,发展和实验用于空间构建的加工技术,如焊接、成型等空间加工;开展光电子半导体、超导体、玻璃与陶瓷、金属合金、复合材料等先进材料的空间制备实验及材料的空间制备理论研究等,涉及了广泛的材料研究和加工领域。

苏联解体后,俄罗斯继承了苏联的传统,在财力紧张的情况下仍坚持发展空间技术和空间科学,例如 1999 年投入近 4 亿美元,而 2000 年则投入 5.4 亿美元用于空间基础研究和促进科学与技术进步研究。一方面,积极参加国际空间站(ISS)的建设;另一方面,利用每年数次的航天器发射,开展国际合作,进行空间科学研究工作,继续保持了其空间大国的地位。

在研究内容方面,苏联和俄罗斯主要以微电子与光电子材料的空间加工研究为主,研究目标主要针对 GaAs、InSb、HgCdTe、CdTe 等化合物半导体和传感器材料的空间加工。

俄罗斯有 40 余年的空间材料科学研究历史,拥有建立和平号空间站的经历,开展了 2450 多次材料科学和加工实验。对于国际空间站(ISS)俄罗斯舱段的使用,准备进行微电子和光电子材料、激光器用掺稀土的单晶体等小规模生产。俄罗斯在 ISS 上有 2 个用于科学研究的研究舱,一个科学和动力平台。俄罗斯从 1995 年开始征集在 ISS 上的实验研究项目,1999 年对这些项目的科学性及可行性进行了评估,确立了在 ISS 上俄罗斯舱段的实验研究计划。从 2001 年起到 2003 年 10 月,俄罗斯在 ISS 上共进行了 32 项本国的实验、51 个联合实验及 1 个商业实验。

7.2.2 美国空间材料科学实验

美国是公认的国际空间大国。1971 年 1 月 31 日美国阿波罗 14 号升空,在该次飞行中,首次进行了微重力条件下的铍铜纤维增强基体复合铸造材料制备实验。在 1973 年的 3 次天空实验室(Skylab)飞行任务期间,又进行了焊接、合金与复合材料凝固、无容器凝固以及可控环境中的燃烧等 28 项实验,标志着空间材料科学研究获得了重大进展。在 1975 年 7 月 11 日升空的阿波罗 – 联盟号实验计划(ASTP)中,又连续进行了一系列的开拓性实验,获得了很多重要的结果。实验证实了在空间微重力环境下制备的晶体材料的缺陷比地面样品少,而且有清晰的生长小面,掺杂均匀,无生长条纹,晶体质量有明显提高。从 1981 年起,美国宇航局(NASA)利用航天飞机进行大量空间材料科学研究的同时,推出了包括免费提供技术支持、航天飞机飞行、设备安装和数据采集等技术支持,并明确私营机构对实验结果有专利权和数据权等,以鼓励和促进私人投资与工业界参与空间材料制备,极大地促进了空间材料科学的发展。

在国际空间站建成后,美国 NASA 成立了名为"人类探索和开发太空"事业部,负责微重力研究计划。材料科学学科研究计划由 NASA 下属的马歇尔空间飞行中心(MSFC)分管和执行。材料科学计划按物理现象分成 5 个主要研究主题,包括形核和亚稳态、微观组织的预言和控制、相分离和界面现象、晶体生长和缺陷产生、输运现象。

美国 NASA 的材料科学计划所涉及的各种材料包括 7 大类,分别为光电子材料、陶瓷和玻璃、聚合物、金属和合金、复合材料、纳米材料和生物材料。

NASA 在 1991 年开始征集准备在国际空间站(ISS)上进行的空间材料科学实验计划项目,并且,每年都对在研项目进行一些增减和调整。到 2003 年底,美国 NASA 在 ISS 上所进行的空间材料科学实验项目为 5 项:①用密封在安瓿中的限流板限流,进行 InSb 半导体晶体的定向凝固;②熔体中孔洞形成与迁移研究;③固 – 液混合物的粗化实验;④低温溶液中进行沸石晶体的生长;⑤空间胶体物理实验。其中,前3项是在微重力手套箱中进行的,后2项由在ISS上的航天员及地面遥控操作联合进行。

NASA还在ISS的希望号实验舱里建设一个能够为材料科学研究提供柔性的公用实验平台。该实验平台由3个不同机架所组成,可以直接放置或插拔各种组合集成式插件,包括淬火模块插入件(NASA研制)、扩散模块插入件(NASA研制)、低梯度炉模块插入件(ESA研制)、凝固和淬火炉模块插入件(ESA研制)、电磁场浮区炉(ESA研制)。

在国际空间站基本建成的2010年,国际站上开展的物理与材料科学实验共约15项,见表7-1[2]。

表7-1　2010年国际空间站上开展的物理与材料科学实验

实验名称	研究主题
CSLM-2	固液混合中的粗化-2
PMT	光催化材料实验
2D-NanoTemplate	微重力下二维纳米母版的生产
DECLIC-DSI	C临界流体与结晶化研究设备-定向固化插件
MISSE-7	国际空间站材料实验-7
MSL-CETSOL and MI-CAST	材料科学实验室-固化过程中柱状到等轴的过渡过程和扩散及磁控对流条件下合金铸造技术的微结构形成
SODI-Colloid	可选光学诊断仪器-胶体溶液聚合
BCAT-3-4-CP	二元胶体聚合实验-3-4:临界点实验
BCAT-4-Poly	二元胶体聚合实验4:多分散性
BCAT-5-3D-Melt	二元胶体聚合实验5:三维熔体
BCAT-5-Compete	二元胶体聚合实验5:竞争
BCAT-5-PhaseSep	二元胶体聚合实验5:相分离
BCNF-5-SeededGrowth	二元胶体聚合实验5:籽晶生长
SVS	空间自蔓延高温融合实验
Space DRUMS	空间动态响应超声矩阵系统

表7-1中的绝大多数材料实验是由美国NASA下属的约翰逊空间中心等主导或者合作完成的,例如固液混合物实验2(CSLM-2)是评估用于设计材料的粗化理论的有效性,其在轨装置如图7-2所示。DECLIC实验室[6]开展临界流体与结晶化的相关研究,MSL-CETSOL and MI-CAST是针对材料固化过程中柱状到等轴的过渡过程和扩散及磁控对流条件下合金铸造技术的微结构形成进行研究,BCAT系列实验则是对二元胶体聚合在空间的临界点、多分散性、三维熔体、竞争、相分离、籽晶生长等进行在轨研究,BCAT-3在轨实验如图7-3[7]所示。

图 7-2　远征 7 任务中微重力科学手套箱中 CSLM-2 在轨装置图

图 7-3　BCAT-3 在轨实验图

由于有的实验跨度时间长,在 2011 年和 2012 年,NASA 的"空间动态响应超声矩阵系统"、"材料科学实验室 – 固化过程中柱状到等轴的过渡过程和扩散及磁控对流条件下合金铸造技术的微结构形成"和"二元胶体聚合实验 6:聚苯乙烯脱氧核糖核酸"实验继续进行[3,4]。

7.2.3　欧洲空间材料科学实验

欧空局(ESA)自 1974 年起就开始利用名为 Texus 的探空火箭进行其空间材料科学实验。自 1983 年开始,欧洲科学家利用美国的 Skylab、ASTP 和航天飞机等平台,开展了广泛的空间材料科学实验,发展了很多专为 NASA 的航天器设计的实验装置。进入 20 世纪 90 年代中后期,ESA 利用"亚利安"系列火箭不断把自己的航天器送入太空,德国、法国、丹麦、荷兰和瑞典等 ESA 成员国利用这些有利的实验条件,开展了丰富的空间科学实验。其中 D2 飞行计划是较有影响的空间活动,在 D2 飞行中 ESA 进行了大量材料空间科学研究和新型空间炉的研制。到目前为止,ESA 的空间材料科学研究仍在国际空间活动中占有重要的地位。

欧空局自 1998 年的"国际实验机会通知"(AOS)发布后开始征集项目,到 2001 年 1 月底截止。物理科学从 68 个建议中选择了 21 个(后合并为 19 个),并由 ESA 作为促进微重力应用(MAPS)项目予以支持。这其中有 10 个是关于空间材料科学方面的,分别为微重力下先进泡沫材料开发、用于工业凝固过程模型的高精度液态金属热物性数据测量、技术合金铸造过程中扩散和磁控对流条件下的微观组织形成、凝固过程中的柱状 - 等轴晶转变、工业合金微观组织非平衡凝固模型(与稀薄合金熔体中枝晶生长速度及 Al 基合金中的枝晶生长速度项目合并)、复合材料的亚稳凝固、CdTe 及相关化合物的结晶、Cu - Co 合金的过冷和分层、偏晶合金的凝固形态、过冷熔体中的形核和相选择现象研究与模型等。

ESA 为 ISS 的哥伦布实验舱设计了凝固和淬火炉(SQF)、低梯度炉(LGF)及电磁悬浮加热炉(MSL - EML)等空间材料科学实验设备。

欧洲的很多实验是和美国 NASA 的相关机构合作来开展的,如二元胶体聚合实验的一些组成单元就是由加拿大来主导,美国相关机构参与完成。2012 年,ESA 资助了 3 项新实验,"固化过程中柱状到等轴的过渡过程 - 2"实验旨在加深对主导金属合金固化过程的物理机理的理解;"扩散及磁控对流条件下合金铸造技术的微结构形成 - 2"实验同样针对上述物理机理开展研究,同时研究旋转磁场对固化过程的影响;"三元合金共晶过程中的固化 - 2"实验研究微重力下各种合金材料的固化过程,重点关注材料从液体转变为固体过程中微观结构形成模式。

7.2.4 其他国家空间材料科学实验

日本的第一次空间材料科学实验是利用 TT - 500A 火箭于 1980 年进行的。此后,日本又利用美国航天飞机开展了一系列的空间实验。日本空间材料科学研究在首次推出材料空间制备的实验计划 - FMPT 计划后迎来了发展的里程碑,从 327 项建议项目中选出了 34 项进行空间制备实验。材料范围包括 Pb1 - xSnxTe、GaAs、InSb 等光电子材料;Te:Ni、AlIn、AlCu、Ni - Al$_2$O$_3$、泡沫金属 Al 等金属合金材料;CaO - Ga$_2$O$_3$ - GeO 系玻璃及 W - Ni 高级陶瓷等材料,几乎覆盖了当前国际上所有最热门的材料类型。

日本宇宙航空研究开发机构(JAXA)准备在 ISS 上的日本希望号实验舱内进行高质量半导体晶体及其他材料的生长、熔体中的扩散现象及表面张力驱动的熔体流动等实验。1993 年 8 月从 205 个申报中项目选择了 15 个,其中 7 个是材料科学方面的,分别为液相不混溶的偏晶合金凝固现象的原位观察、用微观干涉仪原位观察方法测量液体扩散系数和温度扩散系数、溶液中晶体生长的实时观察、用原位观察方法研究枝晶图形形成的微重力效应、微重力下的界面稳定性、小面胞状排列生长机制的研究、微重力条件下的电化学加工等。3 个是与材料科学相关的流体物理项目，分别为浮区法晶体生长过程中的熔体流动现象测量，从稳态马兰格尼对流到混沌态转变的观察，马兰格尼对流中的混沌、紊乱和控制等。

日本于 2001 年 9 月建成希望号实验舱，在希望号实验舱段里放有 8 台实验设备，其中有 3 台是材料科学实验用的炉子，分别为梯度加热炉（GHF）、带有 X 射线形貌透视的微重力实验炉及溶液/蛋白质晶体生长炉。

2011 年，国际空间站开展的材料科学实验共计 6 项，其中 4 项为新实验。由 JAXA 主导的"微重力环境条件下合金半导体的晶体生长"实验的目标是研究微重力条件下可用于制造热电转换器件的半导体材料结晶生长过程，同时还可推动利用其他材料研制高品质晶体，并用于太阳能电池等其他器件；"硅锗均相晶体的生长"实验目的是利用移动液相区方法改变晶体的生长，并借助日本实验舱的梯度加热熔炉研制出高性能硅锗半导体结晶，如果方法建立成功则有望用于研制效率更高的太阳能电池和半导体电子元件；与在生长界面被吸附的高分子相关晶体生长规律研究方面开启了"微重力环境对自激振荡生长的影响"1 项新研究；"意大利泡沫实验"对环氧树脂泡沫在微重力环境中的形状记忆复原能力进行评估，进而围绕制造可以把能量转换为其他能量形式的新概念作动器所必需的形状记忆性能进行相关研究。

2012 年，JAXA 资助了 4 项实验，分别为"微重力环境条件下合金半导体的晶体生长""微重力环境对自激振荡生长的影响""微重力条件下二维纳米模板的生产"和"在微重力条件下利用移动液相区方法进行硅锗均相晶体的生长"。其中，"微重力环境条件下合金半导体的晶体生长"实验是研究微重力条件下可用于制造热电转换器件的半导体材料的结晶生长过程；"微重力环境对自激振荡生长的影响"研究与在生长界面被吸附的高分子相关的晶体生长规律。

此外，印度也于 1984 年派航天员登上苏联空间站，进行了材料加工和生物医学实验。加拿大（CSA）在积极开展空间材料科学研究的同时，还专门为国际空间站研制了一种可连续制备 20 个样品的材料实验炉。这些都是空间材料科学领域不可忽视的新生力量。

从上述各主要国家的空间材料科学研究状况中可以看出，俄罗斯（苏联）的空间材料科学发展面广、量多，基础十分扎实。美国的特点是基础与应用结合较好，在航天技术的应用中引入民间力量，促进了空间材料科学的发展。其他国家（地区）在各自的空间材料发展中也保持了其特点，国际上空间材料科学研究呈现出一片百花齐放、欣欣向荣的景象。

7.2.5　部分典型空间材料科学实验

下面将对部分利用空间实验室手套箱和空间站材料机柜开展典型的空间材料实验进行介绍。

1）空间实验室手套箱实验

空间实验室手套箱主要利用 USML－1 和 USML－2 微重力手套箱开展。其中 USML－1 微重力手套箱共进行了 16 项新的科学实验,包括流体现象实验 8 项、晶体生长实验 3 项、燃烧实验 3 项、技术验证实验 2 项。其中,晶体生长实验分别为蛋白质晶体生长、低重力环境中溶液晶核形成过程、沸石的手套箱实验。与材料生长相关的流体现象实验包括被动加速度计实验、界面测试实验、固体表面润湿实验、微重力条件下光纤毛细现象研究、微重力条件下单个气泡和气泡群谐振动力学的超声测量、谐振的热毛细流实验、双浮区的稳定性、密封容器内的马兰格尼对流、粒子的分散实验等。

基于 USML－1 手套箱实验项目的成功,NASA 在对 USML－1 手套箱改进的基础上,进一步开发了 USML－2 实验手套箱,具有工作更加安静,更大的工作空间,更好的照明,以及更加方便、齐全的附属设备(例如滑轨平台和地板插座)等优点。USML－2 手套箱实验项目主要有界面测试实验、谐振的热毛细流实验、纤维支撑的液滴燃烧、蛋白质晶体生长、沸石的手套箱实验、胶体系统的无序－有序转变、粒子的分散实验。其中,蛋白质晶体生长、沸石的手套箱实验、胶体系统的无序－有序转变是相关的空间材料科学实验项目,与材料生长相关的实验包括界面测试实验、谐振的热毛细流实验、纤维支撑的液滴燃烧、粒子的分散实验等。

2）航天飞机中舱手套箱实验

1997 年 4 月和 7 月,航天飞机中舱手套箱在空间实验室的微重力科学实验室(Microgravity Science Lab,MSL)任务中进行了 2 次飞行实验,即 MSL－1 和 MSL－1R。其中,和空间材料相关的实验包括熔融合金中金属粒子生长机制研究、自由落体状态内部流体研究、气泡和液滴非线性动力学研究、毛细管的热输运研究等。

1997 年 11 月,航天飞机中舱手套箱在航天飞机中舱的美国第四次微重力载荷任务中开展多项实验,与材料生长相关的实验包括不互溶系统的润湿现象研究、固/液界面粒子的输运现象研究等。

1998 年 10 月,在 STS－95 任务中进行的手套箱实验项目包括胶体系统的无序－有序转变、胶体凝胶过程研究、自由落体状态内部流体研究等。

3）和平号空间站手套箱实验

1996 年 4 月,和平号空间站手套箱在轨工作时间超过 500h,开展了多次空间实验,包括流体力学实验、材料生长实验、燃烧实验等。和材料生长相关的实验主要在第 3 次、第 5 次和第 6 次的空间实验任务中,包括二元胶体合金实验、胶体凝胶过程研究、蛋白质晶体生长干涉仪测试实验和二元胶体合金实验－2 等。

4）国际空间站微重力科学手套箱实验

在国际空间站建设过程中,利用国际空间站微重力科学手套箱开展了流体物理、材料科学、热控、蛋白质晶体生长和技术验证等实验项目。尤其是 NASA 和 ESA 支持开展了多项与空间材料相关的实验研究。其中,NASA 支持的实验项目包括尘埃和气溶胶观测的可行性实验、密封安瓿中的凝固实验、微重力条件下熔融金属凝固过程中孔的形成和迁移过程研究、乳状液中顺磁团聚结构的研究、熔融合金中金属粒子生长机制研究等;ESA 支持的实验项目包括国际空间站中显微镜观测蛋白质结晶化、纳米实验、未来高效灯的研究、凝固过程中柱状晶－等轴晶转变等。

5）空间站材料机柜 MSRR－1 的材料科学实验项目

利用空间站材料机柜,可以在航天员的照料下开展多项空间材料科学实验,如地面与微重力环境下定向固化合金结构的对比实验（MICAST/CSS）、SiGe 晶体缺陷的减少（RDGS）、三元化合物半导体晶体的生长（GTS）等。

其中,MICAST/CSS 实验是研究定向固化法制备金属样品过程中凝固速率的改变对枝晶微结构的影响,研究定向固化过程中凝固截面的变化对初级枝晶小枝的间距和晶向的影响,以及对微观和宏观尺度下偏析的影响;RDGS 实验则是通过与正常布里奇曼法相反方法的晶体生长实验,提出 SiGe 晶体中改善缺陷和杂质的方法,深化在布里奇曼法制备 SiGe 晶体过程中与缺陷和杂质生长有关参数的理解;GTS 实验是研究三元化合物半导体晶体生长过程中重力引起的流体的变化对缺陷和杂质形成,以及 II－VI 族化合物半导体化学配比变化的影响。

7.2.6　国际研究的主要结果

国际上空间材料科学研究已经进行了 40 多年,所做过的实验达数千次,仅苏联和俄罗斯从 1969 年到 1994 的 20 多年时间内就进行了 1000 多次实验。在晶体生长、晶体微观组织的预言、形态转变与控制生长、形核与亚稳态、界面效应和相分离、液相烧结、数值模型与热物性测量等空间材料科学研究领域取得了大量研究成果。

1）晶体生长

利用空间微重力环境进行晶体生长与制备是空间材料科学研究伊始就开展的工作,其科学目标是解释晶体质量及其物理性能和生长过程参数之间的关系,制备出地面难以实现的高品质晶体。经过多年的研究,得到了以下重要成果:

（1）证实了在空间微重力环境下纯扩散输运是存在的。纯扩散是晶体生长的理想条件,可以制备出高品质的晶体。

（2）空间微重力环境可以消除由浮力或表面张力引起的对流现象。由浮力或表面张力引起的对流对晶体生长有较大的影响,而微重力环境可以对其进行很好的弱化或消除。空间实验结果表明,空间微重力环境能够显著提高晶体质量,尤其是对 III－V 族化合物半导体单晶。

（3）采用浮区法可以在空间制备出较大的单晶。空间科学实验表明,在微重力环境下,采用浮区法在空间能够制备出较大的单晶,如直径达 20mm 的 GaAs 单晶,而地面则较难实现。

（4）空间布里奇曼效应。布里奇曼（Bridgman）效应是指在空间利用布里奇曼法生长晶体时出现的晶体与坩埚之间的分离效应。在实现生长晶体的结构完善性改善的同时，晶体与坩埚发生分离，进而使得晶体的质量得到改善和提高。

（5）加深了对溶质富集与对流关系的认识。在扩散控制生长区域附近可能存在强的层流区域，溶质富集程度最小。在微重力水平不高的情况下或者在弱磁场下，中等程度对流会产生大的溶质富集，进而对晶体生长带来不利影响。

2）晶体微观组织的预言、形态转变与控制生长

在微重力环境下，晶体生长的微观组织、形态转变和控制与地面环境会表现出相当大的不同。一是对流效应的消除，在近邻枝晶和两次枝晶臂间会出现长程热作用。二是微重力环境对生长组织的细化作用。微重力下形成的枝晶或胞状/等轴晶组织粗化与对流的减少会使晶体容易长大的理论预言是相一致的，但微重力下合金定向凝固组织细化则是不容易理解的，有待进一步的研究。

基于空间微重力条件下共晶凝固的研究也显示出的合金共晶片间距有的增加、有的减小的矛盾结果，分别发展了"横向扩散扰动理论"和"偏离共晶生长理论"，有待进一步研究。

3）形核与亚稳态

形核与亚稳态是基于空间微重力环境下的过冷实验而提出的。主要结果包括：一是在空间采用静电悬浮方法，对大块金属玻璃进行热力学性能的测量研究，而在地面上对过冷熔体的热物性测量是非常困难的。二是由合金的过冷实验得到了比理论值大得多的过冷度。三是在微重力环境中较小的过冷度下就发生了纯扩散支配的枝晶生长。

4）界面效应和相分离

通常人们认为，地面上的合金在液态时会出现两个密度不同且互不相混溶的液相，而且密度高的相会在凝固前和凝固期间受重力的作用而沉积，但空间微重力则会导致两相或多相的均匀分布。然而，实际空间微重力环境下，人们在微重力条件下所做的大量实验，并没有得到两相显微组织均匀分布的预期结果。其原因是，在地面上被重力效应所掩盖的次级效应，如马兰格尼对流和反湿润效应等导致并未充分显现均匀分布的情况，仍然会出现颗粒发生偏聚。

奥斯特瓦尔德熟化（Ostwald Ripening）是指固液混合物在较高等温条件下，固相颗粒的平均尺寸会随着时间的增加而增加以减少固液界面的面积，从而降低界面能。以往理论研究表明，固液混合物熟化过程是体积分数的函数。然而，空间科学实验的结果表明，已有的理论并不能描述实验结果，为此，对其进行了修正和改进。

5）液相烧结

空间微重力液相烧结实验结果表明，微重力下烧结形成的样品形状变形程度要比地面的严重得多。这一现象可用于指导粉末冶金中的液相烧结工艺改进。

6）数值模型与热物性测量

通过对空间微重力条件下的熔体扩散数据测量、高温合金熔体密度、表面张力、黏度、比热和熔、热传导、热辐射和电导等进行测量,并研究固液转变期间微观组织结构与物性参数之间的关系,可以指导高精度材料或产品的生产。

7.3 我国空间材料科学实验现状

7.3.1 我国空间材料科学研究概况

我国的空间材料科学研究始于 1987 年,曾先后在我国的返回式卫星上进行了多次搭载实验。成功地在空间微重力环境下生长出了优质的砷化镓单晶,并用其制作了模拟开关集成电路和低噪声场效应晶体管;这些器件和电路的性能远优于用地面材料制作的相同器件和电路。此外,还进行过其他多种材料的空间搭载实验,所涉及的材料领域有:二元、三元半导体光电子材料及其他有重要应用价值的特殊半导体材料,如 GaSb 和 TeCdHg;有重要应用价值的金属合金及非晶材料,如 Al‒Al3Ni 共晶合金、Al‒Bi 偏晶合金、Al/Cu 扩散偶、Al‒Li 合金、Al‒Mg2Si 共晶复合生长及 Al‒Y2O3 复合材料等[12,13];具有特殊用途的新型单晶材料,如 Ce:Bi12SiO20 和 α‒LiIO3 晶体。通过返回式卫星搭载空间材料科学实验,实验材料要等卫星成功返回地面后,才能收集起来作进一步的观察和实验。如"神舟"三号飞船,通过在多温晶体生长装置中,采用安瓿装置,完成空间生长后返回地面进行测试研究,如图 7‒4 所示。

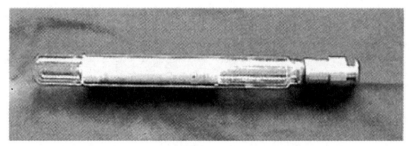

图 7‒4　完成空间生长实验后回收的 GaMnsb 安瓿[13]

2011 年 9 月发射升空的"天宫"一号进行了复合胶体晶体生长与相变实验,目的是在空间微重力条件下,研究亚微米尺寸的带电胶体颗粒悬浮液在不同电场和温度下的结晶与相变过程,从而探索重力对胶体晶体自组装的影响。在本次实验中,我国首次采用可见光衍射方法实现"遥影像"观测,直接获取科学实验信息、数据。利用具有遥控功能的 Kossel 线成像系统,通过遥控切换,获取三种不同体系胶体晶体的衍射图像和形态图像也是国际上的首例。

复合胶体晶体生长实验装置(图7-5)[14,15]内安装3个实验腔,每个腔内分别加载胶体颗粒溶液,控制环境温度稳定在±0.5℃范围内。由于胶体颗粒表面带有负电荷,颗粒之间的静电排斥力与颗粒的布朗运动达到一种平衡状态,会形成类似于晶体结构的长程有序结构。装置采用2台CCD照相设备,分别获取Kossel线衍射图案和晶体形貌图像,由应用信息管理系统组织实验科学数据、图像和工程参数实时下行。通过衍射图像可以研究其结晶过程的点缺陷、位错、层错以及孪晶晶界等生长缺陷。晶体形态图像为解释Kossel线图案,提供了更多实验数据依据。

图7-5　复合胶体晶体生长实验装置

图7-6给出了空间实验获得激光衍射科塞尔线图案和晶体形态图像,其中a_1、b_1、c_1三图分别表示3种配比成分的样品的激光衍射科塞尔线图案,通过该衍射线可以得到晶体结构的详细信息;a_2、b_2、c_2三图分别表示对应的样品形貌图像。

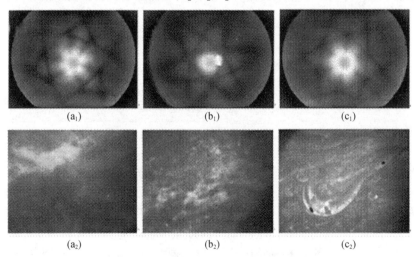

图7-6　空间实验获得激光衍射科塞尔线图案和晶体形态图像

通过对比地面实验和在轨实验数据,发现实验现象上有较为明显的不同。天地实验差别主要表现在两方面:其一,在轨实验晶格常数保持稳定,波动范围较小,说明在空间环境下晶体结构没有大的变化,晶体较为稳定。其二,在轨实验样品晶体取向在结晶过程中保持一致,没有明显的角度变化,而地面实验结果显示,在结晶过程中,胶体晶体的取向多次频繁地发生大范围的变化,与在轨实验对比,重力因素引起的胶体晶体不稳定性就较为明显地体现出来了。具体实验数据如图7-7所示。

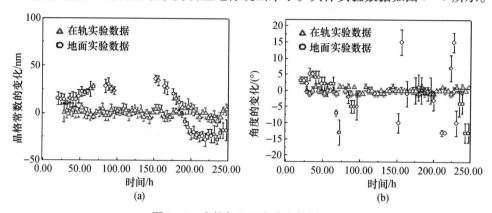

图7-7 在轨与地面实验中数据对比

(a)在轨与地面实验中胶体晶体晶格常数对比;(b)在轨与地面实验中晶格取向数据对比。

同时,实验还获得了单组分样品及两种不同组分复合样品在电压作用下融化的实验数据。得到了较地面实验更为可信的胶体晶体压缩融化实验数据。通过比对不同组分胶体晶体的实验结果差异,可以比较精确地分析组分对胶体晶体稳定性的影响,这对地面相关材料设计有指导意义。由于周期较结晶实验短,恒温压缩实验获得了大量的数据和结果。与相应的地面匹配结果对比,也可以详细分析在压缩实验中重力的影响。通过对在轨实验数据分析,结果显示在微重力条件下,混合组分样品较单组分样品稳定,特别是3号样品的稳定性相比对应地面实验得到了较大的提高。另外,通过对比数据,发现空间恒温变压实验对电压的变化也更为敏感,而地面实验变化较小。具体实验数据如图7-8所示。

在国家的支持下,已经建成了较为完善的地基研究基地:如设在中科院力学所的国家微重力实验室及其落塔;中科院金属所(沈阳)和西北工业大学(西安)均建有可进行短时间微重力实验的落管。形成了一支稳定的空间材料科学研究队伍,在中科院半导体所、中科院物理所、中科院上海硅酸盐所、中科院力学所、中科院上海技物所、中科院金属所、中科院空间中心、航天工业总公司兰州510所等单位,均有固定的空间材料科学研究及相关设备研制课题组。经过20多年的研究积累,我国的空间材料科学研究有了长足进步,大大缩小了与先进国家之间的差距。据不完全统计,目前已发表论文300余篇,申请发明专利20余项,研究成果曾获国家科技进步二等奖1次、部级科技进步奖3次。同时,与发达国家在空间材料科学研

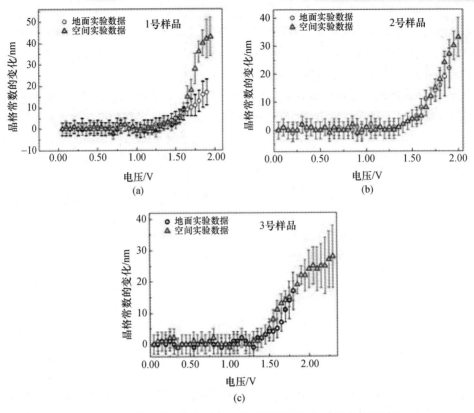

图 7-8　在轨与地面的胶体晶体晶格压缩实验中晶格常数的对比

(a)1 号样品;(b)2 号样品;(c)3 号样品。

领域的交流与合作也不断发展;我国作为主要发起国之一,参与组织了泛太平洋国家微重力科学研讨会;并分别开展了中美、中俄、中德、中日等双边合作研究。

7.3.2　实验设备和实验技术

我国的空间材料科学研究,从 1987 年利用返回式卫星进行 GaAs 晶体的空间生长开始,至今已经历近 30 年。曾进行过几十种材料以及一些基础科学问题的空间实验研究。同时,也研制开发了多种空间材料实验装置。其中有重熔炉、移动样品晶体生长炉、机电式功率移动炉、电子功率移动炉等多种空间实验用晶体生长炉。安瓿结构也从简单的直接封装,发展到多层包壳、单端固定缓冲结构。空间材料制备工艺从单温区重熔再结晶、移动样品生长,发展到功率移动定向凝固生长。晶体生长炉的炉腔温场从没有控制到反馈式控制,继而发展到计算机程序控制。从没有空间数据记录到现场数据贮存返回地面。表 7-2 列出了我国历次星载空间材料实验装置类型、主要技术参数[16]。

我国自行研制的"多工位晶体生长炉",参加了"神舟"号飞船的空间飞行,完成了十多种材料的空间生长实验和物性测量,取得了一些有重要价值的研究结果。该多工位晶体生长炉是我国采用闭环控制、多样品的空间材料实验装置。很好地解决了实验时间与飞船能源的矛盾;设备中加热炉的结构和保温措施保证了设备在同等条件下具有最小的功耗(平均功耗为70~80W);在机械设计中采用软连接技术,极大地减少了机构运动对设备微重力水平的影响,为未来同类型设备地研制提供了技术借鉴。此外,该多工位炉在电子控制电路设计、控制软件编写、控制模式确定等方面也具有很多技术特点和优势。

表 7-2 我国历次星载空间材料实验装置类型、主要技术参数

发射年份	装 置 名 称	最高炉温/℃	控制模式	生长速度/(mm·h⁻¹)
1987	多用途炉	1255	开环	无
1988	多用途炉	1260	开环	20
1990	多用途炉	1268	开环	无
1992	HgCdTe 双温区梯度炉	813	PID	3
1992	多用途炉	1267	开环	3.3
1988/1992/1994	LiIO₃低温溶液晶体生长装置	舱内温度	无	无
1996	组合式功率移动炉	1253	开环	功率移动
2001	多工位炉	950	PID	3~288
2002	多工位炉	950	PID	3~288

空间晶体生长实时观察装置是另一个我国自行研制的空间材料科学实验设备。先后在返地卫星和"神舟"号飞船上,进行了多次氧化物晶体空间生长的实时观察实验,取得了很好的结果,发现并观察到很多与地面实验不同的现象,为了解材料生长过程中的物质输运机制提供了较翔实的数据。空间晶体生长实时观察装置在设备的研制过程中突破了很多技术"瓶颈",实现了实时 CCD 摄像和微调焦等功能。

此外,空间溶液晶体生长原位实时观察装置,在传统的低温溶液生长技术的基础上,采用光学干涉原理建立起一套原位实时观察机构,实现了溶液晶体生长的动态跟踪,是国内第一台空间溶液生长设备,填补了国内在这方面的空白。

作为我国"战略性先导科技专项"之一,从 2010 年重新开始,对"实践十号"科学实验卫星上原定的 20 项科学实验项目进行了复审。该卫星计划,包含微重力流体物理、燃烧、基础物理、生物和材料 5 个领域,共 30 个科研课题,对应于上星的 20 个有效载荷。其中微重力流体物理研究,包括蒸发与流体界面效应空间实验研究等 6 个项目;微重力燃烧,包括在电流过在下导线绝缘层着火前期烟的析出和烟气流动规律研究等 4 个项目;空间基础物理,有 10~11g 静电悬浮加速度计搭载飞行实验项目;此外,还包括空间生命科学领域的 9 个项目 11 个课题。其中一些实验项目正在开展前期的关键技术预研和科学地基实验准备工作。

2011—2030 年,空间站将成为主要微重力科学实验平台,其计划的实施,将有利于微重力科学成果的获取。其中,国内 6 个单位联合提出,在空间站微重力流体物理研究领域内,空间应用两相系统流动与传热规律研究项目是针对空间站"微重力流体物理与燃烧科学任务指南"内容。该项目以空间应用两相系统和空间在轨流体管理在未来载人航天工程、深空探测需求为背景,针对空间蒸发与冷凝相变,沸腾传热、两相流动与回路系统、先进生保系统与空间电池气、液循环与控制、空间流体形位控制欲热管理等过程中的关键科学问题与工程技术应用,提出在"载人空间站空间应用系统"要优先开展,这既有重要航天工程应用需求,又亟待深入认识的空间应用两相系统特殊规律的系列重要研究课题。同时,还提出了支撑本空间实验研究项目的、可长期运转的"空间两相系统多功能实验平台"的建设方案。

本项目主要包括:空间相变流体界面的复杂流动规律研究、空间相变传热规律研究、空间两相流动系统动力学特征研究、空间在轨流体管理关键问题研究,以及空间站空间两相系统多功能实验平台建设与关键技术研究等。在空间站上,开展上述课题的科学研究和系列空间实验,在空间应用两相系统的流体流动与传热研究中,有望获得系列的科研成果,为航天工程应用提出新理论、新概念和新方案,提升空间应用流体物理的研究水平和科研实力,为载人航天和深空探测工程相关新技术的研发,提供理论依据和应用基础。

7.4 典型空间材料科学实验装置

7.4.1 空间材料科学实验设备的现状

人类的空间探索活动最早可追溯到 1957 年 10 月 4 日苏联发射人造卫星,但人类对空间材料科学及制备技术的研究却是在这之后的十几年才开始的。1969 年苏联发射的"联盟"6 号飞船和在其上进行的材料焊接实验等工作,开创了空间材料科学发展的新纪元。自此以后,各国竞相投入了巨大人力、物力发展空间材料科学及与其相关的技术研究,探索材料空间制备的物理规律,并开发各种类型的空间材料实验装置等。至今,研制的实验设备不下百余种,满足了各种不同材料的实验需求。随着科学技术的不断进步,空间材料实验设备的功能已从简单的材料空间加工,逐渐向能同时实现材料的空间制备处理、在线检测,甚至物性测定等综合功能方向发展。功能越来越完善,性能也越来越高。现在开发研制的空间材料实验设备已不同于一般传统意义上的晶体生长炉,而是一种新型的包括材料的制备、检测及实验等功能的设备。

进入 20 世纪 90 年代后,国外各主要空间大国除利用多种航天器,进行大量的材料空间制备实验外,开始实施由美、俄等国倡议建设的国际空间站计划。至

2002 年 6 月,国际空间站已完成了初步组装。其上的美国 US – Lab 舱、欧空局的 Columbus 舱、日本的 JEM 舱和多个俄罗斯微重力实验舱陆续投入使用,为材料科学研究提供了微重力水平更高、技术支持丰富、稳定可靠的空间实验平台。因此,国外未来的空间材料科学研究,将主要在国际空间站上进行。为配合国际空间站的建设,国外各主要空间大国,已研制了 20 多种新的材料空间实验设备,不久将在各微重力实验舱段内投入使用。这些设备,在一定程度上代表了当今世界上空间材料实验装置的新技术、新趋势。它们很多新颖的设计思路、技术措施,对我国未来空间实验室上相应设备的研制有重要的借鉴作用。

表 7 – 3 列出了各国为国际空间站研制的材料实验装置[12]。

表 7 – 3 各国为国际空间站研制的材料实验装置

序号	装置缩写	装 置 全 称	建造单位
1	QMI	插入式淬火模块	NASA
2	DMI	插入式扩散模块	NASA
3	HGDS	高梯度定向凝固炉实验模块	NASA
4	DSVT	定向凝固和气相输运实验模块	NASA
5	ZCG	沸石晶体生长炉	NASA
6	SDLE/TPP	液态元素自扩散/热物性实验模块	NASA
7	LMM	光学显微镜模块	NASA
8	PCSA	空间胶体物理实验装置	NASA
9	LGF	插入式低梯度炉	ESA
10	SQF	插入式凝固和淬火炉	ESA
11	FMF	带旋转磁场的浮区炉	ESA/DLR
12	ADV. GHF	先进的梯度加热装置	ESA
13	ADV. ITUS	空间条件下集成热分析的先进管式炉	ESA/DLR
14	—	等离子物理研究装置	ESA
15	—	金属泡沫研究装置	ESA
16	MSL – EML	材料实验室 – 电磁悬浮炉	ESA/DLR
17	IMPF	国际微重力等离子装置	ESA/DLR
18	GHF	梯度加热如	NASDA
19	AFEX	微重力实验用 X 射线形貌透视的先进炉	NASDA
20	SCOF	溶液结晶观察装置	NASDA
21	ATEN	先进的热环境	CSA

这些设备均是比较先进的空间材料实验装置,主要特点如下:

(1) 设备结构模块化。

实验设备多采用模块结构,由安装舱提供实验所需的技术支持和资源。

（2）设备功能集成化、多样化。

设备的功能集成化程度高，已将材料制备、过程探测、物性分析和材料后处理等多种功能集成化。将材料样品的容器设计和物性监测统筹考虑。

（3）实验装置性能高。

空间材料实验装置以多段加热的梯度电阻炉为主，同时兼顾等温、梯度、区熔等需求，设置主动冷源或被动冷源，冷媒多采用压缩空气、循环水等。

（4）多样品设计。

材料样品直径一般控制在 10~33mm，采用多样品设计以增加实验机会。

（5）重视遥操作和遥观测。

除了实验过程中必须航天员维护和操作的内容外，通过在材料装置设计中加入遥操作功能，实现空间材料实验的地面遥观测和遥操作。

如德国研制的 Advanced TITUS（空间条件下集成热分析先进管式炉）设备，在以 TITUS 炉为原型的基础上，保持最高工作温度为 1250℃、采用炉体移动方式进行材料生长，可同时进行材料的差热分析测试，增加了超声波检测和界面电阻检测等材料物性检测功能，可进行遥观测和遥操作。

国外在大力发展电阻加热炉的同时，还开发研制了电磁悬浮炉、镜面反射炉（又称聚光炉）等设备，具有工作温度高、升降温速度快、样品中的温度梯度大、样品制备过程中不与容器接触、异质污染少、可实时观察等特点。如由 DLR 研制的用于金属合金材料的空间凝固实验的电磁悬浮实验装置 TEMPUS，可在获得深过冷的同时，获得了材料的表面张力、黏度、体积膨胀和样品转变温度等方面的材料性能参数。镜面反射炉具有与电磁悬浮炉一样的特点，如日本 NASDA 建造的 AFEX 装置，除了较高的温度工作范围，还可以利用附设的双轴 X 射线检测和摄像设备对材料熔炼凝固过程中的物性变化、张力、黏度等材料参数进行实时观察。

7.4.2　材料科学研究机柜[17-23]

材料科学研究机柜（Materials Science Research Rack，MSRR）是由 NASA 的马歇尔空间飞行中心（Marshall Space Flight Center）研制的，包括 3 个材料科学研究机柜，分阶段配置到国际空间站上，如图 7-9 所示。每个机柜被设计为可以容纳多种实验模块。第一个材料机柜（MSRR-1）的主要功能是在空间站上进行材料科学研究实验。MSRR-1 由国际标准机柜、机柜支持子系统、实验模块和实验插件四部分组成，可以同时容纳两个实验模块，实验模块是 MSRR 的核心子系统，如图 7-10 所示。它拥有两个可同时操作的实验模块单元：一个是空间材料科学实验模块，由 ESA 研制，占据机柜的右半部分；另一个是空间产品开发模块，由美国的马歇尔空间飞行中心空间产品发展办公室负责研制，占据机柜左半部分。实验插件可以插入到实验模块中，至少可以在轨服务 5 年；实验模块可以工作 10 年以上，可以进行更换和升级。

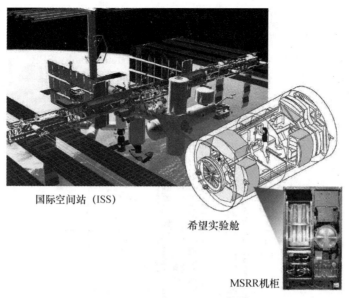

国际空间站（ISS）

希望实验舱

MSRR机柜

图 7 – 9　MSRR 机构在国际空间站上的位置

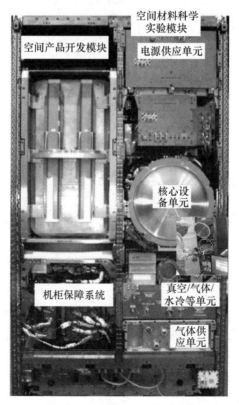

空间材料科学实验模块

空间产品开发模块

电源供应单元

核心设备单元

机柜保障系统

真空/气体/水冷等单元

气体供应单元

图 7 – 10　MSRR 的实验模块

MSRR 主要由以下几部分组成：

（1）国际标准载荷机柜。

国际标准载荷机柜（International Standard Payload Rack, ISPR）是 MSRR 的基本结构，由 ISS 项目办公室开发，其结构组成示意图如图 7 - 11 所示。

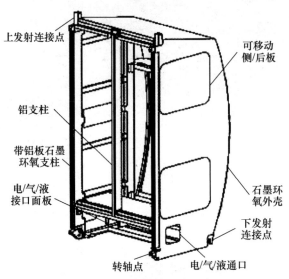

图 7 - 11   ISPR 结构组成示意图

机柜的主要支撑结构就是 6 个复合材料支撑立柱，每个立柱的侧面有两排安装孔，用于仪器设备、抽屉滑轨等部件的安装和连接。其中中部的立柱为可拆卸结构，将中部的立柱拆除，即可满足大尺度安装的要求，从而形成四立柱和六立柱两种不同的机柜结构。两种机柜结构的性能参数列于表 7 - 4。

表 7 - 4   两种机柜结构的性能参数

标准机柜类型	六立柱	四立柱
宽度/mm	1046	—
高度/mm	2014	—
深度/mm	850	—
承载能力/kg	704	418
内部容量/m³	1.2	1.35

由于使用了高强度铝合金和石墨环氧复合材料作为主结构材料，并充分考虑与舱体主结构的动态耦合及实验舱之间的关系，国际标准载荷机柜具有质量轻、使用空间柔性可调、共振频率低、刚度高、机箱面板易于拆卸安装等特点。

（2）机柜主动隔振系统。

机柜主动隔振系统（ARIS）是用于减小航天员的扰动和空间站上其他设备引

起的振动,将实验机柜内的环境和空间站舱内环境进行主动隔离的系统。主要由控制器、可移动式电子单元、加速度计、制动器驱动、制动器组装件和脐带组装件等组成。

其原理是利用三轴加速度计测量空间站和机柜内的加速度环境,然后根据所得的信息激发制动器,产生一个反作用力主动抵消空间站的外部或者机柜内环境的振动,从而实现空间站环境和机柜环境的隔离。

(3) 机柜保障子系统。

机柜保障子系统(RSS)是为机柜上实验设备提供保障的子系统,包括固态电源控制模块(Solide State Power Control Module)、主控制器模块(Master Controller)、热控模块(Thermal&Environmental control systems)、真空系统(Vacuum Access System)、摄像箱(video Box)。

固态电源控制模块主要用于提供电源的变换、保护和空间站电源系统向载荷机柜和实验模块系统传输的电能的分配。

主控制器模块主要负责载荷支持子系统所有的单元和部件的控制,接受和处理各种操作命令,以及所获得的实验数据的处理、转发和下传。

热控模块由自动流体控制阀门(包括阀门、控制器和流量计)、温度传感器和冷片组成,可以将空间站内热控系统与机柜和实验模块间的温度进行交换,获得工作所需的温度环境。

真空系统负责将载荷机柜和实验模块子系统的真空控制。由真空阀门、压力传感器、真空传感器和相互连接的管路系统构成。

摄影箱主要用于视频的产生、选择、传输等。

(4) 空间产品开发实验模块。

空间产品开发实验模块(SPD EM)是由阿拉巴马州亨茨维尔市的阿拉巴马大学开发的商业化载荷,质量约为 26.3kg,最高温度 825℃,功率约为 600W。用于开展气相生长法制备单晶 Hg_2Cl_2 和玻璃预处理淬火法制备 ZBLAN 玻璃的实验。

空间产品开发实验模块主要由外部框架结构、制冷片、电子设备盒、计算机、2个具有摄相机的透明炉、1个用于 ZBLAN 玻璃处理的炉子以及各种光缆、软管和阀门组成。

图 7 - 12 所示为集成各部件的空间产品开发实验模块示意图[24]。

(5) 材料科学实验室实验模块。

材料科学实验室实验模块(MSL EM)由 ESA 设计研制,能够在轨更换炉子模块插件,可以进行多个不同的材料科学研究。

MSL 模块由电源供应单元(Power Supply)、设备控制单元(Facility Control Unit,FCU)、核心设备单元(Core Facility)、熔炉驱动系统(Furnace Drive System)、真空/气体分布子系统(Vacuum/Gas Distribution Subsystem)、内部水冷系统(Internal Water Cooling System)、热交换器(Heat Exchanger)、气体供应单元(Gas Supply)、实

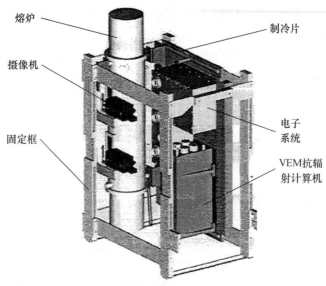

图 7 - 12 集成各部件的空间产品开发实验模块示意图

验专用电子单元(Experiment Dedicated Electronics)、加速度计数据单元(Acceler-ometer Data Package)、高温计箱(Pyrometer Box)等构成,如图 7 - 13 所示。

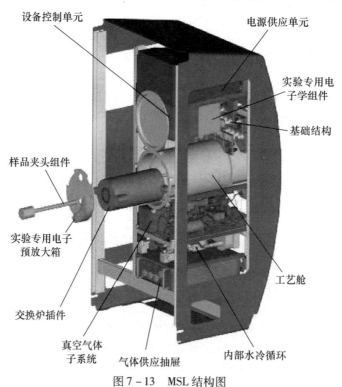

图 7 - 13 MSL 结构图

MSL 预计在 ISS 早期计划中安装淬火模块插件（Quench Module Insert，QMI；NASA 制造）和低温度梯度熔炉插件（Low Gradient Furnace，LGF；ESA 制造）。这两种插件如图 7 - 14、图 7 - 15 所示。

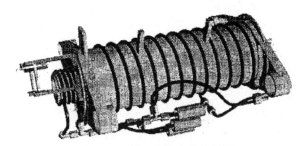

图 7 - 14　淬火模块插件　　　　　图 7 - 15　低温度梯度熔炉插件

将安装的插件包括扩散模块插件（Diffusion Module Insert，DMI；NASA 制造）、凝固和淬火熔炉模块插件（Solidification and Quench Module Insert，SQMI；ESA 制造），以及样品安瓿筒状组件（Sample Ampoule Cartridge Assembly，SACA；NASA 和 ESA 联合研制）等。样品安瓿筒状组件结构如图 7 - 16 所示。

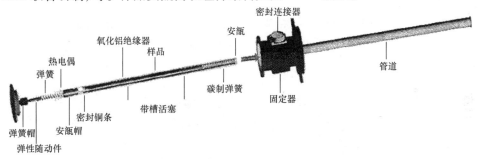

图 7 - 16　样品安瓿筒状组件结构

7.4.3　材料科学手套箱

从 NASA 的马歇尔空间飞行中心于 1989 年提出材料科学手套箱计划以来，先后经历了 4 次主要的更新和发展，分别为空间实验室手套箱、航天飞机中舱手套箱、和平号空间站手套箱和国际空间站微重力科学手套箱。

1) 空间实验室手套箱[25]

1989 年，NASA 所属的马歇尔空间飞行中心提出了空间实验室手套箱计划

（Spacelab Glovebox Project），通过空间实验室手套箱来实现航天员对空间材料科学实验的人工操作。该装置由荷兰的布拉德福工程制造。

空间实验室手套箱主要由彩色视频监视机、黑白摄像头（3个）、彩色视频头（3个）、显微镜、35mm照相机、实验室支撑物、背光板、壁灯、杂散光遮挡、抽气泵、时间－温度显示等构成。

空间实验室手套箱具备的功能包括可活动的手套联结封套、空气过滤系统、热交换器、多电源输出（+24V、±12V、+5V）、气体传感器、温度传感器、压力传感器、湿度传感器、工作和内存储体积为25L。

2）航天飞机中舱手套箱[26]

航天飞机中舱手套箱（Middeck Glovebox）继承了空间实验室手套箱的结构和功能设计，包括监视测试设备、照明设备、传感器、过滤系统等，它具有独立的数据处理和摄像记录系统、增强的过滤系统和与航天飞机中舱兼容的冷却系统。

一方面，航天飞机中舱手套箱在许多方面是简单的，它满足了手套箱的基本定义，可以为实验者提供一定水平的容积，以将手套箱内的实验与外部临近环境隔离。另一方面，手套箱设计又是复杂的，这是由于需要考虑人员在轨的安全性、微重力的限制和可提供给实验的资源等，航天飞机中舱手套箱是一个界面框架结构，可用于手套箱的支撑和减震、手套箱和实验舱交流的界面、向手套箱提供电源、气体和热控等资源、对实验进行数据采集和存储等。

航天飞机中舱手套箱利用高强度的、直径为3/8in的螺栓固定在支撑结构的两条增强的载荷安装板上，可以在界面框架结构中自由地抽出和插入。它的主要功能和组成包括电压分别为+5V、+10V、±12V、+24V的直流电源，1个数据处理系统，3个视频信号盒式磁带和3个相机控制单元。航天飞机中舱手套箱的结构示意图如图7-17所示。

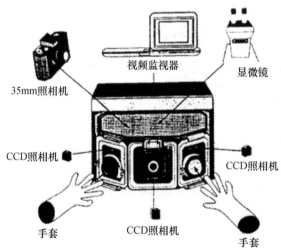

图7-17　航天飞机中舱手套箱的结构示意图

3）"和平"号空间站手套箱[27]

1996 年 4 月，和平号空间站手套箱（Mir Glovebox）应用于"和平"号空间站自然舱的科学实验，是在航天飞机中舱手套箱的基础上改进而来的，主要用于电源、照明、数据记录、视频摄像、气体循环、小部件冷却、气闸、过滤和监测等。"和平"号空间站手套箱如图 7 – 18 所示。

图 7 – 18 "和平"号空间站手套箱

与航天飞机中舱手套箱相比，"和平"号空间站手套箱主要在以下方面做了改进：

（1）材料燃烧实验中氧气比例提高到40%；

（2）传输温度为 –50～50℃；

（3）温度为 5～40℃；

（4）压强为 450～970mm Hg；

（5）相对湿度为 0～98%；

（6）自动的电源冷却系统防止电源接触温度超过48℃。

4）国际空间站微重力科学手套箱[28,29]

微重力科学手套箱（Microgravity Science Glovebox，MSG）是国际空间站最早的载荷之一，由位于荷兰的欧洲空间研究技术中心负责。

按照其功能的不同，可将微重力科学手套箱划分为主工作区、电源接口、数据处理系统、摄像系统、热控系统、便携式电脑、真空和氮气系统、气体循环和过滤系统、照明系统、气闸室等部分。其结构图如图 7 – 19 所示，在轨飞行图如图 7 – 20 所示。

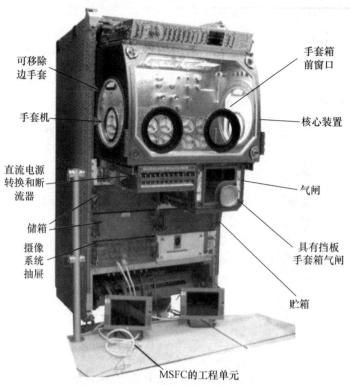

可移除边手套

手套机

直流电源转换和断流器

储箱

摄像系统抽屉

手套箱前窗口

核心装置

气闸

具有挡板手套箱气闸

贮箱

MSFC的工程单元

图 7 – 19　国际空间站微重力科学手套箱结构图

图 7 – 20　国际空间站微重力科学手套箱在轨飞行图

主工作区可为各种实验载荷提供安装位置和资源。其主要参数为宽906mm,高637mm,底部深为500mm,顶部深为385mm,容积约为255L。顶部、侧面和背部可以安装各种硬件设备。图7-21所示为国际空间站微重力科学手套箱主工作区结构。

(a)　　　　　　　　　　　　　　　　(b)

图7-21　国际空间站微重力科学手套箱主工作区结构

(a)侧视图;(b)正视图。

微重力科学手套箱电源包括+28V、±12和+5V的二次直流电源,供实验载荷使用。

标准载荷计算机用于手套箱和实验载荷的操作(特别是遥操作),以及数据收集的核心数据处理系统。

摄像系统由4台摄像机、多路输入的LCD监视器、日立HV-C20 CCD全彩照相机(配备有标准和广角2种独立镜头)、触摸屏、脚踏开关、耳机/麦克风组成。可以记录和同步显示视频信息及将数据传输到地面。

热控系统包括水冷却和电气冷却两种方式,其中水冷却装置为350mm×400mm的冷板,安装在主工作区的底座之下靠左的位置。电气冷却组件是一个用于载荷机柜内部气体冷却的标准载荷外围设备。

便携式计算机为IBM A31p,60G硬盘,1G RAM;支持以太网,1 RS232/422(通过路由器连接)和USB(通过操作系统连接)。

真空和氮气系统可以为实验提供需要的真空环境与用于微重力科学手套箱内气体的钝化以及湿度控制。

气体循环和过滤系统是为了清除气流中的固态微粒,以及利用催化剂将CO还原成CO_2,以及保证主工作区内气体湿度处于舱内大气或者更低的水平。

照明系统可为主工作区底部中心位置提供直径约200mm的面积的工作采光。

气闸室位于主工作区下面靠右的位置,温度为室温,具有气体循环设计。气闸室内的过滤装置与主工作区相同。气闸室内的温度和湿度都可以进行监控。

7.4.4　空间材料科学加工实验炉

利用空间微重力进行空间材料的制备与加工需要利用空间材料科学实验加工

炉,这也是国际空间站上空间材料加工所广泛采用的重要装置之一。目前主要呈现出以下特点:高度集成化的材料制备、测试、分析和处理等综合实验能力;要求更高的精度、稳定性以及更长的使用寿命,以满足长期在轨实验任务的需求;要求具有模块化、标准化和组合式等特点,以方便航天员或载荷专家在轨进行组装、维修和更换等操作;更加重视发展遥科学实验技术,实现空间材料制备的地面遥视、遥显和遥操作;等等[30]。

国际空间站上各国选用的材料科学实验加工炉有美国的先进自动定向固化炉(AADSF)、极高温移动炉(ETT),俄罗斯的多区炉(POLIZON),欧空局(ESA)的和空间综合热分析管式炉(TITUS),日本的,先进X射线成像微重力实验炉(AFEX),加拿大的先进温度环境炉(ATEN)等。详细情况见表7-5[30]。

表 7-5 国际空间站的材料实验炉

加拿大	美国		俄罗斯	ESA		日本
炉名、英文缩略词	先进自动定向固化炉(AADSF)	极高温移动炉(ETT)	多区炉(POLIZON)	空间综合热分析管式炉(TITUS)	先进X-射线成像微重力实验炉(AFEX)	先进温度环境炉(ATEN)
组成	炉模块、马弗管组件、移动机构、实验容器	容器、炉框架和移动机构、炉芯和样品管	电真空炉、电控器、辅助设备(磁感应器)	CSK-4炉、测量电路TEGRA	加热炉,X射线源,成像设备	炉芯、快速冷却单元、自动装载样品的夹持机构
系统配套	样品更换机构、多目的支撑结构、信号调节控制系统、数据采集系统	—	—	装置架、控制计算机	—	—
形状、尺寸/mm	Φ430×1320	—	—	1255mm×320mm×260mm	2010mm×1050mm×860mm	
功率/W	—	最大2000mm	—	平均280mm,最大650mm 27VDC	1500mm	
质量/kg	125mm	—	—	43.7+13.0(辅)	800mm	
适用工艺	布里奇曼法	液相烧结,定向固化,熔区生长,等温处理,高温物性测量	区熔,布里奇曼	等温、区熔、梯度、布里奇曼、液汽输运沉积	熔区、等温	等温、熔区、梯度

（续）

		加拿大	美国		俄罗斯	ESA		日本
样品	数量	3 支	6 支		12 支	10 支	—	—
	形状尺寸/mm	Φ12×250	Φ20×		管 Φ34×350	Φ32×250 3 种模式	—	Φ10×80
	更换	转盘弹夹式	人工		转盘弹夹式	转盘弹夹自动更换	—	自动装载样品
移动/(mm/h)		0.5~50, 样品	0.1~50 炉体		0.05~50 样品 300	0.01~20.8, 样品架, 480, ±0.01	—	移动梯度模式
固液界面定位		Peltier 脉冲	—		—	—	X 射线成像	—
温度场	范围/℃	1150~$^{850}_{200}$	1600$^+$ 稳态 ±0.5 60/cm		1200 5-40/cm	100~1300 ±2.5 温控 ±0.3 5~30/cm	卤素 1600 电阻 1200	100~1300, 5~50/cm 0.25%
	加热器分布	5 个加热器	热区,冷区		8 个加热器	7 窄 2 宽 加热器 加热区 200	卤素灯光学 加热电阻加热	—
	测点	6 支热电偶	3 个		4 个	10 支	红外,热电偶	—
冷却散热		F114 泵	水冷管		—	—	—	快速冷却 单元
遥科学能力		MSFC POCC 遥现、遥操作	有		—	—	—	可在加拿大 遥操作
隔振		—	—		—	有加速度 测量	—	—
研发公司		NASA MSFC	Boeing ALABAMA		Russia KBOM	BBT Materials Processing	NASDA	CSA

从 1987 年开始,中国进行了多次空间材料加工实验,研制了多个实验炉,概括成表 7-6。样品直径从 1cm 到 1in;采用的晶体生长工艺有重熔再结晶法、布里奇曼法、定向凝固法;温度梯度场的移动采用过拉动样品法和加热器上的功率移动法;温度控制采用过时间-功率控制法、设定点控制法和温度-时间曲线编程控制法;数据采集从无记录到过顶遥测到过顶遥测加全程数据存储回收;对实验过程的干预限于程控指令开机和备份关机,其余的实验过程是由控制器自主控制进行的。在 863 计划的支持下,从 1998 年开始,为适应未来空间站实验的需求,发展了几类遥科学空间加工炉的原型,概括成表 7-7[30]。

表7-6 1987—2001年我国已飞行过的空间材料加工实验炉概况

	外形尺寸/mm	质量/kg	最大功率/W	加热器组成	温度范围/℃	加热速率/(℃·h⁻¹)	冷却速率/(℃·h⁻¹)	温度调整误差	移动速率/(mm·h⁻¹)	行程/mm	样品数量	工作时间/h	样品尺寸/mm	炉特征	首飞日期	搭载航天器
ZR01	230×250×275	11	90	1	≤1280	无控制	100	±0.4%	—	—	主1 附9	1.5	$\Phi10\times100$	重熔再结晶，固定浮置区熔	1987	FSW
YY01	230×250×320	13.5	100	1	≤1280	无控制	100	±0.4%	16	50	主1 附10	3	$\Phi10\times100$	移动样品、浮置区熔	1988	FSW-1
ZR02	$\Phi206\times300$	10.7	80	1	≤1280	无控制	90	±0.4%	—	—	主1 附6	1.5	$\Phi10\times100$	重熔再结晶，固定浮置区熔	1990	FSW-1
BJS01	340×236×460	19	80	1×2	≤1000	—	—	±0.4% ±0.5℃	3.15	50	1	12	$\Phi8\times80$	布里奇曼双温区移动样品，全程数据采集储存	1992	FSW-2
PS01	$\Phi226\times320$	10.2	220	1×5	≤1500	≤100	200	±0.3%	20	80	主1 附2	4.5	$\Phi25\times100$	时间继电器控制、功率移动	1992	FSW-1
PS02	$\Phi226\times320$	10.2	220	1×7	≤1400	≤105	200	±0.3%	20	80	主1 附2	4.5	$\Phi25\times100$	时间继电器控制、功率移动	1993	FSW-1
PPS01	260×295×370	15	220	1×5 1×3 4×1×1	≤1300	850~1400	30~200	±0.3%	15	80	主6 附6	13.5	$\Phi20\times100$	多炉集成，开环可编程控制功率移动、全程数据采集储存	1996	FSW-2
BGW01	$\Phi270\times560$	24	70	1	≤1100	≤1200	—	±2%	3~300	200	6	80	$\Phi22\times260$	转盘弹夹自动更换样品	2001	SZ-2,3

表7-7　中国开发的遥科学空间加工炉的原型

代号	炉名	遥　显			遥　操　作			联络
		参数	曲线	可视活动画面	功率调整	加热器移动速度调整	更换样品	
YK1	实时曲线炉	界面塞贝克效应样品总电阻温度分布	实时	无	可	可	无	短距电缆
YK2	界面可视化炉	样品总电阻温度场	实时	温度场变化界面移动可视	可	可	无	长途公话网
YK3	更换样品炉	温度场	—	—	可	可	连续任意更换样品	短距电缆

　　YK1 是可测实时特征参数,生成材料加工炉及样品内的温场,固液界面移动曲线的异地遥科学演示系统,YK2 在 YK1 的技术基础上,实现了遥科学参数(样品温场、固液界面位置)实时检测、存储、显示,根据实验进程中的实时数据实现了材料加工炉中样品的二维和三维实时等温线(面)及固液界面动画图像。YK3 则实现了在长时期无人条件下,由机器人照料的任意次更换炉内样品的遥操作。

　　多工位晶体生长炉是我国载人航天工程空间科学与应用系统研制成功的国内第一台采用闭环控制多样品的空间材料实验装置,回收后的多工位晶体生长炉及其电控器如图 7-22 所示[31]。该装置在我国"神舟"二号和"神舟"三号飞船上,圆满完成空间实验任务,获得了多种有价值的材料实验样品。该设备属电阻加热温度梯度炉,由炉体和电控器两部分组成,炉体部分包括加热炉、机械传动机构和料舱。电控器采用精密自动化控制技术,通过预定程序控制实验状态,程序固化,可对工程参数进行检测,并将采集的数据进行存储和传送,具有故障报警和断电记忆等功能。

图 7-22　回收后的多工位晶体生长炉及其电控器

空间高温晶体生长过程实时观察装置,是另一类具有代表性的空间材料实验装置,如图 7 - 23 所示[31],它不仅填补了我国在空间高温晶体生长过程实时监控设备方面的空白,而且其性能和功能在世界空间材料科学研究领域也居于领先水平。该装置主体是一台耦合休仑技术的光学显微镜以及可有效用于高温实时观察的特殊形状晶体生长室,它具有空间实验的状态控制、工程参数检测和图像记录、储存、传送以及预编程序和程序固化等功能,实现了实时 CCD 摄像和微调焦技术,可实时观察温度高达 1100℃的熔体流动以及结晶过程。该装置于 1996 年的第 17 颗返回式卫星和 2001 年的"神舟"二号飞船上进行了多次氧化物晶体空间生长实时观察实验,发现晶体生长过程中许多不同的特异现象,为丰富材料制备科学理论、了解材料生长过程中的物质输运机理等提供了较翔实的数据。

图 7 - 23 空间高温晶体
生长过程实时观察装置

7.5 空间材料科学发展趋势

虽然空间材料科学经过 40 余年的发展,取得了可喜的成绩,但空间材料科学研究受空间实验条件和资源的限制,仍然有大量工作需要开展。主要表现在以下几个方面[32,33]:

(1) 强调地面实验与空间实验的充分结合。

由于受空间实验条件和资源的限制,进行系统性和由专业人员即时干预空间材料科学实验的可能性较小,因此研究结果出现深度、自洽性和系统性明显不足的现象,因此需要加强地面实验与空间实验的充分结合,确保有限的资源获得更有意义的空间研究成果。

(2) 开展材料科学研究设备的集成化、轻质化和模块化。

通过小型化、集成化、轻质化的努力,从设备层面上拓展空间材料科学的研究机会和研究范围。

(3) 研发自动化程度更高的空间材料科学研究设备。

加强空间平台中的气体和液体的管理能力及对实验体系加载各种外场的能力,实现对实验体系的电磁场加载,实验过程的实时观测,气体和液体的管理,大温区内的精确温度控制,研制地面可以操控的及能够深入进行人工干预的空间实验设备,力求大幅度增加实验机会,提高空间材料科学实验的深度和广度。

（4）加强空间材料研究科学问题的广度和深度。

开展界面与相分离现象、液体物理、流变行为、熔化凝固现象、（带电）固体颗粒流及粉尘的运动规律，过冷与玻璃态行为，量子相变等科学问题的研究；进行胶体与流变液、量子物质、无机-有机-生命杂化结构、金属泡沫结构等具有重要学术价值和广泛用途的材料或材料结构研究。

7.6 空间材料科学发展方向

国际上的空间材料科学研究以国际空间站的参与国的实验为主，在美国、俄罗斯、欧洲和日本的压力舱中都有专门的材料科学实验专柜。如日本于 2009 年 8 月建造了名为"希望"的浮动实验室，ESA 于 2008 年 2 月将哥伦布实验舱成功安置到国际空间站上等。

国际上关注的课题或研究方向包括晶体生长形态演化，晶体生长和凝固过程中的界面稳定性与破缺动力学，缺陷的控制（平界面、胞晶和枝晶生长与生长速率的稳定性，晶体生长和凝固过程的缺陷控制），过冷熔体的性质、形核与生长过程（合金熔体的过冷度与过冷熔体的稳定性、相选择），相分离与聚集行为［熔体中的相（内生液相的）分离与聚集或粗化动力学等］，纳米材料制备与组装［复合纳米颗粒自组装和结晶机理（生长形态、缺陷形成、相变）］，熔体物理性质测量与研究（原子扩散系数，表面张力与黏度），计算材料科学，空间实验方法和技术发展（材料制备装置和测量技术）等。

主要发展方向如下[34]：

（1）晶体生长于合金凝固过程中的界面稳定性与缺陷的控制。

外场的变化和熔体界面的约束方式直接影响生长界面的生长速度和溶质或杂质、气泡等分布与逸出，从而引起生长界面的形态演化与缺陷的形成。

（2）熔体的过冷与非平衡相变过程、晶体生长强制有序化机理。

空间无容器可以实现大体积熔体的冷却和过冷度的控制，从而可以实现研究过冷熔体的特性、不同亚稳态条件下的相形成选择规律、结构形态演化特征，特别是一些金属间化合物类型晶体生长有可能产生强制有序化。

（3）不同类型体系临界现象、相分离及相聚集行为和普适性。

许多体系存在相分离（液-液、液-固、颗粒体系的固-固等）现象，相分离体系的临界性质、相界面性质、特征、相间流动都直接影响两相/多相体系相的聚集和粗化过程，相间的相互作用及器壁效应、熵效应是与尘埃等离子体、胶体类体系自组装结晶等过程直接相关联的。

（4）材料制备过程中的热与物质输运控制。

合金等熔态体系中化学反应生成的气体其聚集、运动（传输）及控制问题是到目前为止空间材料科学研究缺失的一个重要方面。这类材料物理化学问题在泡沫材料的形成、结构控制欲泡沫稳定动力学,未来空基物质的提炼(如冶金)、纯化和焊接等许多重要过程中有应用。

(5)液态金属的磁流体动力学。

高温下有由重力引起的浮力及对流与扰动现象,在微重力下的研究能够实现对其本征问题的研究。关键科学问题,液态金属处于一个温度梯度场中,热电效应会引起其流动;若再置于强磁场下,会引起热电磁流体动力学意义下的流动。流动花样的产生与控制,动力学方程的形式,流动行为参数对温度梯度和磁场的依赖关系,微孔介质中的流动行为,等等,都是要关切的问题。

未来 10 年,我国空间材料科学研究的重点方向包括晶体生长界面本征非稳态效应形成机理,单晶合金生长过程中的缺陷形成机理及其控制,过冷熔体的性质与非平衡相变,相分离与聚集行为,材料制备过程的物理化学与新方法,熔体物理性质测量与研究,以及空间相变流体界面的复杂流动规律研究、空间相变传热规律研究、空间两相流动系统动力学特征研究、空间在轨流体管理关键问题研究等。

参考文献

[1] 中国科学院空间领域战略研究组. 中国至2050 年空间科技发展路线图[M]. 北京:科学出版社,2009.

[2] 韩淋,杨帆,王海霞,等. 2010 年国际空间站科学实验简析[J]. 载人航天. 2011,17(5):58 – 64.

[3] 韩淋,杨帆,王海霞,等. 2011 年国际空间站科学实验简析[J]. 载人航天. 2012,18(2):90 – 96.

[4] 韩淋,杨帆,王海霞,等. 2010 年国际空间站科学实验简析[J]. 载人航天. 2013,19(4):90 – 96.

[5] Charles – Andre Gandin,Lorenz Ratke,David Poirier,et al. Materials Science Laboratory – Columnar – to – Equiaxed Transition in Solidification Processing and Microstructure Formation in Casting of Technical Alloys under Diffusive and Magnetically Controlled Convective Conditions[R]. NASA 20090014815:1 – 5.

[6] Hicks Michael C,Hegde,Uday G,et al. The DECLIC Research Facility – a Fertile Platform for NASA/CNES Scientific Collaboration[R]. NASA 20130010971:1 – 27.

[7] Weitz,David A,Pusey,et al. Binary Colloidal Alloy Test – 3(BCAT – 3)[R]. NASA 20070014489. 1 – 2.

[8] Weitz,David A,Lu Peter J. Binary Colloidal Alloy Test – 3 and 4:Critical Point[R]. NASA 20090014789 1 – 6.

[9] Yodh,Arjun G. Binary Colloidal Alloy Test – 5:Three – Dimensional Melt[R]. NASA 20090014791. 1 – 4.

[10] Frisken,Barbara J.;Bailey,Arthur E.;Weitz,David A Binary Colloidal Alloy Test – 5:Compete[R]. NASA 20090014793,1 – 5.

[11] Lynch,Matthew;Weitz,David A.;Lu,Peter J. Binary Colloidal Alloy Test – 5:Phase Separation[R]. NASA 20090014794. 1 – 4.

[12] 汪卫华,潘明祥. Al – Mg2Si 合金在"神舟"二号飞船上定向复合生长研究[C]. 中国空间科学学会空间材料专业委员会 2002 学术交流会论文集. 北海,2002.

[13] 张富强,陈诺夫,吴金良,等. 神舟飞船生长 GaMnSb 材料过程及性能分析[J]. 空间科学学报,2004,24(6):455 – 461.

[14] 空间科学实验:空间复合胶体晶体生长实验[on line]. http://www. kepu. net. cn/gb/special/20111227_

tgyh/page/kxsy. html.

[15] 复合胶体晶体生长实验的成果. 中国载人航天工程网. http://www. cmse. gov. cn/news/show. php? itemid = 2626.

[16] 胡文瑞,等. 微重力科学概论[M]. 北京:科学出版社,2010.

[17] Williams,Philip J. ;Ballard,Gary H. ISS Material Science Research Rack HWIL Interface Simulation[R]. NASA 20020092104. 1 – 6

[18] Chiaramonte,Francis;Szofran,Frank. NASA's Plans for Materials Science on ISS:Cooperative Utilization of the MSRR – MSL[R]. NASA 20080036247. 1 – 16.

[19] Chiaramonte,Francis P. ;Kelton,Kenneth F. ;Matson,Douglas M. ;U. S. Materials Science on the International Space Station:Status and Plans[R]. NASA 20100005064. 1 – 21.

[20] Frazier,Natalie C. ;Johnson,Jimmie;Aicher,Winfried. Materials Science Research Rack Onboard the International Space Station[R]. NASA 20110010264. 1 – 10.

[21] Lehman,John R. ;Frazier,Natalie C. ;Johnson,Jimmie. Materials Science Research Rack Onboard the International Space Station Hardware and Operations[R]. NASA 20120007125. 1 – 11.

[22] Pettigrew,P. J. ;Kitchen,L. ;Darby,C. ;Cobb,S. D. ;Lehoczky,S. Design features and capabilities of the First Materials Science Research Rack (MSRR – 1) [C]. Proceedings of 2003 IEEE on aerospace Conference. 2003. 1 – 55. 1 – 9.

[23] D. Schaefer,R. King,S. Cobb,et al. First Materials Science Research Facility Rack capabilities and design features^on International Space Station[R]. AIAA 2001 – 4996. 1 – 9.

[24] S. O' Brien, W. Gathlngs and G. Workman. Space Station facilities for processing optical materials [R]. AIAA2001 – 4910. 1 – 10.

[25] Chassay,Roger P. Glovebox – An excellent environment for microgravity experiments[R]. AIAA 1993 – 120. 1 – 6.

[26] Ronald Olsen,E Lorson,E Voeten,Va. The Middeck Glovebox – From past success to future growth[R]. AIAA 95 – 43766. 1 – 6.

[27] Kroes,Roger L. Materials science experiments on Mir. AIAA 1999 – 440. 1 – 6.

[28] Reggie Spivey,Kenneth B. Morris. An overview of the microgravity science glovebox(msg)facility,and the gravity – dependent phenomena research performed in the msg on the international space station(ISS)[R]. IAC – 08 – A2. 6. B1. 1 – 37.

[29] Spivey, Reggie A. ; Spearing, Scott F. ; Jordan, Lee P. ; McDaniel S. Greg. Microgravity Science Glovebox (MSG) Space Science's Past, Present, and Future on the International Space Station (ISS) [R]. NASA 20130003189. 1 – 24.

[30] 奚日升. 空间站材料科学加工实验炉的选择[J]. 空间科学学报,2009,29(1):154 – 158.

[31] 刘岩,艾飞,潘秀红,等. 空间材料科学实验技术总体方案构想[J]. 载人航天,2010,3:19 – 23.

[32] 国家自然科学基金委,中国科学院. 未来 10 年中国学科发展战略:空间科学[M]. 北京:科学出版社, 2012,28 – 29.

[33] 中国科学技术协会. 2008—2009 空间科学学科发展报告[M]. 北京:中国科学技术出版社,2009.

[34] 中国科学技术协会. 2011—2012 空间科学学科发展报告[M]. 北京:中国科学技术出版社,2012,29 – 30.

第8章
航天材料保证

合格的航天材料是研制高质量航天器的前提,因此,必须从航天器研制伊始对航天材料进行质量控制。

航天材料空间环境适应性是指航天材料适应其将要经历的空间环境的能力。它是航天器部件、组件、系统级器件空间环境适应性的基础,是航天器研制的重要环节,对航天器在轨可靠性具有重要影响。

由于大部分航天材料不是为航天器专门研制生产的,将其应用于航天器必须保证其空间环境性能符合要求。保证航天材料的空间环境适应性符合使用要求是航天器研制流程中的重要环节。通过地面试验为航天材料空间环境适应性提供客观数据,通过验收试验保证使用材料质量与评价材料的一致,通过认定环节确保材料的空间环境适应性满足使用要求,从而确保航天器不因材料空间环境适应性问题而产生各种故障和异常。

8.1 航天材料保证标准规范

国外航天大国和机构,以美国 NASA 和欧洲的 ESA 为典型代表,对航天材料的保证开展了大量工作,形成了相关的标准体系。

8.1.1 NASA 的航天材料保证[1-12]

美国 NASA 主要通过材料与工艺技术信息系统(MAPTIS)[1]实现材料保证。这个系统的运行是为了确保航天器有效载荷选用的材料均能满足安全要求。通过对所选的材料进行正确的选择、处理、检测、试验和评估来实现这一点。MAPTIS 可提供金属材料和非金属材料的物理、力学、环境特性数据,对各种材料在其使用环境下作出评估,包括耐应力腐蚀开裂、耐腐蚀、燃烧性(以及氧浓度的影响)、放气(毒性)、出气(热真空稳定性)、耐霉菌、流体系统的稳定性等。

MAPTIS 的主要数据来源主要包括三个方面,分别为 ASM(美国材料学会)国际数据库、商业数据库和 NASA 数据库,如图 8 – 1 所示。在 3 个数据库下,分别包括若干子数据库。

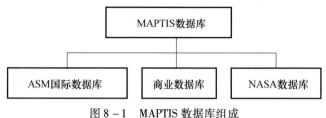

图 8 – 1　MAPTIS 数据库组成

ASM 国际数据库包括 8 个子系统,分别为 ASM 合金、ASM 涂层数据、ASM 腐蚀数据、ASM 数据表和图、ASM 失效分析中心、ASM 手册、ASM 材料性能数据和 ASM 图片中心。

商业数据库包括 8 个子系统,分别为宇航材料数据库、宇航结构金属手册、CAMPUS 塑料、ESDU 金属材料数据手册、IDES 塑料、材料世界、MIL – HDBK – 17、MMPDS –08(金属材料性能开发与标准化)等。

NASA 数据库包括 13 个子系统,分别为化学相容(兼容)性、EM 设计允许值、电子系统工作要求、失效分析数据库、黏结数据库、材料特性选用数据库(金属、非金属)、MIUI 数据库(材料识别与使用列表)、MUA 数据库、材料使用一致性、NASA 技术标准项目、限制物质数据库、热物理性能数据库、卫星污染和材料出气知识等。其中,材料特性选用数据库的材料测试结果与 MSFC – HDBK – 527/JSC – 09604[2] 及 NASA – STD – 6001[3] 提及的测试是一致的。金属材料的分析结果包括腐蚀、裂纹增长、蠕变断裂、燃烧性、流体相容性、断裂力学、摩擦热、高周疲劳、低周疲劳、机械冲击、粒子影响、气动影响、促燃、应力腐蚀以及拉伸强度等。非金属材料的分析结果包括电弧跟踪、电超载、电线绝缘性、燃烧性、闪燃、流体相容性、霉菌、机械冲击、气味、出气、气动影响、促燃、毒性以及光学相容性等。热物理性能子数据库可提供金属、非金属(玻璃纤维、尼龙)、烧蚀材料、泡沫、绝缘材料、气体、液体和混合材料(推进剂、环氧、油脂等)的热物理性能数据等。

下面对几个和航天材料性能及保证密切相关的标准、方法和数据库进行简要介绍:

《金属材料性能开发与标准化手册》(*Metallic Material Properties Development and Standardization*(MMPDS))[4]第 8 版于 2011 年发布,它的前身是 MIL – HDBK – 5,是确定金属材料强度限制和机械、物理性能的基本文件,手册一共包括 9 个章节。对金属材料的使用限制进行了规范和规定。

《可燃环境中对材料可燃性、气味、逸出气体和相容性的要求与测试方法》(*Flammability, odor, offgassing, and compatibility requirements and test procedures for materials in environments that support combustion*)即 NASN – STD – 6001,它是所有金属材料和非金属材料的通用标准,详细规定了对材料的可燃性、气味、逸出气体和相容性的评估要求、评定标准和试验方法。该标准中规定对于用于航天居住舱的材料,包括飞行器、装载设备及试验设备等用材料都必须进行可燃性、气味和逸出气体的检测,用于其他部位的材料必须进行可燃性测试;当材料暴露于液氧、气氧或其他可起反应的液体环境时,必须评估与液体的相容性;暴露于增压供氧环境的材料必须进行气味和逸出气体的测试;等等。

《航天材料与工艺要求》(*Standard Materials and Processes Requirements for Spacecraft*(NASA – STD – (I) – 6016))[5]是航天材料和工艺方面的控制标准,指导所有涉及有人驾驶、无人驾驶、遥控、发射设备、着陆器、飞行器等空间硬件系统所用材料和工艺的设计、制造和飞行试验。所有的飞行器硬件系统都必须遵循该规定。用于接口连接的地面支持设备、试验设备、硬件处理系统、硬件包装及运输的材料和工艺都必须进行控制,以避免损坏或污染飞行硬件。要求选择制造飞行硬件的材料和工艺时,从优选材料清单中选择已针对其特殊应用的操作需求和设计工程特性进行过最坏情况分析的材料。操作需求应包括但不限于操作温度限制、加载、污染、寿命期望、湿度或其他暴露的液体介质,以及相关设备引起的和自然空间环境的影响。要求材料选择时考虑的特性应包括机械性能、结构刚性、可燃性和出气性、腐蚀、防腐蚀、热和机械疲劳特性、热膨胀系数、真空出气率、液体相容性等。

NASA 年发布材料选用标准 MSFC – HDBK – 527/JSC 09604(*Materials Selection List For Space Hardware System*)(1986)[2](空间硬件系统材料选用目录),它是关于金属材料和非金属材料的选用标准。列出了可用于产品的设计和制造两个阶段的材料,给出了各种材料的空间性能数据。列入标准的金属材料空间性能包括腐蚀、应力腐蚀、与气态氧相容性、与液态氧相容性、与四氧化二氮相容性、与肼相容性、低压氢气、高压氢气;非金属材料的空间性能指标包括可燃性、毒性/出气型、热真空稳定性、寿命、高压气态氧、与液态氧的相容性、与四氧化二氮相容性、与液压气体相容性、与肼相容性、与气态氢相容性、与液态氢相容性等。

8.1.2　ESA 的航天材料保证[13-30]

ECSS(European Cooperation on Space Standards)的标准体系是以欧空局(ESA)原标准体系为基础,结合欧洲各国航天机构的实际并与国际标准协调一致而形成的,并在实践中不断完善充实。ECSS 标准文件体系如图 8 – 2 所示。

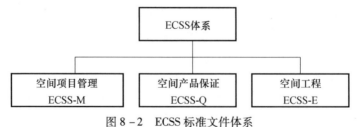

图 8 – 2　ECSS 标准文件体系

ECSS 空间环境试验标准体系有三层次,顶层是 ECSS – P – 00(标准政策)和

ECSS - P - 001(标准术语);第二层由 ECSS - M - 00(空间项目管理)、ECSS - Q - 00(空间产品保证)和 ECSS - E - 00(空间工程)三个标准系列组成第三层为第二层的各个子标准。空间环境适应性试验标准在 ECSS - Q - 00 标准系列中,该系列下有 ECSS - Q - 20(质量保证)、ECSS - Q - 30(可信性)、ECSS - Q - 40(安全性)、ECSS - Q - 60[电气、电子和机电(EEE)零部件]、ECSS - Q - 70(材料、机械零件与工艺)、ECSS - Q - 80(软件产品保证)等 8 个子标准系列,规定了产品的性能和功能要求。在 8 个子标准系列下面还细分为各种操作标准,主要规定了试验方法、过程、设备、限定条件和要求,是操作指南形式,实际使用时应该按照工程需要进行剪裁。

ECSS 标准体系中 ECSS - Q - 70 是原材料、零件和工艺方面的产品保证标准,覆盖范围包括组织、评审、验收状态、文件控制,选择的标准和规则,评价、确认和鉴定、或鉴定试验,采购和接收检验,应用标准和规则,等等。适用于载人和无人太空船、发射装置、卫星、有效载荷、试验、地面电子保障装置、地面机械保障装置及它们相互通信机构。ECSS 材料、机械元件和工艺保证流程图如图 8 - 3 所示。

在 ECSS - Q - 70 中规定,航天材料选择时应考虑的环境包括温度,热循环,真空,放气性、毒性、细菌和菌类繁殖,可燃性,辐射,电荷和防静电,闪电袭击,腐蚀,应力腐蚀,液体相容性,电化学相容性,原子氧,微流星体和碎片,潮气的吸收和解吸附,机械接触表面作用(冷焊、磨损)以及寿命等。关于材料测试的标准规范有如 ECSS - Q - ST - 70 - 02(空间材料热真空除气筛选试验)、ECSS - Q - ST - 70 - 04(空间材料与工艺的热循环筛选试验)、ECSS - Q - ST - 70 - 06(空间粒子和 UV 射线试验)、ECSS - Q - ST - 70 - 20(镀银铜质导线和电缆红斑腐蚀敏感性的测定)、ECSS - Q - ST - 70 - 21(空间材料可燃性筛选试验)、ECSS - Q - ST - 70 - 29(用于载人航天器舱内材料和部件出气产品的确定)、ECSSQ - ST - 70 - 36(抑制应力腐蚀开裂的材料选择)、ECSS - Q - ST - 70 - 37(金属应力腐蚀开裂敏感性的测定)、ECSS - Q - ST - 70 - 45(金属材料机械试验的标准方法)等。

用于材料的工艺相关标准为 ECSS - Q - ST - 70 - 03(用无机染料涂覆金属的黑色阳极电镀)、ECSS - Q - ST - 70 - 09(热控材料的热谱特性测量)、ECSS - Q - ST - 70 - 13(用压敏胶带测量和终饰层的剥离强度和拉伸强度)、ECSS - Q - ST - 70 - 22(有限储存寿命材料的控制)、ECSS - Q - ST - 70 - 31(空间硬件涂层应用)等。对材料的性能测试和加工工艺等进行了规定。

用于材料数据选择的标准为 ECSS - Q - ST - 70 - 71(用于选择空间材料和工艺的数据)。标准中规定以下材料可被优选:①那些被成功应用于类似环境条件限制和寿命期限的其他空间项目并具有相似应用用途的材料;②就使用条件而言,采用的代表性样品具有足够的安全系数可获取满意的应用评估结果的材料;③包含于 ECSS - Q - 70 - 71,ESA 或 NASA 数据库等被认可的数据来源中的材料。但要求无论选择已经确认的材料或有待确认的材料,都必须遵循供应的持久性及特征的可再现性的选择原则。

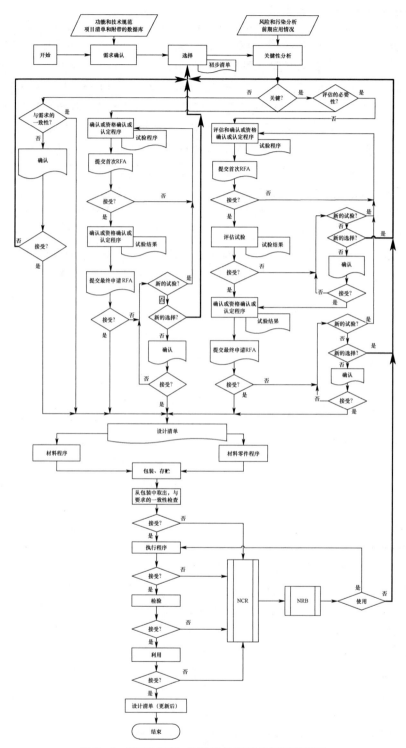

图 8 - 3 ECSS 材料、机械元件和工艺保证流程图

8.1.3 我国航天材料保证[31-47]

我国航天部门近几年来编写和完善了大量的材料空间环境适应性试验方法标准,材料应用范畴由卫星扩展到飞船、空间站、月球探测器等,试验方法有很大改进,如规定了退化性能原位测试方法而不是原来的异位测试,辐照必须在真空环境中进行而不是原来可以在大气条件下进行,对热控材料必须进行低能带电粒子辐照,等等。我国已形成较完善的航天材料空间环境适应性试验方法标准,如 QJ 1558—1988、GJB 2502—2006 系列等,其中包含《真空中材料挥发性能测试方法》《热控涂层材料真空 - 紫外辐照试验方法》《热控涂层材料真空 - 质子辐照试验方法》《热控涂层材料真空 - 电子辐照试验方法》《热控涂层材料热循环试验方法》《热控涂层材料原子氧试验方法》和《热控涂层材料综合辐照试验方法》等,为航天材料的空间环境适应性试验提供指导作用。

8.2 航天材料的功能保证

应用于运载火箭、卫星、飞船等航天器的金属材料和非金属材料,应该满足以下功能:

1)强度

在开展航天器设计时,应该确保在航天器整个寿命周期中,所采用材料在机械载荷与热载荷共同作用下保持其结构稳定,并通过强度分析,确保有一定的安全裕度。强度分析,应尽量包括屈服载荷分析、极限载荷分析以及压曲临界载荷分析。这里,材料的强度大小与施加载荷的方向及正负号,如轴向拉力、横向压力等。

2)弹性模量

对于复合物材料,应该验证所要求的弹性模量。对于不随热处理和取向而变化的金属与合金,弹性模量定义为单向应力和应变之比(例如,杨氏模量、压缩模量数、剪切模量)。对于纤维增强材料,弹性模量取决于纤维取向。

3)疲劳

对于所有受交变应力的部件,应该说明在整个任务期间材料性能的退化符合规范要求。在交变应力作用下,部件可能引起疲劳断裂。这些应力可能远低于材料允许的静力强度。

4)断裂韧度

对于均质材料,应该按照规定的程序测量 Kic 或者 Kiscc;在腐蚀性表面环境中应用的金属材料应该测试其在典型条件下的断裂韧度。这里,断裂韧度是衡量具有初始破裂或裂缝的材料损伤耐受性。金属材料的断裂韧度利用临界应力强度因子的平面应变值来表示。断裂韧度取决于环境。

5）蠕变

应该在典型工作条件下,对可能发生蠕变的材料开展测试。这里,蠕变是指在施加载荷情况下,材料随时间发生的变形。通常情况下蠕变在高温条件下发生,但是有些材料的蠕变在室温条件下发生。如果蠕变无限持续,材料最终将破裂。

6）微屈服

微屈服是指施加作用力沿着拉力和压缩载荷方向,产生 1×10^{-6} mm/m 残余应变。

对尺寸稳定要求较高的材料,应该对其微屈服进行评估。对可能会发生微屈服的材料,应该对部件寿命周期内的机械载荷进行测试和分析。需要注意的是,有些材料在受到机械载荷后可能存在剩余应变。最严酷的机械载荷通常发生在发射过程中。

7）热膨胀系数和湿膨胀系数

应将结构件间的热不匹配性减小到最少,以确保零部件在特定温度的范围内产生的应力是可以接受的。用于高稳定性结构的复合材料热膨胀系数(CTE)应通过干燥试验条件下用干的试样来进行系统的测定。对应用于稳定性结构的吸湿性材料,应该对湿膨胀系数(CME)进行系统测定。对所有复合材料应该对生产过程本身固有误差因素进行敏感性分析。在结构元件、复合材料或涂层材料间的热膨胀或湿膨胀的不同均可能导致较大的应力或者应变,并可能最终导致其性能失效。

8）应力腐蚀

腐蚀通常是指工程材料与其环境相互作用引起的材料性能不断恶化。应力腐蚀是指由于持续的拉伸应力和腐蚀共同作用而发生,从而引起金属过早损坏的效应。

用于航天器上的金属部件应进行防护以防止来自应力腐蚀裂纹而出现失效。只有对应力腐蚀具有较高耐受性的产品才能在结构应用中自由使用。对长期在地面贮存(地面)、飞行的空间运输系统、被列为断裂破坏的关键项目或者与运载器结构相关的零件等,只有对应力腐蚀裂纹具有高抵抗力,才能用于结构材料。

9）腐蚀疲劳

腐蚀疲劳是指在腐蚀过程中由交变载荷作用引起的裂缝的形成和蔓延。由于腐蚀具有时间关联性,在破坏前循环次数与加载的频率有关。由于发生化学侵蚀作用需要时间,所以化学侵蚀的影响随着加载频率的减少而增加。

对于所有与化学物质接触的材料或受到交变载荷的材料,应该证明材料性能的退化在整个任务周期是可以接受的。到目前为止,尚没有一种金属或者合金被证明能完全抵抗腐蚀疲劳。

10）氢脆化

氢脆化是指金属能够吸收氢而变脆从而在使用过程中较小的拉力就能够使其产生裂缝。氢气的可能来源于冶金过程中(例如,铸造和焊接)水的热解、气体分解、酸洗、腐蚀、电化学工艺(例如,电镀)、离子辐照等。

应该对在元件生产和使用过程中发生氢脆化的可能性进行估定,包括对足够的保护和控制进行评估。

11）机械接触表面效应

对于与其他固体表面接触的运动固体表面,在整个任务周期内其表面性能退化应在可以接受范围的。需要注意的是:聚合物的摩擦行为不同于金属,在加载状态下其接触表面会缓慢移动,并且实际接触面通过摩擦热能够产生局部高温;洁净表面间的相互接触,并不是整个表观均完全接触,而是通过表面的不平整部分来支撑,并且会产生弹性变形、黏附、塑料变形、材料转换和迁移、热传递化学反应、动能转换成热能、扩散或局部熔化等相互作用。

在设计结构应用时应防止磨耗。这里,磨耗是指由于结构操作面的相对运动而引起的材料的逐渐耗损。磨耗通常被认为是有害的,但是在融化状态下可能是有益的,如制造工艺期间的运行研磨。磨耗的主要类型包括研磨磨耗、黏附磨耗、剥离磨耗、滚动磨耗和微振磨耗等。

对于所有与其他固体表面静态接触和即将被分离的表面,应该说明在物理接触过程中分离力的增加是符合规定性能的。对于非常洁净的表面,在实际接触面上可能会发生强烈的黏附力,其中,部分是由于冷焊引起的。

8.3 航天材料的环境保证

应用于航天器的材料,应满足以下环境的要求:

1）温度

航天材料的性能应该与它们经受的热环境兼容,并应考虑可能发生的转变温度,如脆韧性转变或者玻璃态转变温度、湿度影响及其他转变温度。低温贮箱和再入应用的热防护系统是极限使用温度范围的典型实例。低于室温的温度通常会使得强度性能增加,韧性降低。但是,韧性和强度在高于室温的情况下既可能增加也可能减小。这种变化取决于诸多因素,例如经受的温度和时间。

2）热循环

应该选用耐受热循环的材料以确保能够承受由此产生的热应力,并应对所选材料根据规定标准规范进行测试。由于复合物的纤维和基体的热膨胀系数的不同,以及基体金属和涂层之间膨胀系数的不同,热循环产生的热应力会形成危及长期性能的微裂纹。

3）真空

拟用于空间系统的所有材料应该根据规定进行热真空试验评估,以确定它们的出气特性。真空环境下的出气可引起材料性能退化,并且会产生放电现象或者由于产生物沉积在其他零件上造成污染。

材料的筛选程序取决于材料的用途,如邻近光学器件时要求材料筛选比较严格,但是用于气密的密封容器内的材料就没必要进行真空出气试验。

4) 辐射

所有外露表面的材料(例如,热毯材料、热控漆、透明材料和弦窗)应该确保在整个任务期间由于辐射引起的性能退化在允许范围内。除了薄的透明物质、天线、弦窗和热控涂层等,辐射对于大多数材料来说并不危险,但对聚合物材料,则可能发生交联反应。

5) 充放电

航天器的外层表面应该具有导通的接地元件。地球同步轨道卫星外部表面充电可达几千伏,这与等离子环境、表面材料的电性能以及表面的几何构型有关。任何连续的放电都会引起各个分系统出现故障。

为避免放电,表面电压不能超过介质材料的击穿电压。由于放电幅度与面积有关,所以降低较大表面积部件上的电荷是必要的。

6) 原子氧

应该对用于低地球轨道高度(200～700km)航天器外层表面的所有材料进行原子氧耐受性评估。原子氧的通量随着高度、速度向量和太阳活动的变化而变化。原子氧的注量与暴露的周期有关。

7) 微流星体和空间碎片

微流星体和空间碎片对航天材料的撞击效应应该根据具体情况进行评估。低能量撞击是指与材料撞击速度为 1～100m/s。撞击效应与撞击速度、撞击的角度和质量有关。低能量碎片撞击产生的主要影响是使金属表面发生塑料变形且会导致复合材料内部分层,在几千米每秒的速度范围内的高速撞击效应与碎片质量有关,质量小的碎片撞击会产生表面凹坑和冲蚀,质量大的碎片撞击可对材料产生破坏性的影响。

8) 载人环境

所有拟用于载人空间飞行系统的材料均应该符合产品保证要求、安全性法规以及强制使用规范,都应该进行结构和生理的危险性与潜在风险性分析,在空间系统的设计和运行过程中,包括所有设备仪器以及地面支持系统均应考虑人员的生命安全。

9) 废气、毒性和气味

用于制造航天器和相关仪器设备的材料与工艺,无论是在地面还是在空间,均不能对人员或设备造成危险;对拟用于载人航天器座舱的材料,应该进行排放的废气和毒性分析,并且这些指标应该满足使用要求,这是由于在载人航天器的密闭环境中,空气中的污染物的毒性可能带来潜在的危险。

10) 细菌和霉菌的生长

航天材料不应致菌或生霉,并在灭菌时不会引起其性能退化。细菌和生霉污染的程度应该在最终装配的硬件上进行测定。

载人航天器(如国际空间站)中长期处在受压环境的有机材料在选择使用前应经过评估。除非满足下列条件之一:霉菌可见并可轻易清除之处,相对湿度小于60%的密闭容器中,温度始终不小于周围环境温度的机壳,处于边缘位置的材料,不结露的填充材料,用于非关键电子、电气硬件上的材料,碳氟化合物聚合体,衣柜间;否则,应选择抗霉菌的材料。

当使用了非抗霉菌材料时,材料应接受抗霉菌处理,抗霉菌处理不应对部件或系统的寿命和性能产生负面影响,抗霉菌处理不应危害健康,用于材料抗霉菌处理的防护剂不应污染环境。当使用的非抗霉菌材料无法接受抗霉菌处理时,应鉴定、检查、维护和更新这些材料。

11)易燃性

应对航天材料的抗燃性进行评估,主要环境条件包括:在发射期间动力段由空间运输系统发射的非载人航天器,载人航天器,储藏装置,有效载荷或试验设备。

12)宇航服

宇航服是由金属材料、塑料、橡胶、润滑剂和黏合剂等许多不同材料制成的,因此,应该对真空(出气)、废气和毒性、热循环、辐射、腐蚀和应力腐蚀、易燃性、原子氧、微流星体和撞击等效应进行评估。应该避免发火源;用于各部件的所有材料都应该是阻燃的;应该评估宇航服里面金属材料的腐蚀性和应力腐蚀的敏感性;应该测定宇航服外层材料对原子氧和辐射的敏感性;应该测定所有材料的废气和毒性性能;应该测定在非承压部分材料承受热应力的能力;尤其是对来自相互接触的不同材料引起应力的承受能力,应该测定宇航服外层使用材料的抗磨损性。

13)闪电冲击

应该在设计中采取措施以保证航天器在发射和返回过程中遇到雷击现象时的安全和功能正常;应该通过分析和试验证明结构能够消散静电荷;应该按照规定的程序将金属部件连接到结构上,并保证电导通;应将部件设计成能减小雷击影响的结构;应该综合合成电流的分流方法使航天器免受伤害。

14)化学(腐蚀)

对于与清洗液或其他化学物质接触的所有材料,应确保其在工作寿命期中的性能退化在允许范围内。材料在其寿命期中接触化学环境可引起材料性能发生变化。腐蚀反应可能发生在金属、玻璃、离子固体、聚合固体和复合材料之间,环境要素包括液体金属、气体、非水电解液和其他非水溶液、涂层系统和附着系统等。

15)液体相容性

暴露于液态氧、气态氧或者其他反应液体系统材料,无论是直接还是作为单点失效的结果,均应与其使用的液体相容。在有些情况下,材料与液态氧、气态氧或其他反应液体会相接触,或者在一些紧急情况时会与这类液体接触。应该对与氧液体接触的材料的相容性进行评估。如果没有相容性数据,应该对液体氧而不是气体氧进行试验。

16）电势兼容性

如果两种或多种不同材料直接与腐蚀性溶液或者环境进行电接触，电势腐蚀可能发生。少部分材料变成正极而大多数抗性材料变成阴极。阴极材料很少或根本不腐蚀，而阳极材料的腐蚀程度会增强。因此，应该对不同材料的电势兼容性进行评估，选择的不同材料的最大电势差应该符合相关规定。

17）吸湿和解吸

在生产和贮存的过程中应该采取预防措施来避免吸湿。生产和贮存中的湿度与温度应该得到控制和监控。

复合材料的性能容易受到吸湿的影响而发生变化。吸湿发生在部件生产直至航天器发射过程中，解吸在真空中发生。在硬件寿命周期，应该对结构的聚合材料吸湿和解吸产生的应力进行评估。在规定了尺寸稳定性要求时，应该对吸湿应变进行评估。

8.4 航天材料的选用原则

一种材料是否能够应用于航天器并保障航天器的在轨可靠性和性能，应该严格开展地面评价认定和在轨性能预示。航天材料的选用原则一般如下：

（1）满足地面环境及发射环境要求。

要求航天材料在地面存储、转运及应用过程中，其性能稳定，满足研制要求。在发射阶段，其力学性能能够承受振动、超重、噪声等冲击，其自身的光学性能、电学性能和力学性能满足使用要求。

（2）具有较好的空间环境适应性。

航天材料在轨期间将遭受真空、极端温度、带电粒子辐射、太阳电磁辐射、原子氧、空间碎片及微流星体等环境的作用，引起出气、污染、质损、开裂、变色等效应，造成其光学性能、电学性能和力学性能的变化。要求航天材料在轨环境作用下，其性能在航天设计的容许范围内。

（3）优先选用继承性材料。

对已经在航天器上具有相同用途并成功应用过的材料，且应用环境制约与寿命周期相似，满足拟用航天器的在轨寿命要求，要优先选用。

（4）选用工艺适应性好的材料。

在满足材料性能要求的基础上，要求所选用工艺性能好、性价比高、容易获取的材料。

（5）优选国内材料。

对一些性能高或者用量少的材料，优选国内企业生产的材料，避免受到国外的禁运或受其他政治因素的影响,确保材料供应畅通,确保供货的连续性和性能的重复性。

（6）严格执行禁、限用要求。

对一些实践证明对航天器研制可能带来风险的材料,要严格执行禁用、限用要求。

（7）对载人航天材料的特殊要求。

对载人航天器研制,要注意有人参与的情况下,避免使用可产生有毒有害气体、容易失火的材料,注意可能温湿度、微生物污染等对特殊部位材料的影响。

8.5 材料空间环境适应性的评价与认定

8.5.1 选材阶段的评价试验

材料空间环境适应性评价试验主要集中在航天器设计选材阶段[8],根据环境严酷性、材料特点和具体使用要求等来进行。评价试验相当于鉴定试验,试验条件的严酷度高于实际环境水平,必要时要进行破坏性试验,做出使材料损坏的环境应力。试验样品必须满足一定的数量要求和抽样要求。评价试验的试件要选用不同批次生产、不同时间使用的材料,以评价材料性能的重复性和稳定性。确保选用生产技术成熟的材料;对非批量化生产的特殊加工材料可采用"随炉试片"的方法制备试件,试件材料工艺必须与飞行产品的一致。材料的地面储存环境和加工使用操作环境对材料空间环境适应性的影响也要进行评价,以确保选用的材料性能指标有充分余量,满足航天器使用要求。

8.5.2 采购、使用阶段的验收试验

航天器进入制造生产阶段,采购、使用时的材料与选材评价材料样品的技术状态不完全相同,主要表现为生产批次不同、使用时间不同等,因此需要进行材料空间环境适应性验收试验。验收试验目的是确保上星材料性能指标与选材评价材料样品的一致,因此也称为质量一致性试验。试件要从准备交付的材料中随机抽取,满足一定的数量要求。对非批量化生产的特殊加工材料应采用"随炉试片"的方法制备试件,确保试件材料与交付材料工艺完全一致。验收试验只需验证材料空间环境适应性早期退化量的一致性,因此试验时间短、试验成本低,其环境试验条件严酷性远低于评价试验,但对上星材料质量保证有重要作用。

8.5.3 空间环境适应性的认定

认定是指通过试验客观证据对规定的空间环境适应性要求已得到满足的确

认。因此,材料使用方必须对材料的空间环境适应性进行严格的认定,主要有以下四方面内容:

(1)核定试件材料的有效性,包括核查材料名称、规格、编号(批号)、数量、生产单位、生产日期、产品合格证或有关质量合格证明等。

(2)核定依据性文件的有效性,包括国家标准、行业标准、企业标准、采购合同等。核查合同中应明确规定具体依据哪一种技术文件,还应另附验证方法协议,确定验证方法、要求、范围、合格判据、接收准则等。

(3)核定试验过程的有效性,审核试验单位和操作人员资格,检查试验数据的完整性,确认试件材料数量编号等与试验要求的一致性,确认试验文件上签名、盖章的有效性,复验试验数据处理方法合理性等。

(4)核定试验结论的有效性,依据各种合格的、有效的技术文件和试验数据,判断试验结论的有效性与合理性。

如果根据上述步骤还无法认定试验结论,可以按规定程序进行复核性试验(简称复验)。复验是材料使用方认定材料性能指标的重要手段。航天器是不可修复的重大产品,对环境适应性、可靠性、安全性有极高的要求,对关键的、敏感的材料性能进行复验是非常必要的。

8.6 航天限用材料

针对航天器的特定结构和特定功能,要合理选择航天材料,既能避免选用超高性能材料带来的浪费,又能满足航天器功能和性能的需要。

8.6.1 金属(合金)材料

合金材料由于具有密度小、延性好、耐腐蚀、易加工、价格适宜等优点,而被大量用于航天器结构中。在选用过程中,应该注意以下几点:

(1)基于合金材料的优良特性,在航天材料的选用过程中应尽量选用合金材料,纯金属材料如铝等尽量较少使用。

(2)对合金材料应进行一定的热处理及涂层处理,以将腐蚀、凹陷、晶间及应力腐蚀可能性降到最低。

(3)避免使用对合金材料造成损坏的清洁剂或化学用品。

(4)不能将具有有限淬透性的钛合金应用于航天器的零部件,对飞行控制系统、起落架轮以及容易摩擦磨损和容易腐蚀的部位限用镁合金材料。

(5)对合金材料的使用性能,尤其是其抗腐蚀性能、氧化性能等需要进行评估。

(6)对抗腐蚀材料,如钢等应对焊接等加工部位进行一定的热处理。

8.6.2 聚合物材料

聚合物材料通常作为基体材料应用于航天器外露部位,或作为密封材料用于连接部位,或作为润滑材料等,应该注意以下几点:

(1)作为航天器外露材料,应该注意其空间环境适应性。在低地球轨道,考虑到原子氧等环境的侵蚀,应选用表面有防护层的聚合物材料,限用表面无任何防护的聚合物材料;在中高轨道或作为结构性能材料时,应该选用抗辐射性能较好或具有良好力学性能的聚合物材料。

(2)作为密封材料,应选用在空间辐射、高低温和一定压力环境下,具有良好的稳定性和可靠性的聚合物材料。

(3)作为润滑材料,对能进入一定数量颗粒物、腐蚀性气体或液体的位置限用聚合物材料,并注意润滑材料免受灰尘等污染。

8.6.3 光学材料

光学材料,尤其是光学玻璃类材料,应该根据不同的使用任务合理选择,应该综合考虑使用性能、使用环境与结构强度之间的关系。如应用于观察窗口的玻璃,虽然融石英玻璃具有较好的抗辐射性能,但其具有较高的脆性,受机械及热冲击时容易发生裂纹,而K9等玻璃,虽然具有较好的韧性,但其抗辐射性能相对较差。因此,在结构中,承受一定应力时,应限用融石英等脆性材料;在空间辐射环境较严酷的部位,应限用K9等抗辐射性能差的玻璃材料;对机械和热冲击敏感的结构部位,应限用有机玻璃如聚苯乙烯、苯丙酸以及聚碳酸酯等。

8.7 航天禁用材料

随着材料制备工艺和新型复合材料制备技术的发展,目前的航天禁用材料已经很少。但针对特定使用部位和特定使用环境,则需要采取有效措施,禁用一些特定材料,以提高航天器的在轨可靠性和航天员的在轨生命安全。

1)针对特定轨道环境

针对一些特定的轨道环境,需要对航天器的使用材料进行限制,以提高航天器的在轨可靠性。如低地球轨道航天器的外露材料,除用于环境探测之外,应该禁用银、铜及铼等材料或涂层,以避免原子氧的氧化和剥蚀效应造成的损害。

2)针对特定使用位置

航天器的承力结构应该禁用脆性较大的材料,尤其是在高精度有效载荷或结构中,如有机玻璃对机械或热冲击比较敏感,容易碎裂,则应该在承力结构中禁止使用。

3）针对航天员生存环境

航天员留轨期间,其生存环境需要对易燃、有毒及放气量大的材料禁止使用。否则,这些材料的使用将对航天员的在轨安全造成重大威胁。尤其是一些含汞、镉等元素的材料,一方面,这些金属元素可能会引起铝合金、钛合金等断裂,另一方面,它们具有较高的蒸汽压,容易挥发使航天员中毒等。

8.8　航天材料的研制和选用流程

空间环境对航天材料的作用将严重影响其性能和使用寿命,对诸如热控涂层、光学材料、太阳能电池、结构材料等典型功能材料的热学、电学、光学、力学等性能造成重要影响。因此,在航天材料的研制及选用中,不仅要考虑材料本身所需要具备的物理性能,还需要考虑其空间环境适用性。

8.8.1　航天材料的研制流程

针对航天器需要实现的功能和使用寿命,对航天器的结构和机构进行设计,对航天器的特殊部位需要使用具有特殊性能的材料。同时,随着材料制备工艺的不断提升和航天科技的不断发展,具备更加优异性能和一定智能的新材料不断被提出并研制出来。

在航天材料的研制中,除结构材料要求具备一定的轻质和机械性能之外,主要是对特殊功能材料的需求较高,因此,在材料的研制过程中,首先需要考虑实现材料的特殊性能,如热稳定性,较好的导电性能、导热性能、电学性能和力学性能等。

在能够实现材料的特殊功能的前提下,需要根据材料的使用位置及可能遭遇的空间环境,进一步考虑材料的性能在空间环境中的适应性,即在航天器寿命周期内,所研制材料性能是否仍能满足设计要求。如果不满足设计要求,则需要对材料的成分等进一步改进,以保证在满足其特殊功能的前提下具有较好的空间环境适应性。

航天材料研制流程如图8-4所示。

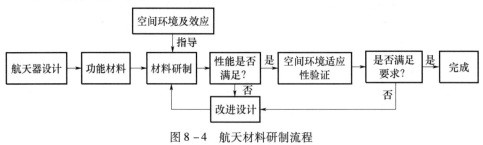

图8-4　航天材料研制流程

总之,材料研制必须综合考虑材料的设计功能和空间环境适应性,除满足航天器设计要求外,还必须保证航天器的在轨可靠性和长寿命。

8.8.2 航天材料的选用流程

航天材料的研制是针对航天器设计的要求,研制出具备一定功能和空间环境适应性的材料。而航天材料的选用,则是在众多航天材料中,选择出既能够满足特殊要求,又具备空间环境适应性的材料。

以往航天器在轨故障分析说明,除设计缺陷外,大多数故障均是由于所使用材料或器件在空间环境下发生性能退化而引起的。因此,需要高度重视航天材料在空间环境下的适应性。

在材料的选用过程中,除了要求其性能满足要求之外,还要充分考虑材料在航天器中所处的位置和所经历的环境,分析其性能在空间环境作用下可能发生的变化,进而确定所选材料是否满足要求。如果已有相关材料空间环境适应性的分析结果,可参考对其选用;如果尚没有相关空间环境分析结果,则需要对其空间环境适应性进行试验验证。

航天材料选用流程如图8-5所示。

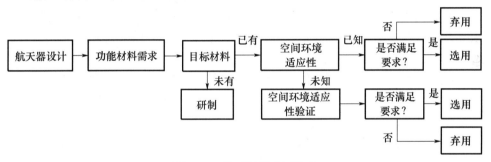

图8-5 航天材料选用流程

8.8.3 应用示例

在材料的研制及选用过程中,只有充分考虑空间环境对其产生的影响和作用,选择满足在航天器设计寿命周期内,仍能满足性能指标且能避免产生故障的材料,才能设计制造出具有高可靠性的航天器产品。以下以空间空间污染、空间辐射和空间等离子体环境效应等国内外相关案例来说明航天材料的研制及选用的重要性。

1)空间污染

航天器在轨运行器件,其材料,尤其是有机材料,在空间环境综合作用下将发生出气等效应,产生的颗粒物将沉积在航天器表面,对航天器敏感材料或表面造成污染,尤其是原子氧侵蚀或真空出气造成的污染物,在紫外辐射或带电粒子辐射环境下,可在航天器敏感表面沉积固化。引起其光学性能、电学性能等降低或失效,从而严重威胁航天器的在轨可靠性。

如 ADM Aeolus 航天器,其任务目标是利用激光多普勒仪器测量不同高度(从海平面到20km)的风速,运行轨道为太阳同步轨道,高度407km,倾角97°。在轨运行过程中,由于紫外激光造成的污染(LIC)在激光作用下会沉积在光学表面上,造成光学材料性能下降,同时,污染在光学表面的沉积可能导致涂层过热。为此,采取了以下措施:为了避免LIC,对材料进行大范围的烘烤,禁止使用硅树脂材料;更换部分光学涂层,在真空下出现光谱响应漂移;用环氧取代安装光学部件的聚亚安酯胶水,因后者在真空下不稳定;带石墨的Beta布被正常的Beta布取代,因前者原子氧剥蚀表现很差;在ESTEC的激光实验室和材料实验室进行了许多材料的LIC试验。

上面事例说明,可通过采用真空烘烤、更换材料和试验鉴定等方法,避免或减轻了真空环境、原子氧环境等空间环境因素对航天材料带来的危害,进而减轻可能对航天器可靠性带来的影响。

2) 空间辐射

空间辐射环境对材料的性能可造成严重损伤和退化,因此,在材料的研制初期和材料的选用过程中,应该充分考虑空间辐射环境可能对航天材料带来的影响,从而在研制初期和选用初期就把好关,以免影响型号任务的进行和航天器可靠性的降低。

某型号航天器在研制的过程中,由于航天器的窗口玻璃既要满足承重的要求,又要具备空间稳定性,因此,某设计师和窗口玻璃研制单位采用普通 K9 玻璃和石英玻璃配合使用的方案,这是因为 K9 玻璃韧性较好,具有较强的承重能力,如图 8-6(a)所示,而石英玻璃空间稳定性好,但比较脆,承重力差。因此,选用外层窗口用石英玻璃、内层窗口用 K9 玻璃的设计方案。但实际上,由于空间充满了高能的带电粒子,穿透力较强,在航天器寿命期内,K9 玻璃在高能带电粒子辐射下将变黑,透光性能严重下降,如图 8-6(b)所示,从而影响航天任务的执行。

 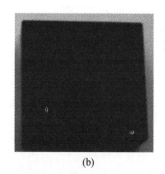

(a)   (b)

图 8-6 K9 玻璃高能粒子辐射前后
(a)辐射前;(b)辐射后。

这一事例充分说明,在材料的选用时,也需要充分考虑空间环境对该光学材料可能带来的危害。

3）空间等离子体

航天器在轨运行中,将遭受来自太阳辐照、地球反射等各种热环境的效应,因此,为在辐射热交换中有效地控制航天器的温度,使之在内外热交换过程中，仪器、设备的工作时温度不超过或低于允许范围,通常在航天器表面铺设一层热控涂层,如 OSR 二次表面镜。但是由于航天器轨道中充满了各种带电粒子,尤其是在地磁亚暴环境有严重的充放电效应。因此,在材料研制时,为了抑制空间的充放电效应,应在玻璃外面镀透明导电膜,通常为 ITO。这样既满足热控的性能,又避免或减缓充放电的发生,同时还具备一定的抗原子氧侵蚀的性能,是空间环境及效应在航天材料研制中的指导作用的重要体现。

参考文献

[1] http://maptis. nasa. gov.

[2] MSFC – HDBK – 527/JSC 09604 Materials Selection List For Space Hardware System[R],1986.

[3] NASA – STD – 6001 Flammability,odor,offgassing,and compatibility requirements and test procedures for materials in environments that support combustion[R],1998.

[4] MetallicMaterials Properties Development and Standardization(MMPDS)[R],2003.

[5] NASA – STD – (I) – 6016 StandardMaterials and Processes Requirements for Spacecraft[R],2006.

[6] ASTM E 595-90 Total mass loss and collected volatile condensable materials from outgassing in a vacuum environment[S]. 1990.

[7] MIL – HDBK – 454 General Guidelines for Electronic Equipment[S]. 1995.

[8] NASA MAPTIS – Materials and Processes Technical Information System. http://maptis. nasa. gov. [on line].

[9] NASA STD – 6001 Flammability,odour,offgassing and compatibility requirements and test procedures for materials in environments that support combustion[R]. (previously NHB 80601C).

[10] MSFC – SPEC – 250 Protective finishes for space vehicle structures[R].

[11] NASA – STD – 6008 NASAFastener Management and Control Practices[R],2006.

[12] 高燕. 欧美航天材料保证的做法与探讨[J]. 航天标准化,2009(4):43 – 46.

[13] ECSS – T – 00A ECSS Bodies – Terms of reference[S],2002.

[14] ECSS – S – 00A ECSS System – Description and implementation[S],2005.

[15] ECSS – Q – 70B Space Product Assurance Materials,Mechanical Parts and Processes[S],2004.

[16] ESA PSS – 01 – 701 Data for Selection Of Space Materials[S],1994.

[17] ECSS – Q – 71A Data for selection of space materials and processes[S],2004.

[18] ECSS – M – 30 Space project management – Project phasing and planning[S],1996.

[19] ECSS – M – 00 – 02A Space project management – Tailoring of space standards[S],2000.

[20] ECSS – Q – 70 – 01C Space product assurance – Contamination andcleanliness control[S],2008.

[21] ECSS – Q – 70 – 02C Space product assurance – Thermal vacuum outgassing test for the screening of space materials[S],2008.

［22］ECSS – Q – 70 – 04C Space product assurance – Thermal cycling test for the creening of space materials and processes［S］,2008.

［23］ECSS – Q – 70 – 06C Space product assurance – Particle and UV radiation testing of space materials［S］,2008.

［24］ECSS – Q – 70 – 21 Space product assurance – Flammability testing for screening of space materials［S］,2010.

［25］ECSS – Q – 70 – 22 Space product assurance – The control of limited shelf – life materials［S］,2008.

［26］ECSS – Q – 70 – 29 Space product assurance – The determination of off – gassing products from materials and assembled articles to be used in a manned space vehicle crew compartment［S］,2008.

［27］ECSS – Q – 70 – 36C Space product assurance – Material selection for controlling stress – corrosion cracking［S］,2009.

［28］ECSS – Q – 70 – 37C Space product assurance – Determination of the susceptibility of metals to stress – corrosion cracking［S］,2008.

［29］ECSS – Q – 70 – 71C Space product assurance – Data for selection of space materials and processes［S］,2014.

［30］ECSS – E – 30 prat8A Space engineering – Mechanical – Part 8：Materials［S］,2000.

［31］GJB 2502.1—2006 航天器热控涂层试验方法 第1部分：总则［S］,2006.

［32］GJB 2502.2—2006 航天器热控涂层试验方法 第2部分：太阳吸收比测试［S］,2006.

［33］GJB 2502.3—2006 航天器热控涂层试验方法 第3部分：发射率测试［S］,2006.

［34］GJB 2502.4—2006 航天器热控涂层试验方法 第4部分：气动环境试验［S］,2006.

［35］GJB 2502.5—2006 航天器热控涂层试验方法 第5部分：真空 – 紫外辐照试验［S］,2006.

［36］GJB 2502.6—2006 航天器热控涂层试验方法 第6部分：真空 – 质子辐照试验［S］,2006.

［37］GJB 2502.7—2006 航天器热控涂层试验方法 第7部分：真空 – 电子辐照试验［S］,2006.

［38］GJB 2502.8—2006 航天器热控涂层试验方法 第8部分：热循环试验［S］,2006.

［39］GJB 2502.9—2006 航天器热控涂层试验方法 第9部分：原子氧试验［S］,2006.

［40］GJB 2502.10—2006 航天器热控涂层试验方法 第10部分：综合辐照试验［S］,2006.

［41］QJ 1558—1988 真空中材料挥发性能测试方法［S］,1988.

［42］QJ 3125—2000 航天产品材料、机械零件和工艺保证要求［S］,2000.

［43］GB/T 19004.3—1994（ISO 9004 – 3：1993）质量管理和质量体系要素 第三部分：流程性材料指南［S］,1994.

［44］GJB 939—1990 外购器材的质量管理［S］,1990.

［45］QJ 977A—1995 非金属材料的复验规定［S］,1995.

［46］QJ 1408A—1998 航天产品可靠性保证要求［S］,1998.

［47］QJ 3049—1998 航天产品检验工作要求［S］,1998.

第9章
航天新材料与新技术

随着航天技术的发展和材料科技的进步,越来越多的新材料新技术由于其优异的性能,有望在未来的航天活动中得到广泛的应用。一方面可提高航天任务的执行能力,另一方面可提高航天器的在轨安全和可靠性。

本章对当前比较热点的纳米材料、新型碳材料、功能梯度材料、智能材料、展开硬化材料、超材料以及3D/4D打印等进行简要阐述,并对其在航天活动中的应用给予介绍。这里需要说明的是,由于新型碳材料的奇异性能而给予单独阐述,不包含在纳米材料一节中。

9.1 纳米材料及其航天应用

9.1.1 纳米材料与航天活动

纳米材料是指微颗粒尺寸在纳米量级(1~100nm)的超细材料,通常为以单个原子、分子制成的微粉或微球。当材料的粒径处于纳米状态时,其尺度介于原子、分子与块(粒)状材料之间,故有人称之为物质第四态。随着物质的超细化,其分子排布及电子分布和晶体结构均发生变化,产生了块(粒)状材料所不具有的表面效应、小尺寸效应、量子效应和宏观量子隧道效应,从而使得纳米材料与常规块(粒)状材料相比具有一系列优异物理、化学及表面、界面性质,在使用时可以得到超常效果。

世界上的工业大国或组织均将纳米材料作为21世纪重点发展的方向。其中,美国、欧盟、俄罗斯、日本等均制订了相应的纳米材料发展规划,以期能在未来的高性能材料领域占领一席之地。我国也针对纳米技术制定了国家的战略,尤其是在国家科技部重大基础研究计划中,纳米材料被单独作为一个领域受到持续的支持。

NASA在2010年发布的《空间技术发展路线图》第10部分"纳米技术"[1]一章中,认为纳米技术是在原子量级层面上对物质进行操作,在这个层面上传统的物理学不再适用,纳米技术可以生成用大多数常规方法远不能预测工作特性的新物质或装置。例如,纳米级半导体颗粒和量子原子团的量子封装产生了新的光学现象,即仅仅改变其直径就可以调整荧光的颜色。利用外表面纳米级织构可控表面的黏附特性,在表面产生了仿生自恢复黏合和自清洁层(壁虎足趾)。基于纳米结构的碳材料具有独特优良的机械特性、导电导热性能及电气特性,有助于研发轻质、多功能结构,这将彻底改变未来航天飞行器系统的设计。因此,纳米技术在空间任务方面具有广阔应用前景和技术优势。

1)减轻运输质量

采用纳米孔隙材料和低密度高强度纤维材料替代传统航空航天材料(金属和复合材料)将减轻1/3的质量。通过用低密度碳纳米管线缆替代沉重的铜线可以为波音747节省4000磅的质量,或为大卫星降低约1/3的质量。在低温贮箱上使用结构气凝胶替代多层隔热能够降低对外部泡沫隔热材料的需求以及相应的附加质量和生产成本。

2)提高功能和环境耐受性

基于射线管、碳纳米管、半导体纳米线、量子/半导体纳米晶体(棒)的纳米电子装置具有更多辐射能和容错性,比传统的 CMOS 电子器件功耗低、速度快,纳米电子器件和纳米导电排放源及探测器的整合将促进先进分光计和成像仪的发展,两倍于传统设备的敏感度和分辨率,功率需求则降为一半。采用量子结构增强的太阳能电池片将具备柔性、辐射耐受性,并且能效达到50%以上。这将成为空间基地和行星车外表的一部分,以简化的系统重量提供集成的动力源。

3)增强发电、储能和推进能力

纳米技术提供了生成高表面积物质的可能性,这种物质具有较高的表面活性和反应性能,能够大大地增强电池和燃料电池的性能并改善推进的工作特性。在PEM 燃料电池上使用纳米结构材料的催化剂能够提高50%的能源密度。使用纳米空隙材料和纳米复合材料能够促进新电源的发展,该电源能够在较大的温度范围内($-100 \sim 100℃$)运行,为行星探测器和舱外活动服提供表面动力源。基于推进的纳米级材料能够替代低温推进剂和自燃材料,这将简化储存、传输和发射平台的操作,并降低空间操作要求。

4)改进航天员的健康管理系统

具有剪裁孔大小和外形及表面化学特性的纳米孔隙材料将产生更有效的系统,该系统能够清除呼吸空气中的二氧化碳及杂质,也能清除饮用水中的有机物及金属杂质。分布式的自主状态及化学物质探测器能够应用于空气和水质量监测系统以及航天员健康监测。基于纳米微流体的装置将能够研发实时的低扩散性药物诊断系统来监测航天员的健康,并用于辅助诊断和治疗疾病。电离纳米纤维潜在支持组织工程学和可再生药物,能够建立广泛快速的航天员健康管理方法。基于纳米复合材料的氮化硼或碳化物能够作为空间住处和巡视探测器结构的一部分,提供辐射屏蔽和碎片防护。

NASA 制定的纳米技术发展路线,规划了未来 20 年重点开展工程材料和结构,能源的产生和储存,推进技术,传感器、电子学器件和装置四方面内容,如图 9 – 1 所示。其中,工程材料和机构部分,从轻质结构、抗损伤体系、涂层、胶黏剂以及热防护和控制等 5 个方面,给出了以碳纤维增强复合材料为代表的 24 项关键材料技术的发展路线。可应用于智能化小卫星、抗损伤乘住舱、热控制与防护、极端环境操作等 10 个方面。

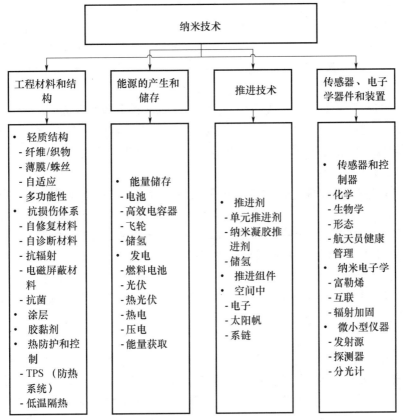

图 9 – 1 NASA 制定的纳米技术领域 2010—2030 年发展方向

9.1.2 纳米材料的特殊效应

由于纳米材料具有极小的颗粒、较大的比表面积等特性,表现出与普通大尺度材料不同的特殊效应,如表面效应、小尺寸效应、量子尺寸效应、量子隧道效应等[2]。以下分别简要介绍:

1)表面效应

表面效应是指纳米粒子表面原子与总原子之比随着粒子尺寸减少而大幅度地增加,粒子的表面能及表面张力也随着增加,从而引起纳米粒子性质变化的现象。

纳米粒子的表面原子所处晶体场环境及结合能与内部原子有所不同,存在许多悬空键,并具有不饱和性质,因而极易与其他原子结合而趋于稳定,所以纳米粒子具有很高的化学活性。新制成的纳米粒子必须进行一定的稳定化处理或者保存。例如金属纳米粒子在空气中自燃,无机的纳米粒子暴露在空气中会吸附气体,并与气体进行反应。

2）小尺寸效应

固体物理的研究表明,当超细粒子的尺寸减小到与光波波长、德布罗意波长以及超导态的长度或透射深度等物理特征尺寸相当或更小时,周期性边界条件被破坏,材料的许多物理性能如声、光、电磁、热力学等特性和化学活性均会呈现新的尺寸效应,材料的宏观物理、化学性能将会发生很大变化,这种现象称为小尺寸效应,又称体积效应。

由于纳米粒子细化,晶界数量大幅度的增加,可使材料的强度、韧性和超塑性大大提高。例如,纳米铜强度比普通铜高 5 倍,纳米陶瓷不易碎裂,等等。小尺寸效应还表现在超导电性、介电性质、声学特性、磁学特性以及化学特性等方面。

3）量子尺寸效应

粒子的尺寸减小到某一尺寸时,金属费米能级附近的电子能级由准连续变为离散能级,对于纳米颗粒,由于所含电子数少,能级间距不再趋于零,从而形成分离的能级。一旦粒子尺寸小到使分离的能级间隔大于热能、磁能、电能和光子能量等特征能量时,则引起能级改变、能隙变宽,使粒子的发射能量增加,光学吸收向短波方向移动,这种现象称为量子尺寸效应。量子尺寸效应的宏观表现有高的光学非线性、特异的催化和光催化性质、超导相向正常相转变、金属熔点降低、增强微波吸收、导电的金属在超微颗粒时变成绝缘体等。

4）宏观量子隧道效应

量子隧道效应是指粒子能够穿越比总能量高的势垒的微观现象。近年来,发现一些宏观量,如颗粒的磁化强度、量子相干器的磁通量等也具有隧道效应,称为宏观量子隧道效应。量子尺寸效应和宏观量子隧道效应确立了现存微电子器件进一步微型化的极限,当微电子器件进一步微型化时必须考虑上述的量子效应。例如,在制造半导体集成电路时,当电路的尺寸接近电子波长时,电子就通过隧道效应而溢出器件,使器件无法正常工作。

9.1.3 纳米材料的制备方法

纳米材料研究和发展的重要环节是纳米材料的制备,纳米材料的制备方法也有很多种。按照制备体系和状态可分为固相法、液相法和气相法;按照反应性质、制备原理可分为物理法、化学法和综合法。目前常用的方法主要有:蒸发冷凝法、高温烧结法、沉淀法、热等离子法、水热－固相热解法、溶胶－凝胶法、模板合成法及电弧蒸发法、磁控溅射法、微乳液法等,部分介绍如下[3,4]：

1）模板合成法

模板合成纳米结构是 20 世纪 90 年代发展起来的一种技术,是比较常用的一种制备纳米线/纳米管的方法。所谓模板法通常是指利用含有纳米尺度柱状孔洞的薄板作为模板,通过一系列的物理、化学手段将纳米结构组装到纳米孔洞中从而获得不同孔径的纳米材料。常用的模板合成法是利用二次阳极氧化法制备模板,并以此模板结合电化学沉积法制备纳米线/纳米管。

2）溶胶 – 凝胶法

溶胶 – 凝胶法是以无机盐或金属醇盐为前驱物,通过水解缩聚由溶胶逐渐形成凝胶,经过老化、干燥等处理后得到所需要材料的方法。将多孔模板浸泡在溶胶中并使溶胶沉积在孔洞的内壁上,然后通过热处理可以在孔洞内形成纳米材料,可以通过控制浸泡时间来控制组装的结构。这种方法广泛地应用于制备铁电材料、超导材料、生物材料、催化剂载体以及氧化物等无机材料。

3）蒸发冷凝法

将一种或多种固体颗粒注入惰性的等离子体内,使之通过等离子体时完全蒸发,通过骤冷装置使蒸汽凝聚制得纳米微粒。这种方法通常用于制备含有高熔点金属的纳米材料。

4）磁控溅射法

磁控溅射法是指电子在电场的作用下成为高能粒子,撞击靶材料的表面,使之交换能量,使得靶材料表面的原子或者分子获得能量从表面飞出去后沉积在基片上,从而制成纳米材料的方法。常用的有直流磁控溅射、阴极溅射和离子束溅射等技术。

5）微乳液法

微乳液法是指两种互不相溶的溶剂在表面活性剂的作用下形成热力学稳定的、外观透明或半透明的乳液,在微泡中经成核、聚结、团聚、热处理后得到纳米粒子的方法。该方法是近几年迅速发展起来的制备纳米材料的新技术,可在较低温度下制得纯度高、粒径均匀且接近于单分散体系的粒子。

上述几种制备纳米材料的方法各有优缺点,在制备不同的纳米材料时有各自的优势,在选择制备特定纳米材料时应该综合各种方法的特性,选择消耗最小、工艺和试验装置简单、产品纯度高的制备方法。

9.1.4　纳米材料在航天上的应用[5,6]

随着纳米技术以及大规模工业化生产进程的发展,纳米材料在国民经济各领域越来越得到广泛应用。由于保密原因,纳米材料在军事、航空、航天等特殊领域的应用报道还较少。从纳米材料的特性出发,结合航天产品的发展趋势和特点,可以看出纳米材料在航天领域具有较大的应用前景。

1）纳米材料在航天器结构材料上的应用[7]

纳米材料在航天器结构材料上的应用主要可分为金属及金属基复合材料、纳米改性聚合物基复合材料、工程塑料及其他复合材料、陶瓷及陶瓷基复合材料等。以下分别介绍。

(1) 金属及金属基复合材料。

将纳米陶瓷粉体均匀分散于金属基体中,以提高金属合金的成核速率,同时抑制晶粒的长大,从而起到晶粒细化的作用,抑制材料使用过程中微裂纹的扩展,进而提高金属材料的强度,制造出质量轻、强度高、耐热性好的新型合金材料。

常用的纳米粉体主要包括纳米碳化硅、纳米氮化硅、纳米氮化钛、纳米硅粉等。金属基体包括铝、铜、银、钢、铁等合金。

纳米氮化钛具有硬度和热稳定性高、粒度小、分散性好等特点。在钢水冷却结晶过程中,纳米氮化钛成为晶核相,可大大增加成核数量,减小晶粒尺寸,达到细化合金晶粒的效果,使合金的性能得到改善。

纳米碳化硅对于银合金来说是一种有效的增强剂。其原理是通过向基体中加入均匀、细小,具有良好稳定性的颗粒,达到弥散强化合金的作用。当纳米碳化硅的质量百分含量为1%时,强化效果最佳,材料的抗拉强度可达391MPa,相对电导率为60.2%,强度和耐磨性均有所提高。

传统方法下铜合金的高强度和高导电性是一对矛盾共同体,采用纳米碳化硅稳定弥散强化铜基材料,则突破了只能在牺牲电导率和热导率的前提下改善铜的力学性能以获得高强度的限制。其方法是通过向基体中加入均匀、细小,具有良好稳定性的纳米碳化硅颗粒以达到弥散强化铜合金的目的,成为制备高强高导铜基复合材料的研究热点,获得的高强高导铜基复合材料在集成电路的引线框架,各类点焊、滚焊机的电极、触头材料,电枢、电动工具的换相器等电子设备中具有广泛的用途。

纳米碳化锆作为一种重要的高熔点、高强度和耐腐蚀的高温结构材料,可用于硬质合金材料中,以提高材料的强度和耐腐蚀性等性能。

(2) 纳米改性聚合物基复合材料。

纳米材料增韧聚合物的机理是均匀分布纳米粒子的聚合物基体在受到外力作用时,在粒子周围产生应力集中效应,引发基体树脂产生微裂纹吸收能量;而在纳米材料的晶界区,由于扩散系数大且存在大量的短程快扩散路径,粒子间可以通过晶界区的快扩散产生相对滑动,使初发的微裂纹迅速弥合,从而提高材料的强度与韧性。

典型应用如纳米氮化铝增韧环氧树脂,纳米碳化硅提高橡胶的耐磨性等。

当纳米氮化铝 – 环氧树脂体系中的纳米氮化铝量为1% ~5%时,其玻璃化转变温度明显提高,弹性模量达到极大值。纳米氮化铝 – 环氧树脂复合材料的结构完全不同于粗晶氮化铝 – 环氧树脂基复合材料,粗晶氮化铝主要分布在高分子材料的链间而作为补强剂加入,而纳米氮化铝具有表面严重配位不足、庞大的比表面积、极强的活性等特点,且部分纳米氮化铝颗粒分布在高分子链的空隙中而具有很强的流动性,可使环氧树脂的强度、韧性及延展性均大幅提高。

在橡胶轮胎中添加一定量的纳米碳化硅进行改性处理,可在不降低其原有性能和质量的前提下,将耐磨性提高 15% ~ 30% 。纳米碳化硅还可应用于橡胶胶辊、打印机定影膜等耐磨、散热、耐温的橡胶产品中。

（3）工程塑料及其他复合材料。

纳米材料与工程塑料复合可在提高工程塑料的固有性能的同时,获得高导电性、高阻隔性及优良的光学性能,进一步拓宽工程塑料的应用范围。

利用纳米粒子对有一定脆性的工程塑料进行增韧是改善工程塑料韧性和强度行之有效的方法。例如,少量纳米氮化钛粉体用于改性热塑性工程塑料时,可起到结晶成核剂的作用。将纳米氮化钛分散于乙二醇中,通过聚合使纳米氮化钛更好地分散于 PET（聚对苯二甲酸乙二醇酯）工程塑料中,可加快 PET 工程塑料的结晶速率,使其成形简单,扩大其应用范围。而大量纳米氮化钛颗粒弥散于 PET 中,可大幅提高 PET 工程塑料的耐磨性和抗冲击性能。用偶联剂进行表面处理后的纳米碳化硅,在添加量为 10% 左右时,可大大改善和提高 PI（聚酰亚胺）、PEEK（聚醚醚酮）、PTFE（聚四氟乙烯）等特种塑料的性能,全面提高材料的耐磨、导热、绝缘、抗拉伸、耐冲击、耐高温等性能。

（4）陶瓷及陶瓷基复合材料。

陶瓷材料脆性较大,只有达到 1000℃ 以上时才表现出塑性,而由纳米超细粒子制成纳米陶瓷具有良好的韧性以及其他优异的力学性能,在室温下就可以发生塑性变形,在高温下具有类似金属的超塑性,可以极大提高材料的断裂强度和断裂韧性,明显改变耐高温性,并提高材料硬度、弹性模量和抗热振及抗高温蠕变性,是固体发动机碳/碳喷管和燃烧室之间的热结构绝热连接件的理想材料,还可用于喷管出口锥有关部件。

陶瓷基复合材料是以陶瓷为基体,与各种纳米材料复合制得的材料。陶瓷基体包括氮化硅、碳化硅等。这些先进陶瓷具有耐高温、强度和硬度高、相对质量小、抗腐蚀等优异性能,而其致命的弱点是具有较强的脆性,在应力作用下,会产生裂纹,甚至断裂导致材料失效。而将纳米材料与陶瓷基体复合,是提高陶瓷韧性和可靠性的一种有效方法,可得到韧性优良的纳米增强陶瓷基复合材料。例如,纳米氮化硅掺杂制造的精密陶瓷结构器件可用于冶金、化工、机械、航空、航天及能源等行业中使用的滚动轴承的滚珠和滚子、滑动轴承、套、阀,以及有耐磨、耐高温、耐腐蚀要求的结构器件中。

2）纳米材料在航天器功能材料上的应用[8]

纳米材料在航天器功能材料上的应用主要包括雷达及红外隐身材料、导电/导热等功能材料、涂层材料、特种密封材料、固体火箭推进剂添加剂、磁性材料等。以下简要介绍。

（1）雷达及红外隐身材料。

多重散射及量子尺寸效应使纳米粒子的电子能级能隙变宽,能隙宽度处于微波范围（$10^{-5} \sim 10^{-2}$eV）内,因而可能成为新的吸波通道。纳米陶瓷粉体是陶瓷类红外吸收剂的一种新类型,主要包括纳米碳化硅粉、纳米氮化硅粉等。纳米陶瓷类红外吸收剂具有吸收波段宽、吸收强度大等特性。纳米碳化硅和磁性纳米吸收剂(如磁性纳米金属粉等)复合后,吸波效果还能大幅度提高。纳米氮化硅在100Hz～1MHz范围内有比较大的介电损耗,纳米氮化硅的这种强介电损耗是由于界面极化引起的。纳米氮化铁具有很高的饱和磁感应强度及饱和磁流密度,可用作性能优良的纳米雷达波吸收剂。

(2)导电、导热等功能材料。

纳米氮化物材料是优良的导电、导热材料。

在 Al_2O_3 基体中加入纳米氮化钛颗粒可有效降低其电阻率;随着纳米氮化钛加入量的增加,复合材料的电阻率逐渐降低,当加入的纳米氮化钛体积含量达到 20% 以后,复合材料的电阻率趋于稳定,为 $5.5 \times 10^{-3} \Omega \cdot cm$。

添加超高导热纳米氮化铝的硅胶具有良好的导热性和电绝缘性、较宽的电绝缘使用温度($-60 \sim 200$℃)、较低的稠度和良好的施工性能,可广泛应用于电子器件的热传递介质中,能够提高工作效率,如 CPU 与散热器填隙、大功率三极管、可控硅元件、二极管、与基材接触的细缝处的热传递介质等。将纳米氮化铝粉体以 5%～10% 的质量比例添加到塑料中,可使塑料的热导率从 $0.3W/(m \cdot K)$ 提高到 $5W/(m \cdot K)$,热导率提高了16倍多。与目前市场上的导热填料(氧化铝或氧化镁等)相比,其添加量低,对制品的机械性能有提高作用。

(3)涂层材料。

纳米材料用作涂层可提高工件的耐磨性、抗剥蚀性和抗氧化性。

用纳米碳化硅、碳化锆、碳化钛、氮化钛、碳化硼等粉体作为金属表面的复合涂层,可获得超强耐磨性和自润滑性,其耐磨性比轴承钢高100倍,摩擦系数为0.06～0.1,同时还具有高温稳定性和耐腐蚀性。在液体火箭发动机关键零部件中应用纳米技术,可大大延长这些零部件的使用寿命。

热防护材料中的含碳量决定了材料的防热能力。如导弹、火箭的发动机喷管上防热材料普遍采用碳－酚醛、高硅氧－酚醛。通过在防热涂层中直接加入超细碳粉,不仅可以提高树脂的成碳率,减少碳化热收缩应力,而且由于超细碳粉具有很高的表面活性和其他特性,对材料的剪切强度、拉伸强度、弯曲强度以及弹性模量均有一定的提高。

(4)特种密封材料。

利用纳米材料改性密封零件基体或在密封表面覆盖一层纳米粉末可极大地改善密封材料的密封性能。密封橡胶常用的增强剂多为纳米炭黑,若改用纳米氮化硅能使其拉伸强度提高1～4倍,并改善其耐磨性和密封性。

(5)固体火箭推进剂添加剂。

固体火箭推进剂主要由固体氧化剂和可燃物组成,其燃烧速度取决于氧化剂与可燃物的反应速度。将纳米金属粉添加到固体火箭推进剂中,可显著改善固体推进剂的燃烧性能。例如,在固体火箭推进剂中添加纳米级铝粉或镍粉,推进剂燃烧效率可得到较大提高,燃速显著增大。含有纳米金属铝粉的固体推进剂燃速比含有常规铝粉的固体推进剂的燃速高5~20倍。

(6) 磁性材料。

纳米材料具有单磁畴结构,其磁化率、矫顽力很高,饱和磁矩和磁损耗较低,而且它的磁化过程完全由旋转磁化进行,可作为永磁记忆材料,以提高信噪比,改善图形质量,从而在航天器记忆材料上得到应用。

9.2 新型碳材料及其航天应用

当前,碳材料被认为是可以带动材料行业革命的材料,主要包括金刚石、C60(碳60)、碳纳米管和石墨烯等。其原子结构如图9–2[9]所示。

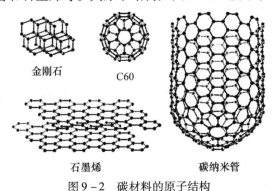

图9–2 碳材料的原子结构

由图9–2分析可知,碳纳米管为一维管状结构,石墨烯为二维网状结构,C60为足球状结构,而金刚石为六面体和八面体组成的连续结构。不同的结构将决定其具有不同的性能或特性。

下面将以金刚石薄膜、碳纳米管和石墨烯为例说明碳材料在未来航天领域中的重要应用。并对其性能、制备方法给予简要介绍。

9.2.1 金刚石薄膜及其航天应用[10]

1) 金刚石薄膜的结构

金刚石和石墨是碳的两种结晶形式,具有完全不同的结构和性质。化学气相沉积制备的金刚石薄膜由(100)面构成的六面体和(111)面构成的八面体按照一定的方向紧密堆积排列而成。根据制备方法和工艺的不同,其结构可能为由(100)面和(111)面构成的多晶结构,或者是由(100)面和(111)面定向生长的纤维结构,抑或是外延成长的单晶膜。金刚石薄膜有着优异的机械、电子、热学、光学和声学等性能以及这些性能的综合。

类金刚石(Diamond - Like Carbon, DLC)薄膜是一种由 sp2 键(石墨结构)和 sp3 键(金刚石结构)组成的亚稳态的非晶碳(不是这两种结构的机械混合)。一般薄膜中的 sp2/sp3 键比率较高。DLC 薄膜具有较高的机械强度、较低的摩擦系数、良好的化学稳定性和光学透过性,同时也是一种禁带宽度较宽且可调整的半导体材料,因此 DLC 薄膜可作为防护和耐磨薄膜应用于磁盘、汽车耐磨部件、各种切削刀片、光学窗口和生物医用薄膜等领域。

2) 金刚石薄膜的性能

金刚石薄膜硬度极高、摩擦系数低、耐磨性高,并具备良好的化学稳定性、导热性、电绝缘性、光透性、耐腐蚀性能和生物相容性等优异性能。

(1) 力学性能。

金刚石薄膜具有很高的硬度和弹性模量,不同的沉积方法制备的金刚石薄膜硬度差异很大,尤其是用激光溅射或磁过滤阴极电弧法制备出的金刚石薄膜,其硬度高达 70~110GPa,与金刚石硬度相当。同时,因制备方法或者沉积的工艺参数以及成分不同,造成 sp3/sp2 杂化键比例以及氢含量的不同,也会影响金刚石薄膜的力学性能。其中,sp3 杂化键比例的提高有利于增强薄膜硬度,但也提高了共价键结合的碳原子平均配位数,使薄膜结构处于过约束状态,会产生很大的内应力。薄膜的内应力是决定薄膜稳定性和使用寿命并影响其性能的重要因素,同时也制约膜的厚度。内应力的存在严重制约了金刚石薄膜在实际中的应用,因此降低金刚石薄膜的内应力已成为目前金刚石薄膜研究发展的新方向之一。

由于金刚石薄膜具有优异的耐磨性和低摩擦系数,所以对金刚石薄膜的研究大多集中在其摩擦学性能方面。含氢金刚石薄膜在惰性或真空环境下的摩擦系数可以达到 10^{-3} 量级,磨损率低于 $10^{-9} mm^3/(N \cdot m)$,是目前所观察到的可以应用到实际工况下摩擦系数最低的,表 9 - 1 列出了各种碳材料的力学性能。

表 9 - 1   各种碳材料的力学性能

材料	形式	密度/(g·cm³)	弹性模量/GPa	硬度/GPa	拉伸强度/GPa
C60	薄膜	约1.7	—	约0.2	—
碳纤维	纤维	1.7~1.9	200~600	—	3.8~6.4
石墨	块体	约2	10	0.2~2	—
碳纳米管	纤维	约2	1000		1
碳纳米管	薄膜	<2	0.013		
富勒烯碳	薄膜	约2.2	480	45	
无氢碳	薄膜	约2.2	100~200	10~20	
含氢碳	薄膜	约2.2	100~300	10~30	
四面体碳	薄膜	3~3.2	300~500	50~80	
金刚石	薄膜、块体	约3.5	1000	100	

（2）热学性能。

金刚石是由正四面体配位碳原子组成的共价晶体,其导热机理为声子导热,具有组成元素的原子量小、原子间结合力强和晶格的对称性最高的特点,因此其热导率在目前所有已知物质中是最高的（$20W/cm \cdot K$),是氮化铝的 10 倍、铜的 5 倍,金刚石薄膜的热导率已接近天然金刚石。其热膨胀系数（$8.1 \times 10^{-8}/℃$)是最低的。如果使用金刚石制备高功率密度电子器件,高热导率将十分有利于器件的散热,如制作大功率半导体器件、微波器件和大规模集成电路最好的散热片。

金刚石作为防护涂层,热稳定性对其在一些特殊工况如高温、辐照等条件下的应用具有重要的影响。在金刚石薄膜沉积过程中,薄膜表面的离子轰击及亚表面层的离子注入在薄膜形成了局部压力和局部高密度,这促使薄膜中 sp3 键结构的产生,最终形成主要由 sp2 和 sp3 杂化碳组成的高度交叉连接的无定形碳网结构。因此金刚石薄膜是一种典型的高应力、亚稳态材料,在加热退火或者光子、离子的能量辐照过程中,金刚石薄膜的结构会发生不可逆变化。

金刚石薄膜热稳定性的影响因素较多。薄膜的类型、结构、成分和厚度等因素共同决定了金刚石薄膜的热稳定性。另外,加热方式、退火环境和时间也强烈影响退火金刚石薄膜的结构变化。然而各种金刚石薄膜在退火过程中具有相似的弛豫机理。

（3）电学性能。

金刚石优异的电学性能突出表现为其具有宽禁带、高电阻率、低介电常数和高电子与空穴迁移率,即使在高温下,电子从价带到导带的跃迁概率也比较小,同时金刚石由于掺杂而诱导的半导体性质,可用于制作高温半导体器件,并有希望成为代替 Si 材料的新一代半导体材料。

金刚石薄膜具有优异的电学性能,一般来说,含氢金刚石薄膜电阻率比不含氢的金刚石薄膜的高,可能是由于氢稳定了薄膜中 sp3 杂化碳相的缘故。由于金刚石薄膜中的 sp2 杂化碳相和薄膜的电阻率有直接的关系,因此沉积工艺和离子束的能量都对金刚石薄膜层电阻率有着很大的影响。金刚石薄膜的电学特性在准金属与绝缘体之间变化且电阻率对结构变化非常敏感,其电阻率通常为 $10^{12} \sim 10^{16} \Omega \cdot cm$;通过掺杂金属或其他非金属元素,可以使金刚石薄膜的电阻率降低几个数量级,这与掺杂诱发薄膜石墨化有关。

（4）光学性能。

金刚石薄膜具有良好的光学透明度、宽的光学带隙,在可见光区通常吸收比高、不透明,但是在红外区和微波频段则具有很高的透过率和较低的吸收比。金刚石薄膜光学带隙（E_0)一般在 2.7eV 以下,E_0 对沉积方法及工艺参数比较敏感。膜层的折射率范围为 1.5 ~ 2.4,它受沉积条件和薄膜中氢含量的影响,通常随薄膜中键合态氢含量的减少而增加。金刚石薄膜具有制备温度低、表面光滑、折射率在一定范围内可调、易于对硅和锗等材料红外增透等优点,因而使它备受广大青睐。然而制备的金刚石薄膜各种性质间存在矛盾,如硬度变大时,内应力变大,光学带隙变小;膜厚增加时应力也随之增大,很容易导致膜的失效脱落。针对这一矛盾,科研工作者进行了工艺的摸索,认识到掺氢条件下沉积的氢化类金刚石碳膜透明度较高,并且透明度随膜内氢含量的增加而增加,一直到类金刚石碳膜中的氢达到饱和为止。作为红外材料,与常见的 ZnS、ZnSe 等相比,金刚石薄膜具有机械强度高和耐腐蚀的优点。此外,金刚石薄膜与硅、锗、石英等材料的折射率能较好地匹配,且与这些材料的膜基结合力强,可用于光学仪器和红外窗口的增透保护。在锗片双面镀金刚石薄膜后,样品在 $3 \sim 5\mu m$ 波段的峰值透过率高达 99% ,在 $2 \sim 15\mu m$ 宽波段的红外透过率均在 85% 以上。

　　3)金刚石薄膜的制备方法[11-16]

　　金刚石薄膜的制备方法可以分为物理气相沉积、化学气相沉积和液相沉积。

　　(1)物理气相沉积技术。

　　物理气相沉积类金刚石碳基薄膜一般采用高纯石墨为固体碳源,以甲烷等烷类气体为碳源,具体方法主要有离子束沉积、磁控溅射沉积、真空阴极电弧沉积、脉冲激光沉积、等离子体沉积等。

　　离子束沉积技术制备金刚石薄膜的原理是以石墨或烃类气体为碳源,利用电弧或热丝电子产生碳或碳氢离子,通过离子枪加速以获得能量并引向基体,能量离子诱导生成 sp3 杂化键在基片表面形成金刚石薄膜。该技术的优点是低的沉积温度及良好的工艺可控性,离子能量和离子流密度可以在很宽的范围内独立改变,具有化学计量比较好、应力小且结合力高的金刚石薄膜,适合在不宜加热的基底上沉积薄膜;不足之处在于其离子枪尺寸小,薄膜的沉积速率较低,不能在大的基材上沉积薄膜,因而不适合大规模工业化生产。

　　磁控溅射沉积技术制备金刚石薄膜最无须复杂的离子源,只需利用射频振荡或磁场激发的氩离子轰击固体石墨靶,形成溅射碳原子(或离子),从而在基材表面沉积得到金刚石薄膜。磁控溅射一方面能提高石墨的溅射速率,另一方面能够增加薄膜的致密度和薄膜中的 sp3 相含量,因此磁控溅射技术是 PVD 技术中的一大主流技术,被誉为低温沉积最有效的方法。

　　真空阴极电弧沉积技术制备纯 DLC 和掺杂的金刚石薄膜的原理是通过在高真空中的点弧装置引燃电弧,在电源的维持和磁场的推动下,阴极弧在靶表面游动,电弧使碳靶蒸发,蒸发的碳通过靶前高势垒,在场致效应作用下离化为碳离子。碳离子在基底负偏压的作用下,高速轰击基底并沉积成膜。

　　脉冲激光沉积技术制备金刚石薄膜是将脉冲激光所产生的高功率脉冲激光束通过聚集透镜和石英窗口引入沉积腔后投射在旋转的靶材表面,使靶材表面产生高温高压等离子体,这种等离子体定向局域膨胀发射,并在基底上沉积形成薄膜。

等离子体浸没离子注入沉积金刚石薄膜的工作原理是工件上加上负脉冲电压，从等离子体鞘层中引出正离子，将其全方位注入工件表面，从而得到结构致密、膜基结合力非常强的金刚石膜层。

（2）化学气相沉积技术。

化学气相沉积，是通过含有薄膜元素的挥发性化合物与其他气相物质的化学反应产生非挥发性的固相物质并使之以原子态沉积在置于适当位置的衬底上，从而形成所要求的材料。从沉积条件看，要实现气体与基体界面的化学反应，在沉积反应过程中必须有一定的激活能。按照激活方式的不同，可以分为热丝化学气相沉积（HFCVD）、直接光化学气相沉积（DPCVD）和等离子体增强化学气相沉积（PECVD）等几种方式。

热丝化学气相沉积通常将基材置于反应管底部，上面设一个热丝（钨丝），将热丝加热到2000℃，以促使含碳离子在基材上反应形成金刚石薄膜，从而获得大面积的高质量沉积膜。其优点是成膜均匀、设备简单且容易按比例放大，缺点是沉积的薄膜被污染、质量较差，而且由于沉积温度高，限制了基材的选择。

直接光化学气相沉积的本质是利用光子促进反应气体分解来沉积金刚石薄膜，因此成膜时没有高能粒子辐射等问题，而且沉积基体温度也可以很低，从而在低温成膜方面引起了人们的广泛关注。

等离子体增强化学气相沉积（PECVD）是辉光等离子体放电过程和化学气相沉积的综合利用，可以通过调节工艺参数方便地控制薄膜厚度和结构，并可以获得质量均匀、致密、稳定性好的薄膜，且它因具有沉积温度低、绕镀性好等优点而成为最常用的制备金刚石薄膜的方法之一。根据等离子体激发源的不同，常见的PECVD技术有：直接辉光放电法、射频辉光放电法、电子回旋共振（ECR）化学气相沉积、双射频－直流辉光放电（RF－DC）法、微波－射频（MW－RF）辉光发电法、电子回旋共振－射频（ECR－RF）法等。

（3）液相沉积技术。

液相沉积法制备金刚石薄膜主要包括电化学沉积和聚合物热解两种技术。

液相电化学沉积方法的基本装置类似于电解池，不同于普通的电解，它一般仅以导电性很差的有机试剂（如甲醇、乙醇等）为电解液，用于沉积碳膜的单晶硅片一般作为阴极，对电极为石墨电极，两极间距为2～10mm。通过高压直流电源或脉冲直流电源在两极间施加很高的电压（1000～3000V），由于两极间距很小，所以在两极间产生很强的电场，促使有机分子极化甚至电离，进而在电极表面发生电化学反应生成"碳碎片"，并逐渐形成连续性的薄膜。

聚合物热解法首先需要合成一种主要由sp3杂化的碳原子构成的聚碳苯（呈现三维随机网络结构），然后将聚碳苯粉末溶解于四氢呋喃中，通过旋涂或手涂将聚合物溶液涂于基材上，待有机溶液挥发后，在基材上可得到聚合物薄膜。在常压、惰性气氛保护下将涂有聚碳苯薄膜的基材试样经800～1200℃热处理1～2h

后,便生成金刚石薄膜。

除上述几种方法外,燃烧法也是一种制备金刚石薄膜的方法。燃烧火焰是一种等离子体,其电子密度为 $10^6 \sim 10^8 \mathrm{cm}^{-3}$,电子能量为 $0.05 \sim 1\mathrm{eV}$。在碳源气体中先混合氧气再进行扩散燃烧,只要预先混合的氧气适量,就能形成由焰心、内焰、外焰构成的本生焰。这样,将基板设置在内焰中,并保持一定温度,内焰等离子体中形成的部分碳的游离基团就可以在基板上生长出类金刚石或金刚石。火焰法可以在大气下合成薄膜,且生成速度快($150 \sim 180\mu\mathrm{m/h}$),适于在大面积及复杂形面上成膜,设备简单且不耗电,因此节省能源。

制备 DLC 膜的方法有离子束沉积、磁控溅射、离子镀、碳氢化合物气体的辉光放电法等。大多数研究者采用直流或射频辉光放电分解碳氢化合物气体,即等离子体化学气相沉积来制备 DLC 膜。

4) 金刚石薄膜在航天上的应用

金刚石薄膜由于具有光学透明度高、力学性能和热性能好等优点,可用于空间光学元件中。尤其是其具有从紫外到远红外良好的光学透射性能、高硬度和高热导、耐热冲击性能和高速雨滴撞击的稳定性,可以用作红外窗口材料。美国 NASA 研制的金星探测器先锋号采用了直径为 18.2mm、厚度为 2.8mm 的金刚石红外窗口。

基于其优良的力学性能、高的热导率和低的介电常数,可以用作导弹拦截、空空导弹等的雷达天线罩的表面防护膜层。

在光学应用方面,可以用作探测器的抗辐射膜层、光学波导、高功率激光窗口的镀层等。

DLC 膜具有红外透明、电阻率大、耐磨、化学稳定性好、硬度高、抗擦伤能力好、耐腐蚀性好等优点,是理想的保护涂层[17]。DLC 膜具有高的光学透过率(尤其是在短波紫外、可见、红外波段中),微观表面十分光滑,光散射吸收小,其折射率依沉积技术和条件的不同可在很宽的范围内变化。因此,通过调节 DLC 膜的折射率,可满足不同红外光学元件单层减反射涂层的要求。

9.2.2 碳纳米管及其航天应用

1) 碳纳米管的结构

1991 年,日本 NEC 公司的科学家饭岛(Iijima)在用高分辨电子显微镜观察石墨电弧放电的产物时,意外地发现了由管状的同轴纳米管组成的碳分子,并称之为"Graphite tubular",也就是后来一般称为的"Carbon nanotube",译为碳纳米管。

碳纳米管是由单一元素碳构成的管状纳米材料,其外直径在几纳米到几十纳米之间,长度可达几十微米甚至到几十厘米量级,通过边生长边拉丝的方法可以得到在米量级的碳纳米管纤维。其内径最细可以到 0.4nm。碳纳米管的管壁是一种类似石墨片的碳六边型网状结构,但有扭曲。这就是说,碳纳米管管壁是由碳六边形环构成,每个碳与周围的三个碳原子相邻,碳－碳之间通过 sp2 杂化键结合。在管的弯曲处和端部,有五边形和七边形的碳环。

碳纳米管是一种纳米尺度的、具有完整分子结构的新型碳材料。它是由碳原子形成的石墨片卷曲而成的无缝、中空的管体。石墨碳原子中的 4 个价电子只有 3 个成键,形成六边形的平面网状结构。这种排列使石墨中的每个碳原子有一对未成对电子,这对未成对电子围绕着这个碳环平面高速运转,因而使石墨具有较好的导电性。在石墨的边缘,每个碳原子都有一个悬浮的键,这个悬浮的键就像一个伸出去的手一样,一直在寻找未成键的原子。

如果将石墨加热到 1200℃ 以上,碳环就会开始重新排列,这种高能量活性边界开始卷曲,直到两个边界完美地结合在一起形成一种空心的管子,其他碳环也同时和这个管子相作用形成一种“帽状”结构封闭管子,这种两端封闭的管状结构,称为纳米碳管。二维结构受热卷曲生成碳纳米管如图 9－3 所示。

石墨烯片卷成管的方向

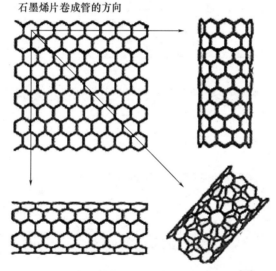

图 9－3　二维结构受热卷曲生成碳纳米管[18]

由于用于卷曲成碳纳米管的石墨片的片层可以是一层的或多层的,这样,由一层的石墨片卷曲成的碳纳米管又称为单壁碳纳米管,而由多层的石墨片卷曲成的碳纳米管又称为多壁碳纳米管。碳纳米管高分辨电镜图如图 9－4 所示。

根据碳纳米管截面的边缘形状,单壁碳纳米管又分为单臂纳米管、锯齿形纳米管和手性形纳米管,如图 9－5 所示。

这些类型的碳纳米管的形成取决于由六边形碳环构成的石墨片是如何卷起来形成圆筒形的,不同的卷曲方向和角度将会得到不同类型的碳纳米管,如图 9－6[19-21] 所示。

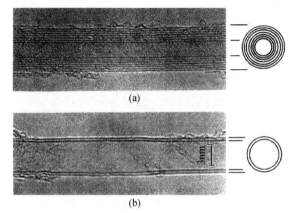

(a)

(b)

图9-4 碳纳米管高分辨电镜图

（a）多壁碳纳米管；（b）双壁碳纳米管。

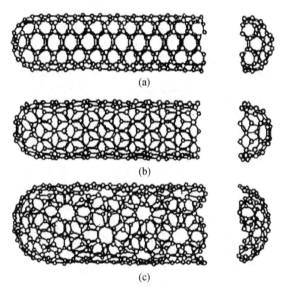

(a)

(b)

(c)

图9-5 不同类型的碳纳米管

（a）单臂纳米管；（b）锯齿形纳米管；（c）手性形纳米管。

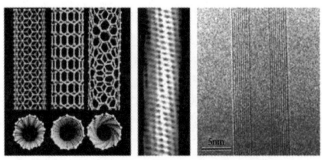

图9-6 不同卷曲方向和角度生成的碳纳米管

2）碳纳米管的性能

碳纳米管具有最简单的化学组成及原子结合形态,却展现了丰富多彩的结构以及与之相关的物理、化学性能。由于它可看成片状石墨卷成的圆筒,因此必然具有石墨优良的本征特性,如耐热、耐腐蚀、耐热冲击、传热和导电性好、有自润滑性和生物相容性等一系列综合性能。但碳纳米管的尺度、结构、拓扑因素等相结合又赋予了碳纳米管极为独特的性能。

（1）电学性质。

碳纳米管在电子结构上最大的特点是其能带结构强烈依赖于碳纳米管的卷曲方向(螺旋度)和直径。如图9-7所示,碳纳米管根据其直径和螺旋度,可用指标 (n,m) 来标记,特别对于 (n,n) 型的碳纳米管,叫作 armchair tubes;而 $(n,0)$ 型的碳纳米管,叫作 zigzag tubes。如果 $n-m=3h$（h 为整数）,则碳纳米管宏观电导性质为金属性,其他情况碳纳米管为半导体性。

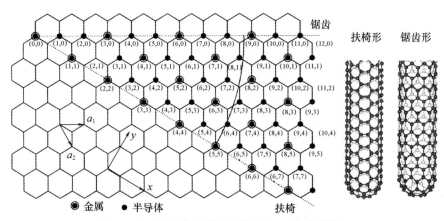

图9-7　石墨层蜷曲成碳纳米管:(n,m) 向量标记

碳纳米管电子结构特点决定了其电学性质强烈依赖最外层原子,其他原子掺杂、分子吸附、受力引发晶格结构变化等都会引起碳纳米管电性能的变化。Yao Zhen 等人发现,具有两段不同螺旋度的碳纳米管异质结呈现二极管的电学特征,如图9-8所示;Dai Hong J 领导的研究组最早发现,将碳纳米管的一部分掺杂金属钾原子,可以改变整个碳纳米管的电学性质,通过门电位调节,会使碳纳米管分别表现出 P + N 结、P + N + 结、PN + 结、NN + 结等半导体特性,如图9-9所示。该研究组还发现,在某些气体环境下,碳纳米管的电导率会随气体浓度变化而规律变化;Tombler TW 等人利用 AFM 研究碳纳米管形变对电学性能的影响,发现当碳纳米管形变后,碳纳米管电阻降低了两个量级。基于以上碳纳米管的特性,碳纳米管可以用于纳米电子元器件,如二极管、场效应管等,还可以用于各种传感器,如化学传感器、生物传感器、应力传感器、电磁场传感器等。

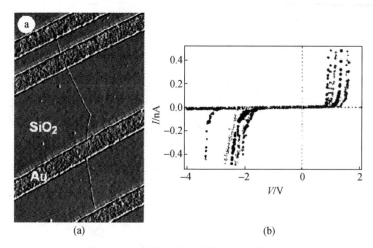

图 9 - 8　碳纳米管异质结的二极管特性

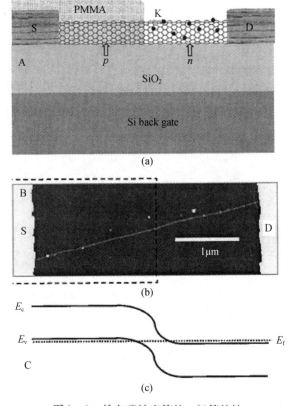

图 9 - 9　掺杂碳纳米管的二极管特性

　　碳纳米管另一个电学特性就是电阻率小,可承载电流大。由于碳纳米管是理想的一维导体,电子在碳纳米管中以弹道方式输运,电子自由程可达微米量级,因此,单个金属性碳纳米管可以稳定承载 $20\mu A$ 的电流,相当于电流密度 $10^9 A/cm^2$,而电阻率只有铜的 $1/2$。

此外,碳纳米管还具有一维电子气的输运特性,如负阻、库仑阻塞效应、Kando效应、量子共振隧穿的特性等。碳纳米管的低温负阻特性如图 9 - 10 所示。对于研究低维物理的量子特性具有重要意义。

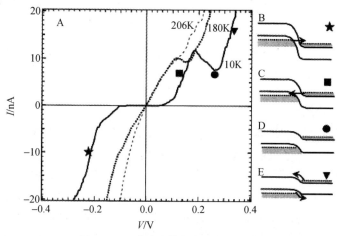

图 9 - 10　碳纳米管的低温负阻特性

(2)力学性能。

碳纳米管与理想的碳纤维很相似。在同一平面内 C—C 键的结合力是最强的,所以碳纳米管在轴向上的强度比绝大多数一维材料的都要强。理论和试验都表明,碳纳米管具有极高的强度、韧性和弹性模量。单根多壁碳纳米管的杨氏模量约为 1TPa,单根单壁碳纳米管的杨氏模量在 0.5 ~ 5TPa。碳纳米管的力学性能与碳纳米管的手性、直径以及缺陷等有关系,因此不同研究组试验得到的杨氏模量差别较大。一般在应用中,碳纳米管的杨氏模量建议取到 600 ~ 1000GPa,远高于钢的杨氏模量。在抗拉强度方面,单壁碳纳米管的抗拉强度 45GPa,是铁的 20 倍,多壁碳纳米管的抗拉强度可达 150GPa,理论计算值更高达 300GPa。碳纳米管还有较高的抗应变能力,在弯曲 40% 以上时,仍不会出现塑性变形或断裂。

单壁碳纳米管的密度为 $0.8g/cm^3$,多壁密度为 $1.8g/cm^3$,与铁的密度为 $7.7g/cm^3$ 比,是其 $1/6$ 左右。将碳纳米管作为复合结构材料,可以出表现良好的强度、弹性、抗疲劳性及低密度性,会带来复合材料性能的一次飞跃。

(3)热学性能。

碳材料一直是材料中热导率最高的材料。对于金刚石,其热导率在 2000 ~ 2500W/(m·K),对于石墨,在其二维平面上热导率在 2000W/(m·K)。而碳纳米管显示出更高的热导率。分子动力学模拟结果显示单根单壁碳纳米管在室温的热导可以达到 6600W/(m·K),比钻石的还要高。由于碳纳米管的这种高导热性,碳纳米管可以用于制作高导热复合材料。

（4）磁学性能。

磁学性能（Aharonov Bohm，AB）效应是指在一薄壁长金属筒外加一平行于轴向的磁场时,金属筒的电阻作为筒内的磁通量的函数将表现出周期性振荡行为。

随着对碳纳米管研究的深入,研究者发现如果在平行于碳纳米管的轴向加一磁场,具有金属导电性的碳纳米管表现出 AB 效应。碳纳米管中有部分具有金属性质,碳纳米管的长径比又很大,且管壁厚度很小,它相当于单层石墨片层的厚度,当沿着碳纳米管轴向加一磁场时,随着磁场的改变,会出现由金属性向半导体性再向金属性的转变,这类似于 AB 效应,因此碳纳米管或将取代薄金属圆筒,并在电子器件小型化和高速化的进程中发挥重要的作用。

（5）光学性能。

物质吸收能量后引起电子在不同能级间跃迁的同时发射光子,产生光效应。光照到物体上,会产生散射现象,包括瑞利散射和拉曼散射。

无缺陷的碳纳米管,尤其是单壁碳纳米管具有直接带隙、确定的能带及子带结构,是光学和光电子应用的理想碳材料。已有试验证明,碳纳米管内部可生成纳米线,这为碳纳米管制作新型纳米材料的模板提供了潜在的可能性。利用共振拉曼、紫外、可见、近红外以及荧光等光谱手段,人们已经确定了单根碳纳米管及其管束的光谱。因此可以利用拉曼光谱来表征碳纳米管的结构特征。另外,人们在碳纳米管的荧光效应和光致发光效应的研究上也已取得了不少成果。随着碳纳米管研究技术的日趋成熟,定向碳纳米管薄膜的太阳能吸收特性也得到比较深入的研究并取得一定成果。

（6）吸附性能。

吸附作用是利用吸附质与吸附剂的表面作用以降低固体表面能量的过程。影响吸附性能的因素主要包括比表面积、表面能及孔隙结构等。气体吸附过程决定于多孔物质的表面和孔隙结构。

碳纳米管是典型的一维材料,比表面积大,吸附能力非常强。计算表明碳纳米管的结构中具有很强的尺寸效应,能包含其他种类的分子或原子。由于碳纳米管在管壁上存在一些拓扑学缺陷,其表面反应活性要更大一些,具有相当高的比表面能。再加上碳纳米管中的所有碳原子都位于表面,因此具有很大的比表面积。碳纳米管的比表面积变化范围很大,一般在 $50 \sim 1600 m^2/g$。其中单壁碳纳米管表面积值要比多壁碳纳米管大一个数量级。与传统多孔碳的随意孔径体系相比,单壁碳纳米管直径大小的分布范围小,缺陷少,具有较高的均匀一致性,因而具有规整的一维纳米级孔隙。

利用碳纳米管对气体进行存储和探测已经取得了很大的进展。比如,利用碳纳米管的吸附性能实现对氢的存储;利用碳纳米管吸附微量气体分子引起其宏观电阻上的很大变化的特性,可以制作碳纳米管气敏元件。

3）碳纳米管的制备方法

纳米管的生长机理是一个极其复杂的问题,在不同的制备工艺条件下其生长过程不同,但均包括三个关键要素,即碳源、热源和金属催化剂。

目前,碳纳米管制备方法主要有电弧放电法、化学气相沉积法和激光蒸发法等。采用不同方法制备碳纳米管各有其优、缺点。电弧法制备的碳纳米管虽然产量不及化学气相沉积(CVD)法,成本也较高,但管的缺陷少,比较能反映碳纳米管的真实性质,所以目前试验研究(如碳纳米管的电磁性能测试等)大多使用该方法制备的碳纳米管。CVD 法制备的碳纳米管成本低,产量高,适合于工业化大批量生产,但缺陷较多、易变形。激光蒸发法不适合制备多壁碳纳米管,但制备的单壁碳纳米管质量好,广泛用于对单壁碳纳米管的物理测量中。

下面就几种主要制备方法进行简单介绍。

（1）电弧放电法[30,31]。

在真空反应室内充有一定量的缓冲气体,两根石墨电极棒垂直相对。催化剂及缓冲气体种类、分压的选择等是电弧法制备单壁纳米碳管的关键,将直接影响到产物的产量、质量及形貌特征。

电弧放电设备主要由电源、石墨电极、真空系统和冷却系统组成。为有效合成碳纳米管,需要在阴极中掺入催化剂,有时还配以激光蒸发。在电弧放电过程中,反应室内的温度可高达 3000 ~ 3700℃,生成的碳纳米管高度石墨化,接近或达到理论预期的性能。电弧放电法制备碳纳米管的设备装置示意图如图 9 - 11 所示。

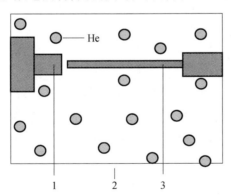

图 9 - 11　电弧放电法制备碳纳米管的设备装置示意图
1—阴极;2—反应室;3—阳极。

电弧法制备碳纳米管具有简单快速的特点,而且制得的碳纳米管管身较直,结晶度高。但该法制得的碳纳米管容易烧结成束,束中还存在一些非晶碳杂质。

（2）化学气相沉积法[32,33]。

化学气相沉积法(CVD)主要指在高温下,利用催化剂(一般为 FE、Co、Ni 金属颗粒)裂解含碳气体(甲烷、乙烯、乙炔等)。主要以 C_2H_2 作为碳源,以金属催化剂作为品种,在相对低的温度(500~1000℃)下 C_2H_2 裂解而得到碳纳米管。其基本原理为含有碳源的气体 C_6H_6、C_2H_2、C_2H_4 等流经催化剂表面时分解生成碳纳米管。碳氢化合物催化分解法制备单壁碳纳米管的温度仅在 1000℃ 左右,远比电弧放电法和激光蒸发法(3000℃以上)低,而且该方法的能量利用率高,设备简单,成本较低,且产物纯度高,工艺参数易于控制。化学气相沉积方法示意如图 9-12 所示。

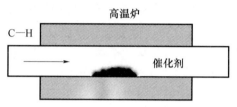

图 9-12　化学气相沉积方法示意图

经对 Fe、Co、Ni、Cu 进行研究,结果发现用 Co 作催化剂时得到了最细、石墨化最好的碳纳米管。这种碳氢化合物气体催化分解的方法,可以严格控制温度,并且由于可以稳定连续地供气,所以随反应时间的延长,碳纳米管的长度可延长。

但化学气相沉积法制得碳纳米管粗产品中管状结构的产物比例不高,管径不整齐,存在较多的结晶缺陷,常常发生弯曲和变形,石墨化程度也较差。但该法可以通过调整催化剂及合成条件来控制碳纳米管的形貌和结构,为碳纳米管的形成机理和性能研究提供了条件。

(3) 激光蒸发法[22]。

① 单壁碳纳米管。

激光蒸发法是制备单壁碳纳米管的一种有效方法。用高能 CO_2 激光或 Nd/YAG 激光蒸发掺有 Fe、Co、Ni 或其合金的碳靶制备单壁碳纳米管和单壁碳纳米管束,管径可由激光脉冲来控制。S. Iijima[5] 等人发现激光脉冲间隔时间越短,单壁碳纳米管产率越高,而单壁碳纳米管的结构并不受脉冲间隔时间的影响。用 CO_2 激光蒸发法,在室温下可获得单壁碳纳米管,若采用快速成像技术和发射光谱可观察到氩气中蒸发烟流和含碳碎片的形貌,这一诊断技术使跟踪研究单壁碳纳米管的生长过程成为可能。

激光蒸发法制备单壁碳纳米管设备装置如图 9-13 所示。在 1200℃ 的电阻炉中,由激光束蒸发石墨靶,流动的氩气($6.67 \times 10^4 Pa$)使产物沉积到水冷铜柱上。

高纯度的单壁碳纳米管产物由随机排列的长数微米、直径为 10~20nm 的细小纤维组成。透射电子显微镜(Transmission Electron Microscoy,TEM)检测表明这些细小纤维为单壁碳纳米管束。所有单壁碳纳米管的端部都由半球型端帽封口,没有发现金属催化剂颗粒的存在。Ni/Co 催化剂随机分布在产物中,通常镶嵌在较大的非晶碳颗粒中。

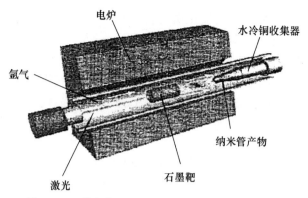

图 9 - 13　激光蒸发法制备单壁碳纳米管设备装置

② 多壁碳纳米管。

R. E. Smalley 等人首次使用激光蒸发法实现了单壁碳纳米管的批量制备。他们采用类似的试验设备,通过激光蒸发过渡金属与石墨的复合材料棒制备出多壁碳纳米管。激光蒸发设备同单壁碳纳米管合成设备类似,如图 9 - 14 所示,在 1200℃ 的电阻炉中,由激光束蒸发石墨靶,流动的氩气使产物沉积到水冷铜柱上。

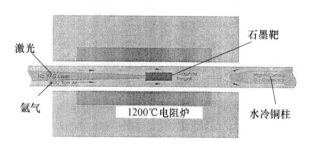

图 9 - 14　激光蒸发法制备多壁碳纳米管设备

一般来说,碳纳米管要比相应的球状富勒碳稳定性差一些,所以要在一定的外加条件下才能生成,例如强电场、催化剂金属颗粒、氢原子或者低温表面,以使其一端开口而利于生长。试验结果表明,多壁碳纳米管是激光蒸发环境中纯碳蒸汽的固有产物。在碳纳米管生长过程中,端部层与层之间的边缘碳原子可以成键,从而避免端部的封口,这是促使多壁碳纳米管生长的一个重要内在因素。

碳纳米管列阵的理论和试验研究同样受到了人们的高度关注。制备碳纳米管列阵的关键是催化剂纳米颗粒的制备和分散。目前,科研工作者主要采用活性点密度高、表面积和孔隙体积大的催化剂和载体。常选用氧化铝、硅、二氧化硅、玻璃、石英、Ti 和 Ni 等做基底材料,采用离子交换法、浸渍法、化学气相沉积法或离子溅射法再经过预处理在基底材料表面或介孔中形成催化剂纳米颗粒,然后在一定温度下裂解碳氢化合物;碳离子在催化剂的作用下,在基底材料上定向生长成为碳纳米管列阵。目前应用多孔氧化铝模板法和介孔氧化硅衬底法制备碳纳米管列阵的研究进展比较快。采用阳极氧化法制备多孔氧化铝（AAO）模板，然后在 AAO 模板柱形微孔内壁上沉积催化剂纳米颗粒；在催化剂的作用下碳离子定向生长成碳纳米管,溶去氧化铝可得高度取向、分立有序、由表面碳膜固定和保持的碳纳米管列阵膜。碳纳米管的长度和管径可由 AAO 模板的厚度和孔径来控制。

凝胶法制备内含催化剂的具有取向介孔的二氧化硅衬底,在 600℃ 下裂解乙炔可制得定向排列、离散分布而且十分纯净的碳纳米管阵列。解思深[12] 等人用改进后的分布有 Fe/SiO$_2$ 纳米颗粒的薄膜状二氧化硅做基底,成功地实现了碳纳米管的顶部生长,碳纳米管的生长速率为 30 ~ 40μm/h,可制备出长达 2 ~ 3mm 的超长碳纳米管阵列。在该方法中碳纳米管的生长方向由衬底中微孔的取向决定。

（4）碳纳米管的纯化。

一般制备的纳米碳管粗产物中包含有杂质,包括无定形炭、纳米炭颗粒、小富勒烯分子、石墨片以及催化剂粒子等,不利于碳纳米管自身物理、化学性能的系统研究及其运用,因此提纯是十分必要的。

根据分离提纯的方式不同,可以归纳为化学提纯法和物理提纯法。化学纯化途径主要是利用碳纳米管比无定型碳等杂质的拓扑类缺陷少以及六元环比五元环、七元环稳定这一性质差别来达到提纯目的。物理提纯是根据碳纳米管与杂质的粒径、形状、电性等物理性质的差异,借助于超声分散、离心分离、微孔过滤、空间排阻色谱法、电泳法等物理方法将 CNTs 和杂质相互分离而达到提纯目的。化学法主要采用各种氧化方法进行提纯。物理提纯法有退火法、过滤纯化法、及色谱法功能修饰法等。

4）碳纳米管在航天上的应用[34 - 37]

基于碳纳米管优异的电性能和机械性能,其在航天电子装置、计算机和存储技术、传感器、复合材料、储氢或锂电池、纳米机电系统、超大电容器和扫描探测显微镜等领域有着重要的应用。尤其是在碳纳米管管增强的复合材料方面,应用广泛。

NASA 军事研究中心 Meyyappan 等人提出了碳纳米管在航天领域结构机构、电子系统和传感器等领域的应用。其中在结构、机械中的应用包括高强度的复合材料、电缆材料、电线材料、多功能材料、作为聚合物的骨架支撑、热交换、散热器、热障、辐射屏蔽、滤膜、支撑体、防弹衣、宇航服等,在电子和计算技术领域的应用有 CNT 量子连接器、用于计算的分子级电子设备、电容器、数据存储器、场级发射装置、SEM 芯片、平板显示器等,应用于传感器、纳米电机系统（NEMS）以及生物医药技术有 AFM/STM 的探针、体积力（压力、化学等）传感器、航天用生物传感器、分子齿轮、发动机、动力器、储存（H2、Li 等）能源物质、纳米级反映容器、离子通道等。

碳纳米管/铁基复合材料是碳纳米管在复合材料中的典型应用,其原理是由于碳纳米管的端面碳五元环的存在,在外界高温和其他反应物质存在的条件下,端面很容易被打开,形成一个易被金属浸润的管子,进而和金属形成金属基复合材料。这种材料具有高比强度、高比模量、耐高温、热膨胀系数小和抵抗热变性能强等优点。马仁志等采用直接熔化方法合成了碳纳米管/铁基复合材料,其硬度可达到HRC65,比普通铁碳合金的硬度高 5～10HRC。董树荣等制备的碳纳米管/铜基复合材料具有良好的减摩、耐磨性能。Kuzumaki 等用热压－热挤出工艺制备的碳纳米管/铝基复合材料,强度比纯铝具有更好的热稳定性。

在润滑材料中添加一定成分比例的碳纳米管,可大大提高其润滑性。纳米碳管的增强及相互缠结作用使纳米碳管在磨损时不易拔出脱落,纳米碳管分布在磨损表面明显减弱了黏着和复合材料剥落,因而使磨损率迅速降低。碳纳米管同时具有石墨的润滑性和导电性,在航天器摩擦技术方面一定有很广的前途。

在铝、镁、钛等金属或合金中添加纳米碳管有望较大地改变它们的用途和性能[36]。南昌大学姚孝寒等在氩气的保护条件下,采用液态金属搅拌铸造技术制备了镁合金/碳纳米管复合材料。对其进行了力学性能测试,结果表明:碳纳米管对镁合金(ZM5)有较强的增强效果,明显提高了抗拉强度、硬度、弹性模量和延伸率,并且复合材料的晶粒明显小于 ZM5 合金的晶粒[37]。

纳米管增强的环氧复合材料除了具有轻质、高强、韧性好、耐冲击的特点,并且还具有智能性。美国 NASA 支持了一系列的计划,包括碳纳米管的生产及在航天中的应用,如纳米流体、热塑性纳米复合材料、环氧纳米复合材料纤维体系、聚合物基纳米复合材料等。

利用碳纳米管制备各种气体传感器,以探测 NO_2、H_2O、NH_3、CH_4、SO_2、CO_2、H_2S 等气体,可望用于地球上的有毒有害气体探测,也可以用于空间探测任务中航天员乘住舱内气体探测、火星等地外星体的大气成分探测等。

利用碳纳米管的场发射性能,可望制备单壁碳纳米管阴极场发射器,作为理想电子发射源,来控制航天器外表面的累积电荷,降低表面放电的风险。

利用碳纳米管贮氢容量最大的特点,将有助于氢燃料电池的发展,在未来航天器燃料问题解决方面可能会带来突破。

利用碳纳米管的超声波传递热能的优势,可将其用于今后超高速运算的计算机芯片导热板和各种发动机与火箭的高温部件防护材料,也可用于空间飞行器热控系统中。

9.2.3 石墨烯及其航天应用

1) 石墨烯的结构

自英国曼彻斯特大学科学家 Geim 和 Novoselov 于 2004 年利用机械切割法从石墨中分离出石墨烯以来,石墨烯就以其独特的物理化学性能引起了人们的广泛关注。石墨烯是二维蜂窝状晶格结构单层碳原子晶体,厚度仅有 0.335nm。石墨烯具有优异的力学特性(弹性模量高达 1.0TPa)、电学特性(电子迁移率高达 $10^6 cm^2/(V \cdot s)$)、热学性质(热导系数高达 $5000W/(m \cdot K)$)、光学性质(单层石墨烯可见光吸收比小于 2.3% 及优异的锁膜特性)、超大理论比表面积($2630m^2/g$)以及独特的化学和电化学特性。石墨烯二维极限结构的奇特性质可以构筑超快、超强、超高的纳米器件，可以构建可控组装的薄膜材料、气凝胶和碳泡沫。具有少量缺陷的石墨烯，利用缺陷效应可制备高性能储能、催化材料[38－40]。

石墨烯是由碳原子六角结构(蜂窝状)紧密排列的二维单层石墨片，它是许多碳质材料的基本结构单元，例如：它可以包裹起来形成零维的富勒烯，卷起来形成一维的纳米碳管，抑或层层堆积形成三维的石墨(图9－15)。如果对石墨烯进行更深入的研究，就有可能按照人们的意愿定向制备某种需要的碳质材料。这种薄薄的石墨烯，显示出了许多奇异的特性，它是一种结合了半导体和金属属性的新型碳材料。纯净的石墨烯具有超薄(一个原子厚度)、超坚固(科学家称迄今为止"强度最高的材料")和超强导电性能(电子通过率几乎达到100%)等特性，可望在高性能纳电子器件、复合材料、场发射材料、气体传感器及能量存储等领域获得广泛的应用[41]。

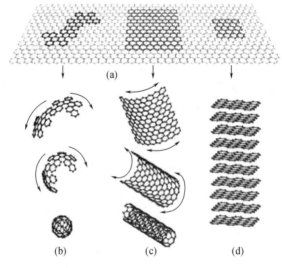

图9－15 碳的不同形态

(a)石墨烯；(b)富勒烯；(c)纳米碳管；(d)石墨[40]。

石墨烯是由碳原子在二维平面按六方晶格规律排布形成的点阵，呈现出蜂窝状结构，如图9－16(a)所示。

石墨烯上碳碳原子间距为0.142nm，每个晶胞由两个碳原子组成。碳原子之间通过sp2杂化方式成键，每个碳原子的3个sp2轨道分别与相邻3个碳原子的sp2轨道结合形成很强的σ键，剩下的一个P轨道相互变叠形成大π共轭体系，赋予石墨烯良好的导电性。

石墨烯的导带和价带相交于布里渊区的Dirac点(图9－16(b))，这表明石墨烯是一种没有能隙的物质，比一般的半导体具有更强的金属性。它的载流子是一种无质量的狄拉克－费米子,类似相对论粒子(准粒子),用 2＋1 维的狄拉克方程来描述比用薛定谔方程更为准确。

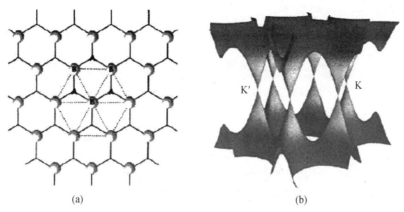

(a)   (b)

图 9 - 16　石墨烯的物理结构

(a)石墨烯的晶体结构;(b)石墨烯的能带结构。

目前普遍认为石墨烯是一种二维原子晶体。在 2004 年,Geim 等人用一种"微机械剥离"的方法得到了单层石墨烯,证实了二维原子晶体的存在。实际上,石墨烯片层表面并不是完全平整的,而是有许多的褶皱,可能正是这些热起伏(图 9 - 17),巧妙地促使二维晶体结构的稳定存在。

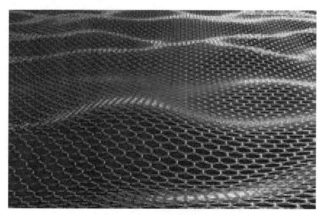

图 9 -17　石墨烯表面的热起伏

二维晶体目前还没有一个明确的定义。就石墨烯而言,单层石墨烯可以确定是一种二维原子晶体。随着原子层数的增加,石墨烯的电子结构会发生急剧的变化。研究表明 10 层以上的石墨烯应当视为三维材料。一般认为,10 层以下的石墨烯晶体可以分为三类—单层石墨烯、双层石墨烯和多层石墨烯,10 层以上的石墨烯都应视为石墨薄膜。

2）石墨烯的性能

石墨烯的优异性能,包括光学性能、电学性能、力学性能、热学性能、磁学性能、化学性能等[9],下面简要介绍。

（1）石墨烯的光学性质。

根据理论推算,石墨烯具有令人惊奇的光学性质,即单层石墨烯对可见光约有3.2%的吸收,该性质来源于石墨烯电子能带结构。试验证实的石墨烯不透明度为2.3%,在层数不多的情况下,寡层石墨烯的透光性可简单地用$(1-0.023n)\times100\%$表示（n为层数）。

石墨烯还表现出很好的非线性光学吸收特性,即当强烈的光照射石墨烯时,石墨烯对可见和红外等波段的光具有良好的吸收,加之其零带隙的特征,使石墨烯很容易变得对光饱和。因此,石墨烯对光具有较低的饱和通量,这一性质使石墨烯在许多光学领域如激光开关、光子晶体等有良好的应用前景。

（2）石墨烯的电学性质[42,43]。

石墨烯晶格具有六方对称性:碳有4个价电子,其中在石墨烯面内,每一个碳原子通过sp2杂化与相邻的3个碳原子形成共价键。而另外有一个P轨道电子形成离域π键。石墨烯的二维墨晶体结构及其布里渊区如图9-18所示。

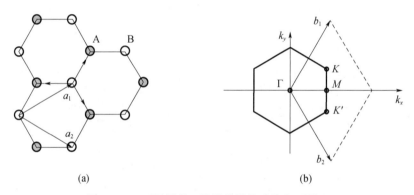

图9-18　石墨烯的二维晶体结构及其布里渊区

(a)二维晶体结构；(b)布里渊区。

石墨烯中的载流子具有非同一般的传输性能。载流子可以以近乎光速的速度移动,因此石墨烯具有很高的电荷迁移率。试验表面,石墨烯室温下具有大于$15000\text{cm}^2/(\text{V}\cdot\text{s})$的载流子迁移率,该迁移率基本不受温度影响,且最高可达$200000\text{cm}^2/(\text{V}\cdot\text{s})$,其相对应的电阻率为$10^{-6}\Omega\cdot\text{cm}$,使石墨烯成为目前已知物质中室温电阻率最低的材料。

除了超低的电阻率外,石墨烯还具有突出的电子性质,包括室温量子霍尔效应和自旋传输性质。量子霍尔效应使石墨烯在量子储存和计算、标准电阻及其他基本物理常数的准确测量等方面具有重要的意义。而得益于石墨烯中碳原子的自旋和轨道动量之间很小的相互作用,石墨烯上的自旋特性可传递超过微米。因此,目前石墨烯被视为一种理想的自旋材料,自旋电子器件有可能成为下一代基础电子元器件,因而近年来备受关注。

(3)石墨烯的力学性质。

石墨烯中各碳原子之间的连接非常紧密柔韧,当施加外部机械力时,碳原子就会弯曲变形,从而使碳原子不必重新排列来适应外力,这样也就保持了结构的稳定。

美国哥伦比亚大学的两名华裔科学家李成古和魏小丁研究发现,铅笔石墨中一种叫做石墨烯的二维碳原子晶体,比钻石还坚硬,强度比世界上最好的钢铁还要高上100倍。他们进行了大量的试验,对石墨烯的机械特性做了全面的研究。他们选取 $10 \sim 20\mu m$ 的石墨烯颗粒作为研究对象。试验发现,在石墨烯样品微粒开始碎裂前,它们每100nm的距离上可承受的最大压力居然达到了 $2.9\mu N$。如果用石墨烯制成包装袋,将能承受大约2t重的物品。美国机械工程师杰弗雷·基萨教授用一种形象的方法解释了石墨烯的强度:如果将一张和食品保鲜膜一样薄的石墨烯薄片覆盖在一只杯子上,然后用一支铅笔戳穿它,那么则需要一头大象站在铅笔上,才能戳穿这层只有保鲜膜厚度的石墨烯薄片。

最近,半导体工业也开始对石墨烯的超强硬度表现出强烈的兴趣,他们有意利用石墨烯晶体管制造微型处理器,进而生产出比现有计算机速度更快的纳米计算机。加州理工大学教授朱莉娅·格里尔说,压力恰恰是微型处理器制造过程中遇到的主要阻力之一,因而生产晶体管使用的材料不仅要有出色的电子特性,而且"还要能够承受住生产过程中的压力和反复使用过程中产生的热量"。她强调,在证实了石墨烯的强度之后,可以确信,石墨烯能够承受住这种压力。

(4)石墨烯的热学性质[44]。

低维纳米碳材料,如石墨烯和碳纳米管等,因为其极高的弹性常数和平均自由程,具有高达 $3000 \sim 6000W/(m \cdot K)$ 的热传导率。又因其在高温下的稳定性,这些材料可用作高效的散热材料。

对于多层石墨烯,或者是石墨,由于各层之间低频声子的散射以及 Umklapp 散射过程的改变,其热导率有所降低。Ghosh 等人测量了 $1 \sim 10$ 层石墨烯的热导率,发现当石墨烯层数从 2 层增至 4 层时,其热导率从 $2800W/(m \cdot K)$ 降低至 $1300W/(m \cdot K)$。对于更多层的石墨烯,其面内热传导性质与块体石墨接近,如图 9-19 所示。

同石墨烯中的电子输运类似,石墨烯中的缺陷、边缘的无序性等都会降低石墨烯中的热传导系数,而通过制备不对称的石墨烯纳米结构也可以实现热传导的整流控制[45-47]。

(5)石墨烯的磁学性质。

由于石墨烯锯齿形边缘拥有孤对电子,从而使得石墨烯具有铁磁性及磁开关等潜在的磁性能。研究人员发现单氢化及双氢化锯齿状边的石墨烯具有铁磁性。

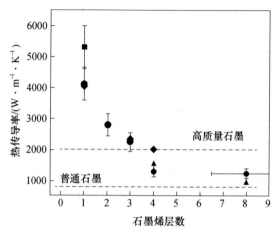

图 9 - 19 不同层数石墨烯的热传导率

与石墨相比,使用纳米金刚石转化法得到的石墨烯的泡利顺磁磁化率或 π 电子所具有的自旋顺磁磁化率更高 1 ~ 2 个数量级。由三维厚度为 3 ~ 4 层石墨烯片无定形微区排列所构成的纳米活性碳纤维在不同热处理温度下,显示出 Cuire – Weiss 行为,表明石墨烯的边缘位具有局部磁矩。此外,通过对石墨烯不同方向的裁剪及化学改性可以对其磁性能进行调控。研究表明分子在石墨烯表面的物理吸附将改变其磁性能。例如氧的物理吸附增加石墨烯网络结构的磁阻,位于石墨烯纳米孔道内的钾团簇将导致非磁性区域的出现。

(6) 石墨烯的化学性质[48,49]。

石墨烯因为同时具有面内的碳 – 碳 σ 键和面外的 π 电子,所以一方面具有很高的结构稳定性以及热和化学稳定性;另一方面如果进行适当官能团的修饰将具有丰富的化学活性。本章就氧化、氢化等几种代表性的化学吸附和掺杂修饰下的行为对石墨烯的化学性质进行详述,同时我们也对经过这些化学修饰方法处理后石墨烯物理化学性质的改变进行介绍。

化学还原方法是大规模制备石墨烯材料的一种重要的方法。在石墨材料中,各片层之间通过范德华力(Van Der Waals)相互作用形成间距为 0.34nm 的紧密结合。在化学还原方法中,首先在氧化、超声振动等环境下将多层石墨各层之间的范德华力相互作用破坏,从而形成单原子层的氧化石墨片。然后通过化学还原的方法对其进行还原。氧化石墨片,成为其中间产物。近几年来引起了广泛的关注。

石墨烯和碳纳米管等碳纳米材料由其极大的表面体积比和较小的密度,被认为是吸附储氢的理想材料。石墨烯表面的孤立 π 电子可以与游离的氢原子反应,形成氢化石墨烯结构。在此结构中,每个碳原子最多可与一个氢原子形成共价键,从而形成碳氢化合物 CH。在完全氢化的石墨烯中,氢的质量达到 7.7%,超过了美国国家能源部储氢项目 2010 年的预期目标 6%。

与金属不同,在半导体或者绝缘体的表面上,例如 S_iC 和 S_iO_2,石墨烯通常在界面处与基底形成共价键或者发生范德华力相互作用。石墨烯与基底之间的界面还可以通过插入金属、氢、氧等原子来进行调控。

3) 石墨烯的制备方法[9]

目前用于制备石墨烯的常用方法有固相法、液相法和气相法三大类方法。

（1）固相法。

固相法是指碳源在固态下供给以生长石墨烯的方法,包括机械剥离法和外延生长法。

① 机械剥离法。

机械剥离法是施加外力从石墨上直接将石墨烯"撕拉"下来的方法。该方法得到的石墨烯宽度一般在几微米至几十微米,最大可达毫米量级。机械剥离法制备石墨烯如图 9 – 20 所示。

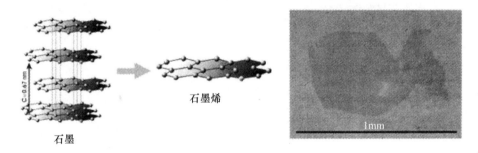

图 9 – 20　机械剥离法制备石墨烯

另外一种机械剥离法是将石墨表面在另一个固体表面上摩擦,使石墨烯层片附着在固体表面上。其他剥离石墨法还包括静电沉积法、淬火法等。其中,静电沉积法是将高定向热解石墨通以直流电,并在云母基底放电以获得石墨烯。

② 外延生长法[54,55]。

外延生长方法利用生长基质原子结构制备出石墨烯,首先让碳原子在高温 1150℃时缓慢渗入钌,然后降钌冷却到 850℃。这样在之前吸收的大量碳原子就会自然浮到钌的表面,形成镜片形状的单层的碳原子孤岛。当这些孤岛布满整个基质表面时,它们就可长成完整的一层石墨烯。当第一层石墨烯覆盖 80% 后,开始第二层的生长。在底层的石墨烯会与基底钌产生强烈的相互作用,结合很紧密。而第二层后就几乎与钌完全分离,只剩下很微弱的电耦合,这样就能生长出较好的单层石墨烯薄片。但采用这种方法生产的石墨烯薄片往往厚度不均匀,且石墨烯和基质之间的黏合会影响碳层的特性,并且使用的基质是稀有金属钌,不利于大量的生产制备。

还有一种方法是通过加热单晶的 6H – SiC 脱除 Si,在单晶（001）面上分解出石墨烯片层。其具体过程是:把经过氧气或氢气刻蚀处理得到的样品在高真空下用电子束对其进行轰击加热,除去氧化物。在利用俄歇电子能谱确定表面的氧化物完全被移除后,将样品加热。温度为 1250~1450℃,持续加热 1~20min,后形成极薄的石墨片,这种方法能可控地制备出单层或是多层石墨烯。

(2)液相法。

近年来,为了实现石墨烯的批量生产,大量成熟的氧化石墨、膨胀石墨制备技术和传统的石墨处理方法都被借鉴过来,用于石墨烯的制备。液相法主要包括氧化还原法、超声分散法、有机合成法和溶剂热法。

① 氧化还原法。

氧化还原法是将固相剥离的概念应用于液相,起始原料为石墨。具有成本低、周期短、产量大的特点。

氧化还原法的原理如图 9-21 所示:(i)将石墨进行氧化处理,改变石墨层片的自由电子对,对其表面进行含氧官能团(如羟基、羧基、羰基和环氧基)的修饰,以降低石墨层片间的范德华力,增强石墨的亲水性;(ii)将氧化石墨在水中剥离,形成均匀稳定的氧化石墨烯胶体;(iii)利用化学还原、热还原和催化还原等方法将氧化石墨烯由绝缘体还原成性能较好的石墨烯。

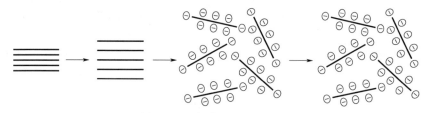

图 9-21　氧化还原法的原理

石墨的氧化方法主要有三种:Hummers 法[58]、Brodie 法[59] 和 Standenmaier 法[60,61]。

使用还原剂还原氧化石墨烯是一种较有效的方法,其中还原剂包括液态还原剂(如水合肼)[62,63]、固态还原剂(如硼氢化钠)和气态还原(如氢气)。

利用催化剂使电子发生转移也可以达到还原氧化石墨烯的目的。如以二氧化钛为催化剂在紫外线照射下将电子转移到氧化石墨烯上,获得了石墨烯与二氧化钛纳米粒子的复合物[64]。

此外,还有一种以碳纳米管替代石墨为起始原料的"碳纳米管纵切法",如图 9-22 所示[65,66],可用于批量制备石墨烯纳米条带。其方法是通过硫酸+高锰酸钾氧化处理或等离子刻蚀处理打断碳纳米管表面的成键,进而将其纵向"切开"形成石墨烯。此方法产率高,可批量获得尺寸可控、边缘整齐的石墨烯纳米条带。

② 超声分散法。

超声分散法是直接将石墨或石墨层间化合物在具有匹配表面能的有机溶剂中进行超声剥离与分散,再将得到的悬浊液离心分离,去除厚层石墨,以获得晶化程度较高的石墨烯的方法,如图 9-23 所示[67,68]。

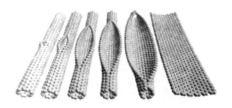

图 9 - 22　碳纳米管纵切法

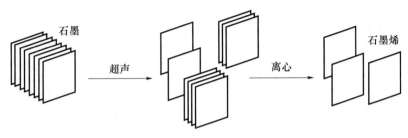

石墨　　　　　　　　　　　　　　　石墨烯

超声　　　　　　离心

图 9 - 23　超声分散法制备石墨烯

液相剥离法可以在不引入缺陷的情况下将石墨逐层剥离,得到石墨烯薄片,使得石墨烯优异的电学、光学、力学等方面性能得以保持。有机溶剂可采用 N - 甲基吡咯烷酮(NMP)、二甲基乙酰胺(DMA)、丁内酯(GBL)和 1,3 二甲基 2 - 咪唑啉酮(DMEU)等,可以得到浓度不同的石墨烯悬浊液。

剥离石墨层片所需要的剥离能与有机溶剂的表面张力和单位面积石墨层片的范德华力的匹配程度有关的。两者越匹配,剥离能就越小,分散效果越好。结果表明,当有机溶剂的表面张力在 $40 \sim 50 \text{mJ/m}^2$,剥离能较小,最佳的有机分散溶剂是苯甲酸苄酯,剥离能接近于零。

③ 有机合成法。

有机合成法是指将有机大分子(如 $C_{42}H_{18}$ 等)离子化,经质谱仪纯化后再沉积到衬底上,在一定条件下转换成规则的石墨烯超分子结构。通过分子前驱体的表面辅助耦合,获得聚苯树脂后,再进行环化脱氢,即可合成具有原子黏度的、形状各异的石墨烯纳米条带,如图 9 - 24 所示。

④ 溶剂热法[71]。

溶剂热法是指在一个密封容器中,利用有机溶剂(如乙醇)和碱金属(如钠)发生反应生产中间相(石墨烯先驱体),进而高温裂解生成石墨烯的方法,如图 9 - 25 所示。

(3) 气相法。

气相法是指在气态或等离子态中生长石墨烯的方法,可分为化学气相沉积法、等离子增强法、火焰法、电弧放电法等[72 - 74]。

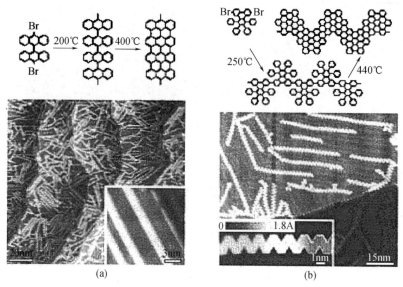

图 9 - 24　有机合成法制备石墨烯纳米条带

（a）长条形；（b）条纹形。

图 9 - 25　溶液热法制备石墨烯

　　化学气相沉积法是采用有机气体、液体活固体作为碳源,以金属箔(如铜、镍等)为基底,将碳源中的碳分子加热析出并在金属基底上沉积,逐渐生长成连续石墨烯薄膜的方法。优点是批量化,在一定程度上能够对碳纳米管的结构进行控制。

　　关于化学气相沉积法制备石墨烯的工艺,就常用的 Ni 基底而言,温度是控制石墨烯膜质量和生长速率的关键。研究表明,控制后期基底冷却的速率,对于控制石墨烯层数和均匀性非常重要。沉积石墨烯过程中,Ni 膜晶界上通常生成多层石墨烯,厚度不一。如果能提高 Ni 晶粒的大小,减少晶界密度,将有利于提高石墨烯膜的均匀性。最近的研究表明,Cu 基底用于制备连续、均匀的单层石墨烯膜比 Ni 基底更有优势。分析认为,碳在 Cu 中的溶解度比其在 Ni 中的低,所以 Cu 基底上

346

更易得到均匀的单层石墨烯。Cu 与 Ni 上沉积的石墨烯膜,可以用聚甲基丙烯酸甲酯转移到不同的基底上,得到大面积、性能优良的石墨烯膜。

等离子增强法是指通过在气相反应过程中引入等离子,在无基底或无催化剂的条件下裂解有机碳源合成石墨烯的方法。以乙醇为例,反应装置采用常压微波等离子体反应器,通入氩气以生成氩等离子。乙醇在等离子中快速蒸发并裂解,结晶长成石墨烯,如图 9 – 26 所示,石墨烯层片堆叠排列、相互搭接,形成三维多孔结构。

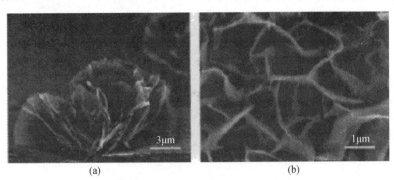

图 9 – 26   等离子增强化学气相沉积法制备的石墨烯的 SEM 图像
(a)侧视;(b)俯视。

火焰法是指利用特定物质在空气或其他助燃气体中燃烧产生热获得高温,使分解出的反应物发生化学反应来合成材料的方法。具有设备和工艺过程简单、节约能源、速度快、产量高等特点。

利用双火焰法,可以在镍箔表面制备石墨烯薄膜。制备过程如图 9 – 27 所示。首先将 20 ~ 50μm 厚的镍箔固定在酒精灯上方的支架上。然后点燃丁烷喷灯,将喷灯火焰对准镍箔和酒精灯,酒精灯被点燃,内焰包裹镍箔,同时镍箔被喷灯火焰加热至 850℃ 左右。加热 20 ~ 60s 后,熄灭丁烷喷灯,同时迅速将酒精灯用灯罩盖灭;待镍箔迅速冷却后,其表面就会析出一层石墨烯薄膜。双火焰法制备石墨烯使用两个火焰,其中丁烷喷灯焰为"加热焰",主要起加热和渗碳的作用,其外焰温度为 800 ~ 1000℃,为渗碳反应提供所需的高温和碳源。酒精灯火焰为"保护焰",由于其内焰始终为还原性气氛,起到动态隔绝空气中氧气的作用。双火焰法制备的石墨烯主要为少数层石墨烯,在优化的条件下也可以制各单层石墨烯薄膜或制备氮掺杂的石墨烯薄膜。具有设备简单、制备速度快、节约能源和时间、可连续制备等优点。但均匀性和连续性差、稳定性有待提高、晶化程度和纯净度不高。

电弧放电法是指以惰性气体(氩气、氦气)或氢气为缓冲气体,通过两个石墨电极间形成等离子电弧放电消耗的阳极石墨在阴极或反应器内壁上沉积而形成石墨烯的方法。

机械剥离法、氧化还原法和化学气相沉积法三大类石墨烯制备方法的特点比较见表 9 – 2。

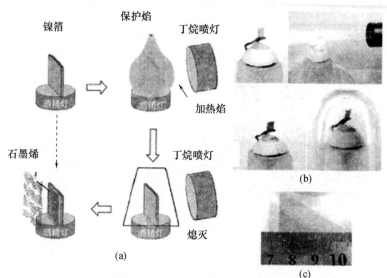

图 9 - 27　双火焰法制备石墨烯

(a)示意图;(b)实物照片;(c)石墨烯薄膜。

表 9 - 2　三种典型石墨烯制备方法的比较

制备方法	特　点
机械剥离法	方法简单,可以获得高质量石墨烯薄膜; 面积小,产量极低,应用受限
氧化还原法	成本低,可实现石墨烯的批量生成; 制备周期长,产物缺陷多,对性能影响大
化学气相沉积法	可获得大面积石墨烯薄膜,适用于大面积应用; 薄膜为多晶

4) 石墨烯在航天上的应用

石墨烯以其优异的性能可应用于航天材料的研制和设计中,如复合材料的改性、储能、探测器等方面[77-89]。

(1) 石墨烯在复合材料中的应用。

通过在复合材料中添加石墨烯,对改变复合材料的导电性、屏蔽性,提高复合材料的强度、刚度、形状记忆性能等有着重要应用。

NASA 格林研究中心通过在热塑基底(聚乙烯、聚苯乙烯、丙乙烯 - 丁乙烯 - 苯乙烯共聚物(ABS 塑料))树脂碳纤维复合材料中添加石墨烯粒子,可以制备导电型热塑复合材料。可以用作泄放静电电荷、电磁屏蔽、接地母线等,与传统材料(例如铝)相比质量减少 30% ~60%。如果再添加高原子质量的材料,例如溴,可以屏蔽 X 射线、γ射线。添加含有大量氢原子的成分,可以屏蔽空间质子。

为了降低聚合物基复合材料的渗透性,采用化学功能化处理键结一层石墨烯纳米粒子薄膜,可以出色地阻挡气体的渗透。采用溶剂混合法制备机械性能优异的柔性石墨烯聚合物纳米复合材料,可以作为温度形状记忆材料。这种材料的动态储存模量随石墨烯的含量线性增加,亚胺化石墨烯纳米复合材料的动力储存模量比未改性的纳米复合材料高25%～30%,而且热稳定性明显提高。

在形状记忆聚合物材料和复合材料中添加石墨烯纳米粒子,降低了材料的存储模量和交联密度,增加了材料的弹性,提高了形状记忆聚合物材料和复合材料的形状恢复性能。Tgs温度接近168°C,这类智能材料在航空航天领域有广泛用途,例如大面积天线、太阳电池阵的在轨展开等。

为了降低航天器质量,提高功能/质量比,目前出现用先进聚合物复合材料替代金属材料的趋势。环氧碳纤维复合材料是航天器常用的一种结构材料,通常可以减少航天器质量20%左右。但是,传统环氧碳纤维复合材料电阻率比金属高3个数量级,在电磁屏蔽和接地方面存在不足。NASA Lewis研究中心研究了添加石墨烯片的环氧碳纤维复合材料(pitch – based graphite fibers)电阻率降低了2个数量级,在电磁屏蔽和接地方面能够满足航天器设计要求,同时节省航天器电源和通信系统质量40%以上。

采用快速热膨胀技术分离氧化石墨为单层石墨烯,产生功能化石墨烯片(FGS),与环氧树脂制备纳米复合材料。石墨烯片含有10%左右的氧元素,有助于石墨烯和环氧树脂化学键的生成,增加了石墨烯片在环氧树脂基底中的分散性和环氧树脂与石墨烯片界面的键合强度,提高了复合材料的刚度,降低了热膨胀系数。由于提高了环氧树脂基底刚性和热稳定性,使其在航空航天领域有广泛应用价值。

(2)石墨烯的储能应用。

石墨烯材料应用于超级电容器有其独特的优势。石墨烯是完全离散的单层石墨材料。其整个表面可以形成双电层,但是在形成宏观聚集体过程中,石墨烯片层之间互相杂乱叠加,会使得形成有效双电层的面积减少。即使如此,石墨烯仍然可以获得100～220F/g的比容量。如果其表面可以完全释放,将获得远高于多孔碳的比电容。在石墨烯片层叠加,形成宏观体的过程中,形成的孔隙集中在100nm以上,有利于电解液的扩散,因此基于石墨烯的超级电容器具有良好的功率特性。

石墨烯作为太阳电池的中间电极,具有透射率高、电导率高、与半导体层相容性好等特点。以前,中间电极一般重叠使用N型和P型两种材料,石墨烯既有N型,又有P型,用一层石墨烯就可以替代原来的材料。石墨烯透射光谱范围从紫外到远红外,而原来透明导电中间电极的透射光谱在红外波段会迅速降低。采用石墨烯中间电极后,将使红外部分能量充分利用,大幅度提高太阳电池光电转换效率。石墨烯有可能使下一代太阳电池性能发生革命性的变化。

传统的化学电池寿命短、温度稳定性差、功率密度小、比容量低、造价昂贵,成为制约航天器设计性能和寿命的因素之一。石墨烯锂电池、超级电容器以其高功率密度、高比容量、高温度稳定性,在新一代航天器储能装置应用中具有很大优势。这种新型储能装置具有充电速度快、大电流放电特性好、在同样体积下储能多的特性。这种新型储能技术可以大幅度提高航天器电源系统性能和寿命,降低储电装置重量。同时,是解决空间激光武器、电磁炮、轨道快速机动大推力电火箭等大功率、大容量脉冲供电的优选技术。

石墨烯大的比表面积及其良好的电学性能决定了其作为锂离子电池电极材料的巨大潜力,而如何有效地调控石墨烯的组装与排列使其形成良好的电子与离子传输通道则是构建高性能电极材料的关键。与此同时,通过化学方法在石墨烯结构中引入其他的活性位点或活性物质,进而实现化学储锂与物理储锂的有机结合则是另一个有前景的研究方向。

(3)石墨烯材料在储气中的应用。

氢能是一种洁净、高效的可再生能源,其独特的优势被公认为是解决能源危机和环境污染日益严重问题的最有前途的可再生二次能源之一。但是,如何安全、高效地储存和运输氢气已成为氢能利用体系中的瓶颈问题。金属氢化物储氢的单位质量储氢能力较低,且在储氢过程中合金的活化、粉末化、中毒、变质等因素都制约着它的发展;氢气的液态和高压气态储存也存在安全性能差、能耗高等问题。作为纳米碳材料,石墨烯由于其极大的比表面积、独特的孔隙结构、安全、成本低、寿命长、吸放氢条件温和等优点,为开发高能量密度、高功率密度、长循环寿命的储能器件提供了新的方向。

(4)石墨烯在探测器中的应用。

NASA戈达德科学家们正在开发一种基于石墨烯材料的微小传感器,这种传感器可探测地球上层大气的痕量元素,也可探测航天器的结构缺陷。

戈达德航天中心苏塔娜及其团队利用化学气相沉积(CVD)技术来制造石墨烯并加工了相对大的高质量石墨烯片。他们正在研究一种微型低质量低功率石墨烯基探测器,用于探测上层大气中氧原子密度,并且用其来更精确地判断氧原子在使在轨卫星提前丧失高度坠入大气中起到的作用。石墨烯探测氧原子密度的原理是基于石墨烯吸收氧原子时被氧化,使材料电阻发生变化,从而实现石墨烯基传感器对氧原子的快速计算和对密度进行更精确的测量。这种化学传感器还能测量其他元素,如其他星体上的甲烷、一氧化碳,或其他气体。

9.3 功能梯度材料及其航天应用

9.3.1 功能梯度材料

功能梯度材料(Functionally Gradient Material,FGM)又叫梯度功能材料,它是

为了适应新材料在高技术领域的需要,满足在极限温度环境(超高温、大温度落差)下不断反复正常工作而开发的一种新型复合材料[90,91]。功能梯度材料的概念是由日本材料学家新野正之[92,93,94]、平井敏雄和渡边龙三等人提出的,功能梯度材料的研究开发最早始于1987年日本科学技术厅的一项"关于开发缓和热应力的功能梯度材料的基础技术研究"计划。

功能梯度材料是根据使用要求,选择使用两种以上不同性能的材料,采用先进的材料复合技术,使中间的组成和结构连续呈梯度变化,内部不存在明显的边界,从而使材料的性质和功能沿厚度方向也呈梯度变化的一种新型复合材料。图9－28所示为三种不同结构的复合材料示意图。

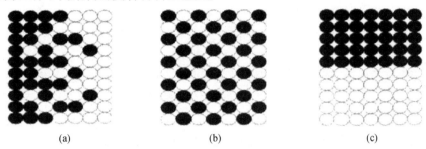

(a)　　　　　　　　　　　　(b)　　　　　　　　　　　　(c)

图9－28　三种不同结构的复合材料示意图[95]
(a)梯度复合材料;(b)均质复合材料;(c)复层复合材料。

与传统复合材料相比 FGM 有如下优势:

(1)用作界面层来连接不相容的两种材料,可以大大地提高黏结强度。

(2)用作涂层和界面层可以减小残余应力与热应力。

(3)用作涂层和界面层可以消除连接材料中界面交叉点以及应力自由端点的应力奇异性。

(4)代替传统的均匀材料涂层,既可以增强连接强度也可以减小裂纹驱动力。

功能梯度材料的概念提出以后,引起了世界各国材料工作者的关注和重视,国际上关于功能梯度材料的研究开发活动非常活跃,国际上每两年召开一次功能梯度材料研究会议,美国、日本、德国、俄罗斯等国都把功能梯度材料作为重点技术进行研究。

虽然研究功能梯度材料的最初目的是解决航天飞机的热防护问题,但是随着功能梯度材料的开发和发展,其用途已不局限于航天工业,已扩大到能源、电子、光学、化学、生物、信息工程等领域,其组成也由金属－陶瓷发展成金属－合金、非金属－非金属、非金属－金属等,应用前景十分广阔[3]。

材料制备是 FGM 研究中的核心,制备不出性能良好且满足形状和结构的FGM,FGM 的真正实用化就无从谈起。制备 FGM 的工艺关键在于如何使材料组成和组织等按设计要求形成梯度分布。目前,已能制备出金属－金属、金属－陶瓷、非金属－非金属和非金属－陶瓷等功能梯度材料。

9.3.2　功能梯度材料制备方法

功能梯度材料的制备技术不成熟是限制功能梯度材料大规模生产和应用的主要障碍。功能梯度材料的制备方法较多,主要有粉末冶金法、等离子喷涂法、自蔓延燃烧高温合成法、气相沉积法、电沉积法、激光融覆法、离心铸造法等[93,94]。

1) 粉末冶金法

粉末冶金法[95]是首先将原料粉末按不同混合比均匀混合,然后以梯度分布方式积层排列,再压制烧结而成功能极度材料的方法。粉末冶金法可靠性高,适合于制造形状比较简单的功能梯度材料部件,但工艺比较复杂,制备的梯度材料有一定的孔隙率。按其成型工艺可分为叠层法、喷射积层法、粉浆浇注法和涂挂法等[96]。

2) 等离子喷涂法

等离子喷涂法[97]是将原料粉末送至等离子射流中,以熔融或半熔融状态直接喷射到基体上形成多层喷涂层,在喷涂过程中改变原料粉末的组合比例、等离子射流的温度和流速来调整组织和成分,获得功能梯度材料的方法。此法的优点是粉末组成可调整、沉积率高、无须烧结、不受基体面积大小的限制,比较容易得到大面积的块材,但梯度涂层与基体间的结合强度不高,并存在涂层组织不均匀、空洞疏松、表面粗糙等缺陷。采用此法已制备出 $TiB_2 - Ni$、$TiC - Ni$、$TiB_2 - Cu$、$Ti - Al$ 系功能梯度材料。

3) 自蔓延燃烧高温合成法

自蔓延燃烧高温合成法[98](SHS 法)是利用材料本身化学热使材料固结。此法通过加热原料粉末局部区域激发引燃反应,反应放出的大量热量依次诱发临近层的化学反应,从而使反应自动持续地蔓延下去,利用反应热将粉末烧结成材。SHS 法具有产品纯度高、效率高、能耗少、工艺相对简单的优点,能够制备大体积的梯度材料,但 SHS 法仅适合存在高放热反应的材料体系,金属与陶瓷的发热量差异大,烧结程度不同,较难控制,因而影响材料的致密度,孔隙率较大,机械强度较低。针对这些缺点,国外开展了 SHS 法的反应控制技术、加压致密化技术和宽范围控制技术。如大阪大学在合成 $TiB_2 - Cu$ 和 $TiC - Ni$ 系梯度材料时预先添加 TiB_2 和 TiC,以抑制过量反应热的生成。日本东北工业技术试验所把静水加压法或热等静压法与 SHS 法结合起来。大阪大学采用电磁加压式 SHS 法合成了 $TiB_2 - Cu$ 梯度材料,用气压燃烧合成法研制形状复杂的大型梯度材料。武汉工业大学傅正义等也报道用 SHS 法制得含 $TiAl_3$ 金属间化合物的 $TiB_2 - Al$ 系梯度材料。

4) 气相沉积法

气相沉积法根据沉积过程中沉积粒子的来源不同可以分为化学气相沉积法(CVD 法)和物理气相沉积法(PVD 法)。

CVD 法通过加热气体原料使之发生化学反应而生成固相的膜沉积在基体上。CVD 法的优点是可以通过选择合成温度、调节原料气流量和压力等来控制材料的组成与结构。日本东北大学金属材料研究所用 $SiCl_4$ 和丙烷体系首次制备了 SiC/C 梯度材料。其后用 $TiCl_4$ 和甲烷体系又制备了 TiC/C 梯度材料。

PVD 法通过各种物理方法(直接通电加热、电子束轰击、离子溅射等)使固相源物质蒸发在基体表面成膜。PVD 法沉积温度较低,可以避免基体的软化和变形,沉积膜层结构致密,与基体结合力强。日本金属材料研究所用 Ar 等离子体使水冷铜坩埚内的金属 Ti 或 Cr 蒸发,通过调节通入金属蒸汽中 N_2 或 C_2H_2 的流量,制得了 Ti - TiN、Ti - TiC、Cr - CrN 等梯度材料。

而物理 - 化学气相沉积法是综合了 PVD 法和 CVD 法的优点。日本住友电气工业公司把 PVD - CVD 法用在 C/C 复合材料基体上,用 PVD 法在低温侧沉积了 Ti - TiC 梯度层,用 CVD 法在高温侧沉积了 C/SiC 梯度层。据报道,这是一种耐高温、耐氧化、性能优良的梯度材料。

气相沉积法的优点是不用烧结,沉积层致密牢固,可连续变化组成。缺点是设备较复杂,沉积速度慢(在毫米每小时数量级),不易制备大尺寸的梯度材料[99]。

5)电沉积法

电沉积法依靠直流电的作用,在液相中进行传质和沉积,它的沉积速度比气相沉积法高,工艺和设备都较简单,因此是一种获得金属镀层的有效途径,主要的工艺方法有电镀、电泳和电铸。电沉积法的优点是对所镀材料的物理力学性能破坏较小,且设备简单,制备成本低。此法适合于制备 TiO_2 - Ni、Cu - TiB_2、WC - Co、Ni - Al_2O_3、Cu - Al_2O_3 系功能梯度材料。

6)激光熔覆法

激光熔覆法将混合后的粉末通过喷嘴布在基体上,通过改变激光功率、光斑尺寸和扫描速度来加热粉体,在基体表面形成熔池,在此基础上进一步通过改变成分向熔池不断布粉,重复以上过程,即可获得梯度涂层。采用此法可制备 Ti - Al、WC - Ni、Al - SiC 系功能梯度材料。

7)离心铸造法

离心铸造法是利用铸型旋转产生的离心力使溶液中密度不同的增强体和基体合金分离至内层或外层,使凝固后的成分组织呈现一种或多种成分梯度变化的工艺方法。通过改变转速、颗粒大小、加工时间、温度和密度来控制成分的梯度分布。这种方法能制备高致密度、大尺寸的梯度材料,但这种方法限于管状或环形零件,不适用于高熔点的陶瓷系梯度材料。国外利用此法制备出聚合物基碳系[100]、铝铁合金梯度材料。

除了上述复合技术外,还有仿生技术、凝胶浇注技术(gel - casting)、微波合成与烧结技术、分子自组装技术和超分子复合技术[101]等。

上述各种制备方法优缺点及适用范围见表 9 - 3。

表 9-3 功能梯度材料制备方法优缺点及适用范围

制备方法	优点	缺点	适用范围
粉末冶金法	可靠性高、适合于制造形状比较简单的功能梯度材料部件	工艺比较复杂、制备的梯度材料有一定的孔隙率	$WC-Co$、$WC-Ni$、$Al_2O_3-ZrO_3$、ZrO_2-W、$Al_2O_3-W-Ni-Cr$ 系功能梯度材料
等离子喷涂法	可以调整粉末的组成、沉积率高、无须烧结、不受基体面积大小的限制,比较容易得到大面积的块材	梯度涂层与基体间的结合强度不高,并存在涂层组织不均匀、空洞疏松、表面粗糙等缺陷	TiB_2-Ni、$TiC-Ni$、TiB_2-Cu、$Ti-Al$ 系功能梯度材料
自蔓延燃烧高温合成法	产品纯度高、效率高、能耗少、工艺相对简单,能够制备大体积的梯度材料	仅适合存在高放热反应的材料体系,金属与陶瓷的发热量差异大,烧结程度不同,较难控制,因而影响材料的致密度,孔隙率较大,机械强度较低	$Al-TiB_2$、$Cu-TiB_2$、$Ni-TiC$、$Nb-N$、$Ti-Al$、$TiC-Ni$ 系功能梯度材料
气相沉积法	可制备大尺寸的功能梯度材料	合成速度低,一般不能制备出大厚度的梯度膜,与基体结合强度低,设备比较复杂	$SiC-C$、$Ti-C$、$Cr-CrN$、$SiC-C-TiC$、$Ti-TiC$、$Cr-CrN$ 系功能梯度材料
电沉积法	对所镀材料的物理力学性能破坏较小,设备简单,制备成本低	—	TiO_2-Ni、$Cu-TiB_2$、$WC-Co$、$Ni-Al_2O_3$、$Cu-Al_2O_3$ 系功能梯度材料
激光融覆法	易于控制	—	$Ti-Al$、$WC-Ni$、$Al-SiC$ 系功能梯度材料
离心铸造法	能制备高致密度、大尺寸的梯度材料	限于管状或环形零件,不适用于高熔点的陶瓷系梯度材料	聚合物基碳系、铝铁合金梯度材料

目前功能梯度材料制备研究主要集中在高温环境下,等离子喷涂法、自蔓延燃烧高温合成法(SHS 法)被认为是最具有应用前景的方法,但仍存在工艺过程复杂、设备成本高、生产效率低的缺点,使生产的功能梯度材料的成本较高,有一部分学者开始探索低温工艺方法制备功能梯度材料[102],目前低温制备功能梯度材料的工艺方法集中在电化学领域。制备技术研究总的发展趋势是:①开发自动化程度高、操作简便的制备技术;②开发大尺寸和复杂形状的功能梯度材料制备技术;③开发更精确控制梯度组成的技术。

9.3.3 功能梯度材料的性能评价

FGM 性能评价技术是将经材料设计和制备所制得的梯度材料在模拟的实际使用环境条件下，测定其各种性能，判断其是否满足使用要求，并将评价结果反馈到材料设计和材料制备中的综合技术[103]。FGM 性能评价技术主要涉及热力学、流体力学、传热学、材料学等多学科。目前，日本、美国正致力于建立统一的标准特征评价体系。

1）热学性能评价

（1）热应力缓和特性评价。热应力缓和特性评价是将设计时所得的热应力大小及分布与测定的热应力大小与分布对比来进行分析。热应力的分析一般采用激光或超声波等方法来进行[104]。

（2）热疲劳特性评价。热疲劳特性评价可通过梯度材料在一定温度下热传导系数随热循环次数的变化来进行。例如，用于航天飞机的热应力缓和型梯度材料的热疲劳评价是在 2000K 下通过模拟真实运行环境的风洞试验来确定热疲劳寿命及热疲劳机理。日本的新野正之等人测定 C/SiC 系梯度材料与纯 SiC 材料的热传导随循环次数的变化规律，证实了该体系梯度材料优异的热疲劳性能[105]。哈尔滨工业大学朱景川[106]等人通过抗热震参数分析和热循环试验研究了 ZrO$_2$ – Ni 功能梯度材料的热冲击与热疲劳行为及其影响因素。结果表明，ZrO$_2$ – Ni FGM 抗热震参数呈梯度分布，热疲劳裂纹在梯度层内以微孔聚集、连接方式萌生和扩展，而在梯度层间无横向贯穿裂纹，克服了传统陶瓷/金属结合体的界面热应力剥离问题。

（3）隔热性能评价。

梯度材料的隔热性能是通过模拟实际环境进行试验，测定材料在不同热负荷下的导热系数来加以评价的。隔热性能评价常采用的有高温度落差基础评价试验、空气动力加热评价试验、高速回转加热场评价试验等。

（4）热冲击性能评价。

梯度材料的热冲击性能通常是通过激光加热法和声发射探测法（DG）共同来确定的。2012 年宁夏大学庞明军[107]等人讨论了带裂纹的半无限大功能梯度材料及其黏接均匀弹性长条的热接触问题。利用叠加原理将所研究的问题转化为第一类带 Cauchy 核的奇异积分方程，并利用数值方法求解了奇异积分方程，得到了裂纹尖端的应力强度因子。通过程序画图分析了材料参数、摩擦系数及裂纹尺寸对裂纹尖端应力强度因子的影响。

2）力学性能评价

力学性能评价主要对隔热、耐热、热疲劳性能、抗热冲击性能、抗氧化性和重复使用性等进行评价。

目前，日本在 FGM 特性评价方面取得了较大的进展。已开发的高温落差基础评价设备,能模拟材料表面温度 2000K、落差 1000K 及热负荷 5MK/m² 的试验条件,对隔热、耐热和热疲劳性能进行评价;采用空气摩擦加热场模拟大气层环境,对材料的耐热、抗氧化性和重复使用性进行评价;采用激光局部加热,用声学探测法对材料的抗热冲击性能进行评价[108]。

四川大学田云德[109]等人利用连续介质力学方法对复合材料的有效弹性模量进行了分析,以复合材料混合律模型,建立了一种改进的混合律方法,并给出了对有效弹性模量进行预测的改进公式,并通过实例验证了改进公式的合理性,以此获得梯度材料力学性能沿梯度变化规律的改进公式。并从最小耗能原理出发,建立了适用于梯度材料的强度准则,使梯度材料在其设计中有了强度方面的理论依据。

河南科技大学邓刚[110]等人在 ML - 100 磨料磨损试验机上测定了 WC 颗粒增强铁基梯度功能复合材料的耐磨性,分析了磨损机制。结果表明,该种具有梯度分布特征的复合材料具有优良的耐磨性能,其磨损方式主要是显微切削和颗粒脆性剥落。

同济大学程站起[111]假设功能梯度材料剪切模量为坐标的双曲函数,泊松比为常量,研究了功能梯度板条的混合型裂纹问题,并讨论了材料的非均匀性和裂纹相对尺寸对裂纹尖端应力强度因子的影响。

上海交通大学黄小林[112]基于 Reddy 高阶剪切板变形理论和广义 Karman 型方程,用双重 Fourier 级数展开法求得了四边简支功能梯度材料板的自由振动及动力响应的解析解,讨论了材料组分指数和热环境对固有频率及动力响应的影响。

太原科技大学高廷凯[113]借助弹性力学理论和断裂力学知识,探讨了两类各向异性功能梯度材料平面断裂问题。

兰州理工大学徐刚年[114]等人研究了 FGM 梁的大挠度和小挠度弯曲,以及 FGM 梁的稳定性问题。结论表明:屈曲载荷随着梯度参数的增大而增大;随着长细比的增大,横向剪切变形的影响逐渐减小,因此屈曲载荷随着细长比的增大而增大。

中南大学彭旭龙[115]等人从更符合实际的角度,不需要事先对梯度材料参数作特殊的假设,对任意梯度的功能梯度材料的相关动静态力学问题提出了一种积分方程解法:对任意梯度变化的功能梯度轴对称结构,提出了一种新的简单有效的解析方法——积分方程方法,分别对功能梯度圆环、圆筒、空心圆球以及转动圆盘等结构的纯弹性问题进行了研究;采用提出的积分方程方法对具有任意梯度变化的匀速转动极正交各向异性功能梯度圆环的弹性场进行了分析,重点讨论了正交各向异性参数和材料梯度参数对弹性场,尤其是环向应力的影响;对功能梯度轴对称结构相关的耦合问题如热 – 力耦合、力 – 电耦合问题进行了分析。最后对均匀压电(和磁电弹)材料为基底及其表面为功能梯度压电涂层(和磁电弹涂层)结构在承受冲击载荷情况下裂尖处的瞬态响应进行了分析。

解放军理工大学的燕秀发[116]等人为了克服材料非均匀性引起的数值困难,

将一种半解析数值方法——线法引入功能梯度材料的断裂分析。通过有限差分将问题的控制方程半离散为定义在沿梯度方向离散节线上的常微分方程组,然后应用 B 样条高斯配点法求解该常微分方程组。与相关问题理论解的对比分析表明,该方法的计算结果具有很高的精度。

河南科技大学梁斌[117]等人研究了具有指数型体积分数的功能梯度材料圆柱壳(图 9 - 29),自由振动的固有频率。根据 Love 薄壳理论,确定功能梯度材料圆柱壳的内力、位移、应变和曲率的关系式;利用 Rayleigh - Ritz 方法建立了功能梯度材料圆柱壳自由振动固有频率的特征方程,推导出一端固定一端自由、两端简支两种基本边界条件下的固有频率参数表达式。最后通过两类材料组分的算例,分析了材料组分、体积分数、边界条件以及几何尺寸等因素对功能梯度材料圆柱壳的固有频率的影响。研究表明,构成功能梯度材料的材料组分对 FGM 圆柱壳的频率特征有着明显的影响,体积分数所产生的影响则相对有限;而不用边界条件对 FGM 圆柱壳固有频率的影响主要表现在壳体长度与半径比较小和周向波数较小的情况下。

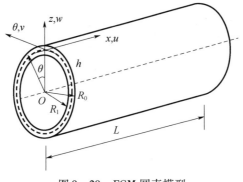

图 9 - 29　FGM 圆壳模型

3) 冲击毁伤性能评价

近些年,功能梯度材料制备的金属复合靶板在防护领域中得到了广泛的应用,对其在弹丸侵彻作用下的破坏模式、毁伤机理和抗侵彻性能也开展了进一步的研究。对于不同厚度靶板在弹丸作用下的破坏模式及毁伤机理,国内外学者已经开展了大量的研究工作并取得了诸多研究成果[118,119]。

在金属复合靶板抗侵彻性能的试验研究方面,Predrag Elek[120]等人借助于试验和数值计算方法研究了双层钢板的抗侵彻性能;S. Dey[121]利用试验和数值模拟的方法,综合研究了多层复合钢靶在弹丸侵彻作用下的断裂准则。

在陶瓷/金属复合靶研究方面,C. E. Aenderson[122]等人采用侵彻深度试验研究了 AD90 陶瓷材料的抗长杆弹侵彻能力,发现该材料的抗侵彻性能在一定厚度范围内基本不变。李平[123]等人以 Al_2O_3 为模型材料,开展了穿深试验(DOP),试验示意图如图 9 - 30 所示,指出陶瓷复合靶设计中陶瓷片存在一个最佳厚度。孙素杰[124]等人通过 DOP 试验研究了不同背板对陶瓷复合撞击抗弹性能的影响,指出在仅考虑两种材料的界面对冲击波的作用,而不考虑材料本身对波的衰减作用的情况下,随着背板材料声阻抗的增加,复合装甲不同层之间的界面对弹丸侵彻的阻碍作用逐渐降低。

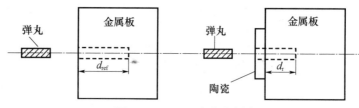

图 9 – 30　DOP 试验示意图

9.3.4　功能梯度材料在航天上的应用

功能梯度材料可缓和热应力,应用于高温环境,特别适用于材料两侧温差较大的环境,其耐热性、再用性和可靠性是以往使用的陶瓷基复合材料无法比拟的。随着 FGM 的研究和开发,其用途已由原来的宇航工业推广到了核能源、电子、电磁学、光学和生物医学工程等领域,同时材料的组合亦由最初的金属/陶瓷发展成为金属/合金、非金属/非金属、非金属/陶瓷、陶瓷/陶瓷等多种组合形式,其应用前景十分广阔[125]。功能梯度材料的应用见表 9 – 4[92,126]。

表 9 – 4　功能梯度材料的应用

应用领域	应用范围	功能
航空航天	飞机机体、发动机燃烧室内壁	耐热、耐热冲击、耐热疲劳、热引力缓和
生物航天	人造骨骼、人造心脏、人造牙齿、仿生物制品	高比强度、高比模量、耐腐蚀、耐疲劳、耐磨损、生物相容性
机械工程	拉丝导轮、汽轮机排气门、轴承等零部件	耐热、耐腐蚀、耐磨损、高强度、韧性好
光电工程	大功率激光棒、复印机透镜、光纤接口	热应力缓和、光电效应、梯度功能
电磁工程	陶瓷滤波器、超声波震动器、磁盘、高密度封装基板、超导材料、电磁屏蔽材料、永久磁铁硅化合物半导体混合 IC 长寿命加热器	压电梯度功能、电磁梯度材料、导电极绝缘梯度功能
核工程	原子炉构造材、核熔炉内壁材、等离子体测试、控制用窗材等	高强度、耐热、耐腐蚀性
民用及建筑	纸、纤维、衣物、食品、炊具、建材等	耐热、防寒、营养保健、减震降噪
能源工程	热电工程、地热发电、太阳能电池、塑料电池	耐热、耐腐蚀、耐热冲击性

1999 年,日本学者[127]研究的"PSZ/Ni 的 FGM 热障涂层用作火箭推进剂燃烧室内部材料,比非 FGM 材料的寿命有明显提高。"

密度梯度材料(严格而言应称为波阻抗梯度材料,波阻抗为声速与密度的乘积)是功能梯度材料的一种,它是在厚度方向形成波阻抗递增或递减的一种材料。密度梯度材料在超高速发射研究领域具有很重要的作用。为了提高二级轻气炮的发射速度,突破其发射速度上限 7km/s 的技术瓶颈,国内外学者采用具有密度梯度的一级 Pillow 飞片撞击二级飞片,使二级飞片的发射速度达到了近 20km/s[128]。

具有波阻抗梯度的 Pillow 飞片技术之所以能有效提高二级飞片的发射速度,是因为 Pillow 飞片在撞击方向上设计成波阻抗递减,当其与二级飞片相撞时,Pillow 飞片撞击面上的小阻抗材料在 Pillow 飞片与二级飞片之间充当缓冲层,使得冲击压力得以缓慢地提高而实现对二级飞片的准等熵压缩。由于冲击波波阵面被展宽、冲击压力缓慢提升,冲击引起的熵增相应减小,撞击过程耗散的内能也减小。根据能量守恒,由于耗散的内能减小,Pillow 飞片传递给二级飞片的动能相应增加[129],如图 9 – 31 所示。

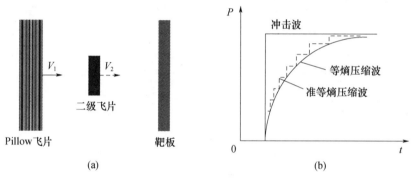

图 9 – 31　Pillow 飞片超高速发射技术及其原理
(a)Pillow 飞片技术示意图;(b)Pillow 飞片技术原理。

Pillow 飞片实现了对二级飞片的准等熵压缩,使得传递给二级飞片的动能大大增加,从而实现了二级飞片的超高速发射。受 Pillow 飞片超高速发射原理的启示,如果将 Pillow 飞片反过来,即将在撞击方向上波阻抗递减的材料用作防护结构的缓冲屏,则可以增大耗散功而降低撞击系统的动能。据此本书提出了一种密度梯度型空间碎片防护结构,如图 9 – 32 所示。密度梯度型空间碎片防护结构由一层密度梯度缓冲屏、防护间距和后墙组成。密度梯度缓冲屏是在撞击方向上按照波阻抗递减规律制成的复合屏。这是一种与以往增强型防护结构不同的新

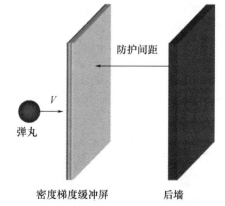

图 9 – 32　密度梯度型空间碎片防护结构

型空间碎片防护结构。

与同等面密度的 Whipple 防护结构相比,密度梯度型空间碎片防护结构防护性能有了大幅度提升,提升比例在 30% ~85%。密度梯度型防护结构防护性能高于多层冲击防护结构和铝网双层防护结构,与填充 Whipple 防护结构和泡沫铝防护结构性能相当。

9.4　智能材料及其航天应用

智能材料和智能结构引起国际学术界的广泛重视。这是一种能感知外部环境和内部状态变化,并通过自身机制对信息加以识别和推断,进而合理地决策并驱动结构作出响应的复合材料结构系统。广义的智能材料还包括构建智能结构的传感元件、驱动元件。智能结构是将传感元件、驱动元件和控制系统结合或融合(包括嵌入)在基体材料中而形成的一种材料器件的复合结构。传感元件主要有电磁、声学、化学、力学传感器、生物传感器、光纤、压电陶瓷、压电聚合物、电阻应变计等。驱动元件有电流变和磁流变材料,以及超声电动机、微电子机械系统(MEMS)、微光电子机械系统、执行器等控制系统,包括模糊控制、神经网络和分布式控制等。

9.4.1　智能热控材料及其航天应用[130]

智能热控材料是一种可根据温度或其他控制信号变化来自动调整热控器件和材料自身的发射率和吸收比等热控参数,从而达到控制物体温度的热控材料。它具有质量轻、体积小、功耗低、控制精度高和可实现主动控制等优点。

目前,智能热控技术主要包括电致变色、热致变色、基于微机械系统的微百叶窗型和热开关型技术等。

1) 电致变色热控涂层

电致变色是指在外加电场的作用下,材料的价态与化学组分发生可逆变化,而使材料的发射特性发生可逆改变的现象。

电致变色型智能热控器件结构如图 9 – 33 所示。电致变色薄膜层是电致变色可控发射率热控器件的核心。当在两电极之间加上电压时,随着电压的变化,离子储存层的离子穿过离子导电层,进入到电致变色层,使电致变色层着色。当加反向电压时,随着电压变化,电致变色层逐步向原状态恢复。通过对电致变色层着色深度来实现对物体表面红外发射率的调节控制[130,131]。

电致变色材料按材料类型可以分为无机电致变色材料和有机电致变色材料。无机电致变色材料主要为无机材料中的金属氧化物如 WO_3、MoO_3、Nb_2O_5、TiO_2、V_2O_5 及其掺杂氧化物,有机电致变色材料主要为有机导电高分子聚苯胺、聚噻吩及其衍生物等[131,132]。

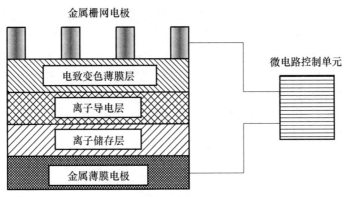

图 9 - 33　电致变色型智能热控器件结构

美国 Eclipse Energy Systems 公司的电致变色热控器件结构原理如图 9 - 34(a)所示,基于该设计的器件如图 9 - 34(b)所示。经过测试,该器件发射率可以从 0.06 变化到 0.77[133]。美国 Ashwin Ushas 公司制备的电致变色智能热控涂层在中红外和远红外宽频范围内有较大的发射率调节范围,中红外发射率在 0.18 ~ 0.68,而远红外则在 0.39 ~ 0.89,发射率变化达到 0.5[134-136]。

(a)　　　　　　　　　　　　(b)

图 9 - 34　Eclipse Energy Systems 公司的电致变色热控器件
(a)结构原理;(b)实物。

无机电致变色材料存在光学性能差、颜色转换慢、循环可逆性差等缺点,有机电致变色材料则存在化学稳定性不好、抗辐射能力差、与基板黏附不牢等缺点,而单一电致变色材料薄膜中作为电荷补偿的离子在其中的积累有电致变色性能衰退的现象。聚合物/过渡金属氧化物纳米复合材料由于具有独特分子结构和表观协同效应而有望获得突出的电致变色性能,有望成为更有应用前景的电致变色型智能热控材料[137]。

2)热致变色热控涂层

热致变色是指物质在不同温度下发生颜色改变的现象。从材料角度,热致变色材料分可分为有机热致变色材料和无机热致变色材料两类;从变色温度角度,可分为高温热致变色材料和低温热致变色材料两类。典型的热致变色的材料为掺杂锶和钙的锰酸镧($La_{1-x}Ca_xMnO_3$和$La_{1-x}Sr_xMnO_3$)[138-143],其发射率可随温度变化而变化,如图9-35所示。当掺杂量 x 在特定的范围时,温度的变化会引起材料从金属态到绝缘态的转变[26]。当材料处于绝缘态时,其发射率较高;当转变到金属态时,其发射率较低。通过对具有不同发射率的金属态和绝缘态的转变实现了对其发射率的调节。

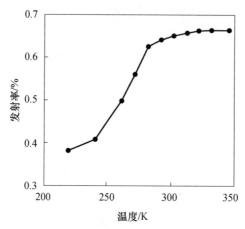

图9-35　不同温度对锰酸镧发射率的影响

　　日本 NEC 公司采用溶胶 - 凝胶法制备了采用 $La_{1-x}Ca_xMnO_3$ 和 $La_{1-x}Sr_xMnO_3$ 两种材料的热致变色热控薄膜,其发射率可以从 0.19 ~ 0.28 升到 0.60 ~ 0.65,发射率变化量在 0.4 左右。荷兰 Tachikawa 等人采用多膜层设计,在不降低其半球发射率的同时,将 $La_{0.825}Sr_{0.175}MnO_3$ 的太阳吸收比从 0.89 降低到 0.21[142]。

　　3) 微机械百叶窗热控器件

　　微机械百叶窗是指通过调整电压(静电力)大小来调整微型百叶窗窗页开合角度,进而调节微窗遮盖下的高发射率热辐射器与外部环境直接进行热交换的面积,实现对器件吸收发射比的调节。微机械百叶窗主要有开合式、推拉式和折叠式百等,其结构和热控基本原理如图9-36[144]所示。

　　NASA 戈达德空间飞行中心(GSFC)等研制的推拉遮盖式微机械百叶窗原理和实物图如图9-37所示[145,146]。微机械百叶窗整体面积为$90cm^2$,由 36 个模块组成,每个模块 12.65mm × 13.03mm,由 6 组小型静电梳齿驱动电机驱动,整体质量为 56g,驱动电压 60V,发射率可在 0.3 ~ 0.6 范围内线性调节。微机械百叶窗的设计寿命为 10000 ~ 50000 循环。

　　NASA 微机械百叶窗热控效果红外图像如图9-38所示。图中,a 区域是百叶窗关闭状态下的红外图像,此时发射率约为0;b 区域是上面的百叶窗打开露出下面 Au 膜层状态下的红外图像,此时发射率约为0.3;c 区域是没有百叶窗覆盖状态下 Si 基底的红外图像,此时发射率约为0.6。

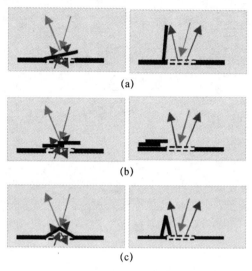

图 9 - 36　几种微机械百叶窗结构和热控基本原理示意图
(a)开合式;(b)推拉式;(c)折叠式。

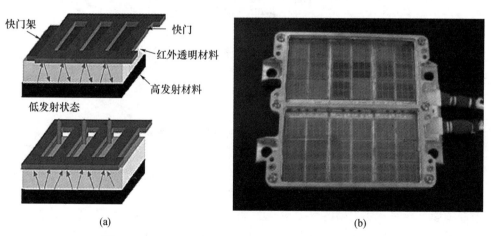

图 9 - 37　GSFC 研制的微机械热控百叶窗原理与实物图
(a)原理示意图;(b)实物图。

4）热开关型辐射器[147 - 151]

热开关型辐射器采用静电力等控制散热薄膜与高导热基底之间的热通断,从而实现对物体的主动热控制。其结构和工作原理示意图如图 9 - 39 所示,主要分为三层:最外层是高发射率的散热薄膜,中间层采用网状绝热的支撑结构形成真空状态的散热膜活动空间,最下层为高导热基片。当散热薄膜与高导热基底处于断

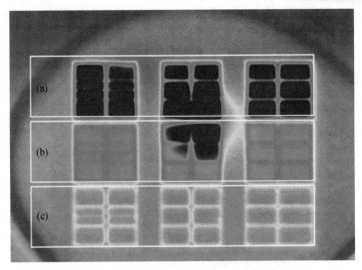

图 9 - 38　NASA 微机械百叶窗热控效果红外图像

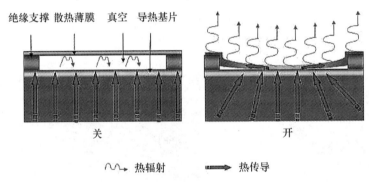

图 9 - 39　热开关型辐射器结构和工作原理示意图

开状态(热开关关断状态)时,由于中间为真空,基片与散热片之间的热交换只有很小的热辐射,基本处于热绝缘状态,而当薄膜与基片接触(热开关打开状态)时,散热薄膜与导热基底之间的热交换就由原来很小的热辐射迅速增大几个量级成为热传导,此时,热源产生的多余热量就可以由通过高发射率的散热薄膜辐射到外部空间中。热开关型辐射器的发射率在理论上可从开启状态下的 0.95 变为关闭状态下的 0.05[147]。

由 NASA 戈达德空间飞行中心(GSFC)和美国 Sensortex 公司联合研制的热开关型辐射器(ESR)如图 9 - 40 所示。器件整体质量为 121g,驱动电压 350V,发射率变化量为 0.5 ~ 0.7[149,150]。ESR 由 4 个可以独立控制单元组成,每个单元尺寸为 4.0cm × 3.6cm,总体面积为 57.6cm²。ESR 采用金属/导热聚酰亚胺复合薄膜作为散热薄膜,采用铝制基底,面积为 9cm × 10cm。

图9-40　热开关型辐射器(ESR)实物图

目前已有的几种智能型热控技术对比见表9-5。

表9-5　目前已有的几种智能型热控技术对比

技术分类	发射率变化量	功耗	响应时间	控制方式	形状	质量
电致变色	0.3~0.5	mW	快	电压(流)	器件	几克
热致变色	0.1~0.4	无	相对较慢	温度	涂层	最轻
微机械百叶窗	0.3~0.6	近似无功耗	快	电压	器件	几十克
热开关型辐射器	0.5~0.7	近似无功耗	快	电压	器件	几百克

由表9-5可知,电致变色热控器件具有轻巧、响应快、发射率调节范围较大的优点,但存在有功耗、器件老化失效的问题;热致变色涂层易于使用,但存在有效发射率调节量小、响应较慢的缺点;微机械百叶窗具有低功耗、响应快、发射率调节范围较大的优点,但存在结构复杂的缺点;热开关型辐射器在发射率变化范围、响应速度、功耗等方面均有较大优点,但目前仍存在驱动电压太高的缺点。

9.4.2　记忆合金材料及其航天应用

1) 形状记忆合金[152,153]

形状记忆合金(Shape Memory Alloy,SMA)是指一类具有一定形状的合金,在低温下发生塑性形变并固定成另一种形状。当把它加热到某一临界温度以上,又可恢复初始形状。合金具有的能够恢复其初始形状的功能称为形状记忆效应(Shape Memory Effect,SME)。

作为一类新兴的功能材料,记忆合金的很多新用途正不断被开发,例如用记忆合金制作的眼镜架,如果不小心被碰弯曲了,只要将其放在热水中加热,就可以恢复原状。不久的将来,汽车的外壳也可以用记忆合金制作。如果不小心碰瘪了,只要用电吹风加加温就可恢复原状,既省钱又省力,实在方便。

SMA 的相变[153]有两种形式,一种是应力诱发马氏体相变,称为 SMA 的伪弹性;另一种是温度诱发马氏体相变,属于热量和机械能之间的转换。下面介绍一下 SMA 的伪弹性。

首先,对 SMA 施加应力,使之发生变形,当变形超过 SMA 的弹性变形范围后,处于奥氏体状态下的 SMA 就由奥氏体状态向马氏体状态转变,这个过程称为马氏体相变过程。然后卸载,卸载之后当应变达到奥氏体相变临界值时,SMA 就会发生由马氏体向奥氏体的相变,这个过程称为奥氏体相变过程,在奥氏体相变过程中有一部分应变会恢复,另一部分应变称为残余应变。在加载卸载的整个过程中,如果温度高于奥氏体相变结束温度,SMA 的残余应变就会自动回复,这种特性就称为 SMA 的伪弹性特性,如图 9 – 41 所示。形状记忆合金可恢复的最大残余应变高达 7% ~8%,远远高于一般材料。

本章主要研究利用 SMA 的伪弹性特性对航天器进行振动控制,振动控制的过程中 SMA 既是感应元又是驱动元[153]。SMA 作为驱动元,可以产生很高的应力、很大的应变,储存能量和传递能量的能力也很强。

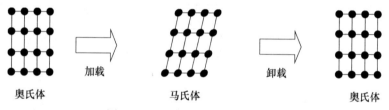

图 9 – 41 SMA 的伪弹性特性简图

2) 形状记忆效应与超弹性

SMA 在高温下定型后,冷却到低温(或室温),并施加变形,使它存在残余变形,如图 9 – 42 所示。如果从变形温度稍许加热,就可以使原先存在的残余变形消失,并回复到高温下所固有的形状,随后再进行冷却或加热,形状将保持不变。上述过程可以周而复始,仿佛合金记住了高温状态所赋予的形状一样,称为单程形状记忆,如图 9 – 43(a)所示。如果对材料进行特殊的时效处理,在随后的加热和冷却循环中,能够重复地记住高温状态和低温状态的两种形状,则称为双程形状记忆,如图 9 – 43(b)所示。某些合金在实现双程记忆的同时,继续冷却到更低的温度,可以实现与高温时弯曲相反的形状,称为全方位形状记忆,如图 9 – 43(c)所示。

形状记忆效应其本质是 SMA 在马氏体逆相变。马氏体相变中的高温相称为母相(P),低温相称为马氏体相(M),从 P 到 M 的相变为马氏体相变,从 M 到 P 的相变为马氏体逆相变。当一定形状的母相样品冷却到 Mf 以下形成马氏体后,将马氏体在 Mf 以下变形,当对其加热至 Af 温度以上时,SMA 将恢复到变形前的形状。晶体学特征是具有晶体可逆性,相界面和马氏体晶界面有良好的协调性。形状记忆合金的马氏体相变具备形状记忆合金的一个特点是其物理形状能容易精确和反复控制。

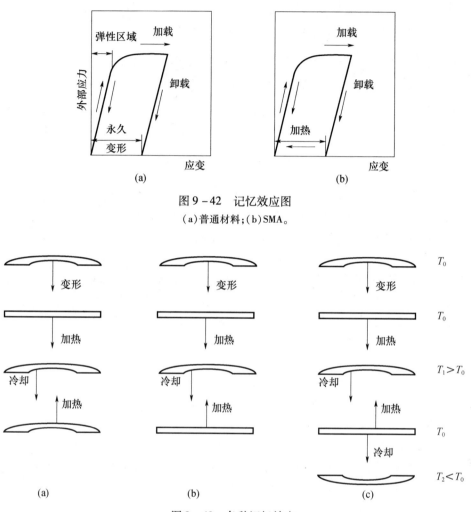

图 9 - 42　记忆效应图

（a）普通材料；（b）SMA。

图 9 - 43　各种记忆效应

（a）单程形状记忆；（b）双程形状记忆；（c）全方位形状记忆。

超弹性是 SMA 较重要的性能之一。当合金受到应力时，发生马氏体逆相变，产生远大于其弹性极限的应变，在卸载时应变自动恢复，这种现象称为超弹性。金属材料弹性一般不超 0.5%，而 SMA 达 5% ~ 20%，远优于普通材料。

3）记忆合金材料在航天上的应用

SMA 具有形状记忆效应，因此被广泛应用于航空航天、仪器仪表、自动控制等诸多工程领域。SMA 种类很多，具有实用价值并在实际工程中应用的主要有 Ni - Ti 合金、Cu - Zn - Al 合金、Cu - Al - Ni 合金等。

记忆合金在航空航天领域内的应用有很多成功的范例。人造卫星上庞大的天线可以用记忆合金制作。发射人造卫星之前,将抛物面天线折叠起来装进卫星体内,火箭升空把人造卫星送到预定轨道后,只需加温,折叠的卫星天线因具有"记忆"功能而自然展开,恢复抛物面形状,如图9-44所示。

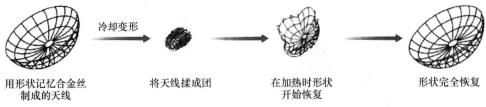

用形状记忆合金丝　　　　　　将天线揉成团　　　　　在加热时形状　　　　　　形状完全恢复
制成的天线　　　　　　　　　　　　　　　　　　　　　开始恢复

图9-44　记忆合金天线

记忆合金同我们的日常生活也同样休戚相关。仅以记忆合金制成的弹簧为例,把这种弹簧放在热水中,弹簧的长度立即伸长,再放到冷水中,它会立即恢复原状。利用形状记忆合金弹簧可以控制浴室水管的水温,在热水温度过高时通过"记忆"功能,调节或关闭供水管道,避免烫伤。也可以制作成消防报警装置及电器设备的保安装置。当发生火灾时,记忆合金制成的弹簧发生形变,启动消防报警装置,达到报警的目的。还可以把用记忆合金制成的弹簧放在暖气的阀门内,用以保持暖房的温度,当温度过低或过高时,自动开启或关闭暖气的阀门。

德国宇航研究院力学研究所正在研制一种新型的、用于卫星天线发射器的自适应结构体系,以开发和利用更高的远程通信频率来满足未来卫星进一步提高通信能力的要求。自适应结构是集驱动器、传感器和控制器于一体的智能结构,是具有自检测、自适应、自制动等某些智能功能与生命特征的仿生机械结构。自适应天线反射器由四层组成,如图9-45所示。抛物面反射器内表层用高级纤维增强复合材料CFRP材料制成;驱动器由PZT压电陶瓷和碳纤维复合材料保护层组成,蜂窝状芯子用5mm厚六方铝材制作,外表层用粗纤维以微细间隔缠绕而成。这种自适应结构天线反射器可实时地将与理想状态的偏差信号发送出去,然后计算出所要求的控制信号,并将控制信号传送到驱动器,驱动器动作使发送器恢复到原始轮廓,故有很高的热稳定性和可实现高效控制。

在当代的航天领域当中,SMA已经得到了广泛应用[154,155]。比如:SMA在智能翼项目中的应用,如图9-46所示;SMA在飞行器发动机振动控制中的应用,如图9-47所示;在著名的克莱芒蒂娜航天器中也可以见到SMA的身影,如图9-48所示。另外,在航天器天线中嵌入SMA纤维用以控制天线的振动和热变形,在航天器太阳能帆板中植入SMA纤维形成驱动器用以抑制帆板振动,在航天器姿态控制和柔性元件的振动控制中也有SMA的应用,等等,这都体现出了SMA这种新型智能材料已经成为航天领域的宠儿。

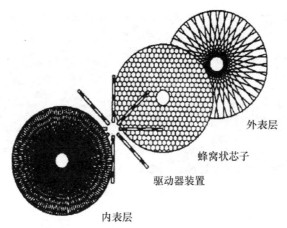

外表层

蜂窝状芯子

驱动器装置

内表层

图 9 - 45　自适应天线反射器分层示意图

SMA
扭矩管

图 9 - 46　SMA 智能翼项目中的应用

图 9 - 47　SMA 在飞行器发动机振动控制中的应用

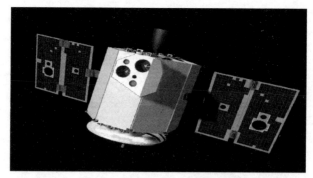

图 9 - 48   克莱芒蒂娜航天器

目前 SMA 紧固件和连接部件在航天中应用最广泛的就是自动铆钉和 SMA 管接头。自动铆钉如图 9 - 49 所示,在室温下首先将合金加工成如图 9 - 49(a)所示的形状,再在液氮温度下将其压直成如图 9 - 49(b)所示的形状,此时装配到所需处如图 9 - 49(c)所示。待接合完成后,使合金回升至室温时,则形状记忆合金恢复原状,将两层板紧固起来,如图 9 - 49(d)所示。它可用于无法用手直接操作的场合,以及不同材料的连接。

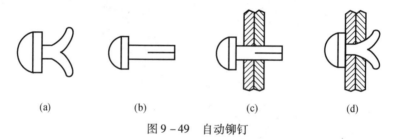

(a)   (b)   (c)   (d)

图 9 - 49   自动铆钉

形状记忆合金管接头的原理和连接方法如图 9 - 50 所示。先将形状记忆合金做成的管接头内径加工成比被连接管子的外径小 4% 左右,经过形状记忆处理后,在比相变温度低很多的温度环境下,把锥形塞柱打入管接头内,使内径扩张 7% ~ 8%,扩管径时可使用一些聚乙烯片作为润滑剂,在管接头处于低温状态时,将被连接管

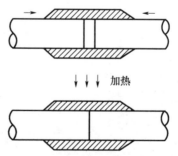

图 9 - 50   形状记忆合金管接头的原理和连接方法

子从两端插入,然后移去保温材料,管接头在室温下逐渐升温,经过马氏体逆相变,回复到扩径前的尺寸,就会把被连接管子紧紧卡住。

9.5 展开硬化材料及其航天应用

9.5.1 展开式结构

随着航天事业的不断发展,航天器的结构越来越大、质量越来越重。由于受到运载工具有效空间和运载质量等因素的限制,传统空间结构在研制和发射方面都遇到了巨大的困难。因此,如何在有限的运载能力条件下,充分提高航天器的效能,是航天器研制工作的一个重要发展方向。

展开式结构是在人类航天活动逐步深入的过程中所采用的一种全新的设计概念,它采用轻质柔性复合材料制作而成,并以折叠方式发射送入太空,到达预定轨道后再充气展开为所设计的几何构型。与传统航天器的设计结构相比,它具有重量轻、体积小、成本低和可靠性高等优点。以充气展开式结构为代表的展开式结构,能够实现传统结构很难达到的性能。因此,展开式结构成为空间研究和开发的热点,其在各类航天器上的应用将是今后航天事业的发展方向和技术发展的必然趋势。

由于充气展开式结构在空间中受到复杂环境的辐射或空间碎片、微流星体的撞击,容易发生气体泄漏,从而破坏其展开结构,因此通常采用在充气展开后对其固化来克服所充气体泄漏的威胁。固化技术是充气展开式结构在空中应用的核心技术之一[156,157]。目前,材料硬化技术的研究主要集中在硬化材料的选择与分析上。由于空间任务具有复杂性与多样性,所以对硬化薄膜的展开方法的要求也不相同,每种方法都有适合自己的领域,即没有一种可硬化材料能满足所有的应用要求。具体来说,常用的硬化材料主要有热固性复合材料、紫外光固化复合材料、充气反应复合材料、二阶转变和记忆聚合物复合材料、增塑剂或溶剂挥发固化复合材料、发泡硬化材料、铝箔和塑料薄膜叠层结构等[158]。

9.5.2 展开硬化材料

空间展开结构材料硬化的方法主要有:浸过树脂的纤维材料在紫外线照射下硬化;浸过水溶性树脂的纤维材料水蒸发后硬化;浸过树脂的玻璃纤维材料当它的温度冷却到玻璃纤维的转变温度后硬化;有热活性的塑性树脂吸收一定的热能后硬化;碾压的铝薄片和薄的 Kapton 薄膜在铝超过屈曲张力以后硬化等。其中,紫外光聚合交联硬化技术已在工业界得到广泛的应用[159]。

针对热塑性材料在室温条件下是刚性的缺点,利用热塑材料组成的纤维束和增强纤维制作成共织纤维,具有较好的柔韧性,其展开后不对刚化膜产生损伤。利用玻璃纤维和聚酰胺纤维分别作为经线和纬线织入共织纤维,如图 9 - 51 所示。

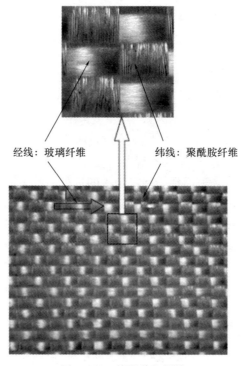

经线:玻璃纤维　　　　纬线:聚酰胺纤维

图 9 - 51　热塑共织纤维

共织纤维通常有 3 层以上叠层。图 9 - 52 所示为 9.7m 长热塑共织纤维组成的展开管硬化前后的实物图,它是由气体隔离层(0.05mm FEP 共聚物)、共织纤维材料(4 层)和约束层(0.1mm 厚玻璃纤维浸渍的 Teflon 树脂)组成的展开硬化膜组成结构[160]。

通常空间展开结构由薄膜或涂层纤维柔性材料制造而成。空间刚化结构可被制造成环行、半球及碟形结构。经过多年的发展,采用先进材料和设计的高可靠刚化结构被开发出来,包括热硬化复合压层、薄壁铝/聚合体夹层结构、热塑复合层压结构、UV 凝固复合夹层、泡沫展开及膨胀气体反应夹层。典型结构为复合压层系统和薄壁铝/聚合体夹层结构,其中,复合压层系统主要由 MIL 薄层和层状支撑管组成,薄壁铝/聚合体夹层结构的刚化部分主要由延展性好的铝和 Kapton 组成,MIL 薄层部分和复合叠层系统的组成相同。铝箔层合材料由铝箔及复合膜如 Mylar 或 Kapton 胶接层合而成,复合膜的作用是保证密封并提高撕裂强度,如图 9 - 53 和图 9 - 54 所示[161]。

图 9 - 52   9.7m 长热塑共织纤维组成的展开管硬化前后的实物图

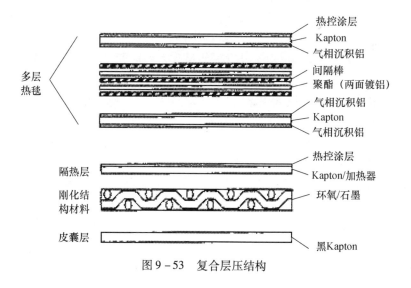

图 9 - 53   复合层压结构

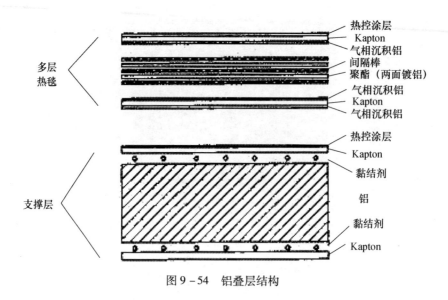

图 9 – 54　铝叠层结构

9.5.3　展开硬化材料在航天上的应用

展开式结构可用于构建航天器的结构部件和功能部件,如大面积天线、高功率太阳能电池板、太阳聚光器、太阳遮光罩和月球基地的充气展开式建筑等[4]。

1）大面积天线

静止轨道卫星以及深空探测活动需要长距离的通信测控,因此保证接收端具有较好的信号功率是非常重要的,而要保证接收端具有较好的信号功率唯有增大天线面积。由此,大型、超大型天线系统是高轨电子侦察卫星、高轨移动通信卫星和深空探测卫星等工作的必备条件和重要保障,天线尺寸往往需要达到百米以上甚至更大[162]。采用目前传统的空间结构构建技术建造这种大型天线系统存在很大的困难,即使建造出来,也由于其发射质量和发射体积过于庞大等方面的限制而难于应用。

目前,世界上主要的航天国家在充气展开式大面积天线方面做了大量的工作。NASA 在 1996 年 5 月成功地进行了充气天线轨道释放试验（IAE 试验）[163,164],充气天线的充气结构由充气式反射器组合装置、圆环、连杆支撑结构组成。反射器组合装置呈双凸透镜状,背面是金属化的偏置抛物面反射器,前面是一个遮罩。圆环用于对反射器组合装置的边缘进行支撑,如果没有圆环,反射器组合装置就会在充气后呈球形,如图 9 – 55 所示。通过轨道试验可以验证得到:研制大面积充气展开式天线的费用比较低廉,易于包装,且天线的表面可以得到足够的精度,在展开后具有理想的刚性。

此外,美国的 Johns Hopkins 应用物理实验室和 ILC Dover 公司提出了混合充气天线的概念,并成功研制出一种混合型充气式反射器[165],如图 9 – 56 所示,该

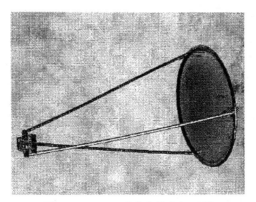

图 9 - 55 IAE 试验中的充气天线

天线由一个固定的刚性抛物面反射器和一个环绕其周围的抛物环面充气反射器组成,2 个分别用于刚性反射器和充气反射器的馈源及其支撑安装在刚性反射器上。环面反射器可大大增加天线面积,充气膨胀后形成的反射面可硬化。该天线可以大大增加天线反射体的表面积,显著提高天线的频率性能。欧空局联合 Contraves 公司开展了充气空间自固化天线的研制工作,并利用树脂基 Kevlar 薄膜成功研制了口径分别为 3.5m、6m、12m 的 3 个样机。美国的喷气推进实验室(JPL)采用充气可展开技术成功研制了用于对地成像的微波遥感合成孔径雷达天线(SAR 天线),具有质量轻、收纳效率高的优点[166]。

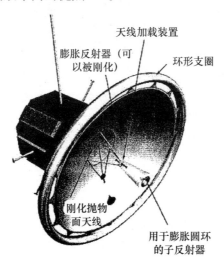

图 9 - 56 混合型充气天线

2）太阳帆

太阳帆的工作原理是利用太阳帆将照射过来的太阳光光子反射回去,由于力的作用是相互的,太阳帆将光子"推"回去的同时,光子也将对太阳帆产生反作用力,从而推动航天器前进。

太阳帆结构主要由三部分组成:支撑结构、太阳帆薄膜和包装展开机构。质量大小是太阳帆设计成功与否的关键,因此要求支撑结构质量非常小,而充气展开式结构则是制备太阳帆的理想结构,解决了质量小和大面积同时兼顾的需要。

目前,世界上主要是美国、欧洲的一些科研机构从事太阳帆的研究,如美国的戈达德航天飞行中心、喷气推进实验室、兰利研究中心和马歇尔航天飞行中心等,但均还没有成功地应用于航天器上[167-170]。德国余杭研究院成功设计了太阳帆支撑结构为 4 根 14m 长的碳纤维增强复合材料管,厚度小于 0.01m。俄美合作研制的"宇宙"1 号叶型太阳帆航天器于 2005 年 6 月发射[11],如图 9-57 所示,但由于火箭推进器出现故障而失败。

图 9-57   叶型太阳帆航天器示意图

3) 太阳能电池帆板

对工作在高轨道的航天器,由于其长寿命、远距离的要求,需要有足够的能源支持,而太阳能的利用则是一条最简单的捷径。通过加大太阳能电池帆板的尺寸,可以获得较高的电能。研制大型太阳能电池帆板的关键是解决重量、体积、成本和可靠性等问题。充气展开式大型太阳能电池帆板可以达到更高的能效比,且适合在深空探测中应用[171]。

充气展开式太阳能电池帆板主要由四部分构成:太阳电池板蒙皮、充气展开式结构支撑部件、展开控制系统和充气系统等。利用充气展开式结构部件,就可以克服传统机械展开结构无法构建超大型太阳能阵列的限制,达到使系统的质量更轻、存储容积更小、成本更低且提高航天器的能量供给、延长寿命的目的。典型的充气展开式太阳能电池阵如图 9-58[172]所示。

世界主要航天大国,尤其是美国在充气展开式太阳能电池帆板上的研发和利用取得了较大的突破。美国喷气推进实验室(JPL)在研制深空航天器 DS4 的过程中,通过两个 3m 宽、14m 长的充气式太阳能帆板,达到了满足 12kW 电能的要

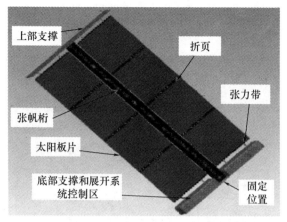

图 9 - 58 典型的充气展开式太阳能电池阵

求[173]。此外,Teledesic 星座方案中,也通过使用充气展开式结构制备了能产生
6kW 电能的太阳能电池阵,如图 9 - 59 所示。

图 9 - 59 Teledesic 星座充气太阳能电池阵

4) 大型空间遮光罩[174-176]

继哈勃望远镜之后,一系列大型空间望远镜被研制用来观测哈勃望远镜无法
观测到的原星系。NASA 研制的下一代空间望远镜(NGST)[18]是装备了照相机和
对近红外敏感的光谱仪的低温大型观测设备。相较于使用储存的制冷剂和机械制
冷,使用大型遮光设备可以使温度最低达到 - 243℃。这为我们提供了一个高效、
长寿命、轻质量和低花费的途径。其遮光罩的外形成钻石形状,展开后的几何尺寸
为 15m 宽,35m 长,通过对太阳光的遮挡确保了望远镜能在正常的环境温度条件
下工作,如图 9 - 60 所示。此外,在 James webb 空间望远镜上也使用了大型的遮
光罩设备[177]。

所有这些大型空间望远镜的遮光罩都需要支撑机构,传统的机械支撑机构重

量大、占用空间大,而通过使用充气展开式结构可以减轻质量,节省空间,提高效能。

图 9 - 60　NGST 太阳遮光罩

5）太阳热推进聚光器

太阳能热推进最早是由 Ehricke K A 于 1956 年在关于太阳动力太空船的概念上提出的[178],它的设计原理是利用太阳辐射能来加热推进剂以产生推力,与传统推进方式相比较,它具有比冲高、推进剂消耗量少、无污染和经济性好等优点,可以用来将卫星从低地球轨道向高轨道推进或进入深空探测中[179]。

在设计中,人们希望设计得到高功率、先进和低质量的太阳推进系统,如图 9 - 61[180] 所示,为此,要求太阳聚光器的质量较轻。所以,太阳能聚光器的反射面可以采用充气展开式支架来展开,当充气展开以后,支架刚化,这样就避免了所充气体泄漏后需要不断充气的隐患,并解决了充气结构可能被空间碎片等撞击破坏的危险。

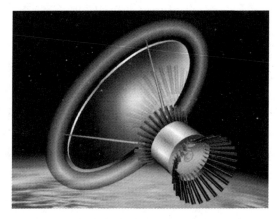

图 9 - 61　高功率、低质量的太阳聚光器示意图

6) 回收装置与充气防热罩

在过去几十年的航天事业中,应用于空间和大气层内的载人或不载人的可回收航天器,一直是采用在返回舱的外表面包裹一层较重的烧蚀性防热材料,在降落时再辅以降落伞为核心的经典回收技术。随着新材料的研制和新工艺的出现,充气展开式回收装置与充气防热罩的概念逐渐进入人们的视线,并进行了大量的研究工作。

充气展开式回收装置是在航天器进入大气前充气成形,以增加迎风阻力面积,减速到一许可的着陆速度范围进行着陆,达到减速保护降落载荷的目的。通常有三种形式:拖曳式气球、航天器前置式充气减速器、航天器后置式充气减速器[181],如图 9 – 62 所示。当航天器后置于减速伞时,减速伞还将起到防护的作用,即充气防热罩。在下降过程中可以根据需要进行数次充气以增加迎风阻力面积。相较于传统回收技术,充气展开式回收装置具有无可比拟的优越性:体积小、质量轻,降低发射成本;易于制造,适合任何外形的返回装置;良好的空间稳定性和高可靠性,降低发射和回收的风险;防热和减速减振功能简化了回收系统的设计。这对高轨道航天器和深空探测航天的降落与回收具有重要的应用价值。

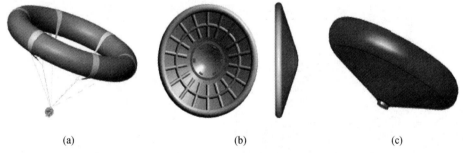

(a)   (b)   (c)

图 9 – 62　不同类型的充气展开式减速器
(a)拖曳式气球;(b)前置式充气减速器;(c)后置式充气减速器。

以防热罩为例,充气展开式回收装置主要由防热材料和充气展开支撑装置组成,通常分为两级。可充气展开装置在发射和在轨期间处于压缩状态,节约空间,在进入大气层之前,第一级充气展开回收装置展开,这一部分外面包裹着防热材料,在穿过大气层的过程中速度逐渐减小到亚声速;进入着陆阶段,将第二级充气装置展开,这样就大大增加了阻力面积,实现了回收装置的减速效能[182]。

7) 充气展开式建筑[183 – 186]

在空间探测活动中,人类梦想能够在月球或者火星等外星体表面居住,实现移居月球或其他星体的目的。以月球为例,由于月球表面无大气,具有极端变化的温度,高强度的辐射以及空间碎片和微流星体的撞击等恶劣环境,因此,要实现在月球表面的居住就需要对这些严酷空间环境进行屏蔽,减小对人类和航天器的威胁。

月球居住基地的建造要求有以下几个方面:建造材料的质量轻、易折叠,占据空间小和运输费用低;结构部件模块化,易于连接组装;结构形状要设计达到用少的材料承受施加的载荷;结构材料的抗严酷空间环境好;易于更换失效的抗辐射屏蔽部分;等等。因此,充气展开式结构是比较高效和易于建造的结构方式。

在月球上的抗辐射屏蔽层模块组合基地模拟图如图 9 – 63 所示,月球基地的单一模块示意图如图 9 – 64 所示,模块的 1/4 剖面示意图如图 9 – 65 所示。由图 9 – 65 可以看到,其形状的支撑结构为充气展开式支柱。

图 9 – 63   在月球上的抗辐射屏蔽层模块组合基地模拟图

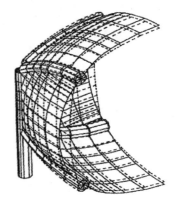

图 9 – 64   月球基地的单一模块示意图   图 9 – 65   模块的四分之一剖面示意图

9.6   超材料及其航天应用

9.6.1   超材料与左手材料

超材料(Metamaterial)一词是由美国得州大学奥斯汀分校 Roger. Walser 教授于 1999 年提出的[187],用来描述自然界不存在的、人工制造的、三维的、具有周期性结构的复合材料。超材料通常是指具有天然材料所不具备的超常物理性质的人工复合结构或复合材料。超材料具有三个重要特征:通常是具有新奇人工结构的复合材料;具有超常的物理性质;性质往往不主要取决于构成材料的本征性质,而取决于其中的人工结构[188]。

左手材料是指以微观有序的特殊结构形成的,同时具有负的介电常数和磁导率的功能材料。其特点是在微观结构尺度的波长范围内(一般为微波和 THz 范围)具有特殊的电磁学性质。左手材料的概念是由苏联物理学家 Veselago 在 1968 年提出的[189]。1999 年,英国科学家 Pendry[190]等人提出了一种巧妙的设计结构可以实现负的介电系数与负的磁导率,证明了左手材料的可能性。2001 年由 UCSD 的 Smith[191]等人在试验上证实了左手材料的存在。左手材料在 2003 年和 2006 年度被 Science 杂志评为十大科技进展之一。

光子晶体是指通过纳米尺度的微观结构,在可见光和红外光范围内能够实现特殊光学性质的材料。与左手材料相比,其结构尺度、制造方法、应用范围等都略有不同,但其基本原理和研究方法是近似的。

超材料的种类主要有左手材料和光子晶体,随着研究的进一步深入,超材料的概念和范围的不断扩展,还包含频率选择表面(Frequency selective surface)、人工磁导体(Artificial magnetic conductor)、等离子结构等材料。

"左手材料"是相对于经典电动力学理论中的"右手材料"而言的。在传统物理学中,物质的介电常数 ε 和磁导率 μ 都是正值。当电磁波穿越其中时,描述电磁波传播特征的电场方向 E、磁场方向 H 和电磁波的传播方向 k 构成与三维空间坐标,呈对应的右手螺旋关系,如图 9 – 66(a)所示。而对左手材料而言,由于其介电常数 ε 和磁导率 μ 同时为负,电磁波在其中传播时,电场强度 E、磁场强度 H 与传播方向 k 三者遵循左手螺旋法则(图 9 – 66(b))。

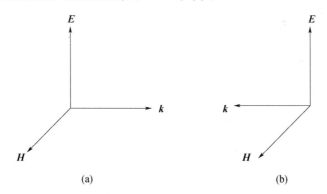

图 9 – 66　电场强度 E、磁场强度 H 和传播方向 k 的对应关系
(a)右手定律;(b)左手定律。

由于左手材料的特殊物理性质,它具有负相速度、负折射率(图 9 – 67)、逆

Doppler 频移、反 Cherenkov 辐射等奇异的物理性质,在电磁学应用方面潜力巨大。

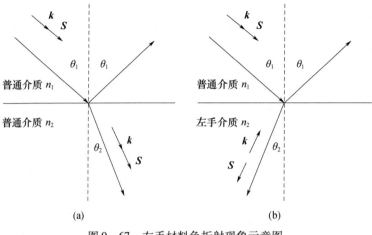

图 9 - 67　左手材料负折射现象示意图

9.6.2　超材料的特殊效应

1) 负折射效应

电磁学物理定律要求,当电磁波入射到两种折射率不同的普通介质的界面时,将会发生折射,并且折射方向与入射方向分居于法线的两侧,其折射角大小取决于两种材料的折射率的比值。然而,当电磁波从普通介质入射到左手介质表面时,由于在左手材料中波矢 k 与能流 S 方向是相反的,根据波矢 k 在界面处的切向连续性和能流矢量 S 的法向连续性,可以发现,此时折射方向与入射方向处于法线的同一侧。这就是所谓的负折射现象。

对麦克斯韦方程进行推导和 Snell 定律可以知道:

$$n^2 = \varepsilon\mu$$

那么折射率就有正负两个根:

$$n_1 = + \sqrt{\varepsilon\mu}$$
$$n_2 = - \sqrt{\varepsilon\mu}$$

当 $\varepsilon > 0, \mu > 0$ 时,则

$$n_1 = + \sqrt{\varepsilon\mu} > 0$$

当 $\varepsilon < 0, \mu < 0$ 时,则

$$n = - \sqrt{\varepsilon\mu} < 0$$

对于传统材料而言,一般观测到的折射率为正值,舍去负根。在 $\varepsilon < 0, \mu < 0$ 的情况下,折射率 n 取负值,电场、磁场和波矢成左手系,因此负折射率介质又称左手材料,相应地,正折射率介质被称为右手材料。

2）"瞬逝波放大"与"超分辨透镜"

传统光学系统的成像分辨率受到衍射极限的限制,使得携带物点精细结构信息的高频傅里叶分波随着传播距离的增加而呈指数衰减,进而使得成像质量下降。而左手材料在电磁学上最显著的优点之一就是能够对倏逝波进行放大。2000年,Pendry[192]从理论上阐述了电容率和磁导率同时为 −1 时的左手材料可以构成完美透镜,这种透镜可以在像点得到源点的所有高阶傅里叶分量,即完美成像,如图 9 −68 所示。基于此原理,可以制备出应用于摄影、遥感、侦察和显微学上的各种"超级镜头"。虽然由于材料不可避免地具有损耗等特点,这种完美透镜是不可能真正实现的,但可以提高图像的分辨率[193]。

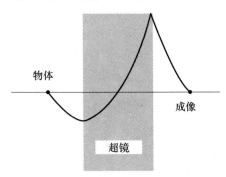

图 9 −68　电容率和磁导率同时为 −1 的左手材料的完美成像

3）逆多普勒效应[194]

多普勒(Doppler)效应是指物体辐射的静止频率 ω_0 随光源和观察者的相对运动而变化。在运动的波源前面,波被压缩,波长变短,频率变高;反之,波长变长,频率变低。

对正常材料而言,如果光源靠近探测器方向运动,那么在此介质中探测到的频率会比 ω_0 高;反之,则探测到的频率则会比 ω_0 低。但是,对于左手材料则相反,如图 9 −69 所示,即当光源向着探测器运动时,此介质中探测的角频率比 ω_0 低;反

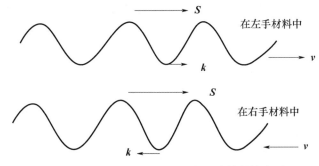

图 9 −69　左手材料和普通材料中的多普勒效应对比

之,所探测的频率比 ω_0 高。在左手材料中,火车靠近我们时,汽笛声反而变低,而火车离开我们时,汽笛声变高,这与常识不符。利用这一理论,在军事上可以干扰雷达对目标移动方向的监控。

4) 反切仑科夫(Cherenkov)辐射

反切仑科夫(Cherenkov)辐射是1934年由俄罗斯物理学家 Cherenkov 发现的。当粒子速度超过介质中的光速时,带电粒子会在其周围诱导出电流,而在其路径上形成一系列次波源,分别发出次波,这些次波互相干涉,从而辐射出电磁场,称为切仑科夫辐射。

在正常材料或普通材料中,带电粒子传输引起次波干涉形成的波前是一个锥面,电磁能量沿此锥面法线方向辐射,是向前辐射,形成一个向后的锥角,如图9-70(a)所示。但在左手材料中,能量传播方向与相速传播方向相反,因而辐射将背向粒子运动方向发出,辐射方向形成一个向前的锥角,如图9-70(b)所示,这就是反切仑科夫辐射或逆切仑科夫辐射。

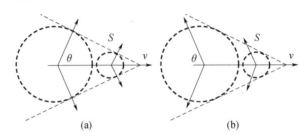

图9-70 切仑科夫辐射在材料中的传输示意图
(a)普通介质;(b)左手材料。

5) 反古斯-汉森位移

当电磁波在两种普通介质材料界面处发生全反射时,反射波在入射到界面上后存在沿着波传播方向的横向侧位移,这种位移称为古斯-汉森位移,如图9-71(a)所示。如果电磁波从普通介质材料入射到左手介质材料表面时,反射波也会发生横向的侧位移,但是位移的方向却和两个普通材料界面的位移方向相反,这就是反古斯-汉森位移,如图9-71(b)所示。

6) 反光压效应

当一束单色光波入射到某反射体上时会在其表面产生一定的压强。如果光源处在普通介质材料中,那么光子动量或是波矢方向与光子流的运动方向相同,而反射体受到光子施加的动量与光子自身动量变化量大小相等,但方向相反。所以,此时反射体受到的光子作用表现为压力,如图9-72(a)所示。如果光源处在左手介质材料中,那么,光子动量或是波矢方向与光子流的运动方向相反,此时反射体受到的光子作用表现为吸引力,如图9-72(b)所示。

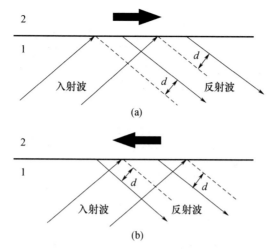

图9-71　古斯-汉森位移与反古斯-汉森合移示意图

(a)古斯-汉森位移;(b)反古斯-汉森位移。

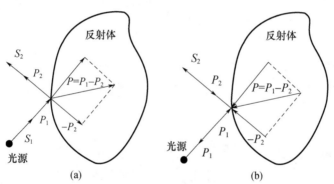

图9-72　反射体与入射光波的作用示意图

(a)压力;(b)吸引力。

9.6.3　超材料的制备方法[195-199]

随着实验室微结构制备能力的提高,左手材料/超材料取得了长足的发展,可以通过压膜、微印刷、激光刻蚀、立体光刻、自组装等多种方法来实现毫米到纳米级水平上复杂结构的制作和装配,金属谐振环阵列结构、纳米杆对阵列结构、渔网结构、磁复合结构等不同形式、不同频带的超材料,如图9-73所示。

1）激光刻蚀与直写技术

通过激光直写技术(Direct Laser Writing,DLW),J. K. Gansel[51]等研制出了不同种类的超材料,如图9-74所示,依次是三维金螺旋光子超材料、三维双手性螺旋光子晶体以及三维隐形衣结构。通过聚合物模板的三维激光直写,以及后续的银化学气相沉积(Ag-CVD)或银阴影蒸发技术,该研究小组还研制出了磁性超材

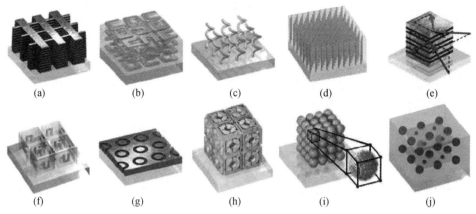

图 9 – 73 三维光子超材料结构

(a)多层双渔网负折射超材料;(b)由叠层电子束光刻制备的立体或手性超材料;(c)基于激光直写和电镀的手性超材料;(d)通过电镀的六边形孔阵列模板制成的双曲型(或"无限期")超材料;(e)由耦合等离子体波导组成的金属－介质多层超材料,对特定频率具有不依赖角度的负折射率;(f)采用膜投影光刻技术制造的三维开口环谐振器;(g)基于同轴设计的宽角可见负折射超材料;(h)适合于激光直写的连接立方对称的负折射超材料结构;(i)利用大面积自组装技术制备的金属集群可见频率磁性超材料;(j)由两套简单立方晶格排列的高折射率介质球组成的全介质负折射超材料。

料以及负指数双各向异性光子超材料等。考虑到激光直写技术已经走向商业化,并且可以满足100nm以下线宽的加工要求,上述技术将使三维光子超材料的快速原型制备成为可能。

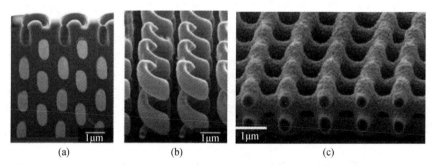

图 9 – 74 由 DLW 和 CVD 技术制备的超材料结构的电子显微图片

(a)三维金螺旋光子超材料;(b)三维双手性螺旋光子晶体;(c)三维隐形衣结构。

2)电子束刻蚀技术

电子束刻蚀技术(又叫电子束曝光技术)是一种与光学刻蚀技术根本不同的新的刻蚀工艺,其基本特点是不受影响光刻蚀的物理极限限制,分辨率高,最小线宽可以达到10nm量级。

电子束刻蚀技术的原理是将电子束经过精确聚焦,并且在计算机的控制下使电子束既能在基片上偏转,又能实现接通和断开。电子束使光刻胶曝光,下一步可以进入显影工序。电子束只能在一个扫描场的范围内对光刻胶进行曝光(一般为 $1 \sim 40 mm^2$)。对于给定的分辨率的较大面积的曝光,通过使工件台在精确控制下步进运动和重复电子束形成的图形的方式来实现,如图 9-75 所示。

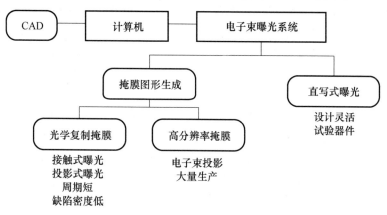

图 9-75　电子束刻蚀的几种途径和用途

电子束刻蚀技术在超材料制备中有着广泛的应用,具有灵活性和迅速改变设计的能力,可用来制备规则的二维超材料结构,具有特征结构和尺寸可控的优点,周期间隔可达 300nm,特征结构尺寸在几纳米量级,但同时也具有加工区域小、加工速度慢等缺点。

3)纳米压印技术

纳米压印技术(NIL)是在 20 世纪 90 年代发展起来的一种新型的微纳结构制备技术。它继承了传统光刻技术的并行性和直写式纳米结构制备技术的高分辨性,具有与传统光刻技术可比拟的高产率。

纳米压印技术的原理是采用绘有纳米图案的刚性压模将基片上的聚合物薄膜压出纳米级图形,再对压印件进行常规的刻蚀、剥离等加工,最终制成纳米结构和器件。纳米压印技术具有批量化制造、均匀性和重复性好、成本低、简单易行、效率高等优点。因此,纳米压印术具有良好的竞争力和广阔的应用前景。目前,纳米压印技术主要包括热压印、紫外压印和微接触印刷。

此外,作为可实现快速加工的微加工手段之一,离子束刻蚀技术利用质量重的镓离子剥蚀待加工基片表面原子,实现微结构加工和表面修饰。相比于电子束曝光技术,离子束刻蚀技术具有加工速度快(约 20min)、无后续处理步骤等优点。

9.6.4　超材料在航天上的应用

超材料尤其是左手材料在航天器天线、光学系统、隐身系统等有着重要的应用。

1)左手材料在航天天线上的应用[200,201]

空间通信与微波(射频)武器等领域要求天线具有以下特性:①具有高定向

性,以确保通信的保密性和高效性;②低质量,以具有机动性、移动性和易携带性;③具有高增益,以降低对发射系统的要求。而左手材料在天线及射频武器领域更有独特的优势。

利用左手材料的导波特性和辐射波特性,可以制备新型微波器件如微波平板聚焦透镜、耦合器、移相器、谐振器及新型后向辐射天线、零阶谐振器天线等。利用左手材料对电磁波束汇聚的特点,可以减小天线的半波瓣宽度,大幅改善天线的方向性,提高天线辐射增益。利用左手材料制造漏波天线,进行向前向后的扫描,突破了传统天线在波束扫描上的缺陷。

用左手材料奇异的电磁特性可以实现左手材料平板透镜聚焦效应,从而改善天线的辐射特性,提高天线的方向性,增大辐射增益。

利用左手材料平板透镜聚焦效应来提高天线增益的方法,不仅获得了很高的增益,而且可实现天线的小型化设计。

利用基于左手传输线的新型谐振器,可以构成具有谐波抑制功能、结构紧凑的新型滤波器。

利用逆多普勒效应则可制备体积小、成本低、频段宽的高频电磁脉冲发生装置等。

2) 左手材料在航天光学系统中的应用

光学超材料除具有独特的性质,还具备其他常规材料所不具备的巨大的、广泛的潜在应用,包括大量的新型光学器件功能如突破衍射极限的近场及远场成像、二次谐波发生,光学开关、亚波长波导、光学集束与光旋转器件、光学隐身、光学自增益器件、光学检测设备、光学通信与传感器件、光学信息存储器件、光学二极管、谐振器与激光腔、光学相位补偿/共轭器件、纳米光刻、纳米电路/光路等。例如利用其瞬逝波放大效应,可制作精确聚焦的超薄平面透镜,使物品的高频信息得以突破衍射极限而将全部图像信息传输到成像点,消除普通球面透镜中所存在的令人苦恼的光学像差,实现良好的焦点,聚焦能力接近衍射极限。

基于光学超材料的优良性能,未来可在航天光学成像、深空望远镜等光学载荷和光学系统中发挥重要作用。

3) 左手材料在航天隐身系统中的应用

作为具有特殊电磁学性质的左手材料,在电磁波吸收能力上有着独特的性质与优势,能够大幅降低航天器的雷达散射截面,从而提高其生存防御能力和总体作战性能。左手材料在其特性频带范围内对电磁波有较高的传输,即实现电磁波从原来的禁带到导带的转变,可以有效地降低特定频带范围的电磁波反射。利用负折射率材料制造的武器系统或作战平台可以将光线或雷达波反向散射出去,使得从正面接收不到反射的光线或电磁波,从而在技术上实现武器系统或作战平台真正意义上的隐身。

云南大学杨成福[201]等人给出了一种基于超材料的电磁透视装置,并导出了其介电常数和磁导率分布,该装置能在整个金属板上形成幻影,让电磁波完全穿透金属板。研究表明,TE波和线电流源激励下该装置均有透视功能,并且其透视特性不受互补区和恢复区相对位置变化的影响;电磁波透过金属板时,在金属板与互补区交界面上形成强场区时,相对损耗小于10^{-7}时,对强场区电场强度和相位无影响;当相对损耗小于10^{-3}时,电磁波仍能够完全透过金属板。

图9-76所示为基于超材料的金属板透视装置模型,其中图9-76(a)中黑色区域为金属板,其他部分为自由空间;图9-76(b)的深灰色区域为互补介质区,浅灰色区域为恢复介质区,互补介质区和恢复介质区组成了透视装置;金属板和透视装置的电磁特性等效为图9-76(c)中虚线所示的自由空间。

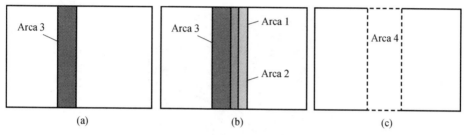

图9-76　基于超材料的金属板透视装置模型

仿真结果如图9-77和图9-78所示。

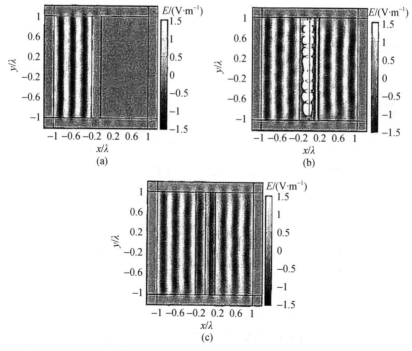

图9-77　TE波激励下的仿真结果

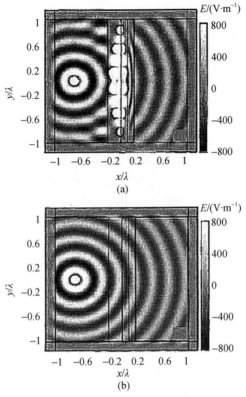

图 9 – 78　线电流激励下的仿真结果

　　由仿真结果可以看出,电磁波可以完全透过金属板,并在金属板与互补区的交界面上形成强场区。

　　未来,左手材料将在电磁隐身、可见光隐身和声隐身方面具有广泛的应用前景,可用于航天器、航空器、舰艇、地面战车以及士兵等隐身领域。

9.7　3D/4D 打印技术及其航天应用

9.7.1　3D 打印

　　3D 打印(3D Printing)技术是指通过连续的物理层叠加,逐层增加材料来生成三维实体的技术,是"增材制造"(Additive Manufacturing)技术的主要实现方法。根据美国材料与试验协会(ASTM)2009 年成立的添加制造技术子委员会F42 公布的定义,"增材制造"技术是"一种与传统的材料去除加工方法相反的,基于三维数字模型的,通常采用逐层制造方式将材料结合起来的工艺",其同义词包括添加成型、添加工艺、添加技术、添加分层制造、分层制造,以及无模成型[202]。

3D 是在现代 CAD/CAM 技术、激光技术、数控技术、信息技术、精密伺服驱动技术、激光技术以及新材料与化学技术的基础上集成发展起来的。可以自动、直接、快速、精确地将设计思想转变为具有一定功能的原型或直接制造零件,从而为零件原型制作、新设计思想的校验等方面提供了一种高效低成本的实现手段。其主要流程是:应用计算机软件设计出所需产品的三维模型,然后将三维模型沿一个方向离散成一系列二维截面图,根据截面图信息,通过特定的成型设备(俗称"3D 打印机"),利用精密喷头将液化、粉末化、丝化的固体材料逐层"打印"出截面图形。如此循环,直到整个三维模型的所有截面全部打印完成,就形成了实体产品。

2012 年英国著名杂志《经济学人》论述了当今全球范围内工业领域正在经历的第三次工业革命,认为这次革命建立在计算机、互联网、新材料、新能源的基础上,以"制造业数字化"为核心,并将给全球技术要素和市场要素配置方式带来革命性变化。新材料、新工艺、新机器人、新的网络协同制造服务,工业生产将会向更加经济、高效、灵活、精简的方向发展[203]。3D 打印技术是"第三次工业革命的重要标志",被认为是推动新一轮工业革命的重要契机[204]。

美国是 3D 打印技术的主要推动者。2011—2012 年美国先后出台了"先进制造伙伴关系计划"(AMP)、《先进制造国家战略计划》、《国家制造业创新网络计划》(NNMI)等,在这些战略计划中均将 3D 打印制造技术列为未来美国最关键的制造技术之一[205]。在我国,国家科技部于 2013 年公布《国家高技术研究发展计划(863 计划)》和《国家科技支撑计划制造领域 2014 年度备选项目征集指南》和工业与信息化部发布的《信息化和工业化深度融合专项行动计划(2013—2018年)》中,均将 3D 打印技术列入其中。

目前,世界各国在航空航天、武器装备、工业设计与制造、模具、医疗以及时装、电影、建筑、创意设计等不同行业均实现了 3D 打印技术的成功应用。我国在航空航天、建筑制造等领域也取得了 3D 打印的成功应用[206]。

本节主要对 3D 打印技术的主要方法和其在航天领域的应用进行分析,以期对我国的航天事业带来新的发展帮助。

9.7.2　3D 打印方法

2012 年美国材料与试验协会(ASTM)添加制造技术子委员会 F42 制定的标准——添加制造技术标准术语中,将添加制造技术分为光聚合技术、材料喷射技术、黏结剂喷射技术、材料超充技术、粉末床融合技术、片层叠和定向粉末沉积技术等 7 类[207]。各 3D 打印技术代表性企业、打印材料和应用市场分布如表 9 - 6 所列。

表 9-6 3D 打印技术分类及代表企业

工艺	代表企业	打印材料	应用市场
光聚合技术	3D Systems(美国) Envisiontec(德国)	光敏聚合物	快速成型
材料喷射技术	3D Systems(美国) Stratasys(美国)	聚合物、蜡	快速成型、铸造成型
黏结剂喷射技术	3D Systems(美国) ExOne(美国) Voxeljet(德国)	聚合物、金属、铸造用砂	快速成型、压铸模具、直接部件
材料超充技术	Stratasys(美国) Bits from Bytes(美国) RepRap(美国)	聚合物	快速成型
粉末床融合技术	EOS(德国)(德国) 3D Systems(美国) Arcam(瑞典)	聚合物、金属	快速成型、直接部件
片层叠技术	Fabrisonic(美国) Mcor(爱尔兰)	纸、金属	快速成型、直接部件
定向粉末沉积技术	Optomec(美国) POM(美国)	金属	修理、直接部件

目前,主流的 3D 打印技术如下:

1)光聚合技术

该技术利用某种类型的光源选择性地扫描预置的液态光敏聚合物,并使之快速固化。典型代表为立体光固化成形(Stereo Lithography Apparatus,SLA)。SLA 是基于液态光敏树脂的光聚合原理工作的,它利用紫外光快速扫描存于树脂液槽中的液态光敏树脂,使其迅速发生光聚合反应,从而由液态转变成固态,然后工作台下降一层薄片的高度,进行第二层激光扫描固化,如此重复,直到形成所需的产品[208]。SLA 是最早注册专利和商业化的 3D 打印技术,是目前研究最多、技术最成熟的方法,多年的研究改进了截面扫描方式和树脂成形性能,使该工艺的最高加工精度达到 0.05mm。SLA 方法工作原理如图 9-79 所示。

光聚合技术具有成型速度快、精度高、表面效果好的优点,但也具有运行费用高、零件强度低、无弹性、难装配等缺点。主要用于复杂、高精度的精细工件快速制造。

2)粉末床融合技术

该技术通过预先在工作台上铺一层粉末材料,然后让激光在计算机控制下按照截面轮廓信息对实心部分粉末进行烧结,如此循环,层层堆积成形。典型代表为

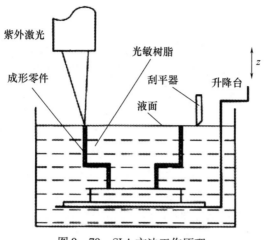

图 9-79 SLA 方法工作原理

选择性激光烧结（Selective Laser Sintering，SLS）、选择性激光熔融（Selective Laser Melting，SLM）、电子束熔融（Electron Beam Melting，EBM）。其中，SLS 是直接快速制造工程金属零件的最有效方法之一，由美国得克萨斯大学奥斯丁分校的 Dechard 于 1989 年最先提出[209]。采用单组分或双组分的微小材料粒子，使用高功率激光（如二氧化碳激光）逐层选择性地融化表面的粉末材料，最后形成所需的三维形状，如图 9-80 所示。SLS 技术可使用的材料包括聚合物材料（如尼龙或聚苯乙烯）、金属材料（如钢、钛、合金的混合物）、复合材料和绿砂等。处理过程可以是完全熔化、部分熔融或液相烧结。

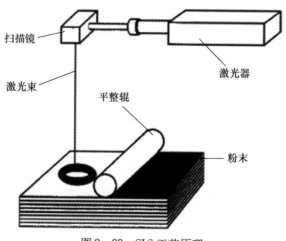

图 9-80 SLS 工艺原理

EBM 是从三维 CAD 模型中读取数据，并将金属粉末材料放到连续层上，利用计算机控制的高真空中的电子束使这些层熔化在一起而建立部件。一般在 700～

1000℃的高温下操作,打印的层厚范围为0.05~0.2mm。利用该技术制造的产品非常致密且强度高。目前EBM技术使用的材料是钛合金。

粉末床融合技术制造工艺简单,材料选择范围广,成本较低,目前主要应用于铸造业。使用SLS技术制造的聚合物非金属零件和高性能复杂结构金属零件已应用于航空航天、国防和其他高端工程领域。

3）材料喷射技术

该技术使用的材料一般是热塑性材料,如蜡、ABS、PC、尼龙等,在一定压力作用下,将丝状的热熔性聚合物材料通过加热喷嘴软化后,根据截面轮廓信息,逐点、逐线、逐面堆积在工作台上,快速冷却后形成一层截面,然后工作台下降一个分层高度再成型下一层,直至形成整个产品。典型代表为熔融沉积成形(Fused Deposition Modeling,FDM),FDM工艺原理如图9-81[210]所示。

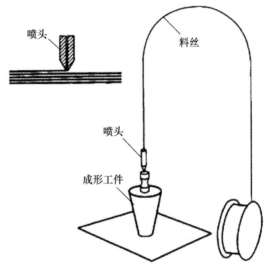

图9-81　FDM工艺原理

材料喷射技术成形材料种类多,成形件强度高,精度较高,相关设备结构非常简单,成本较低,主要用于生物组织工程研究以及小塑料件的生产。

4）片层叠技术

片层叠技术主要是指分层实体制造法(Laminated Object Manufacturing,LOM),它利用纸片、塑料薄膜或复合材料等片材为原材料,激光切割系统按照计算机提取的横截面轮廓线数据,将背面涂有热熔胶的纸用激光切割出工件的内外轮廓。切割完一层后,送料机构将新的一层纸叠加上去,利用热黏压装置将已切割层黏合在一起,然后再进行切割,这样一层层地切割、黏合,最终成为三维工件。其原理如图9-82所示。

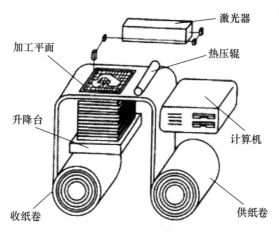

图 9 – 82　LOM 方法原理

LOM 常用材料是纸、金属箔、塑料膜、陶瓷膜等,可以用于制造模具、模型、结构件或功能件。

5）定向粉末沉积技术

该技术利用激光或其他能源在材料从喷嘴输出时同步熔化材料,凝固后形成实体层,然后再形成下一层进行叠加,直到形成整个产品。其特点是当材料被输送到金属基体上时才被激光等熔化。典型代表为直接金属沉积(Direct Metal Deposition,DMD),激光工程网格成形(Laser Engineering Net Shape,LENS)。DMD 系统的最新设备具备五轴联动能力,可以制作具有复杂结构的金属零部件[8]。基于 DMD 的 3D 打印机及产品如图 9 – 83[211]所示。

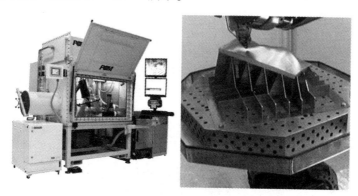

图 9 – 83　基于 DMD 的 3D 打印机及产品

定向粉末沉积技术成形精度较低,但是成型空间不受限制,因此常应用于制作大型金属零部件的精密毛坯。

9.7.3　3D打印在航天上的应用

GE航空在2012年11月20日收购了一家名为Morris Technologies的3D打印企业,计划利用后者的3D打印技术打印LEAP发动机组件[31]。图9-84所示为使用3D打印组件的LEAP发动机,据《麻省理工科技评论》报道,该发动机的喷嘴上使用了3D打印的陶瓷矩阵,其可以有效提高发动机的散热效率,降低发动机的工作温度,从而不再需要原来的额外散热部件,以往用于降温的那部分空气也可以直接用于燃料燃烧,效率提高非常明显[32]。GE计划用3D打印技术批量生产25000个这样的喷嘴,并于未来投入使用。GE把这次收购看作对新制造技术的投资,认为具备处理新兴材料与复杂设计的工艺制造开发能力,对GE的未来至关重要。

图9-84　使用3D打印组件的LEAP发动机

2013年7月,NASA和萨克拉门托火箭发动机制造商Aerojet Rocketdyne公司完成了一项火箭喷射器的测试,以验证3D打印能否应用于精密的火箭发动机部件生产,比如在制造发动机喷嘴部件上,采用3D打印技术比传统的制造工艺缩短更多的时间,但是涉及该技术的具体信息很少,这是因为美国法律限制了火箭发动机的设计透明度,防止该技术流出[33]。Aerojet公司的项目主管杰夫·海恩斯认为测试结果较令人满意,如图9-85所示,在注入的液氧和氢的过程中,3D打印部件的表现十分完美,而且使用了3D打印技术后,制造时间明显缩短,仅用时4个月,成本削减了大约70%[212-214]。

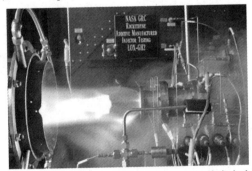

图9-85　NASA进行3D打印火箭发动机的首次点火测试

此外,澳大利亚政府宣布支持一项航空航天领域革命性的项目"微型发动机增材制造技术",该项目使用增材制造技术制造航空航天领域微型发动机零部件。

NASA马歇尔航天飞行中心正在同加州太空制造公司在称为"零重力3D打印试验"的项目上开展合作,旨在快速形成会有助于人类向太阳系深处进发的地外制造能力[215]。目前已经成功研制出一台3D打印设备,它的尺寸略大于鞋盒,并拥有带玻璃窗口的金属外壳。设计者称,这台设备同样可以打印任何东西,无论是下水管道还是救生工具,甚至可以通过对小行星的开采,打印出整个航天飞行器。这台机器特别为零重力的工作环境所设计,加州太空制造公司已经着手在波音727飞机上展开微重力环境测试,结果显示这台3D打印设备可以在微重力的环境下工作,且该公司认为,宇宙空间的环境同样不成问题。加州太空制造公司首席执行官凯默表示,同NASA合作的"零重力3D打印试验"是迈向未来的一步,按需进行部件和工具3D打印的能力将大大提高空间任务的可靠性和安全性,同时使成本得到数量级上的降低。图9-86所示为NASA在地球上进行低重力抛物线飞行,对零重力3D打印机进行测试。

(a)   (b)

图9-86 NASA测试零重力3D打印机

(a)整体;(b)局部。

虽然地外制造将在国际空间站上起步,但美航宇局官员称该技术的潜力绝不仅限于低地轨道,3D打印绝对是该局空间探测任务的一项关键使能技术。事实上,NASA以及欧空局最近已开始出资研究3D打印在深空探测领域的应用。包括:月球原地打印,即用月球上的材料(例如月球土壤)进行建筑打印,建造月球基地[216,217];太空食品打印,即使用3D打印设备制作太空食品,该设备可用来为长途飞行的航天员提供食物,比如用于将耗时500天的火星旅行[218]。图9-87所示为NASA展示的基于3D打印的月球基地假想图,图9-88所示为欧空局使用仿真月壤3D打印出的月球基地组件结构。

此外,基于3D打印技术的数字化库存可以代替现有的物理库存,从而解决国际空间站以及太空任务等空间受限情况下的库存问题[218]。

1)NASA——火星探测车

在亚利桑那州的沙漠,NASA的工程师利用复杂的地形和恶劣的气候,模拟火星残酷的条件,来测试火星探测车,如图 9 - 89 所示。这个敏捷的白色探测车,有悍马的大小,拥有一个加压舱、12 个坚固耐用的六轴不规则车轮,向前伸出的驾驶舱可以倾斜,以便观察地面情况。

图 9 - 87　NASA 展示的基于 3D 打印的月球基地假想图

图 9 - 88　欧空局使用仿真月壤 3D 打印出的月球基地组件结构

图 9 - 89　NASA 火星探测车

此辆火星探测车是应用 FDM 技术高度定制的车辆,包括阻燃口和外壳、摄像头支架、舱门、前保险杠和许多内部装置都是 3D 打印产物。由于车辆需要承受较大的压力,使用了 ABS、PC 和聚碳酸酯类材料支持车体,具备质量轻、强度高、高耐热性等优点。

2）NASA——火箭发动机零部件

美国 NASA 计划使用 3D 打印技术为太空发射系统制造部分火箭零部件。虽说整台火箭的零部件并非都出自 3D 打印机，但是其中一些需要多种标准零部件反复焊接才能完成的零件，由 3D 打印一次性成形，利用高能激光熔化、焊接、叠加粉末状金属，并将其塑成火箭零部件，提升零部件坚固程度。据称，这项新技术将能为美国航空航天局节省数百万美元的生产成本。这款计划于 2017 年启用的新设备将会用于太空探索，并进驻火星。NASA 火箭发动机零部件如图 9-90 所示。

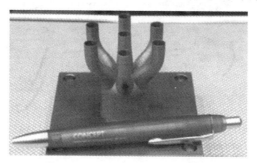

图 9-90　NASA 火箭发动机零部件

NASA 将利用选择性激光熔凝（SLM）技术为建造下一代火箭提供帮助。NASA 马歇尔航天飞行中心的科学家和工程师将采用这种先进技术制造复杂的金属零部件，用于"太空发射系统"重型运载火箭。J-2X 发动机的主承包商普惠·洛克达因公司近期正利用先进的"选择性激光熔凝"（SLM）3D 打印工艺，建造用于发动机的排气管道。SLM 利用激光束将金属粉末熔合成一种特殊形状来建造排气孔盖，这是发动机涡轮泵的一个重要维护口。这一零件在 2013 年 3 月 7 日的火箭发动机点火试验期间，暴露在恶劣的环境下进行了试验。J-2X 发动机为NASA"太空发射系统"（SLS）计划提供重要支撑。例如，利用新技术制造该零件的成本是利用常规方法制造该零件成本的 35%，节省力度尤为显著。排气管道打印成形零件如图 9-91 所示，气体发生器排气管道安装结构如图 9-92 所示。

图 9-91　排气管道打印成形零件

图9-92 气体发生器排气管道安装结构

NASA马歇尔航天中心近期验证了该技术如何通过将建造发动机零件的时间缩短数月,而为SLS节省预算。其中一个零件是RS-25发动机(图9-93)的弹簧Z隔板,用于减缓飞行中发动机可能遭遇的剧烈震颤。传统隔板的成形、加工和焊接需要耗时9~10个月。而通过计算机辅助设计零件,利用SLM建造该隔板仅需9天,这显然节省了时间和成本。从结构上看,减少传统焊接也使得该部件更加坚固完好。这次成功的J-2X试验为设计并制造用于J-2X发动机和RS-25发动机上更加复杂的SLM零件、最终节省成本和制造时间奠定了基础。3D打印火箭喷嘴的结构如图9-94所示。

<table>
<tr><td>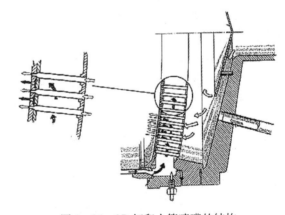</td></tr>
</table>

图9-93 RS-25发动机　　　　图9-94 3D打印火箭喷嘴的结构

NASA合作伙伴洛克达因(Aerojet Rocketdyne)使用3D打印制造火箭发动机喷嘴(图9-95)是添加制造技术有史以来最重大的应用之一。采用3D打印制造火箭发动机喷嘴,生产时间能够缩短到4个月,而采用传统的工艺所花费的时间要超过1年,而成本则缩减了70%。同时,采用3D打印技术制造出来的火箭发动机喷嘴通过了热防火测试,这就意味着添加制造技术能够成功地运用于火箭发动机喷嘴制造。

图9-95　现如今美国火箭的发动机喷嘴

3）Rocket Crafters公司——混合火箭发动机

在混合动力发动机的研制中,由于高性能电机的开发成本高,传统的铸造方法需要昂贵的模具和材料提升发动机承受压力的能力,且这种加工工艺容易产生晶粒缺陷,并且没有可扩展性。通过三维(3D)成形技术,使用复合纤维缠绕机械设备的方式,可提高发动机抗压能力,并且克服成型难度复杂、精度欠缺等不足,制造出高性能的混合火箭发动机。该款混合动力火箭已于2012年投入到军事和商业应用中,如图9-96所示。

图9-96　混合火箭发动机

4）意大利雅各布团队——立方体卫星

利用 3D 打印的立方体卫星如图 9 - 97 所示，尺寸只有 10cm、质量不到 1.4kg 的迷你卫星，成本 1 万美元（约合人民币 6.2 万元），主要用于帮助研究人员观察太空、测量地球大气层。该卫星是由雅各布带领罗马大学航天、电力和能源工程系以及机械和航空航天工程系的研究员设计、测试的。该团队选择了 ABS 塑料作为立方体卫星的打印材质，其优点是能适应极端的温度、振动、辐射以及其他恶劣环境。据悉，此刻立方体迷你卫星已经被装载着二次货物的火箭发射到预定轨道。

图 9 - 97　立方体卫星

9.7.4　4D 打印

4D 打印技术，就是在 3D 打印的基础上增加一个"时间"的纬度。所有物体都因时间而存在，物体形状改变也需要时间。3D 打印是预先建模再打印出成品，而 4D 打印的逻辑，是把产品设计通过 3D 打印机嵌入可以变形的智能材料中，在特定时间或激活条件下，无须人为干预，也不用通电，便可按照事先的设计进行自我组装。4D 打印是一个动态过程，它的创新在于"变"。准确地说，4D 打印是一种能够自动变形的材料，直接将设计内置到物料当中，不需要连接任何复杂的机电设备，就能按照产品设计自动折叠成相应的形状。4D 打印最关键是记忆合金。

4D 打印的第四维是指在物体被制造后仍然能够改变形态和功能，从而提供额外用途并催生各种性能驱动型应用。2014 年 5 月，美国大西洋理事会发布了资深专家署名报告《下一个浪潮：4D 打印与可编程物质世界》，系统介绍了 4D 打印技术的特征和应用范围，分析了面临的挑战和发展前景，并认为 4D 打印将会是一项颠覆传统制造方式的技术，其打印材料具有编程特性，能赋予产品动态变化的特性，不仅使产品功能更强大，而且能减少资源消耗，促进人类社会的可持续发展[220]。

目前 4D 打印技术有两个瓶颈：一个瓶颈是合适的智能材料，即一种能感知外部刺激、能够判断并进行适当处理的新型功能材料，具有传感功能、反馈功能、信息识别与积累功能、响应功能、自我诊断能力、自我修复能力和超强适应能力。目前 4D 打印技术使用的材料只能感应水的刺激，但希望将来能找到可以感受光、声、热甚至时间的新型智能材料。另一个瓶颈是打印机的规模太小。如果想打印大型工程，必须使用大型材料，要有高精度且可靠性较高的打印机，目前这种打印机的造价太高[221]。

日前，Marketsand Markets 发布关于 4D 打印的最新市场研究报告《4D 打印市场之材料、终端用户的行业和地域——全球趋势及预测,2019—2025》。该报告预测,正处于商业化边缘蓄势待发的4D打印市场,预计到2019年将达到6300万美元,其中走在整体市场增长最前沿的国防军工相关应用的市场份额将达到55%;而到了2025年,4D打印市场将达到5.556亿美元。在4D打印的用材方面,Marketsand Markets预计到2019年,可编程碳纤维材料的市场份额将达到62%,占据4D打印材料市场的最大份额[222]。

参考文献

[1] NASA. Space technology roadmap – Nanotechnology Road map[R],2010:1 – 23.

[2] 孙东华,盛磊. 纳米材料在航天器上的应用前景[J]. 航天返回与遥感. 2005,26(2):56 – 60.

[3] 李刚,陈莹. 纳米材料制备方法的研究初探[J]. 广东化工,2011,9:97 – 98.

[4] 徐田超,冯亚娟. 纳米材料的发展过程及制备方法[J]. 中国电子商务. 2013,4:257 – 258.

[5] 赵云峰,陈江涛. 纳米材料在航天领域的应用[J]. 宇航材料工艺. 2005,35(5):1 – 4.

[6] 毛克祥,程海斌,官建国. 纳米材料在航天领域的应用与发展[J]. 中国粉体技术. 2006,6:39 – 43.

[7] 宋文国. 纳米材料在航空航天领域的应用[J]. 军民两用技术与产品. 2010,6:3 – 4.

[8] 朱屯,等. 国外纳米材料技术进展与应用[M]. 北京:化学工业出版社. 2002.

[9] 朱宏伟,徐志平,谢丹,等. 石墨烯 – 结构、制备方法与性能表征[M]. 北京:化学工业出版社. 2011.

[10] 满ি东,汪建华,王传新,等. 金刚石薄膜的性质、制备及应用[J]. 新型炭材料. 2002,17(1):62 – 70.

[11] Miller A J,Reece D M,Hudson M D,et al. Diamond coatings for IR window applications[J]. Diamond and Related Materials,1997. 6(2 – 4):386 – 389.

[12] Coad E J,Pickles C S J,Jilbert G H,et al. Aerospace erosion of diamond and diamond coatings[J]. Diamond and Related Materials,1996,5(6 – 8):640 – 643.

[13] Rego C A,May P W,Williamson E C,et al. CVD diamond growth on germanium for IR window applications [J]. Diamond and Related Materials,1994,3(4 – 6):939 – 941.

[14] Costello M C,Tossell D A,Reece D M,et al. Diamond protective coatings for optical components[J]. Diamond and Related Materials,1994,3(8):1137 – 1141.

[15] Lu F X,Guo H B,Guo S B,et al. Magnetron sputtered oxidation resistant and antireflection protective coatings for freestanding diamond film IR windows[J]. Diamond and Related Materials. 18(2 – 3):244 – 248.

[16] Li J,Zhang J,Guo W,et al. Optical brazing technique for bonding diamond films to zinc sulfide[J]. Diamond and Related Materials. 11(3 – 6):753 – 756.

[17] Novikov N V,Gontar A G,Khandozhko S I,et al. Protective diamond – like coatings for optical materials and electronic devices[J]. Diamond and Related Materials. 9(3 – 6):792 – 795.

[18] Dr. Ranji Vaidyanathan. Carbon Nanotube Reinforced Polymers for Radiation Shielding Applications[R]. NASA – 20040201422.

[19] 李永常. 碳纳米管研究近况[J]. 天津化工,2005,19(1):6 – 9.

[20] Jan M. Smits,VI. Strain Sensitivity in Single Walled Carbon Nanotubes for Multifunctional Materials[R]. NASA/CR – 2005 – 213272.

[21] Baoughman R H,et al. The route toward applications[J]. Science. 2002,297:787 – 792.

[22] 张璐. 碳纳米管的制备技术[J]. 宁夏石油化工,2004,1:7 – 10.

[23] Yudasaka M,Ichihashi T,Komatsu T,Lijima S. Single – wall carbon nanotubes formed by a single laser – beam pulse[J]. Chem Phys Lett,1999,299:91. 96.

[24] Alvarez L,Guillard T, Olalde G. Large scale solar production of fullerenes and carbon nanotubes[J]. Synth Metals,1999,103:2476 – 2477.

[25] http://www. most. gov. cn/gnwkjdt/index. htm.

[26] 徐明君. 碳纳米管力学性能的研究进展及应用[J]. 北京工商大学学报(自然科学版),2005,23(4):32 – 35.

[27] Treacy M M J,Ebbesen T W,Gibson J M. Exceptionally high Young′s modulus observed for individual carbon nanotubes[J]. Nature,1996,381(6584):678 – 680.

[28] 陈金菊,冯哲圣,杨邦朝. 碳纳米管的电学特性及应用[J]. 材料导报,2004,18(10):109 – 111.

[29] 王军,赵英涛,王琪琳. 碳纳米管的性能和应用研究进展[J]. 攀枝花学院学报,2005,22(5):113 – 115.

[30] Codan B,Zuliani F. Space and nanotechnology – The versatility of nanotubes based materials. IAC – 03 – I. 3. 10.

[31] 王敏,赵红,张相育,等. 电弧法制备单壁碳纳米管的机理及进展[J]. 化学工程师,2006,12:38 – 40.

[32] Jing Li, Ph. D. Carbon Nanotube Sensors for Gas and Vapor Detection in Space and Terrestrial Applications [R]. NASA Ames Research Center,2002.

[33] 安会芬,王现荣. 碳纳米管制备技术进展[J]. 材料导报,2005,19(11):60 – 62.

[34] 孙东华,盛磊. 纳米材料在航天器上的应用前景[J]. 航天返回与遥感,2005,26(2).

[35] Meyyappan M. Carbon nanotube based nanotehnology for space applications[J]. A00 – 42899,2000.

[36] 杨晓华,兑卫真. 纳米碳管及其复合材料的机械性能[J]. 有色金属,2004,56(2).

[37] 姚孝寒,曾效舒,戚道华. 镁合金(ZM5/)碳纳米管复合材料力学性能研究[J]. 南昌大学学报(工科版),2006,28(2).

[38] Novoselov K s,Geim A K,Morozo v S V,et a1. Electric Field Effect in Atomically thin Carbon Films[J]. Science 2004,306,666 – 669.

[39] Allen M J,Tung V C,Kaner R B. Honeycomb Carbon:a Review of Graphene[J]. Chem. Rev. 2010,110,132 – 145.

[40] Geim A K,Novoselov K S. The Rise of Graphene[J]. Nature. Mater,2007,6(3):183 – 191.

[41] 胡耀娟,金娟,张卉,等. 石墨烯的制备、功能化及在化学中的应用[J]. 物理化学学报. 2010,26:2073 – 2086.

[42] Castro Neto A H,Guinea F,Peres N M R,et al. The electronic properties of grapheme[J]. Reviewes of Modern Physics,2009,81(1):109 – 162.

[43] Wallace P R. The band theory of graphine[J]. Physics Review,1947,71(9):622 – 634.

[44] Ghosh S,Bao W,Nika D L,et al. Dimensional crossover of thermal transport in few layer grapheme[J]. Nature Materials,2010,9(7):555 – 558.

[45] Hu J,Ruan X,Chen Y P. Thermal conductivity and thermal rectification in grapheme nanoribbons:A molecular dynamics study[J]. Nano Letters,2009,9(7):2730 – 2735.

[46] Nika D L,Pokatilov E P,Askerov A S,et al. Phonon thermal conduction in grapheme:Role of umklapp and edge roughness scattering[J]. Physical Review B,2009,79(15):155413 – 12.

[47] Savin A V,Kivshar Y S,Hu B. Suppression of thermal conductivity in grapheme nanoribbons with rough edges [J]. Physics Review B,2010,82(19):195422 – 9.

[48] Park S,Ruoff R S. Chemical methods for the production of graphenes[J]. Nature Nanotechonology,2009,4(4):217 – 224.

[49] Zhu Y,Murali S,Cai W,et al. Graphene and grapheme oxide:Synthesis,properties,and applications[J]. Advanced Materials,2010,22(35):3906 – 3924.

[50] Kroto H W, Health J R, O'Brien S C, et al. C60: Buckminsterfullerene[J]. Nature, 1985, 318(6042): 162 – 163.

[51] Novoselov K S, Jiang D, Schedin F, et al. Two – dimensional atomic crystals[C]. Proc Natl Acad Sci USA, 2005, 102(30): 10451 – 10453.

[52] Sidorov A N, Yazdanpanah M M, Jalilian R, et al. Electrostatic deposition4of grapheme[J]. Nanotechnol, 2007, 18(13): 135301.

[53] Tang Y B, Lee C S, Chen Z H, et al. High – quality graphenes via a facile quenching method for field effect transistors. Nano Lett, 2009, 9(4): 1374 – 1377.

[54] Berger C, Song Z M, Li X B, et al. Ultrathin epitaxial graphite: 2D electron gas properties and a route toward grapheme – based nanoelectronics. J. Phys. Chem. B, 2004, 108(52): 19912 – 19916.

[55] Berger C, Song Z M, Li X B, et al. Electron confinement and coherence in patterned epitaxial grapheme. Science, 2006, 312(5777): 1191 – 1196.

[56] Stankovich S, Piner R D, Chen X Q, et al. Stable aqueous dispersions of graphitic nanoplatelets via the reduction of exfoliated graphite oxide in the presence of poly(sodium 4 – styrenesulfonate). J Mater Chem, 2006, 16(2): 155 – 158.

[57] Li D, Muller M B, Gilje S, et al. Processable aquesous dispersions of grapheme nanosheets. Nature Nanotech, 2008, 3(2): 101 – 105.

[58] Hummers W S, Offeman R E. Preparation of graphitic oxide. J Am Chem Soc, 1958, 80(6): 1339.

[59] Tang L H, Wang Y, Li Y M, et al. Preparation, Structure, and electrochemical properties of reduced grapheme sheet films. Adv. Funct. Mater, 2009, 19(17): 2782 – 2789.

[60] Oostinga J B, Heersche H B, Liu X L, et al. Gate – induced insulating state in bilayer grapheme devices. Nat. Mater, 2008, 7(2): 151 – 157.

[61] Ramesh P, Bhagyalakshmi S, Sampath S. Preparation and physicochemical and electrochemical characterization of exfoliated graphite oxide. J. Colloid. Interf. Sci, 2004, 274(1): 95 – 102.

[62] Dikin D A, Stankovich S, Zimney E J, et al. Preparation and characterization of grapheme oxide paper. Nature, 2007, 448(7152): 457 – 460.

[63] Stankovich S, Dikin D A, Piner R D, et al. Synthesis of grahene – based nanosheets via chemical reduction of exfoliated graphite oxide. Carbon, 2007, 45(7): 1558 – 1565.

[64] Williams G, Seger B, Kamat P V. TiO2 – grahene nanocomposites. UV assisted photocatalytic reduction of grapheme oxide. ACS Namo, 2008, 2(7): 1487 – 1491.

[65] Kosynkin D V, Higginbotham A L, Sinistkii A, et al. Longitudinal unzipping of carbon nanotubes to form grapheme nanoribbons. Nature, 2009, 458(7240): 872 – 876.

[66] Jiao L Y, Zhang L, Wang X R, et al. Narrow grapheme nanoribbons from carbon nanotubes. Nature, 2009, 458(7240): 877 – 880.

[67] Hernandez Y, Nicolosi V, Lotya M, et al. High – yield production of graphene by liquid phase exfoliation of graphite. Nature Nanotech, 2008, 3(9): 563 – 568.

[68] Li X L, Zhang G Y, Bai X D, et al. Highly conducting grapheme sheets and LangmuiriBlodgett films. Nature Nanotech, 2008, 3(9): 538 – 542.

[69] Rader H J, Rouhanipour A, Talarico A M, et al. Processing of giant grapheme molecules by soft landing mass spectrometry. Nature Mater, 2006, 5(4): 276 – 280.

[70] Cai J M, Ruffieux P, Jaafar R, et al. Atomically precise bottom – up fabrication of grapheme nanoribbons. Nature, 2010, 466(7305): 470 – 473.

[71] Choucair M, Thordarson P, Stride J A. Gram – scale production of grapheme based on solvothermal synthesis and sonication. Nature Nanotechnol, 2009, 4(1): 30 – 33.

［72］Somani P R,Somani S P,Umeno M. Planer nano – graphenes from camphor by CVD. Chem. Phys. Lett,2006, 430(1 – 3):56 – 59.

［73］Sun Z Z,Yan Z,Yao J,et al. Growth of grahpene from solid carbon sources. Nature. 2010,468(7323):549 – 552.

［74］Li X S,Cai W W,An J H,et al. Large – area synthesis of high – quality and uniform graphene films on copper foils［J］. Science,2009,324(5932):470 – 473.

［75］Dato A,Radmilovic V,Lee Z,et al. Substrate free gas phase synthesis of grapheme sheets［J］. Nano. Lett, 2008,8(7):2012 – 2016.

［76］Malesevic A,Vitchev R,Schouteden K,et al. Synthesis of few layer grapheme Via microwave plasma enhanced chemical vapour deposition［J］. Nanotechnol,2008,19(30):305604.

［77］牛玉莲,金鑫,郑佳,等. 石墨烯瞄镍双金属氢氧化物复合材料的制备及电化学性能研究［J］. 无机化学学报,2012,28:1878 – 1884.

［78］金莉,孙东,张剑荣. 石墨烯/聚3,4 – 乙烯二氧噻吩复合物的电化学制备及其在超级电容器中的应用［J］. 无机化学学报,2012,28:1084 – 1090.

［79］蒋奉君,薛卫东,韦亚,等. 石墨烯的微波法制备及其电化学电容性能的研究［J］. 电子元件与材料, 2012,31:68 – 71.

［80］何光裕,王亮,王林,等. CO_3O_4/石墨烯复合物的水热合成及其超级电容器性能［J］. 化工新型材料, 2012,40:23 – 25,42.

［81］吴红英,张海英,张富海,等. SnO_2/还原氧化石墨烯/聚苯胺三元复合物的合成及电化学性能［J］. 材料导报 B,2012,26:54 – 58.

［82］苏鹏,郭慧林,彭三,等. 氮掺杂石墨烯的制备及其超级电容性能［J］. 物理化学学报,2012,28: 2745 – 2753.

［83］Stoller M D,Park S,Zhu Y,et al. Graphene – based ultracapacitors［J］. Nano Letters,2008,8:3498 – 3502.

［84］Vivekchand S R C,Rout C S,Subrahmanyam K S,et al. Graphene – based electrochemical supercapacitors ［J］. Journal of Chemical Sciences,2008,120:9 – 13.

［85］佘泉茂,王仁清. 石墨烯制备及其在超级电容器中的应用研究［J］. 材料导报 A,2012,26:7 – 13.

［86］李靖. 一种石墨烯纳米纤维复合薄膜电容器研究［J］. 科技通报,2012,28:193 – 194.

［87］智林杰,方岩,康飞宇. 用于锂离子电池的石墨烯材料——储能特性及前景展望［J］. 新型炭材料, 2011,26:5 – 8.

［88］李鸿向,张聃,冯晨,等. 石墨烯基红外探测器研究［J］. 科技创新与应用,2013,29:50.

［89］尹伟红,韩勤,杨晓红. 石墨烯基半导体光电探测器研究进展. 第十七届全国化合物半导体材料微波器件和光电器件学术会议文集［C］. 开封,2012:502 – 506.

［90］Bever M B,Duwez P E. Gradients in Composite Materials［J］. Materials Science and Engineering,1972(10): 1 – 8.

［91］张联盟,涂溶,袁润章. 梯度材料的研究进展与发展新动向［J］. 高技术陶瓷,1995,2(1):23.

［92］陈东,杨光义,王国元,等. 功能梯度材料的进展［J］. 青岛建筑工程学院学报,2001,22(4):92 – 95.

［93］袁秦鲁,胡锐,李金山,等. 梯度复合材料制备技术研究进展［J］. 兵器材料科学与工程,2003,26(6): 66 – 69.

［94］韩杰才,徐丽,王保林,等. 梯度功能材料的研究进展及展望［J］. 固体火箭技术,2004,27(3):207 – 215.

［95］吴德海,任家烈,陈森灿. 近代材料加工原理［M］. 北京:清华大学出版社,1997:213 – 353.

［96］郭卫红,汪济奎. 现代功能材料及其应用［M］. 北京:化学工业出版社,2002:189 – 1190.

［97］张小诚. 新型材料与表面改型技术［M］. 广州:华南理工大学出版社,1990:54 – 262.

［98］张幸红,韩杰才,董世运,等. 梯度功能材料制备技术及发展趋势［J］. 宇航材料工艺,1999,(2):1 – 4.

［99］周馨我. 功能材料学［M］. 北京:北京理工大学出版社,2002,305.

［100］ Choe C R,Park M. Functionally gradient type of polymer composites:progression advanced ［J］. Materials and Mechanics,1999:73 – 77.

［101］ 吴人洁. 复合材料［M］. 天津:天津大学出版社,2000.

［102］ 徐智谋,等. 功能梯度材料和低温制备研究现状及展望［J］. 表面技术,2000,20(2):13 – 15.

［103］ 李进,田兴华. 功能梯度材料的研究现状及应用［J］. 宁夏工程技术,2007,6(1):80 – 83.

［104］ 韩杰才,徐丽,王保林,等. 梯度功能材料的研究进展及展望［J］. 固体火箭技术,2004,27(3):207 – 215.

［105］ 曾汉民. 高技术新材料要览［M］. 北京:中国科学技术出版社,1993.

［106］ 朱景川,来忠红,尹钟大. ZrO_2 – Ni 功能梯度材料的热冲击与热疲劳行为［J］. 材料科学与工艺,2001, 9(4):387 – 392.

［107］ 庞明军. 含裂纹粘接功能梯度材料的热接触问题［D］. 宁夏大学,2010.

［108］ 黄旭涛,严密. 功能梯度材料:回顾与展望［J］. 材料科学与工程,1997,15(4):35 – 38.

［109］ 田云德. 功能梯度材料力学性质和热应力计算研究［D］. 四川大学,2006.

［110］ 邓刚,宋延沛 王文焱. WC 颗粒增强铁基梯度功能复合耐磨材料研究［J］. 热加工工艺,2005,5(14): 1457 – 1465.

［111］ 程站起,仲政. 功能梯度板条断裂分析［J］. 力学季刊,2005,26(4):544 – 548.

［112］ 黄小林 沈惠申. 热环境下功能梯度材料板的自由振动和动力响应［J］. 工程力学,2005,22(3): 224 – 227.

［113］ 高廷凯. 各向异性功能梯度材料平面断裂力学分析［J］. 中北大学学报(自然科学版),2006,27(1): 78 – 81.

［114］ 徐刚年. 功能梯度梁的力学行为研究［D］. 兰州理工大学,2010.

［115］ 彭旭龙. 功能梯度材料相关的几个动静态问题分析及结构优化［D］. 中南大学,2010.

［116］ 燕秀发,钱七虎,方国强,等. 基于线法的功能梯度材料断裂分析［J］. 解放军理工大学学报,2011,12 (4):347 – 353.

［117］ 梁斌,李戎,张伟,等. 功能梯度材料圆柱壳的振动特性研究［J］. 船舶力学. 2011,15(1 – 2):109 – 117.

［118］ 周楠,王金相,董刚,等. 功能梯度复合靶冲击毁伤研究进展［J］. 科学技术与工程,2011,11(12): 2752 – 2761.

［119］ 陈小伟. 穿甲/侵彻问题的若干工程研究进展［J］. 力学进展,2009,39(3):327 – 335.

［120］ Elek P,Jaramaz S,Mickovic D. Modeling of perforation of plates and multi – layered metallic targets ［J］. International Journal of Solids and Structures,2005,42:1209 – 1224.

［121］ Dey S,Borvik T,Hopperstad O S,et al. On the influence of fracture criterion in projectile impact of steel plates ［J］. Computational Materials Science,2006,38:176 – 191.

［122］ Anderson C E,Morris B L. The ballistic performance of confined Al2O3 ceramic tiles［J］. International Journal of Impact Engineering,1992,12(2):167 – 187.

［123］ 李平,李大红,宁建国,等. Al_2O_3 陶瓷复合靶抗长杆弹侵彻性能和机理试验研究［J］. 爆炸与冲击, 2003,23(4):289 – 294.

［124］ 孙素杰,赵宝荣,王军,等. 不同背板对陶瓷复合装甲抗弹性能影响的研究［J］. 兵器材料科学与工程,2006,29(2):70 – 72.

［125］ 施永明,赵高凌,杜王一,等. 功能梯度材料及其在太阳能电池中的应用［J］. 材料科学与工程,2000, 18:665 – 669.

［126］ Uemura S. The activities of FGM on new application ［J］. Materials Science Forum,2003,423 – 425:1 – 10.

［127］ Moriya S,et al. Research on the Application of PSZ/Ni FGM Thermal Barrier Coating to the Combustion Chamber(Damage Conditions of TBC and its Mechanism)［J］. Materials Science Forum,1999,308 – 311: 410 – 415.

[128] Thornhill T F, Chhabildas L C, Reinhart W D, et al. Particle Launch to19 km/s for Micro. Meteoroid Simulation Using Enhanced Three – Stage Light Gas Gun Hypervelocity Launcher Techniques [J]. International Journal of Impact Engineering,33:799 – 811,2006.

[129] 侯明强. 梯度密度结构超高速撞击特性研究[D]. 中国空间技术研究院博士毕业论文,2013.

[130] 史建中,曾一兵,刘文言. 发射率可调型智能热控涂层的发展现状[J]. 宇航材料工艺,2007,37(5): 1 – 4.

[131] 郭宁. 可变发射率热控器件研究进展[J]. 真空与低温,2003,9(4):187 – 191.

[132] Hale J S, Woolam J A. Prospects for IR emissivity control using electrochromic structures[J]. Thin Solid Films,1999,339:174 – 180.

[133] Kenneth C. Shannon III, Hulya Demiryont, Howard Groger, and Judd Sheets. Thermal Management Integration Using Plug – and – PlayVariable Emissivity Devices [C]. 49th. AIAA/ASME/ASCE/AHS/ASC Structures, Structural Dynamics, and Materials Conference 2008.

[134] Chandrasekhar P, Zay B J, et al. Large switchable electrochromism in the visible through far – infrared inconducting polymer devices[J]. Adv. Funct. Mater,2002,12(2):95 – 99.

[135] Chandrasekhar P. Far – IR transparency and dynamic infrared signature control with novel conducting polymer systems[C]. SPIE,2528:169 – 180.

[136] Chandrasekhar P, Zay B J, et al. Conducting polymer(CP) infrared electrochromics is spacecraft thermal control and military applications[J]. Synthetic Metals,2003,135 – 136:23 – 24.

[137] 朱泉峣 靳艾平 陈文,智能窗中电致变色材料的研究进展[J]. 国外建材科技,2006,27(1).

[138] Shimazaki K, Ohnishi A, Nagasaka Y. Development of spectral selective multilayer film for a variable emittance device and its radiation properties measurements[J]. International Journal of thermaophysics,2003,24 (3):757 –769.

[139] Tachikawa S, Ohnishi A. Development of a variable emittance radiator based on a perovskite manganese oxide [R], AIAA – 2002 – 3017.

[140] Shimakawa S, Yosshitake T, Kubo Y, et al. A variable emittance radiator based on a metal – insulator transition of(La,Sr) MnO3 thin films[J]. Applied Physics Letters,2002,80(25):4864 – 4866.

[141] Jiang X, et al. Development of La1 – XSrXMnO3 thermochromic coating for smart spacecraft thermal radiator application[C]. 10th ISMSE & 8th ICPMSE, Collioure, France,2006.

[142] Tachikawa S, Shimazaki K, Ohnishi A, et al. Smart radiation device based on a perovskite manganese oxide [C]. 9th ISMSE,2003.

[143] 吴春华,邱家稳. 锰酸镧掺杂可变发射率热控器件研究进展[J]. 真空与低温,2005(4):194 – 196.

[144] Ann Garrison Darrin, Robert Osiander and John Champion, Ted Swanson and Donya Douglas. Variable Emissivity through MEMS Technology[C]. AIP Conference proceedings of space technology and applications international forum – 2000. 2000,504:803 – 808.

[145] Osiander R, Champion J L, Darrin M A, et al. mems shutters for spacecraft thermal control[J]. AIAA 2002 – 5766.

[146] Osiander R, Champion J L, Darrin M A, et al. Micro – machined shutter arrays for thermal control radiators on ST5[J]. AIAA – 2002 – 0359.

[147] Biter W, Hess S, Oh S. Electrostatic Switched Radiator for Spacecraft Thermal Control[C];Proceedings of 2002 Science Technology Applications International Forum(STAIF 2002);2002;American Institute of Physics.

[148] Matthew A. Beasley, Samara L. MEMS Thermal Switch for Spacecraft Thermal Control[C]. MEMS/MOEMS Components and Their Applications, SPIE Vol. 5344.

[149] Biter W, Hess S, Oh S. Electrostatic Radiator for Spacecraft Temperature Control[C]; Proceedings of 2004 Science Technology Applications International Forum(STAIF 2004);2004;American Institute of Physics.

408

[150] ST5 procedure ST5 -495 -417;Qualification Test Plans for the MEMS and ESR Variable Emittance Coatings Technologies[R];NASA Goddard Space Flight Center;Greenbelt,MD.

[151] Biter W,Hess S,Oh S. Electrostatic Switchable Radiator Appliqué[C];Proceedings of 2005 Science Technology Applications International Forum(STAIF 2005);2005;American Institute of Physics.

[152] 戴璐. 形状记忆合金在航天中的研究现状与应用前景[C]. 中国空间技术研究院第二届空间材料及其应用技术学术交流会论文集. 北京,2009:13 -20.

[153] 杨大智,智能材料与智能系统[M]. 天津:天津大学出版社,2002.

[154] Darren Hartl,Dimitris C. Lagoudas. Aerospace Applications of Shape Memory Alloys[C]. Proceedings of the institution of mechanical engineers part G - Journal of aerospace engineering,2007,221(4):535 -552.

[155] Ryan S. Elliott. Equilibrium Path - following,Bifurcation,and Stability Techniques for Studying Temperature - Induced and Stress - Induced Martensitic Transformations in Crystalline Shape Memory Alloys[J]. Active Materials,2009,21(7):121 -178.

[156] Billy Derbes. Case studies in inflatable rigidizable structural concepts for space power[J]. AIAA,1999 -1089.

[157] David P. Cadogan,Stephen E. Scarborough. Rigidizable materials for use in gossamer space inflatable structures[J]. AIAA,2001 -1417.

[158] Stephen A. Sarles,Donald Leo,Judy Riffle,Improved Composite Rigidization via temperature - controlled resistive heating[J]. AIAA,2006 -1895.

[159] 王宏建,徐彦,关富玲,等. 星载环境充气可展开天线硬化技术研究[J]. 遥感技术与应用,2010,25(4):591 -586.

[160] Hiroaki Tsunoda,Yumi Senbokuya. Rigidizable Membranes for Space Inflatable Structures[C]. 43rd AIAA/ASME/ASCE/AHS/ASC Structures,Structural Dynamics,and Materials Conference. AIAA -2002 -1367.

[161] Mark S. Grahne,David P. Cadogan,John K. Lin. Inflatable Solar Arrays - Concept to Reality[C]. 50th International Astronautical Congress 4 -8 Oct 1999/Amsterdam,The Netherlands. IAF -99 -I -1. 09.

[162] Lichodziejewski D,Dr. Cassapakis C. Inflatalble power antenna technology[J]. AIAA,1999 -1074.

[163] Freeland R E,Bilyeu G D. In - step inflatable antenna experiment. IAF paper 92 -0301. Presented at the 43th Congress of the international astronautical federation,Washington D C,August 28 ~ Sept. 5,1992.

[164] Freeland R E,Veal G R. Significance of the inflatable antenna experiment technology[J]. AIAA,1998 -2104.

[165] Cliff E. Willey,Ron C. Schulze,Robert S. Bokulic,et al. Hybrid inflatable dish antenna system for spacecraft [J]. AIAA,2001 -1258.

[166] 马小飞,宋燕平,韦娟芳,等. 充气式空间可展开天线结构概述[J]. 空间电子技术,26(3):10 -15.

[167] Charles Garner,Humphrey Price. Developments and activities in solar sail propulsion[J]. AIAA,2001 -3234.

[168] Nathan W. Graybeal,James I. Craig. Deployment modeling of an inflatable solar sail spacecraft[J]. AIAA, 2006 -6336.

[169] Troy Mann,Vaughn Behun. Ground testing a 20 - meter inflation deployed solar sail[J]. AIAA,2006 -1707.

[170] West J L,Derbès B. Solar sail vehicle system design for the geostorm warning mission[J]. AIAA,2000 -5326.

[171] David Lichodziejewski,Gordon Veal,Richard Helms,et al. Inflatable rigidizable solar array for small satellites [J]. AIAA,2003 -1898.

[172] Frederick H,Redell,David Lichodziejewski. Power - Scalable Inflation - Deployed solar arrays[J]. AIAA, 2004 -1572.

[173] Peypoudat V,Defoort B,Lacour D,et al. Development of a 3. 2m - Long inflatable and rigidizable solar array breadboard[J]. AIAA,2005 -1881.

[174] Michael L. Adams,Harry L. Culver,David M. Kaufman,et al. Design and flight testing of an inflatable sunshield for the NGST[J]. AIAA,2000 -1797.

[175] Grahne M S, Cadogan D P, Sandy C R. Development of the inflatable shield in space(ISIS) structure for the NGST program[R]. IAF - 00 - I. 1. 04, 1 - 12.

[176] John Carey, Dave Cadogan, Linda Pacini, et al. Inflatable sunshield in space(ISIS) versus next generation space telescope(NGST) sunshield - A mass properties comparison[J]. AIAA, 2000 - 1569.

[177] Dean D. Waldie, Larry N. Gilman, Technology development for large deployable sunshield to achieve cryogenic environment[J]. AIAA, 2004 - 5987.

[178] Larry Leigh, Hamid Hamidzadeh, Michael L. Tinker, Dynamic characterization of an inflatable concentrator for solar thermal propulsion[J]. AIAA, 2001 - 1406.

[179] Paul N. Clark, Bryan H. C. Chen, William H. Robertson, et al. Advances in design of 50Kw solar power system [J]. AIAA, 2004 - 5777.

[180] Frederick H. Redell, Justin Kleber, David Lichodziejewski. Inflatable - Rigidizable solar concentrators for space power applications[J]. AIAA, 2005 - 1879.

[181] James N. Moss, Christopher E. Glass, y and Brian R. Hollisz. Low - Density aerodynamics of the inflatable re - entry vehicle experiment(IRVE)[J]. AIAA, 2006 - 1189.

[182] Stephen J. Hughes, Robert A. Dillman, Brett R. Starr, et al. Inflatable re - entry vehicle experiment(IRVE) design overview [J]. AIAA, 2005 - 1636.

[183] Willy Z. Sadeh, Marvin E. Criswell. Inflatable structures - A concept for lunar and Martian structures[J]. AIAA, 1993 - 0995.

[184] Willy Z. Sadeh, Marvin E. Criswell. Inflatable structures for a lunar base[J]. AIAA, 1993 - 4177.

[185] Jenine E. Abarbanel, Willy Z. Sadeh, Marvin E. Criswell. Computer visualization analysis of a generic inflatable structure for a lunar Martian base[J]. AIAA, 1995 - 4062.

[186] John F. Curran. BASE - Bubble architecture space environments[J]. AIAA, 2006 - 7320.

[187] Wikipedia Metamaterial[EB/OL]. Wikipedia. [Online]2008. http://en. wikipedia. org/wiki/Metamaterial.

[188] 周济. 超越材料性能的自然极限[J]. 四川大学学报(自然科学版), 2005, S1(42):15.

[189] Veselago V G. The Electrodynamics of Substances with Simultaneously Negative Values of Permittivity and Permeability[J]. Soy Phys Usp. 10, 1968, Vol. 4, p. 509.

[190] Pendry J B, Holden A J. Magnetism from Conductors and Enhanced Nonlinear Phenomena[J]. IEEE Trans Microwave Theory Techn. 47, 1999, Vol. 11, p. 2075.

[191] Smith D R, Padilla W J, Vier D C. Composite Medium with Simultaneously Negative Permeability and Permittivity[J]. Phys. Rev. Lett. 84, 2000, Vol. 18, pp. 4184 - 4187.

[192] Pendry J B. Negative Refraction Makes a Perfect Lens[J]. Phys. Rev. Lett. 85, 2000, Vol. 18, pp. 3966 - 3969.

[193] Garcia N, M. Nieto - Vesperinas. LHM Do not Make a Perfect Lens[J]. Phys. Rev. Lett. 82, 2002, Vol. 20, 207403.

[194] Seddon N, Berpark T. Obeservation of the Inverse Doppler Effect[J]. Science, 2003, 302, 1537 - 1540.

[195] Gansel J K, Thiel M, Rill M S, Gold Helix photonic metamaterial as broadband circular polarizer[J]. Science, 2009, 325:1513 - 1515.

[196] Thiel M, Rill M, Freymann G, Three - Dimensional Bi - Chiral photonic crystals[J]. Adv. Mater. 2009, 21: 4680 - 4682.

[197] Ergin T, Stenger N, Brenner P. Three - dimensional invisibleity cloak at optical wavelengths[J], Science, 2010, 328:337 - 339.

[198] Rill M, Plet C, Thiel M, Photonic metamaterials by direct laser writing silver chemical vapour deposition[J], Nature Material, 2008, 7:543 - 546.

[199] Rill M, Kriegler C, Thiel M, Wavelength - tunable microbolometers with metamaterial absorbers[J], Opt. Lett, 2009, 34(19):3012 - 3014.

410

[200] 王政平,王胡坤. 光学超材料研究进展与发展趋势分析[J]. 光学与光电技术,2011,9(4):10-15.

[201] 杨成福,黄铭,杨晶晶,等. 超材料金属板透视装置设计[J]. 红外与激光工程,2011,40(4):701-704.

[202] Terry Wohler. Wohler report 2010:additive manufacturing and 3D printing,state of the industry[R]. Wohler Associates,2010.

[203] Manufacturing and innovation,a third industiral revolution[R]. The Economist,2012.

[204] From dental braces to astronauts' seats[R]. The Economist,2013.

[205] 王雪莹. 3D 打印技术与产业的发展及前景分析[J]. 中国高新技术企业,2012,26(233):3-5.

[206] 刘铭,张坤,樊振中. 3D 打印技术在航空制造领域的应用进展[J]. 装备制造技术,2013,12:232-235.

[207] Committee F42 on Additive Manufacturing Technologies. F2792-12a Standard Terminology for Additive Manufacturing Technologies[S]. ASTM,2012.

[208] Nobuhiro Kihara et al. Stereolithography apparatus[P]. U. S. Patent 8142179,filed 2008,published 2012.

[209] Deckard C. Method and apparatus for producing parts by selective sintering[P]. U. S. Patent 4863538,filed 1986,published 1989.

[210] Sarat Singamnenia, Asimava Roychoudhuryb, Olaf Diegela, Bin Huanga. Modeling and evaluation of curved layer fused deposition[J]. Journal of Materials Processing Technology,2012,212(1).

[211] Jyoti Mazumder,LijunSong. Advances in Direct Metal Deposition[R]. A Laser Workshop on "Laser Based Manufacturing",University of Michigan,2010.

[212] GE Aviation acquires Morris Technologies and Rapid Quality Manufacturing. GE Aviation,2012[on line]. http://www. geaviation. com/press/other/other_20121120. html.

[213] Kevin Bullis. A More Efficient Jet Engine Is Made from Lighter Parts,Some 3-D Printed. 2013[on line]. http://www. technologyreview. com/news/514656/a-more-efficient-jet-engine-is-made-from-lighter-parts-some-3-d-printed/.

[214] David Steitz. Industry Test Additively Manufactured Rocket Engine Injector. NASA,2013[on line]. http://www. nasa. gov/press/2013/july/nasa-industry-test-additively-manufactured-rocket-engine-injector-0/.

[215] Bryce Gaddis. NASA to launch zero gravity 3D printer into space. 2013[on line]. http://www. designboom. com/technology/nasas-zero-gravity-3d-printer/.

[216] Thomas Anderson. How to build a lunar base with 3D printing. 2013[on line]. http://www. tgdaily. com/space-features/69207-how-to-build-a-lunar-base-with-3d-printing.

[217] Silvia Benvenuti,Fabio Ceccanti,Xavier De Kestelier. Living on the Moon:Topological Optimization of a 3D-Printed Lunar Shelter[J]. Nexus Netw J,15(2),2013.

[218] Pizza from a printer:NASA to spend $125,000 funding 3D food production project. 2013[on line]. http://rt. com/usa/nasa-3d-pizza-printer-590/.

[219] Frazier,William E. Direct Digital Manufacturing of Metallic Components:Vision and Roadmap[R]. Direct Digital Manufacturing of Metallic Components:Affordable,Durable,and Structurally Efficient Airframes,MD,2010.

[220] The Next Wave:4D Printing and Programming the Material World[R],May 2014 by Atlantic Council.

[221] http://www. aiweibang. com/yuedu/44225052. html.

[222] http://www. tmtpost. com/1385439. html.

411

附录 A
部分常用单位名称、单位符号及换算关系

量		单位			换算关系
名称	符号	SI 单位	SI 专名	专用单位	
能量	E	J		电子伏 eV	$1\text{eV} = 1.6 \times 10^{-19}\text{J} = 1.6 \times 10^{-12}\text{erg}$
厚度	h	m		nm μm Å	$1\text{nm} = 10^{-3}\mu\text{m} = 10^{-9}\text{m} = 10\text{Å}$
吸收剂量	D	$\text{J} \cdot \text{kg}^{-1}$	Gy	rad	$1\text{Gy} = 1\text{J} \cdot \text{kg}^{-1} = 100\text{rad}$
吸收剂量率	$\dot{D}$	$\text{J} \cdot \text{kg}^{-1} \cdot \text{s}^{-1}$	$\text{Gy} \cdot \text{s}^{-1}$	$\text{rad} \cdot \text{s}^{-1}$	$100\text{rad} \cdot \text{s}^{-1} = 1\text{Gy} \cdot \text{s}^{-1}$
剂量当量	H	$\text{J} \cdot \text{kg}^{-1}$	Sv	rem	$100\text{rem} = 1\text{Sv}$

附录 B
全书缩略语和专用名词对照表

缩略语	英文	中文
AAO	Anodic Alumina Oxide	多孔氧化铝
AIAA	American Institute of Aeronautics and Astronautics	美国航空航天学会
ASTM	American Society for Testing and Materials	美国材料与试验协会
ATS	Applied Technology Satellite	应用技术卫星
AU	Astronomical Unit	天文单位(长度为日地平均距离)
BCAT	Binary Colloidal Alloy Experiment	二元胶体聚合试验
CCD	Charge Coupled Device	电荷耦合器件
CME	Coronal Mass Eject	日冕物质抛射
CSLM	Coarsening in Solid Liquid Mixture	固液混合物试验
CNES	Centre National d'Etudes Spatiales	法国国家空间局
CVCM	Collects the Volatile Condensable Material	收集到的可凝挥发物
DD	Displacement Damage	位移损伤
DDD	Displacement Damage Dose	位移损伤剂量
DECLIC	Device for the Study of Critical Liquids and Solidification Insert	临界流体与结晶化研究设备—定向固化插件
DLC	Diamond-Like Carbon	类金刚石
DLW	Direct Laser Writing	激光直写技术
DMD	Direct Metal Deposition	直接金属沉积
DMI	Diffusion Module Insert	扩散模块插件
DPCVD	Direct Photo Chemical Vapor Deposition	直接光化学气相沉积
EBM	Electron Beam Melting	电子束熔融
ECSS	European Cooperation on Space Standardization	欧洲空间标准化组织
ESCC	European Space Components Coordination	欧洲空间元器件协调委员会
ESA	European Space Agency	欧洲航天局
ESD	Electrostatic Discharge	静电放电

缩略语	英文	中文
ESH	Equivalent Solar Hour	等效太阳小时
ESP	Energetic Spectra for Particles	粒子能谱
ESTEC	European Space Research and Technology Centre	欧洲空间技术研究中心
FGM	Functionally Gradient Material	功能梯度材料
FDM	Fused Deposition Modeling	熔融沉积成型
GB	Guo Jia Biao Zhun	中华人民共和国国家标准
GCR	Galactic Cosmic Rays	银河宇宙射线
GEO	Geosynchronous Earth Orbit	地球同步轨道
GJB	Guo Jia Jun Yong Biao Zhun	国家军用标准
GSFC	Goddard Space Flight Center	戈达德空间飞行中心
GPS	Global Positioning System	全球定位系统
GTO	Geostationary Transfer Orbit	地球同步转移轨道
HEO	High Earth Orbit	高地球轨道
HFCVD	Hot Filament Chemical Vapor Deposition	热丝化学气相沉积
IKAROS	Interplanetary Kite – craft Accelerated by Radiation of the Sun	太阳辐射加速星际风筝型航天器
ISO	International Organization for Standardization	国际标准化组织
ISS	International Space Station	国际空间站
ISPR	International Standard Payload Pack	国际标准载荷机柜
JAXA	Japan Aerospace Exploration Agency	日本宇宙航空研究开发机构
JPL	Jet Propulsion Laboratory	喷气推进实验室
LDEF	Long Duration Exposure Facility	长期暴露试验装置
LENS	Laser Engineering Net Shape	激光工程化净成形
LEO	Low Earth Orbit	低地球轨道
LET	Linear Energy Transfer	线性能量传递
LGF	Low Gradient Furnace	低温度梯度熔炉插件
LOM	Laminated Object Manufacturing	分层实体制造法
MAPTIS	Materials and Processes Technology Information System	材料与工艺技术信息系统
LPSR	Laboatory Portable Spectrum Reflectometer	便携式光谱反射计
MEDET	Material Exposure and Degradation Experiment	材料暴露与性能退化试验
MEEP	Mir Environmental Effects Payload	"和平"号空间站环境效应载荷
MEO	Medium Earth Orbit	中地球轨道

缩略语	英文	中文
MIR	Mir Space Station	"和平"号空间站
MISSE	Materials International Space Station Experiment	国际空间站材料试验
MMPDS	Metallic Material Properties Development and Standardization	金属材料性能开发与标准化
MSFC	Marshall Space Flight Center	马歇尔空间飞行中心
MSG	Microgravity Science Glovebox	微重力科学手套箱
MSL	Microgravity Science Lab	微重力科学实验室
NAL	National Accelerator Laboratory	国家加速器实验室
MSRR	Materials Science Research Rack	材料科学研究机柜
NASA	National Aeronautics and Space Administration	美国国家航空航天局
NCRP	Nation Council on Radiation ProtectIon and Measurement	国家辐射防护和测量委员会
NIEL	Nonionizing Energy Loss	非电离能量损失
NUV	Near Ultraviolet	近紫外
OPM	Optical Properties Monitor	光学性能监测器
ONERA	Office National d'Etudes et de Recherches Aérospatiales	法国国家航空航天科研局
OSR	Optical Solar Reflector	光学太阳反射镜
POSA	Passive Optical Sample Assembly	被动光学样品阵列
PANT	Passive Nosetip Technology	被动式防热端头技术计划
PEC	Passive Experiment Container	被动试验装置
PROTEL	Proton Telescope	质子望远镜
PECVD	Plasma Enhanced Chemical Vapor Deposition	等离子体增强化学气相沉积
QCM	Quartz Crystal Microbalance	石英晶体微量天平
QMI	Quench Module Insert	淬火模块插件
REV-MAT	Reentry Vehicle Material	美国海军实施的载人飞行器材料技术计划
QJ	Qi Ji	航天工业行业标准
RSS	Rack Sapport Subsystems	机柜保障子系统
SAA	South Atlantic Anomaly	南大西洋辐射异常区
SED	Single Event Disturb	单粒子扰动
SACA	Sample Ampoule Cartridge Assembly	样品安瓿筒状组件
SC	Solar Constant	太阳常数

缩略语	英文	中文
SCR	Solar Cosmic Ray	太阳宇宙射线
SEB	Single Event Burnout	单粒子烧毁
SEE	Single Event Effect	单粒子效应
SEFI	Single Event Functional Interrupt	单粒子功能中断
SEGR	Single Eventgate Rupture	单粒子栅击穿
SEHE	Single Event Hard Error	单粒子硬错误
SEIDC	Single Event Induced Dark Current	单粒子诱导暗电流
SENSIT	Space Environmental Systems Integration Toolbox	空间环境系统集成工具箱
SET	Single Event Transient	单粒子暂态
SEL	Single Event Latchup	单粒子锁定
SEMBE	Single Event Multiple Bit Error	单粒子多位错误
SEDR	Single Event Dielectric Rupture	单粒子绝缘击穿
SESB	Single Event Snapback	单粒子快速反应
SEU	Single Event Upset	单粒子翻转
SMA	Shape Memory Alloy	形状记忆合金
SME	Shape Memory Effect	形状记忆效应
SIMENS	Space and Interplanetary Multifunctional Environmental Simulator	空间和星际多功能环境模拟装置
SLA	Stereo Lithography Apparatus	立体光固化成形
SLM	Selective Laser Melting	选择性激光熔融
SLS	Selective Laser Sintering	选择性激光烧结
SMU	Single-word Multiple-bit Upset	单粒子多位翻转
SPE	Solar Particle Event/Solar Proton Event	太阳质子事件或太阳粒子事件
SPIS	Spacecraft Plasma Interaction System	航天器等离子体相互作用系统
SQMI	Solidification and Quench Module Insert	凝固和淬火熔炉模块插件
SSO	Sun-synchronous Orbit	太阳同步轨道
STS	Space Transportation System	空间运输系统/航天飞机
TDE	Time Delay Estimation	时变效应
TID	Total Ionizing Dose	电离总剂量效应
TML	Total Mass Loss	总质量损失
TIS	Total Integrator Scatter	总积分散射仪
TEM	Transmission Electron Microscoy	透射电子显微镜

缩略语	英文	中文
UT	Universal Time	世界时
UV	Ultraviolet	紫外
VUV	Vacuum Ultraviolet	真空紫外
WMO	World Meteorological Organization	世界气象组织
WRR	World Radiometric Reference	世界辐射测量基准
WVR	Water Vapor Regained	水蒸气回吸量

内 容 简 介

本书从航天器研制、运行、应用及需求等角度系统介绍了航天材料工程涉及的理论、方法和技术。全书共分9章。从我国航天科技发展的新趋势和新挑战分析入手：首先，对航天材料及航天材料工程学的内涵、航天对材料的基本要求、航天材料的发展历程、分类、国内外现状和我国的差距、发展趋势等进行阐述，其次，对航天材料空间环境效应、航天结构与机构材料、航天功能材料、航天材料的空间环境适应性评价、航天材料飞行试验技术、空间材料科学试验、航天材料保证进行论述，最后，对纳米材料、智能材料、超材料、3D/4D 打印等航天用新材料新技术进行了介绍。本书可为我国从事航天材料工程相关的科技工作者提供参考，也可作为航天材料相关学科的教学参考用书。

From the view of the development, operation, application and demand of spacecraft, the theory, method and technology of aerospace material engineering are systematically introduced in this book. This book is comprised of 9 chapters. Firstly, the new trend and new challenge of China aerospace science is analyzed, the definition of aerospace materials and aerospace material engineering, the basic requirements to aerospace materials, the development, classification, domestic and international situation, and development trend of aerospace materials is introduced; then the space ewironmental effects on aerospace materials, structural materials, functional materials, space environmental adaptability evaluation on aerospace materials, flight test technology for aerospace materials, space materials science experiments, aerospace materials guarantee are discussed; finally, the nano materials, smart materials, metamaterials, 3D/4D printing and other new technology and new materials can be used on spacecraft is introduced. It is appropriate as a textbook for graduate and advanced undergraduate courses, and as a reference for those working in aerospace material engineering.